TRAITÉ

DE

MINÉRALOGIE.

TOME III.

TRAITÉ

DE

MINÉRALOGIE,

PAR LE Cᴱᴺ. HAÜY,

Membre de l'Institut National des Sciences et Arts, et Conservateur
des Collections minéralogiques de l'École des Mines.

PUBLIÉ PAR LE CONSEIL DES MINES.

En cinq volumes, dont un contient 86 planches.

TOME TROISIÈME.

DE L'IMPRIMERIE DE DELANCE.

A PARIS,

CHEZ LOUIS, LIBRAIRE, RUE DE SAVOYE, Nᵒ. 12.

(x) 1801.

ERRATA, Tome *III*.

Page 45, ligne 22, gemeiner : *lisez* gemeine.

P. 93, ligne 17, $\frac{A}{\frac{9}{2}}$: *lisez* $\frac{A}{\frac{2}{9}}$.

P. 220, après Second Ordre : *ajoutez* composées.

P. 316, ligne 19, VIe. Espèce : *lisez* IVe. Espèce.

TRAITÉ

DE

MINÉRALOGIE.

XIVe. ESPÈCE.

CORINDON (1).

Spath adamantin, *Mém. de la société des curieux de la nature, de Berlin, t. VIII, p.* 295. *Id., Journal de physique,* 1781, *janv., p.* 13. *Id., Annales de chimie, t. I, p.* 183. Diamant spathique; spath adamantin, *de Born, t. I, p.* 57. Demant spath, *Emmerling, t. I, p.* 9. Corindon, Sciagr., *t. I, p.* 271. Spath adamantin, *Daubenton, tabl., pag.* 11. Adamantine spar, *Kirwan, t. I, p.* 335. Le spath adamantin, *Brochant, t. I, p.* 356.

Caractère essentiel. Rayant le quartz; divisible en rhomboïde un peu aigu.

Caract. phys. Pesant. spécif., 3,8732.

Dureté. Rayant fortement le quartz.

---

(1) Nom dérivé de *corundum*, sous lequel les habitans de l'Inde, suivant M. Kirwan, désignent cette espèce de minéral.

TOME III.   A

Réfraction , double (1).

Caract. géomét. Forme primitive. Rhomboïde un peu aigu (*fig.* 96) *pl. L*, dont l'angle plan au sommet est de 86ᵈ 26′ (2). J'ai obtenu de ces rhomboïdes , qui étoient très-prononcés , en divisant des cristaux de Bengale. Ceux de Ceilan , d'un rouge de rose , ont leurs joints naturels encore plus nets, et d'un éclat plus vif. J'ai cependant trouvé des morceaux de corindon de Bengale , qui ne se prêtoient à la division que dans deux sens, et offroient une cassure raboteuse , d'un aspect vitreux , à la place du troisième joint nécessaire pour compléter un angle solide. Cet accident n'avoit quelquefois lieu qu'à certains endroits. C'est sans doute une observation de ce genre qui a fait dire au célèbre Emmerling , que le clivage n'étoit que double dans le spath adamantin (3). Enfin , plusieurs cristaux présentent, dans le sens des faces du rhomboïde primitif, des reflets d'un aspect demi-métallique, assez semblable à celui du mica blanchâtre , et distribués par places, comme s'ils dépendoient d'une matière étrangère , dont les feuillets très-minces fussent interposés dans la masse du corindon. Des reflets du même genre se montrent quelquefois sur un plan perpendiculaire à l'axe, et dans certains cristaux on aperçoit, à l'endroit du même plan , un simple chatoyement qui devient

---

(1) J'ai fait cette observation à l'aide d'un cristal transparent de corindon de Ceilan , d'environ deux millimètres d'épaisseur, qui avoit la forme de la variété bis-alterne , et qui m'a offert deux images très-distinctes , soit d'une épingle , soit de la flamme d'une bougie. Mais sa petitesse ne m'a pas permis de prendre , suivant mon usage , la précaution de couvrir , avec une carte percée d'un trou d'épingle, la partie tournée vers l'objet , pour être assuré de ne voir qu'à travers deux facettes.

(2) La diagonale horizontale est à l'oblique dans le rapport de $\sqrt{15}$ à $\sqrt{17}$, un peu plus foible que celui que j'avois donné dans le journal de physique , an 1787 , p. 194.

(3) Voyez le traité de minéral. par Brochant , t. I , p. 558.

surtout sensible , lorsque la surface a été légèrement humectée. Je parlerai , dans les annotations , des conjectures auxquelles peuvent conduire ces indices de lames situées transversalement.

Caract. chim. Infusible.

Analyse du corindon de la Chine , par Klaproth.

Silice. . . . . 6,5.
Alumine. . . . . 84,0.
Oxyde de fer. . . . . 7,5.
Perte. . . . . 2,0.
____
100,0.

Analyse du corindon de Bengale , par le même.

Silice. . . . . 5,50.
Alumine. . . . . 89,50.
Oxyde de fer. . . . . 1,25.
Perte. . . . . 3,75.
____
100,00.

Caractères distinctifs. 1°. Entre le corindon et le feld-spath. Le premier se divise en rhomboïde un peu aigu ; le feld-spath a deux joints perpendiculaires entre eux , qui ne peuvent tendre vers la forme rhomboïdale. Ses morceaux les plus denses ont une pesanteur spécifique moindre que celle du coridon , dans le rapport d'environ 4 à 5. Il est fusible , et le coridon infusible. 2°. Entre le corindon basé et le spinelle primitif. Le corindon n'a que deux faces équilatérales , dont les incidences sur les adjacentes sont de 122^d 50'. Le spinelle a toutes ses faces équilatérales et inclinées entre elles de 109^d 28'. Le corindon raye le spinelle.

T R A I T É

V A R I É T É S.

F O R M E S.

Déterminables.

1. Corindon *basé.* $\overset{\text{P A}}{\underset{\text{1}}{\text{P}}\underset{o}{}}$ (*fig.* 97). Incidence de P sur P, 86^{d} 38' ; de *o* sur P, 122^{d} 50'. Se trouve à Ceilan.

2. Corindon *prismatique.* $\overset{\text{'}}{\text{D}}\,\overset{}{\underset{s}{}}\overset{\text{'}}{\underset{o}{\text{A}}}$ (*fig.* 98). En prisme hexaèdre régulier. A Ceilan , à la Chine et au Bengale.

3. Corindon *bis-alterne.* $\overset{\text{'}}{\text{D}}\ \underset{s}{\overset{}{\text{A}}}\ \underset{o}{\overset{\text{'}}{}}\ \underset{\text{P}}{\text{P}}$ (*fig.* 99). Combinaison du noyau et du prisme hexaèdre régulier. Mêmes gisemens.

4. Corindon *uniternaire.* $\overset{\text{'}}{\text{D}}\ \text{A}\ \text{P}\ \text{E}^3\ {}^3\text{E}$ avec $\underset{s}{}\ \underset{o}{\overset{\text{'}}{}}\ \underset{\text{P}}{}\ \underset{r}{}$ (*fig.* 100). La variété précédente devenue annulaire. Incidence de *r* sur *r*, 128^{d} 14' ; de *r* sur *o* , 119^{d} 13'. La loi $\text{E}^3\ {}^3\text{E}$ a cette propriété, qui est générale pour tous les rhomboïdes , que son effet , s'il étoit complet , produiroit un dodécaèdre composé de deux pyramides droites hexaèdres réunies base à base (1). Mêmes gisemens.

Le corindon de la côte de Malabar se présente quelquefois sous la forme d'un dodécaèdre de ce genre. Mais je n'ai point été à portée d'observer de ces dodécaèdres qui fussent assez prononcés pour permettre d'en mesurer les angles.

Indéterminables.

5. Corindon *amorphe.*

---

(1) Voyez la partie géométrique, t. I, p. 273, N°. 60.

ACCIDENS DE LUMIÈRE.

Couleurs.

1. Corindon *gris*. Il a quelquefois un aspect nacré.

2. Corindon *rouge*. D'un rouge de rose, tirant quelquefois sur le rouge lie-de-vin. A Ceilan.

3. Corindon *bleu*. *Id.*

4. Corindon *jaune*. *Id.*

5. Corindon *brun*. Sur la côte de Malabar.

6. Corindon *verdâtre*. Il n'a qu'une légère teinte de cette couleur.

7. Corindon *noirâtre*.

Transparence et reflets particuliers.

1. Corindon *transparent*. A Ceilan.

2. Corindon *translucide*.

3. Corindon *opaque*.

4. Corindon *chatoyant*.

ANNOTATIONS.

1. Nous devons la connoissance du corindon au docteur Lind, de la société royale de Londres, qui l'a découvert en Chine, dans des roches granitiques, où il est adhérent au feld-spath, au mica et à la stéatite. Il renferme quelquefois des grains de fer, qui font mouvoir le barreau aimanté. On en a trouvé depuis au Bengale, qui est plus pur, et approche plus de la transparence que celui de la Chine; et j'ai appris de M. Smith, que les roches granitiques des environs de Philadelphie en renfermoient des cristaux d'un volume considérable, qui ne le cédoient pas en pureté à ceux du Bengale. On rencontre aussi, à Ceilan, parmi les spinelles, des cristaux de corindon; ils sont d'un petit volume, et surpassent tous les

autres par leur transparence, par la vivacité de leurs couleurs, et par la perfection de leurs formes. Enfin, on a rapporté récemment à Londres, des corindons trouvés sur la côte de Malabar. M. Gréville, vice-chambellan du roi d'Angleterre, et membre de la société royale, a choisi une manière bien précieuse pour moi, de me donner communication de cette découverte, en m'envoyant plusieurs des cristaux qui en ont été l'objet. Il y a joint des corindons de la Chine plus purs, plus nettement conformés que ceux qui viennent ordinairement de ce pays, et remarquables surtout par les indices qu'ils offrent de leur structure.

2. Le corindon a été regardé, dès le moment de sa découverte, comme une nouvelle espèce, et cette idée parut même avoir acquis, quelque temps après, un fondement d'autant plus solide, que le célèbre Klaproth ayant entrepris l'analyse de ce minéral, crut en avoir retiré une terre jusqu'alors inconnue, qu'il nomma *korundon erde*, ou terre *corindonienne*. Mais quoique des expériences ultérieures lui ayent appris que cette terre n'étoit autre chose que l'alumine, le corindon sembloit avoir des caractères si particuliers, que l'on a continué généralement de le regarder comme une substance distinguée de toutes les autres.

En me conformant encore aujourd'hui à l'opinion reçue, je ne dois point passer sous silence les rapports intimes que diverses observations successives, dont les plus récentes coïncident presque avec le moment où j'écris, me paroissent indiquer entre le corindon et la télésie. Je vais reprendre les choses de plus haut, en exposant les faits dans l'ordre où ils se sont présentés.

Il y a environ deux ans, qu'une observation faite par le Cit. Brochant, ingénieur des mines, me mit sur la voie, pour reconnoître l'identité de certains cristaux venus de Ceilan, avec ceux qui appartiennent au corindon de Bengale et de la Chine (1).

____

(1) Mémoires de la société d'hist. nat. de Paris, prairial, an 7, p. 55 et suiv.

Ce naturaliste , à qui je faisois voir différens échantillons de minéraux , que j'avois mis en réserve pour les examiner plus attentivement , distingua , parmi eux , un cristal d'un rouge de rubis, en prisme hexaèdre régulier. Il le prit, et en le faisant mouvoir à la lumière , il y aperçut des indices de joints naturels , à l'endroit de trois angles solides autour de chaque base , qui alternoient entre eux, et avec ceux de la base opposée. Il se rappela que le corindon prismatique avoit ses joints disposés de la même manière, et présuma que le cristal qui étoit entre ses mains, pourroit bien appartenir à cette substance. Je jugeai sa conjecture si plausible, que je m'empressai de la vérifier. Le cristal dont il s'agit m'avoit été cédé par le Cit. Launoy, qui l'avoit acquis en Espagne, avec des spinelles et diverses autres pierres de Ceilan. Je retrouvai chez ce minéralogiste plusieurs cristaux de la même substance , dont les uns m'offrirent la forme du corindon bis-alterne, et les autres, celle du corindon uniter-naire , avec des angles qui me parurent être les mêmes que sur ces variétés. Je brisai l'un des cristaux , et les positions des joints naturels qui étoient d'une grande netteté, indiquèrent un rhomboïde semblable au noyau du corindon ordinaire. Je trouvai aussi que ces cristaux avoient une grande dureté et rayoient fortement le quartz.

D'après ces résultats, je ne doutai plus que les cristaux de Ceilan ne fussent de véritables corindons. Je dirai même que ces cristaux ne sont pas très-rares, et j'en ai depuis retrouvé de semblables chez différens lapidaires, où ils étoient mêlés avec des spinelles. Ces cristaux étant d'un petit volume, il n'est pas étonnant qu'ils ayent échappé plus d'une fois à l'atten-tion des naturalistes, qui, ne cherchant qu'à se procurer des spinelles ou d'autres minéraux déjà connus, négligeoient, dans le triage, tout ce qui s'écartoit des formes empreintes dans leur esprit. Ils voyoient le corindon ; mais ils auroient eu besoin d'être prévenus, pour le regarder.

Il seroit même possible qu'en s'arrêtant à l'aspect de la forme, en général, on eut pris des corindons basés pour des spinelles primitifs. J'en ai plusieurs qui ont diverses teintes de rouge de rose, de rouge violet et de bleu foncé, que j'ai distingués des spinelles, avec lesquels ils se trouvoient mêlés, soit en observant, à une vive lumière, leurs joints naturels, qui ne se montroient que parallélement aux six faces latérales, soit en mesurant les inclinaisons de ces faces sur les bases, qui sont plus fortes d'environ 13^d que dans le spinelle.

Mais il se présentoit un autre terme de comparaison, qui méritoit une attention plus sérieuse. Je veux parler de la télésie, et en particulier de sa variété bis-alterne (*fig.* 23) *pl. XLII*, dans laquelle les incidences des facettes *r* sur les bases **P** sont à peu près, et peut-être rigoureusement les mêmes, que celles des faces **P** (*fig.* 99) *pl. L*, sur les bases *o*. Mais, d'une part, je n'apercevois dans la télésie aucuns joints naturels situés parallélement aux faces *r*, et d'une autre part, aucun des corindons que j'avois observés jusqu'alors ne me paroissoit avoir de joints perpendiculaires à l'axe, comme dans la télésie.

J'avois aussi remarqué qu'un cristal de corindon, qui étoit diaphane, doubloit les images vues à travers une des facettes **P** (*fig.* 99), et l'un des pans situés dans la partie opposée. Or, quoique je n'eusse point encore rencontré de télésie assez transparente pour permettre d'examiner sa réfraction, j'étois fondé à la regarder comme simple, d'après le témoignage de plusieurs habiles physiciens, qui ont soumis à l'expérience des pierres taillées, connues sous le nom de *gemme orientale*. Je crus donc devoir conclure des observations que je viens de citer, qu'il y avoit une différence de nature entre le corindon et la télésie.

Cependant, en parcourant attentivement la belle suite de cristaux de corindon que M. Gréville m'avoit envoyée, je reconnus très-bien, dans les fractures qu'avoient subies plusieurs d'entre eux, ces reflets et ces indices de joints perpendiculaires à l'axe dont j'ai parlé à l'article des caractères spécifiques, et qui m'étoient annoncés dans la notice instructive jointe à cet envoi. De plus,

ayant

ayant acquis, dans le même temps, des télésies cristallisées que le Cit. Launoy avoit rapportées de son dernier voyage en Allemagne, j'en trouvai une dont la fracture laissoit apercevoir, à l'endroit des angles au contour de la base, des reflets assez vifs, qui indiquoient des lames situées obliquement dans l'intérieur. Mais ces reflets étoient si fugitifs et se montroient sur un si petit espace, qu'il falloit quelques momens pour les retrouver, lorsqu'ils avoient disparu par le changement de position du cristal. Or, si l'on conçoit que ces reflets soient parallèles aux facettes angulaires de la variété bis-alterne, les deux substances, considérées relativement à leur structure, vont se trouver d'accord ; et quant à la différence qui se tire de la réfraction, elle tient à des expériences qui me paroissent avoir besoin d'être vérifiées.

On ne peut se dissimuler que la réunion de la télésie avec le corindon, dans une seule espèce, n'offrît un exemple bien singulier d'une substance en contraste avec elle-même ; je ne dis pas relativement à ses formes cristallines, ce qui lui seroit commun avec d'autres substances, mais du côté de son tissu et de sa disposition à être divisée mécaniquement. Que l'on compare certains morceaux de corindon du Bengale ou de la Chine, qui ont l'air d'être homogènes, avec les télésies ; on aura, d'une part, une masse très-lamelleuse, dont il sera facile d'extraire des rhomboïdes bien prononcés ; et de l'autre part, un corps d'un aspect très-vitreux, et divisible seulement dans un sens perpendiculaire à l'axe ; et ce qui est peut-être encore plus remarquable, c'est de voir que les petits corindons de Ceilan, que leurs vives couleurs et leur transparence placent beaucoup plus près des télésies que du corindon du Bengale ou de la Chine, ayent, comme celui-ci, une contexture très-lamelleuse, en vertu de laquelle ils cèdent avec une grande facilité à la division d'où résulte le rhomboïde.

Cependant il y a des corindons qui, en même temps qu'ils se prêtent à ce dernier mode de division, laissent apercevoir des joints perpendiculaires à l'axe ; et il existe des télésies, dans lesquelles l'existence de ces mêmes joints se combine avec des indices de lames obliques ; en sorte que la structure pourroit être la même de part et d'autre, quant au nombre et aux positions relatives des joints, et que toute la différence consisteroit dans le plus ou le moins de facilité que l'on éprouveroit à les saisir ; ce qui dépendroit de quelque cause accidentelle, qui feroit varier le degré d'adhérence des molécules entre elles. On auroit même déjà un exemple de l'action d'une cause pareille, dans les morceaux de corindon que j'ai cités, où, parmi les trois coupes nécessaires pour mettre à découvert un angle solide, deux sont très-nettes, tandis qu'on n'obtient, au lieu de la troisième, qu'une cassure vitreuse. Il est à remarquer que les deux substances se rapprochent encore par leur dureté et par leur pesanteur spécifique, caractères remarquables entre ceux qui influent sur la détermination des espèces. Enfin, pour étendre le parallèle jusqu'aux accidens de lumière, je dirai que l'on retrouve dans les corindons, tantôt les mêmes tons de rouge, de bleu et de jaune que dans les télésies, et tantôt un chatoyement qui se développe de même sur un plan parallèle à la base des cristaux prismatiques.

Si nous consultons maintenant les résultats des analyses du corindon et de la télésie, faites par le célèbre chimiste de Berlin, nous trouverons que les deux substances sont presque entièrement composées d'alumine : seulement le corindon a donné cinq ou six pour cent de silice, tandis que cette terre est nulle dans la télésie. Il seroit à désirer que nous eussions aussi une bonne analyse des corindons de Ceilan, qui me paroissent les plus purs.

Je ne prétends pas décider ici la question. Mais j'ai pensé que du moins j'étois bien dans le cas d'imiter plusieurs savans distingués, entre autres le célèbre Linnæus, qui confioient à leurs lecteurs les doutes dont ils ne pouvoient se défendre, et qu'ils laissoient à d'autres ou se réservoient à eux-mêmes le soin d'éclaircir. J'ajouterai même que l'idée du rapprochement dont

il s'agit ne seroit pas neuve. Bournon, l'un de nos minéralogistes qui ait cultivé la cristallographie avec le plus d'ardeur et
de sagacité, après avoir regardé le corindon comme une variété
de feld-spath, a fini par être convaincu de son identité avec la
télésie.

Dans l'hypothèse de cette identité, le rhomboïde du corindon
deviendroit la forme primitive commune à tous les cristaux, et
la molécule soustractive seroit semblable à ce rhomboïde. Il n'y
auroit de changement que dans la figure de la molécule intégrante : car alors il faudroit concevoir que tous les petits rhomboïdes qui représenteroient les molécules soustractives, fussent
divisibles comme ceux de la chaux fluatée, et de plusieurs
autres substances, suivant des plans qui passeroient par leurs
diagonales horizontales, de manière que chacun d'eux se résou-
droit en un octaèdre, plus deux tétraèdres ; et en appliquant ici
le raisonnement que nous avons fait, par rapport à la chaux
fluatée (1), on adopteroit de préférence, pour molécules intégrantes, les tétraèdres, qui se trouveroient de même réunis par
leurs bords.

Il seroit facile, dans cette hypothèse, de traduire les lois
de décroissement d'où nous avons fait dépendre les cristaux de
télésie, en celles qui seroient relatives au noyau rhomboïdal du
corindon (2). Ainsi, pour nous borner à un seul exemple, la
télésie que nous avons nommée *unitaire*, naîtroit alors d'une loi
intermédiaire, qui auroit pour signe représentatif (E² 'E D' B²).

3. Les Chinois emploient la poudre de corindon pour couper
le cristal de roche et les autres pierres dures, dont ils font des
objets d'ornement, ce qui se pratique à l'aide d'une espèce
d'archet, dont la corde est formée de deux fils de métal tordus

----

(1) Voyez t. II, p. 177 et suiv.

(2) Ce seroit un des cas dont nous avons parlé dans la partie géométrique, t. II, p. 26.

l'un sur l'autre, et enduits de cette même poudre. Ils font encore usage de celle-ci, pour user les pierres dont il s'agit, et les disposer à recevoir le poli. Le nom de spath que l'on a donné au corindon, est fondé sur ce que son tissu sembloit le mettre en famille avec les corps appelés *spaths calcaires*, *spaths fluors*, *spaths étincelans*, etc., et l'épithète d'*adamantin* indiquoit entre le même minéral et le diamant, une analogie de dureté, dont il y a beaucoup à rabattre. Les expériences du Cit. Fontaine ont prouvé que son effet étoit seulement plus marqué que celui de l'émeril, et qu'il y avoit, à l'employer de préférence, économie de matière et de temps, jointe à l'avantage de mieux doucir les pierres (1).

On a cité un autre usage du corindon, qui étoit d'entrer quelquefois dans la composition de la porcelaine de la Chine (2).

—————

X V^e. E S P È C E.

PLÉONASTE, *(m.)* c'est-à-dire, *qui surabonde.*

Schorl ou grenat brun (en dodécaèdre tronqué), *de Lisle*, *t. III*, *p.* 180, *note* 21. Ceylanite, *Lametherie*, *journ. de phys.*, 1793, *p.* 23.

Caract. essent. Rayant légérement le quartz ; divisible en octaèdre régulier.

Caract. physiq. Pesant. spécif. , 3,7647.....3,7931.

Dureté. Rayant légérement le quartz ; difficile à briser sous le marteau.

Caract. géom. Forme primitive. L'octaèdre régulier (*fig.* 101) *pl. L.* Les joints naturels s'aperçoivent difficilement.

—————

(1) Voyez le voyage en Angleterre et en Ecosse , par B. Faujas-Saint-Fond , t. I , p. 9 et suiv.

(2) De Born , catal., t. I , p. 60.

Molécule intégrante. Le tétraèdre régulier.

Cassure, largement conchoïde, éclatante et très-lisse.

Caract. chim. Infusible.

Analyse par Collet Descostils.

Alumine	68.
Magnésie	12.
Silice	2.
Oxyde de fer	16.
Perte	2.
	100.

Caractères distinctifs. 1°. Entre le pléonaste cristallisé et le spinelle. Celui-ci raye fortement le quartz, et le pléonaste médiocrement. Le spinelle a le tissu plus sensiblement lamelleux, et lorsqu'il offre une cassure proprement dite, les évasures en sont beaucoup plus petites, et elle n'a pas, à beaucoup près, l'uni de celle du pléonaste. 2°. Entre le même et le grenat. Celui-ci n'a aucuns joints parallèles aux faces d'un octaèdre régulier ; il est fusible au chalumeau, et le pléonaste infusible. 3°. Entre le pléonaste roulé et la tourmaline dans le même état. Celle-ci est électrique par la chaleur, et non l'autre. Elle résiste beaucoup moins à la percussion ; sa cassure approche, à certains endroits, d'être raboteuse, au lieu que celle du pléonaste est très-lisse. 4°. Entre le même et l'amphibole. Celui-ci a le tissu très-lamelleux ; il se divise en prisme rhomboïdal de $124^d \frac{1}{2}$ et $55^d \frac{1}{2}$. Il est fusible au chalumeau.

VARIÉTES.

FORMES.

Déterminables.

1. Pléonaste *primitif.* P (*fig.* 101). Incidence de chaque face sur les adjacentes, $109^d\ 28'\ 16''$.

2. Pléonaste *dodécaèdre.* $\overset{\scriptstyle 1}{\underset{\scriptstyle g}{\mathrm{B}\,\mathrm{B}}}$ (*fig.* 102). En dodécaèdre rhomboïdal. Incidence de chaque face sur les adjacentes, 120$^\mathrm{d}$.

3. Pléonaste *émarginé.* $\underset{\scriptstyle \mathrm{P}\;\;g}{\overset{\scriptstyle 1}{\mathrm{P}\,\mathrm{B}\,\mathrm{B}}}$ (*fig.* 103). *De Lisle, t. III,* p. 180, *note* 21. Incidence de P sur *g*, 144$^\mathrm{d}$ 44' 8″. Les cristaux de cette variété ont quelquefois leur surface chargée de stries parallèles aux côtés des triangles P , P , et qui indiquent à l'œil la marche du décroissement.

4. Pléonaste *unibinaire.* $\underset{\scriptstyle \mathrm{P}\;g\;\;\;r}{\overset{\scriptstyle 1\;\;\;\overset{\circ}{}}{\mathrm{P}\,\mathrm{B}\,\mathrm{B}\;\mathrm{A}\,\mathrm{A}}}$ (*fig.* 104). La variété émarginée dans laquelle les angles solides composés de quatre plans sont remplacés chacun par quatre facettes qui naissent sur les arrêtes adjacentes. Incidence de *r* sur *r*, ou de *r'* sur *r'*, 129$^\mathrm{d}$ 31' 16″ ; de *r* sur *r'*, 144$^\mathrm{d}$ 54' 10″.

Indéterminables.

5. Pléonaste *roulé.*

ACCIDENS DE LUMIÈRE.

Couleurs.

1. Pléonaste *noir.* Lorsqu'on le réduit en très-petits fragmens, la couleur noire passe au vert-sombre. Cette dernière teinte a lieu aussi par transparence, dans les fragmens très-minces. En continuant de broyer , on obtient une poussière d'un gris-verdâtre.

2. Pléonaste *purpurin. Breislak , Voyage dans la Campanie,* *t. I, p.* 165.

ANNOTATIONS.

1. Le pléonaste se trouve dans l'île de Ceilan, parmi des tourmalines et autres substances cristallisées , avec lesquelles il

a été transporté, par les eaux, hors de son lieu natal. Le
Cit. Lhermina en a observé, il y a long-temps, de petits cristaux logés dans les cavités des fragmens de roches rejetées par les
éruptions du Vésuve, et semblables à celles qui renferment les
idocrases. Ce savant en avoit reconnu les formes, qui présentent les différentes modifications citées ci-dessus. Le Cit. Lametherie en a décrit depuis, qu'il a observés dans les mêmes
roches (1); enfin, M. Breislak présume que l'on doit raporter
à cette espèce des cristaux octaèdres, d'une couleur pourpre-
lavée, qu'il a vus dans la collection du docteur Thompson, et
qui provenoient du même gisement (2).

2. Le spinelle comparé au pléonaste, offre un exemple d'une
conformité de caractères assez rare entre deux minéraux de
diverse nature. C'est de part et d'autre la même forme primitive, et presque la même pesanteur spécifique ; la différence de
dureté n'est pas très-sensible, en sorte qu'il ne reste jusqu'ici,
pour les distinguer, que des caractères beaucoup moins décisifs,
tels que ceux qui se tirent du tissu, de la cassure et de la couleur.

Les formes secondaires du spinelle se répètent aussi dans le
pléonaste. Mais si l'on considère l'ensemble des résultats de la
cristallisation, la variété unibinaire, qui est particulière au
pléonaste, offre quatre facettes sur chacun des angles solides de
l'octaèdre primitif qui, dans le spinelle, ont été observés intacts
jusqu'à présent. Cette espèce de surabondance m'a suggéré, au
défaut d'un caractère plus tranché, la dénomination de *pléonaste*,
que j'ai substituée à celle de *ceilanite*, empruntée d'un pays
d'ailleurs si riche en minéraux de diverses espèces. Nos lapidaires désignent, avec plus de raison, dans le langage de leur
art, sous le nom de *pierres de Ceilan*, les zircons, grenats,
spinelles, etc., apportés de cette île.

____

(1) Journ. de phys., messidor, an 8, p. 78.
(2) Endroit cité plus haut.

Lorsque le pléonaste se trouve parmi ces pierres, en morceaux arrondis, mêlés avec des tourmalines de la même forme,
il n'est presque pas possible de le distinguer de cette dernière
substance, d'après l'aspect extérieur. Mais on peut faire aisément le triage, en employant les caractères que j'ai indiqués
plus haut, surtout celui qui se tire de l'électricité, et qui est
très-sensible dans les tourmalines dont il s'agit, lorsqu'on a soin
de présenter leur cassure fraîche à la petite aiguille de cuivre.

3. Un cristal de pléonaste mis sur la roue par le Cit. Pichenot,
lapidaire, a pris assez difficilement un poli qui n'étoit pas bien
vif. Cet artiste a jugé que la dureté du pléonaste, estimée d'après
cette opération, étoit moindre que celle du spinelle et supérieure à celle du quartz.

4. Nous ignorons quelle place les auteurs étrangers ont donnée
au pléonaste dans leurs méthodes, supposé que cette substance
leur soit connue.

———————

X V I^e. E S P È C E.

AXINITE, *(f.)* c'est - à - dire, *corps aminci en forme de
tranchant de hache.*

Schorl violet, *journ. de phys.*, 1785, *janv.*, *p.* 66. Schorl transparent lenticulaire, *de Lisle*, *t. II*, *p.* 353. Schorl transparent
lenticulaire violet, *de Born*, *t. I*, *p.* 175. Yanolithe (pierre
violette), *Lametherie*, Sciagr., *t. I*, *p.* 287. Thumerstein,
Emmerling, *t. I*, *p.* 108. *Id.*, *Werner*, *catal.*, *t. I*, *p.* 230.
Glasschorl ou glastein, *Widenmann*, *p.* 294. *Id.*, *Klaproth*,
p. 118. Fer de hache, axinite, *Daubenton*, *tabl.*, *p.* 9. Axinit,
Karstein, *mineral. tabellen*, *p.* 22. Thumerstone, *Kirwan*, *t. I*,
p. 273. La pierre de Thum, ou le thumerstein, *Brochant*,
t. I, *p.* 236.

Caractère essentiel. Divisible parallélement aux pans d'un
prisme rhomboïdal de 101^d $\frac{1}{2}$ et 78^d $\frac{1}{2}$.

Caract.

Caract. phys. Pesant. spécifique, 3,2133..... 3,2956.

Dureté. Rayant le verre.

Réfraction , simple (1).

Odeur. Ses cristaux en exhalent une sensible de pierre à fusil,
lorsqu'on en tire des étincelles avec le briquet.

Caract. géom. Forme primitive. Prisme droit (*fig.* 105)
pl. LI, dont les bases sont des parallélogrammes obliquangles,
ayant leurs angles de 101^d 32' et 78^d 28' (2). Ce prisme se
soudivise en deux prismes obliques triangulaires, à l'aide d'une
coupe faite dans le sens d'un plan qui passeroit par l'arête EO,
prise sur la face M, et par la diagonale de la face T, adjacente à l'angle O. Cette coupe, ainsi que les deux qui ont
lieu parallèlement à M, T, sont quelquefois assez nettement
indiquées par un chatoyement vif et éclatant, lorsqu'on fait
mouvoir à la lumière les fragmens des cristaux (3). J'ai cru
reconnoître aussi des indices de lames parallèles aux bases, et je
n'oserois assurer que les cristaux n'ayent pas encore d'autres
joints naturels dans des sens différens, ce qui, du reste, ne
change rien à la molécule soustractive, qui est semblable à la
forme primitive.

Molécule intégrante. Prisme oblique triangulaire.

Cassure, raboteuse et écailleuse.

Caract. chim. Fusible avec bouillonnement, au chalumeau,
en un verre d'un gris-noirâtre.

---

(1) Je l'ai observée à travers la facette *s* et la base opposée à P (*fig.* 106),
ainsi qu'à travers la face *r* et la même base. J'ignore quel seroit le résultat
des observations faites dans d'autres sens.

(2) Ces angles qui sont les mêmes que ceux du rhomboïde primitif de
la chaux carbonatée, paroissent familiers à la cristallisation.

(3) Soit *lz* (*fig.* 112), le même prisme que fig. 105. Ayant mené *or* et *pn*
perpendiculaires l'une sur *pu*, l'autre sur *ou*, on pourra faire *pn* = 5,
or = 4, *un* cosinus de l'angle *u* = ⅓ de *pu* pris pour rayon. Dans la même
hypothèse, on aura la hauteur *uz* du prisme = 10.

Analyse, par Klaproth.

Silice	53.
Alumine	26.
Chaux	9.
Fer	9.
Manganèse	1.
	100.

Analyse plus récente, par Vauquelin (1).

Silice	44.
Alumine	18.
Chaux	19.
Oxyde de fer	14.
Oxyde de manganèse	4.
Perte	1.
	100.

Caractères distinctifs. Entre l'axinite et le feld-spath. Celui-ci a une pesanteur spécifique, plus grande dans le rapport d'environ 5 à 4. Il se divise nettement par deux coupes perpendiculaires l'une sur l'autre. Les joints sensibles de l'axinite, outre qu'ils sont beaucoup moins nets, et ne se montrent ordinairement que par intervalles, font entre eux des angles obtus ou aigus. L'axinite se fond en verre noirâtre, et le feld-spath en émail blanc.

-----

(1) Journ. des mines, N°. 23, p. 1 et suiv.

VARIÉTES.

FORMES.

Déterminables.

1. Axinite *équivalente.* ${\overset{2}{C}\,\overset{3}{B}\,\overset{5}{O}\,P \atop r\ u\ s\ P}$ (*fig.* 106) (1). Prisme quadrangulaire oblique, émarginé entre les faces latérales les plus
inclinées. *De Lisle*, *t. II*, *p.* 353. Incidence de P sur r, 135^d;
de P sur u, 140^d 11′; de s sur P, 150^d 7′; de r sur u, 116^d 54′;
de s sur r, 142^d 51′; de s sur u, 154^d 3′. Valeur de l'angle f,
101^d 32 ′; de l'angle n, 135^d 18′; de l'angle t, 129^d 2′.

Les cristaux violets de cette variété sont presque toujours
déformés par des stries qui s'étendent sur la base P, parallélement aux arêtes k, m, et se multiplient encore davantage sur
la face u, toujours dans le sens de l'arête m.

2. Axinite *amphihexaèdre.* ${\overset{2}{C}\,\overset{3}{B}\,\overset{3}{O}\,\overset{5}{O}\,P \atop r\ u\ x\ s\ P}$ (*fig.* 107). Six faces,
soit dans le sens indiqué par les lettres x, s, P, soit dans celui
qu'indiquent les lettres r, s, u. Incidence de x sur P, 136^d 14′;
de x sur s, 166^d 7′.

a. Axinite amphihexaèdre comprimée (*fig.* 108). Le cristal
(*fig.* 107) aminci entre r et la face opposée, ce qui rétrécit
sensiblement les faces P, u.

3. Axinite *sousdouble.* ${\overset{2}{C}\,\overset{3}{B}\,\overset{5}{B}\,\overset{5}{O}\,P \atop r\ u\ l\ s\ P}$ (*fig.* 109). La variété 1,
dans laquelle l'arête m est remplacée par une facette l. Incidence
de cette facette sur P, 153^d 26′.

---

(1) Dans les cristaux d'une forme nette, les deux bords de la face s
contigus à r et u, sont exactement parallèles, ce qui ne peut avoir lieu
que dans le cas où le décroissement qui donne s seroit la somme de ceux
d'où résultent les faces r et u.

4. Axinite *soustractive.* $\overset{1}{\text{C}}\;\underset{z}{\overset{2}{\text{C}}}\;\underset{r}{\text{B}}\;\underset{u}{\overset{5}{\text{O}}}\;\underset{s}{\overset{5}{\text{P}}}\;\text{P}$ (*fig.* 110). La variété 1, dans laquelle l'arête inférieure de la face *r* (*fig.* 106) est remplacée par une facette *z* (*fig.* 110). Incidence de *z* sur P, 116ᵈ 34'; de *z* sur *r*, 161ᵈ 34'.

5. Axinite *émoussée.* $\underset{r}{\overset{2}{\text{C}}}\;\underset{u}{\overset{5}{\text{B}}}\;\underset{s}{\overset{5}{\text{O}}}\;\underset{o}{\overset{\frac{3}{2}}{\text{A}}}\;\underset{\text{P}}{\text{P}}$ (*fig.* 111). La variété 1, dans laquelle l'angle solide *y* (*fig.* 106) et son opposé, sont remplacés chacun par une facette *o* (*fig.* 111). Valeur de l'angle plan *k*, 122ᵈ 53'. Incidence de *o* sur la face opposée à P, 105ᵈ 57'.

Indéterminables.

6. Axinite *amorphe.*

A C C I D E N S   D E   L U M I È R E.

Couleurs.

1. Axinite *violette.* C'est la plus commune.

2. Axinite *verte.* Les cristaux de cette couleur sont semblables les uns à la sous-var. (*fig.* 108), les autres à la var. (*fig.* 106). Dans ceux-ci, les facettes *s* sont communément très-étroites. Ces cristaux verts ont, en général, leur forme exempte de stries et beaucoup mieux prononcée que celle des violets.

3. Axinite *blanchâtre.*

Transparence.

1. Axinite *transparente.* Plusieurs cristaux violets.

2. Axinite *translucide.* La plupart des cristaux violets et des verts.

3. Axinite *opaque.*

ANNOTATIONS.

1. On trouve les cristaux d'axinite près de la balme d'Auris, en Oisans, dans le ci-devant Dauphiné, sur une roche argileuse, où ils sont accompagnés de quartz cristallisé, d'asbeste, d'épidote et de feld-spath quadridécimal, dit *schorl blanc*. Ils y ont été découverts par le Cit. Blonde. Il y en a aussi aux Pyrénées, près de Barrège, où ils sont engagés dans des cristaux de chaux carbonatée ; et le Cit. Dupuget en a observé dans les granites des environs d'Alençon. La même substance se trouve en Saxe, près de Thum, d'où lui est venu le nom de *Thumerstein ;* et en Norwège, près de Konsberg. M. Manthey m'a donné des échantillons de cette dernière, où elle est en petits cristaux qui reposent sur une chaux carbonatée mêlée d'anthracite, d'argent natif et de plomb sulfuré.

2. Le cristal le plus gros que j'aie vu de cette substance, avoit environ 3 centimètres, ou treize lignes $\frac{1}{3}$ de largeur. Communément les cristaux d'axinite n'ont guère que la moitié de cette dimension, et il y en a de beaucoup plus petits.

3. La couleur de l'axinite violette est due probablement au manganèse ; celle de l'axinite verte provient d'un mélange de chlorite. Il y a des cristaux qui ont une partie violette et l'autre verte ; et j'ai observé quelquefois que celle-ci avoit une différence de configuration avec la partie violette, ce qui semble prouver que la présence d'une matière étrangère, en faisant varier l'action du fluide sur les molécules cristallines, influe dans la production des formes secondaires. Ce que j'ai dit de l'absence des stries et autres irrégularités sur les cristaux tout entiers de couleur verte, confirme la remarque faite par Dolomieu, à l'égard de plusieurs substances minérales, savoir que cette addition d'un principe terreux accidentel, qui sembleroit d'abord devoir gêner la cristallisation, la ramenoit, au contraire, quelquefois vers la régularité et la perfection (1).

____

(1) Concevons que le liquide où se sont formés les cristaux violets n'ait

4. Romé de Lisle qui, le premier, a fait connoître les cristaux d'axinite, avoit reçu du Cit. Schreiber ceux qui ont servi à sa description, peu de temps après la découverte de cette substance dans l'Oisans. Leur forme, voisine de celle du rhomboïde, lui parut annoncer un rapprochement entre ces cristaux et la variété de tourmaline, appelée *schorl lenticulaire*. A la vérité, il re- marqua que l'angle solide du sommet qui, dans le schorl lenti- culaire, résultoit de la réunion de trois angles plans obtus, étoit composé, dans les cristaux d'Oisans, de deux angles obtus et d'un angle aigu. Or, on voit par plusieurs endroits de son ou- vrage, que ces espèces d'inversion de forme étoient, à ses yeux, l'indice d'un rapport entre les substances qui les présentoient, surtout lorsqu'elles laissoient subsister à peu près les mêmes angles ; et quoique dans le cas présent la différence fut très- sensible, Romé de Lisle céda à la facilité avec laquelle les natu- ralistes, sur un simple aperçu, se permettoient d'ériger en schorls les substances nouvellement découvertes.

Le nom d'*axinite* que j'ai substitué à celui-ci, fait allusion à la disposition qu'ont les cristaux à prendre une forme qui présente comme un tranchant de hache vers le bas de la facette *s* (*fig.* 106).

5. Il n'est point de substance qui ait résisté plus long-temps que l'axinite à l'application des lois auxquelles est soumise la structure des cristaux. La difficulté de saisir le sens des joints naturels, les stries nombreuses dont la plupart des formes sont surchargées, les petites déviations dont les faces même les plus

---

pas eu assez d'action sur les molécules, pour les empêcher de prendre, en vertu de leur affinité mutuelle, un mouvement plus accéléré que ne l'exigeoit une cristallisation régulière. Il se peut que dans le liquide où les cristaux verts ont pris naissance, les molécules de la chlorite, en unissant leur force à celles des molécules aqueuses, ayent en quelque sorte modéré l'impétuosité des molécules de l'axinite, de manière à régulariser l'effet de leur tendance les unes vers les autres.

nettes sont rarement exemptes ; enfin , l'espèce même de la
forme primitive que je n'ai pu ramener à la théorie , qu'en
supposant les côtés de ses bases inégaux ; tout concourt à offrir
un de ces problèmes compliqués , qui après avoir été retournés
de mille manières, ne laissent pas l'esprit pleinement satisfait
des résultats ; et quoique ceux auxquels je suis parvenu , en
dernier lieu, ayent été pris sur des formes assez régulières, je
ne puis assurer qu'ils ne fussent pas susceptibles de quelques
corrections, si dans la suite la théorie étoit encore mieux servie
par l'observation.

6. L'axinite est susceptible d'un poli aussi vif que celui de
plusieurs des substances que l'on taille comme objets d'ornement, et ses cristaux ont quelquefois une transparence nette.
Mais sa couleur n'est point assez agréable pour lui mériter une
place parmi les pierres qui sont l'objet de l'art du lapidaire.

XVIIe. ESPÈCE.

TOURMALINE.

Zeolithes, facie vitreâ, calefactus cineres aliaque leviora cor-
pora attrahens et repellens, electricus ; turmalin, *Waller, t. I,
p.* 329. Schorl transparent rhomboïdal, dit tourmaline et péridot, *de Lisle, t. II, p.* 344 ; excluez la 4e. var. Schorl opaque
rhomboïdal, *ib.*, *p.* 379 ; excluez les var. 4 *et* 6. Schorl cristallisé transparent, électrique, *de Born, t. I, pag.* 169 *et suiv.*
Tourmalines, Sciagr. , *t. I , p.* 278 *et* 283. Electrischer schorl,
Emmerling, t. I, p. 100. *Id., Werner, cat. de Pabst, pag.* 233.
Ce synonyme se rapporte aux tourmalines vertes et bleues.
Schwarzer schorl, *Emmerling, t. I, p.* 95. *Id., Werner, catal.
de Pabst, p.* 231. Ce synonyme est relatif aux tourmalines noires.
Tourmalines, *Daubenton, tabl. , p.* 8. Tourmaline, *Kirwan,
t. I, p.* 271. Le schorl, *Brochant, t. I, p.* 226.

Caract. essent. Électrique par la chaleur, en deux points opposés. Formes dérivées d'un rhomboïde.

Caract. phys. Pesant. spécif., 3,0863.... 3,3636.

Dureté. Rayant le verre.

Électricité. Toujours vitrée par le frottement; vitrée à un bout
du cristal, et résineuse à l'autre, par la chaleur.

Réfraction, simple.

Transparence. Lorsqu'elle existe, elle n'est sensible que quand
on regarde à travers le cristal dans le sens de l'épaisseur du prisme;
mais si la base est tournée vers l'œil, il y a opacité.

Caract. géomét. Forme primitive. Rhomboïde obtus (*fig.* 113)
pl. LII, dans lequel l'angle plan au sommet est de 113ᵈ 34′
41″ (1), et qui se soudivise suivant des plans qui passent par les
arêtes B et par l'axe. Les joints naturels ne sont apparens que
dans certains cristaux opaques.

Molécule intégrante. Tétraèdre, dont les faces sont semblables
deux à deux.

Cassure, transversale, conchoïde à petites évasures, quelquefois articulée.

Caract. chim. Fusible au chalumeau, en émail blanc ou gris,
quelle que soit la couleur du fragment.

Analyse de la tourmaline verte du Brésil, par Vauquelin.

Silice	40,00.
Chaux	3,84.
Alumine	39,00.
Oxyde de manganèse	2,00.
Oxyde de fer	12,50.
Perte	2,66.
	100,00.

Caractères distinctifs. Entre la tourmaline et l'amphibole,
l'actinote, le pyroxène, le pléonaste, l'émeraude, l'épidote et le

---

(1) Le rapport entre les deux diagonales du rhombe est celui de $\sqrt{7}$ à $\sqrt{3}$.

péridot.

péridot. Aucune de ces substances n'est électrique par la chaleur comme la tourmaline. Leur cristallisation n'est susceptible que de produire des prismes dont les pans soient en nombre pair, au lieu que les prismes de tourmaline ont ordinairement neuf pans. Plusieurs, comme le pléonaste, le pyroxène et le péridot sont infusibles ou presqu'infusibles au chalumeau, tandis que la tourmaline s'y fond aisément. Celles des mêmes substances qui ont de la transparence, la manifestent dans tous les sens, au lieu que la tourmaline est transparente dans un sens, et opaque dans l'autre.

L'amphibole diffère en particulier de la tourmaline par son tissu très-lamelleux, et par le vif éclat de ses joints naturels, qui ont lieu sous des angles de 124$^\mathrm{d}$ $\frac{1}{2}$, 55$^\mathrm{d}$ $\frac{1}{2}$; tandis que les joints longitudinaux de la tourmaline, rarement et beaucoup moins apparens, sont inclinés entre eux de 120$^\mathrm{d}$, comme les pans d'un prisme hexaèdre régulier.

VARIÉTÉS.

FORMES.

Déterminables.

Les deux sommets diffèrent entre eux par le nombre de leurs facettes.

1. Tourmaline *isogone.* $\overset{\scriptscriptstyle 1}{\underset{s}{\mathrm{D}}} \ \overset{\scriptscriptstyle 2}{\underset{l}{\mathrm{E}}} \ \overset{\scriptscriptstyle 2,0}{e} \ \underset{\mathrm{P}}{\mathrm{P}} \ \mathrm{{}^{\iota}E^{\iota}} \ {}^{\circ\cdot\iota}e^{\iota\cdot\bullet} \underset{o}{} $ (*fig.* 114).
De Lisle, t. II, p. 361; var. 6. *Ibid., p.* 394; var. 8. Prisme à neuf pans; un sommet à six faces, et l'autre à trois. Incidence de l'arête x sur la face P', 136$^\mathrm{d}$ 54' 41''; de o sur l, *id.*; de P sur P, 131$^\mathrm{d}$ 48' 37''; de s sur s, 120$^\mathrm{d}$; de s sur l, 150$^\mathrm{d}$.

2. Tourmaline *équivalente.* $\overset{\scriptscriptstyle 1}{\underset{s}{\mathrm{D}}} \ \overset{\scriptscriptstyle 2}{\underset{l\,l'}{e}} \ \mathrm{P} \ \mathrm{{}^{\iota}E^{\iota}} \ {}^{\circ\cdot\iota}e^{\iota\cdot\bullet} \underset{o}{} $ (*fig.* 115).
La variété précédente, dont le prisme est devenu dodécaèdre. Incidence de l' sur s, 150$^\mathrm{d}$; de P sur l', 118$^\mathrm{d}$ 7' 31''.

Nota. Si l'on suppose que les facettes l soient supprimées, alors le cristal sera semblable à celui que représente la fig. 116, et qui ne diffère de celui qu'on voit fig. 114, que par la position des trois pans ajoutés au prisme hexaèdre régulier. Dans ce cas, les faces P (*fig.* 116) sont des heptagones, et les faces o des rhombes, au lieu que les premières (*fig.* 114) sont des hexagones, et les secondes des triangles. Cette alternative de position, relativement aux facettes l, qui ne change que l'aspect des cristaux, a également lieu dans d'autres variétés de tourmaline.

3. Tourmaline *équi-différente.* $\substack{\overset{1}{D}\ \ e\ \ \overset{2}{\ddot{E}}{}^{2,0}\ \ P\ \ B\ \ b \\ s\ \ l'\ \ \ \ \ \ P\ \ \underset{1}{n}{}^{1,0}}$ (*fig.* 117).

Un sommet à trois faces, l'autre à six, et le prisme à neuf pans. Incidence de P sur l', $118^{\mathrm{d}}\ 7'\ 31''$; de n sur n, $154^{\mathrm{d}}\ 9'\ 29''$; de n sur P, $155^{\mathrm{d}}\ 54'\ 18''$.

a. Raccourcie (*fig.* 118). **De Lisle,** *t. II, p.* 381 ; var. 2. Prisme très-court. De Lisle suppose que quelquefois les pans disparoissent, en sorte que le cristal se présente sous la forme d'un rhomboïde, dont un des sommets a ses trois arêtes remplacées par des facettes. Mais il ne paroît pas qu'il ait observé cette forme, dont il a fait sa première variété. Quelques auteurs ont nommé *tourmaline lenticulaire,* la sous-variété dont il s'agit ici.

4. Tourmaline *impaire.* $\substack{\overset{1}{D}\ \ \overset{2}{\ddot{E}}\ \ \overset{2,0}{e}\ \ P\ \ B\ \ b\ \ A\ \ a \\ s\ \ l\ \ \ \ \ \ P\ \ \underset{1}{n}{}^{1,0}\ \underset{1}{k}{}^{1,0}}$ (*fig.* 119).

Les faces des deux sommets et les pans du prisme suivent le rapport des nombres impairs 3, 7, 9. C'est la variété précédente augmentée au sommet supérieur d'une face k perpendiculaire à l'axe.

5. Tourmaline *soustractive.* $\substack{\overset{1}{D}\ \ c\ \ \overset{2}{\ddot{E}}{}^{2,0}\ \ P\ \ B\ \ A\ \ a \\ s\ \ l'\ \ \ \ \ \ P\ \ \underset{1}{n}\ \underset{1}{k}{}^{1,0}}$ (*fig.* 120).

La variété précédente, dont le sommet supérieur ne diffère de l'inférieur que par la facette k.

6. Tourmaline *anti-ennéaèdre.* $\overset{1}{\mathrm D}\,\overset{2}{e}\,\overset{3}{e}\,\overset{3.0}{\mathrm E}\,\mathrm P\,{}'\mathrm E'\,b\,\mathrm B \atop s\ ll'r\ \ \mathrm P\ \ o\ \underset{1\ 1.0}{n'}$ (*fig.* 121).

Neuf faces à chaque sommet ; douze pans au prisme. Incidence de r sur P, $143^{\mathrm d}\ 11'\ 29''$; de r sur l', $154^{\mathrm d}\ 56'\ 3''$. Cette variété m'a été communiquée par le Cit. Lamethérie.

7. Tourmaline *progressive.* $\overset{1}{\mathrm D}\,\overset{2}{\mathrm E}\,\overset{2.0}{\mathrm E}\,\mathrm P\,\overset{\frac{3}{2}}{\mathrm D}\,\overset{\frac{3}{2}.0}{d} \atop s\ l\ \ \mathrm P\ u$ (*fig.* 122).

Les nombres 1, $\frac{3}{2}$, 2 équivalent à $\frac{2}{2}$, $\frac{3}{2}$, $\frac{4}{2}$, qui sont en progression arithmétique. Prisme à neufs pans ; sommet inférieur à trois faces ; sommet supérieur à neuf faces, dont trois correspondent à celles du sommet inférieur, et les six autres interceptent les arêtes à la rencontre du même sommet et du prisme. Incidence de u sur P, $138^{\mathrm d}\ 11'\ 23''$; de u sur s, $165^{\mathrm d}\ 54'\ 9''$; de u sur u', $137^{\mathrm d}\ 9'\ 58''$; de u sur u, $113^{\mathrm d}\ 34'\ 40''$, c'est-à-dire, égale au grand angle du rhombe primitif.

8. Tourmaline *prosennéaèdre.* $\overset{1}{\mathrm D}\,\overset{2}{\mathrm E}\,\overset{2.0}{e}\,\mathrm P\,{}^{2}\mathrm E^{2}\,{}^{2.0}e^{0.2} \atop s\ l\ \ \mathrm P\ x$ (*fig.* 123).

Neuf faces au sommet supérieur, dont trois parallèles aux faces primitives, et les six autres situées deux à deux entre les précédentes. Neuf pans au prisme ; trois faces au sommet inférieur. Incidence de x sur x', $135^{\mathrm d}\ 35'\ 4''$; de x, ou de x' sur P, $157^{\mathrm d}\ 47'\ 32''$; de x sur x, $158^{\mathrm d}\ 12'\ 48''$.

9. Tourmaline *convergente.* $\overset{1}{\mathrm D}\,\overset{2}{e}\,\overset{2.0}{\mathrm E}\,\mathrm P\,\overset{\frac{2}{3}}{\mathrm D}\,\overset{\frac{3}{2}.0}{d}\,\mathrm B\,b\,{}'\mathrm E'\,{}^{0.1}e^{1.0} \atop s\ l'\ \ \mathrm P\ u\ \ \underset{1\ 1.0}{n}\ \ o$ (*fig.* 124). Quinze faces au sommet supérieur ; neuf pans au prisme, et trois faces au sommet inférieur.

10. Tourmaline *nonoduodécimale.* $\overset{1}{\mathrm D}\,\overset{2}{\mathrm E}\,\overset{2.0}{e}\,\mathrm P\,{}'\mathrm E'\,{}^{0.1}e^{1.0}\,\underset{1.0}{\mathrm B}\,\underset{1}{b} \atop s\ l\ \ \mathrm P\ o\ \ \ \ n'$ (*fig.* 125) *pl. LIII.* La variété isogone (*fig.* 114) émarginée à la jonction des trois faces du sommet inférieur. Aphrizit de Dandrada, *Scherer, Journal de chimie,* t. *IV*, $19^{\mathrm e}$. *cahier*; *Journ.*

de phys., *fructidor*, an 8, p. 243. Incidence de n' sur p, 155ᵈ 54' 18". Se trouve dans l'île de Langoe, près de Krageroe en Norwège.

M. Dandrada, savant minéralogiste Portugais, qui a fait une espèce particulière de cette variété, sous le nom d'*aphrizit*, dit qu'elle est noire, opaque, que sa pesanteur spécifique est 3,1481, qu'elle étincelle sous le briquet, qu'elle cristallise en prismes hexaèdres courts, dont les arêtes sont souvent émoussées, et qui se terminent par un pointement à quatre faces; qu'elle n'est point du tout pyro-électrique; qu'au chalumeau, elle se boursoufle, et donne un verre grisâtre ou jaunâtre, et qu'avec le borax elle écume fortement, et donne un verre transparent d'un blanc - verdâtre. C'est de ce dernier caractère que paroît avoir été emprunté le nom d'*aphrizit*, tiré d'un mot grec, qui signifie *écume*.

Parmi les caractères indiqués dans cette description, les seuls qui ne s'accordent pas avec ceux de la tourmaline, sont la cristallisation en prismes à sommets tétraèdres, et le défaut d'électricité par la chaleur. Mais M. Abildgaard m'ayant envoyé des cristaux de cette substance alors inconnue parmi nous, j'ai trouvé qu'ils avoient la structure des tourmalines, et que leur véritable forme étoit une modification de l'isogone. Si les sommets de quelques-uns n'avoient que quatre faces, il étoit facile de restituer les autres par la pensée. J'ai observé aussi qu'ils acquéroient, d'une manière sensible, à l'aide de la chaleur, une électricité qui étoit vitrée à l'endroit du sommet P, P (*fig.* 125), et résineuse au sommet opposé. Je puis citer pour garans MM. Manthey, Neergaard et Berkmeyer, en présence desquels j'ai répété mes expériences. Ainsi, il n'y a aucun doute que l'aphrizit ne soit une variété de la tourmaline (1).

---

(1) Voyez le bulletin des sciences de la société philom., fructidor, an 8, p. 145.

11. Tourmaline *surcomposée.* $\overset{1}{D}\overset{2}{e}{}^{1}E^{1}\overset{3}{e}P{}^{2}E^{2}e\overset{\frac{1}{2}}{A}a$ *(fig.* 126).
$s\,ll'\;o\;r\,P\;x\,z\,\underset{1}{k}{}^{1\cdot0}$

Dix-neuf faces au sommet supérieur; douze pans au prisme, et trois faces au sommet inférieur. Incidence de z sur l, 118^d 7′ 31″, la même que celle de P sur l'; de r sur P, 143^d 11′ 29″; de r sur l', 154^d 56′ 3″.

12. Tourmaline *péripolygone.* $\overset{1}{D}\overset{2}{e}\left(\overset{1}{E}\,D^{2}\;D^{1}\;D^{1}\,D^{3}\right)P\;B\;b$
$s\;l\qquad\qquad h\qquad\qquad P\;\underset{1}{n}{}^{1\cdot0}$

(fig. 127) (1). Prisme à vingt-quatre pans. La figure représente le cristal en projection horizontale, en sorte que les pans du prisme se réduisent à de simples lignes l, l', s, h, h'. Le sommet inférieur est à trois faces. Incidence de h sur l', 169^d 6′ 23″; de h' sur l, *id.*; de h ou de h' sur s, 160^d 53′ 37″.

J'ai observé cette forme sur des tourmalines des granites, dont le prisme avoit plusieurs pans assez prononcés, pour qu'on pût en conclure que telle étoit la limite que la cristallisation auroit atteinte, si elle n'eût été gênée.

Nota. 1. Les cristaux des cinq dernières variétés, que j'ai eus entre les mains, manquoient de leur sommet inférieur. Je l'ai supposé semblable à celui de la plupart des variétés précédentes.

2. J'ai vu des tourmalines du Tyrol, dont le prisme étoit hexaèdre, sans aucun indice des trois autres pans qui se rencontrent sur les tourmalines ordinaires; mais elles n'avoient point de sommets.

Indéterminables.

12. Tourmaline *cylindroïde.* En prismes déformés par des arrondissemens et de nombreuses cannelures.

---

(1) Dans le signe, on a fait abstraction du sommet inférieur, qui est censé avoir seulement trois faces parallèles à celles du noyau.

13. Tourmaline *aciculaire*. En aiguilles plus ou moins déliées.

14. Tourmaline *amorphe*.

ACCIDENS DE LUMIÈRE.

Couleurs.

1. Tourmaline *blanche*. Au Saint-Gothard.

2. Tourmaline *verte*. Sa couleur est d'un vert sombre, tirant sur le vert de bouteille. Emeraude du Brésil des lapidaires.

3. Tourmaline *bleu-verdâtre*. Saphir du Brésil des lapidaires.

4. Tourmaline *vert-jaunâtre*. Péridot de Ceilan. *De Lisle*, *t. II*, *p.* 367; var. 7 et 8.

5. Tourmaline *brune*. C'est la couleur de la tourmaline de Ceilan, qui est, de toutes les pierres de cette espèce, la plus anciennement connue. Elle existe aussi dans plusieurs tourmalines d'Espagne.

6. Tourmaline *orangée*.

7. Tourmaline *noire*. Schorl de Madagascar des anciens naturalistes.

Transparence.

1. Tourmaline *transparente*. Beaucoup de tourmalines vertes ou d'un vert-jaunâtre.

2. Tourmaline *translucide*. Une partie des tourmalines brunes.

3. Tourmaline *opaque*.

ANNOTATIONS.

1. Les tourmalines forment une des parties constituantes de plusieurs roches primitives, et ce sont leurs cristaux que les naturalistes ont souvent désignés sous le nom de *schorls*, en décrivant les granites et autres masses de ce genre. On les y trouve ordinairement implantées dans le feld-spath ou dans le quartz. Plusieurs roches talqueuses renferment aussi de ces cristaux, comme au Tyrol.

Parmi les pierres micacées, les unes enveloppent des tourmalines complètes, que l'on peut en détacher avec des précau-
tions ; d'autres sont comme entrelardées d'aiguilles de tourmalines qui se croisent dans toutes sortes de directions. A Ceilan,
les tourmalines tantôt en cristaux isolés, tantôt en petites masses
informes, sont mêlées parmi des zircons, des pléonastes et autres
substances cristallisées, qui ont été transportées, comme elles,
de leur lieu natal, par l'action des eaux. Elles ont assez souvent
la forme de la tourmaline isogone, et quelquefois de la tourmaline convergente et de la prosennéaèdre. La première de ces
formes est aussi celle d'un grand nombre de tourmalines d'Espagne, et des cristaux d'un noir de jayet, qu'on a appelés
schorls de Madagascar, parce qu'on en tire beaucoup de cette
île, quoiqu'il s'en trouve pareillement ailleurs. Les tourmalines
des granites qui sont terminées, ressemblent souvent à la tourmaline équi-différente. Il y a dans la collection du Cit. Gillet-
Laumont, une tourmaline verte du Brésil, dont la forme est
celle de la tourmaline surcomposée. Cette forme est intéressante,
en ce que la loi qui produit les facettes z, z (*fig.* 126), réa-
lise un résultat que j'ai annoncé ailleurs (1), et qui consiste
en ce qu'il peut exister, en vertu d'une loi simple de décroissement, un cristal qui, à l'extérieur, ressembleroit à la forme
primitive.

Les tourmalines blanches du Saint-Gothard sont en petits
cristaux semblables à la variété isogone, et engagés dans une
dolomie mêlée de mica. On en avoit envoyé à Dolomieu, sous
le nom de *berils*, peut-être parce qu'en les jugeant d'après la
couleur, on les croyoit de la même espèce que la pycnite, qui
est le beril schorlacé des Allemands. Dolomieu les reconnut à
leur forme cristalline. Averti par cette première indication, il
les fit chauffer, et trouva qu'ils avoient acquis des pôles électriques ; et le résultat de ses observations valut aux caractères

(1) Voyez t. I. p. 64.

physiques et géométriques, un nouvel accueil de la part de ce profond naturaliste (1).

2. Le défaut absolu de transparence que présentent les tourmalines, lorsque le rayon visuel est parallèle à leur axe, cesse d'avoir lieu, lorsque ces tourmalines sont amincies à un certain degré, qui varie suivant les cristaux. J'ai deux tronçons de tourmaline verte, d'une égale transparence, sous la position où elles jouissent de cette qualité, et dont l'une, qui n'a guère que deux millimètres ou $\frac{8}{9}$ de ligne entre ses deux bases, est encore tout à fait opaque, dans le sens de son axe, tandis que l'autre, qui est seulement un peu plus mince, a dans le même sens une transparence très-marquée.

5. L'explication physique des effets électriques de la tourmaline, si nous voulions la présenter dans toute son étendue, nous entraîneroit au-delà des bornes que nous avons dû nous prescrire dans ce Traité. Nous la réduirons à ce qu'elle a de plus élémentaire, et nous tirerons ce que nous avons à en dire, de la théorie des deux fluides, dont le premier aperçu est dû à Dufay, des résultats d'Æpinus, qui a eu la gloire d'avoir appliqué, le premier, la géométrie à l'électricité, et des importantes découvertes à l'aide desquelles Coulomb, en partant du point où étoit resté Æpinus, a élevé la science à un haut degré de perfection, dans cette belle suite de mémoires où l'on admire l'adresse avec laquelle il a su manier également l'expérience et le calcul.

La manière la plus simple de concevoir les phénomènes dont il s'agit, est de les attribuer aux actions de deux fluides différens, qui composent le fluide électrique, dont l'un, que nous appellerons *fluide vitré*, produit les phénomènes dus à l'électricité que Franklin nommoit *positive*; et l'autre, qui sera le *fluide résineux*, produit ceux que le même savant faisoit dépendre de l'électricité *négative*. Telles sont les propriétés de ces deux fluides que les

---

(1) Voyez son mém. sur ce sujet, journ. de phys., avril, 1798, p. 302 et suiv.

molécules

molécules de chacun se repoussent *à distance*, en raison inverse du carré de cette distance, et attirent celles de l'autre fluide suivant la même loi (1).

4. Lorsque la tourmaline est dans son état ordinaire (et il en faut dire autant des autres corps), les deux fluides qui composent son fluide naturel (2), étant comme neutralisés l'un par l'autre, n'exercent aucune action sur les corps voisins, c'est-à-dire, que leurs forces sont en équilibre. Mais si l'on fait chauffer la tourmaline, alors la présence du calorique détermine une force qui décompose le fluide électrique renfermé dans cette pierre; en sorte que l'une des extrémités, telle que U (*fig.* 128 *a*), devient le siége de l'électricité due au fluide vitré, qui est sorti de la combinaison, et que l'autre extrémité R devient celui de l'électricité due au fluide résineux, rendu de même à l'état de liberté.

Ces deux fluides restent engagés dans la tourmaline, parce que cette substance est du nombre des corps non-conducteurs, ou qui ne transmettent pas l'électricité; au lieu que quand c'est le fluide d'un corps conducteur, par exemple, d'un métal qui a été décomposé par l'action d'une cause quelconque, ses deux fluides composans sortent de son intérieur, pour se répandre sur les deux moitiés de sa surface ; et lorsqu'un corps conducteur reçoit d'ailleurs une quantité additionnelle, soit de fluide vitré, soit de fluide résineux, cette quantité se répand toute entière autour de la surface de ce corps, sans qu'aucune portion pénètre à l'intérieur. Ces résultats se démontrent également par l'expérience et par le calcul (3).

5. Si l'on suspend la tourmaline par le milieu à un fil F C,

----

(1) Mém. de l'Acad. des Sc., an 1785, p. 572.

(2) Chaque corps renferme une certaine quantité de fluide électrique qui lui est propre, et qui dépend de sa nature.

(3) Mém. de l'Acad. des Sc., 1786, p. 72 et suiv. Voyez aussi les leçons de l'école normale, t. V, p. 337.

après l'avoir fait chauffer, et qu'on lui présente une autre tourmaline *c* (*fig.* 128 *b*), pareillement chauffée, et située de manière que son pôle résineux *r* regarde le pôle vitré U de la tourmaline C, cette dernière s'approchera aussitôt de l'autre. Car l'attraction du fluide de U s'exerçant de plus près sur le fluide de *r*, que la répulsion du fluide de R, on peut considérer la tourmaline C comme étant animée par une seule force, en vertu d'une certaine quantité de fluide vitré proportionnelle à la différence entre les forces des fluides de R et de U. Mais cette quantité agissant à son tour de plus près par attraction sur le fluide de *r* que par répulsion sur celui de *u*, il s'ensuit que, tout compensé, les deux tourmalines doivent s'attirer. En appliquant le même raisonnement, en sens contraire, au cas où la tourmaline *c* regarderoit la tourmaline C par son pôle vitré, comme on le voit fig. 129, on en conclura qu'il doit y avoir répulsion entre l'une et l'autre. Dans ce cas, on voit la tourmaline C se retourner pour se présenter à la tourmaline *c* par son pôle R, et s'en approcher ensuite, comme dans l'expérience précédente.

On conçoit aisément, d'après ce qui vient d'être dit, la cause de la répulsion qu'exerce le pôle résineux de la tourmaline, sur un fil de soie attaché à l'extrémité d'un bâton de cire d'Espagne que l'on a frotté, et celle de l'attraction que le pôle vitré exerce sur le même fil. (*Voyez* t. I, p. 158.)

6. Supposons maintenant, que l'on place l'une des boules qui terminent la petite aiguille de cuivre (*t. I, p.* 158), à une petite distance de l'un quelconque des pôles de la tourmaline C (*fig.* 130), par exemple, du pôle résineux R. L'action de ce pôle décomposera le fluide naturel de l'aiguille ; elle attirera dans la boule voisine *u* le fluide vitré, et repoussera le fluide résineux dans la boule *r*, située de l'autre côté ; d'où l'on conclura, par un raisonnement semblable à celui que nous avons fait ci-dessus, que la boule *u* doit tendre vers la tourmaline. La même tendance auroit lieu dans le cas où l'aiguille auroit été en prise à l'action du pôle U ; d'où l'on voit qu'un corps qui est dans l'état naturel,

au moment où il se trouve en présence d'un corps sollicité par une électricité quelconque, est toujours attiré, en conséquence de ce que le corps électrisé agissant aussitôt sur lui, le met dans un état contraire au sien.

Mais si l'on place sous l'une des boules de l'aiguille un bâton de cire d'Espagne électrisé par frottement, cette boule ayant acquis l'électricité vitrée, contraire à celle de la cire qui agit sur elle, sera repoussée par le pôle vitré de la tourmaline, et attirée par le pôle résineux (*t. I, p.* 158).

7. Si l'on présente un des pôles de la tourmaline à des corps légers, tels que des grains de cendre ou de rapure de bois, chaque grain devenant de même un petit corps électrique, dont la partie tournée vers le pôle qui agit sur lui a acquis une électricité contraire à celle de ce pôle, se portera vers la tourmaline. Parvenu au contact, il y restera appliqué, parce que le fluide de la tourmaline, qui est un corps non-conducteur, ne pouvant se communiquer à lui, tout reste dans le même état qu'auparavant. Cependant il arrive assez souvent que quelques-uns de ces grains, aussitôt qu'ils ont touché la pierre, sont repoussés. Cet effet a lieu, lorsque le petit corps a rencontré quelque molécule conductrice ferrugineuse ou autre, située à la surface de la tourmaline (1). Dans ce cas, si l'on suppose, par exemple, que cette molécule eut l'électricité résineuse, une portion de son fluide passera sur la partie contiguë du petit corps, qui est occupée par du fluide vitré, et s'unira avec ce fluide en le neutralisant. Alors le fluide résineux qui enveloppoit l'autre partie du petit corps se trouvant en excès, ce corps sera tout entier à l'état résineux ; d'où il suit que la molécule conductrice qui est dans un état semblable, le repoussera. On voit par là de quelle manière on doit entendre ce qu'ont dit quelques auteurs, que la tourmaline attiroit et repoussoit indifféremment par les deux bouts, sans produire ces

---

(1) Il faut remarquer que le petit corps dont il s'agit, est lui-même d'une nature conductrice.

effets constans d'attraction d'un côté, et de répulsion de l'autre,
qu'on lui avoit attribués (1). Ces derniers effets n'ont lieu qu'avec
une tourmaline placée vis-à-vis d'un corps qui est déjà lui-même
dans un certain état d'électricité. Les autres qui sont variables
ont rapport au cas où les corps sur lesquels agit la tourmaline,
étoient primitivement dans leur état naturel.

8. Dans une tourmaline, les densités électriques (2) décroissent
rapidement en partant des extrémités, en sorte qu'elles sont nulles
ou presque nulles dans un espace sensible situé vers le milieu de
la pierre. C'est une suite de ce que les molécules électriques
agissent les unes sur les autres, en raison inverse du carré de la
distance, et il en résulte que les centres d'actions (3) sont peu
éloignés des extrémités. Effectivement, si l'on fait aller et revenir
une tourmaline vis-à-vis d'une des boules de la petite aiguille de
cuivre, on observera que cette boule a une tendance marquée
vers un point de la pierre voisin de l'extrémité ; mais lorsque la
boule répondra à la partie moyenne, en sorte que le centre
d'action, par son éloignement, n'ait plus de prise sur elle, on
ne verra faire à cette boule aucun mouvement sensible.

C'est un fait très-remarquable que cette distribution graduée
et symétrique des deux fluides, à laquelle se prête la tourmaline, par une suite de sa nature et du mécanisme auquel est
subordonné l'arrangement respectif de ses molécules, de manière

---

(1) On lit dans la nouvelle édition du *Systema naturæ de Linnæus*, par
Gmelin, 1793, t. III, p. 169, que la tourmaline attire par un bout et repousse
par l'autre des corpuscules de cendre, ce qui n'est pas plus exact, si l'auteur
suppose que l'attraction et la répulsion soient constantes.

(2) La densité électrique a pour expression le quotient de la quantité
de fluide libre répandue dans un certain espace, divisée par ce même
espace.

(3) On appelle *centre d'action* un point tellement situé dans l'intérieur
d'un corps qui agit par attraction ou par répulsion sur un autre corps, que si
toutes les molécules attractives ou répulsives se trouvoient concentrées dans
ce point, la somme de leurs actions seroit la même que quand elles sont
distribuées dans toute la masse du corps.

qu'il en résulte un système d'actions que nous tenterions inutilement d'imiter avec les corps que nous soumettons aux expériences
ordinaires d'électricité.

9. Soit T (*fig.* 131) une tourmaline qui ait son centre d'action
résineuse placé en A, et son centre d'action vitrée placé en *a*.
Si l'on met en présence de l'extrémité R un fil de soie dans l'état
résineux, comme celui qui termine le bâton de cire d'Espagne
électrisé par frottement, et qu'on fasse faire à la tourmaline de
petits mouvemens alternatifs de droite à gauche, et réciproquement, on verra le fil de soie se détourner en sens contraire,
pour éviter l'extrémité R; et si l'on approche un peu plus la
tourmaline, le fil se portera tout à coup par un mouvement
curviligne vers le point A. Si l'on présente ensuite au fil les
points situés un peu au-delà de A, et tous les suivans jusqu'à
l'extrémité opposée U, il y aura par tout attraction; mais si l'on
emploie un fil qui ait l'électricité vitrée, comme celui qui seroit
attaché à un tube de verre que l'on auroit frotté, et qu'on l'approche de l'extrémité U, il évitera de même d'aller toucher cette
extrémité, et se portera vers le point *a*; et tous les points situés
au-delà de *a* jusqu'à l'extrémité R, agiront sur lui par attraction;
en sorte que l'on n'aura point précisément l'inverse des effets
précédens, puisque, dans les deux cas, le fil est attiré par la
partie moyenne de la tourmaline. Cette espèce de paradoxe
s'éclaircira, si l'on fait attention que la partie moyenne étant
dans l'état naturel, au moment où elle est présentée au fil,
attire indifféremment ce fil, quelle que soit l'espèce d'électricité
qui le sollicite (*voyez* le n°. 6): de manière que, dans les deux
cas, l'effet de cette attraction s'ajoute à celui du centre d'action
qui agit sur le fil par une électricité contraire à la sienne.

10. Lorsqu'on veut faire chauffer une tourmaline, on peut
l'assujettir par le milieu, entre les branches d'une petite pince
à vis, adaptée à un manche de bois. On l'approchera, par ce
moyen, soit d'un charbon ardent, soit d'une bougie allumée,
en variant sa position, pour lui faire prendre par tout une cha-

leur égale, ou bien on la tiendra plongée dans l'eau chaude
pendant une ou deux minutes. On peut laisser la pierre entre
les branches de la petite pince, pour la présenter aux différens
corps que l'on mettra en prise à son action. Cependant si l'on
veut qu'elle conserve plus long-temps son électricité, on la
placera sur un petit support de verre.

11. La tourmaline commence à devenir électrique, lorsqu'elle
est parvenue à une certaine élévation de température qu'Æpinus
place entre le 30ᵉ. et le 80ᵉ. degré de Réaumur. Si l'on continue
de la chauffer, il y aura un terme où elle cessera de donner des
signes de vertu électrique. Il arrive souvent qu'après l'avoir retirée du feu, on est obligé de la laisser revenir d'elle-même à
une température modérée, pour qu'elle ait de l'action sur les
corps qu'on lui présente (1). Quelquefois elle continue encore,
pendant plusieurs heures, d'attirer ou de repousser ces corps.

12. Si l'on casse une tourmaline au moment où elle manifeste
son électricité, chaque fragment, quelque petit qu'il soit, a ses
deux moitiés dans deux états opposés, comme la tourmaline
entière ; ce qui paroît d'abord très-singulier, puisque ce fragment,
en supposant, par exemple, qu'il fût situé à l'une des extrémités
de la pierre encore intacte, n'étoit alors sollicité que par une seule
espèce d'électricité. On résoud heureusement cette difficulté, à
l'aide d'une hypothèse très-plausible, semblable à celle que Coulomb a faite par rapport aux corps magnétiques qui présentent
la même singularité, c'est-à-dire, en considérant chaque molécule
intégrante d'une tourmaline, comme étant elle-même une petite

─────────

(1) Il paroît qu'au-delà du terme où l'action électrique de la tourmaline
devient nulle, par l'effet d'une trop grande chaleur, il y en a un autre où
ses effets recommencent à avoir lieu, mais en sens inverse. J'ai fait tomber
les foyers de deux lentilles sur les extrémités d'une tourmaline, et j'ai observé
que chaque pôle, après avoir acquis son électricité ordinaire, cessoit ensuite
d'agir, et enfin passoit à l'état opposé. J'ai tenté, à l'aide du même procédé, d'autres expériences, dont les résultats m'ont paru dignes d'attention,
mais auxquelles le temps ne m'a pas permis de mettre la dernière main.

tourmaline pourvue de ses deux pôles. Il en résulte que dans la tourmaline entière, il y a une série de pôles alternativement vitrés et résineux ; et telles sont les quantités de fluide libre qui appartiennent à ces différens pôles, que dans toute la moitié de la tourmaline encore intacte, qui manifeste l'électricité vitrée, les pôles vitrés des molécules intégrantes sont supérieurs en force aux pôles résineux en contact avec eux, tandis que c'est le contraire qui a lieu dans la moitié qui manifeste l'électricité résineuse ; d'où il suit que la tourmaline est dans le même cas que si chacune de ses moitiés n'étoit sollicitée que par des quantités de fluide vitré ou résineux, égales aux différences entre les fluides des pôles voisins. Maintenant, si l'on coupe la pierre à un endroit quelconque, comme la section ne peut avoir lieu qu'entre deux molécules, la partie détachée commencera nécessairement par un pôle d'une espèce, et se terminera par un pôle de l'espèce contraire. Nous reviendrons sur cette explication, lorsque nous parlerons du magnétisme.

13. Dans toutes les variétés de tourmaline représentées par les figures, l'électricité résineuse étoit au sommet inférieur, et l'électricité vitrée avoit son siége dans le sommet supérieur, qui est en général le plus chargé de facettes. Ainsi l'étude des formes cristallines de cette espèce peut servir à deviner d'avance les résultats des expériences sur les attractions et répulsions de la tourmaline. Mais la différence de configuration entre les deux sommets est quelquefois si légérement exprimée, qu'elle pourroit échapper à l'œil, si rien n'avertissoit de la chercher.

Je dois remarquer ici que parmi les neuf pans du prisme de la plupart des variétés ci-dessus, il y en a trois qui naissent d'un décroissement par une rangée sur les angles latéraux de trois rhombes réunis autour d'un même sommet du noyau, tandis que les angles analogues situés dans la partie opposée ne subissent aucun décroissement. C'est ce qui est évident par la seule inspection des signes représentatifs. Il suit de là qu'une tourmaline à neuf pans, qui auroit ses sommets composés du même nombre de faces avec des inclinaisons égales, ne laisseroit pas de déroger à la symétrie des cristaux ordinaires. Au reste, je n'ai pas prétendu offrir un principe qui fût sans exception, mais exposer un résultat d'observations faites sur tous les cristaux électriques par la chaleur et d'une forme complète, que j'ai pu me procurer jusqu'ici.

14. Æpinus est le premier qui ait reconnu que les attractions et répulsions de la tourmaline étoient dues à l'action du fluide électrique (1). Il observa, de plus, que cette pierre avoit tôujours un de ses côtés dans l'état positif, et l'autre dans l'état négatif. Il parvint même à apercevoir une petite lueur électrique, produite par le contact du doigt avec une tourmaline placée sur un fer chaud, dans une chambre très-obscure. Mais le plus bel usage qu'il ait fait de la tourmaline, est d'avoir déduit de ses phénomènes l'idée heureuse de ramener à des lois semblables la théorie de l'électricité et du magnétisme (2).

15. Quoique les tourmalines transparentes soient, en général, celles dont la propriété électrique ait le plus d'énergie, on trouve aussi des cristaux noirs et opaques de la même substance, qui possèdent cette propriété à un haut degré. Mais dans quelques tourmalines chargées de molécules conductrices ferrugineuses et autres, l'électricité est très-foible ou même nulle. Néanmoins, il est souvent arrivé qu'ayant d'abord soumis inutilement une tourmaline à l'expérience, je parvenois ensuite à obtenir des effets sensibles, en faisant chauffer un petit fragment détaché de la masse, et pris dans la partie qui me paroissoit approcher davantage de l'état vitreux.

16. Les minéralogistes étrangers ont divisé leur schorl, qui est notre tourmaline, en deux sous-espèces, dont ils ont nommé

---

(1) Mém. de l'Acad. des Sc. et Belles Lettres de Berlin, 1756, et recueil de différens mémoires sur la tourmaline ; Pétersbourg, 1762.

(2) Nous ferons connoître, à l'article du fer, la liaison qui existe entre ces deux théories.

l'une

l'une *schorl électrique*, et l'autre *schorl noir*. Des deux caractères indiqués par ces noms, c'est celui que fournit la couleur qui paroît avoir été choisi pour distinguer les deux sous-espèces. Ainsi les tourmalines vertes, bleuâtres, orangées et brunes appartiennent à la première, et les noires forment seules la seconde. Je doute que cette distinction soit fondée, puisque les tourmalines brunes et demi-transparentes passent imperceptiblement au noir parfait joint à l'opacité ; et cette gradation de nuances est d'autant moins susceptible d'admettre un point de partage, qu'on l'observe dans les tourmalines d'une même localité. A l'égard du caractère emprunté de l'électricité, on convient qu'en général il est commun à tous les schorls. Mais M. Emmerling, dans son excellent Traité de Minéralogie, indique une modification de ce caractère, qui, si elle étoit réelle, marqueroit la limite entre les deux sous-espèces. Elle consiste, selon ce célèbre naturaliste, en ce que le schorl appelé électrique, *est le seul qui étant trop chauffé perde sa propriété électrique* (1). J'ai cherché à vérifier ce fait, d'abord en supposant que M. Emmerling avoit voulu dire que le schorl électrique étoit le seul dont l'électricité fut détruite sans retour, quand on avoit exposé cette substance à une trop forte chaleur. Mais des tourmalines vertes que j'avois fait chauffer jusqu'au rouge, ont continué de manifester la même vertu par un degré de chaleur convenable, comme cela a lieu pour les schorls noirs soumis aux mêmes expériences. J'ai procédé ensuite dans l'hypothèse où M. Emmerling auroit entendu que le schorl électrique étoit le seul qui, par un trop haut degré de chaleur, ne donnât aucun signe d'électricité, jusqu'à ce qu'il fût revenu à une chaleur modérée, et j'ai observé que le schorl noir présentoit le même résultat.

17. On trouve quelquefois dans le commerce des tourmalines transparentes taillées à facettes, d'une couleur verte ou orangée.

---

(1) Traduction du Cit. Brochant, Traité de Minéralogie, t. I, p. 255.

Mais leur teinte sombre et comme enfumée ne les rend guère propres à être employées comme ornement. J'ai vu des personnes qui portoient au doigt une tourmaline enchatonnée dans une bague, mais seulement comme un petit instrument d'électricité, qu'il suffisoit de présenter au feu, pour le mettre en état d'attirer et de repousser des corps légers.

XVIIIe. ESPÈCE.

AMPHIBOLE, *(m.)* c'est-à-dire, *équivoque ou ambigu.*

Schorl opaque rhomboïdal, *de Lisle, t. II, p.* 379 *et suiv.;* var. 4 et 6. Horn-blende, *Emmerling, t. I, p.* 323. *Id.*, *Werner, catal., t. I, p.* 326. Basaltine. Basaltic horn-blende, *Kirwan, t. I, p.* 219. Schorls, *Daubenton, tabl., p.* 9. La horn-blende, *Brochant, t. I, p.* 415.

Caractère essentiel. Divisible par des coupes très-nettes, parallélement aux pans d'un prisme rhomboïdal de 124^d $\frac{1}{2}$ et 55^d $\frac{1}{2}$.

Caract. phys. Pesant. spécif., 3,25.

Dureté. Rayant le verre. Donnant difficilement des étincelles sous le briquet.

Électricité, nulle par le frottement et par la chaleur.

Caract. géométriques. Forme primitive. Prisme oblique à bases rhombes (*fig.* 132) *pl. LIV*, dont les pans sont inclinés entre eux de 124^d 34′ et 55^d 26′, et dont les bases ont leurs angles de 122^d 56′ et 57^d 4′. Les coupes parallèles aux pans, qui sont très-nettes, présentent communément une multitude de lames dont les bords fracturés se dépassent mutuellement. La position des bases n'est que présumée.

Molécule intégrante. *Id.* (1).

______

(1) La ligne menée de l'extrémité supérieure O de l'arête H à l'extrémité inférieure *o* de l'arête opposée, fait un angle droit avec l'une et l'autre ; son rapport avec chacune d'elles est celui de ⊢ 14 à 1. De plus, le sinus de la moitié de l'inclinaison de M sur M est au cosinus comme ⊢ 29 : ⊢ 8.

Cassure, transversale, raboteuse.

Caract. chim. Fusible au chalumeau en verre noir.

Caractères distinctifs. 1°. Entre l'amphibole et la tourmaline. L'amphibole est très-lamelleux et n'a que quatre joints latéraux, opposés deux à deux, et inclinés entre eux de 124^d $\frac{1}{2}$ ou de 55^d $\frac{1}{2}$. Dans la tourmaline on n'observe que de légers indices de lames, seulement dans les cristaux opaques et les moins purs ; et ces joints, au nombre de six, font entre eux des angles de 120^d. L'amphibole n'est point électrique par la chaleur comme la tourmaline ; il est fusible en verre noir, et la tourmaline en verre blanc ou gris. 2°. Entre l'amphibole et l'épidote. Celui-ci se divise latéralement par deux coupes, dont l'une est plus nette que l'autre, sous un angle de 114^d $\frac{1}{2}$ ou de 65^d $\frac{1}{2}$. Les divisions de l'amphibole, toutes également nettes, sont inclinées entre elles de 124^d $\frac{1}{2}$ ou de 55^d $\frac{1}{2}$; l'épidote est fusible en verre gris, et l'amphibole en verre noir. 3°. Entre l'amphibole et la grammatite. Les divisions de celle-ci ont lieu sous un angle de 127^d, plus fort de 2^d $\frac{1}{2}$ que dans l'amphibole, ou de 53^d, plus foible de la même quantité. Elle est phosphorescente par la percussion et par l'action du feu, propriétés qui manquent à l'amphibole ; elle se fond en émail blanc et bulleux, et l'amphibole en verre noir. 4°. Entre l'amphibole aciculaire et l'asbeste roide. La poussière de l'amphibole est aride au toucher, et celle de l'asbeste douce et pâteuse. 5°. *Voyez* pour la comparaison de l'amphibole avec l'actinote, l'article suivant relatif à cette dernière substance.

V A R I É T É S.

F O R M E S.

Déterminables.

Basaltiche horn-blende, *Emmerling*, t. *I*, p. 330. *Id.*, *Werner*, *catal.*, t. *I*, p. 293.

F 2

1. Amphibole *dodécaèdre.* $\overset{M\ \ 'G'\ P\ \overset{\frac{1}{2}}{B}}{M\ \ x\ \ P\ \ r}$ *(fig.* 133). *De Lisle, t. II,*
p. 384 ; variété 4. Incidence de M sur M, $124^d\ 34'$, et sur x,
$117^d\ 43'$; de P sur l'arête u, $104^d\ 57'$; de P sur M, $103^d\ 13'$;
de l'arête i sur celle qui est opposée à u, $104^d\ 57'$, la même
que l'incidence de P sur l'arête u ; de r sur r, $149^d\ 38'$, et
sur x, $105^d\ 11'$.

2. Amphibole *équi-différent* (1). $\overset{M\ \ 'G'\ \overset{1}{E}\ \overset{\frac{1}{2}}{B}\ \overset{1}{a}\ p}{M\ \ x\ \ l\ \ r\ \ y\ \ p}$ *(fig.* 134).
Un sommet à quatre faces et l'autre à deux. *De Lisle, t. II,*
p. 389 ; variété 6. Par une suite de la position horizontale de
la ligne qui va de O en o *(fig.* 132), les faces r, r *(fig.* 134),
produites par le décroissement $\overset{\frac{1}{2}}{B}$, ont précisément les mêmes
figures et les mêmes inclinaisons que les faces l, l, qui résultent
du décroissement $\overset{1}{E}$. La face y produite par le décroissement $\overset{1}{a}$
s'assimile de même à la face p, parallèle à la base supérieure du
noyau. Incidence de l sur M, $110^d\ 2'$, et sur x, $105^d\ 11'$; de y
sur l'arête u, ou de p sur l'arête opposée, $104^d\ 57'$.

3. Amphibole *ondécimal.* $\overset{M\ \ 'G'\ P\ \overset{\frac{1}{2}}{B}\ \overset{1}{a}\ p}{M\ \ x\ \ P\ \ r\ \ y\ \ p}$ *(fig.* 135)(2).
Même sommet supérieur et même prisme que dans le dodécaèdre
(fig. 133) ; sommet inférieur semblable à celui de l'équi-différent
(fig. 134).

---

(1) Les deux sommets sont désignés ici indépendamment l'un de l'autre,
c'est-à-dire, que chaque lettre n'exprime que le décroissement qui appartient au sommet sur lequel cette lettre est placée, en sorte qu'il n'y a rien
de sous-entendu.

(2) *Idem.*

4. Amphibole *sexdécinal* (1). $\overset{\scriptscriptstyle 1}{M}\,{}^{\scriptscriptstyle 1}\overset{\scriptscriptstyle 1}{G}{}^{\scriptscriptstyle 1}\,\overset{\frac{1}{2}}{E}\,B\;\overset{\scriptscriptstyle 1}{a}\,\overset{\frac{1}{2}}{e}\,e^{3}\,p$ (*fig.* 136).
$\ M\;x\;\;l\;\;r\;\;y\;z'z\;p$

Six pans au prisme ; six faces au sommet inférieur, et quatre au sommet supérieur. Incidence de z ou de z' sur x, $118^{d}\,28'$. Cette variété se trouve dans la collection du citoyen Gillet-Laumont.

Les facettes z', z produites l'une par le décroissement $\overset{\frac{1}{2}}{e}$, l'autre par le décroissement e^{3}, s'assimilent entre elles.

5. Amphibole *surcomposé* (2). $M\;{}^{1}G^{1}\;\overset{\scriptscriptstyle 1}{E}\;\overset{\frac{1}{2}}{B}\;\overset{\frac{1}{3}}{E}\left(\overset{\frac{1}{4}}{E}\;D^{1}\;B^{2}\right)\overset{\scriptscriptstyle 1}{a}\;p\;\overset{\frac{1}{2}}{b}\,\overset{\scriptscriptstyle 1}{e}$
$\ M\;\;x\;\;l\;\;r\;\;c\;\left(\;c'\right)\;y\,p\,r\,l'$

(*fig.* 137). Le sommet supérieur ne diffère de celui de l'amphibole équi-différent (*fig.* 134), que par l'addition des facettes c, c', dont l'une résulte de la loi simple $\overset{\frac{1}{3}}{E}$, et l'autre de la loi intermédiaire $\left(\overset{\frac{1}{4}}{E}\;D^{1}\;B^{2}\right)$; et qui ne laissent pas d'être semblables et également inclinées. Le sommet inférieur participe des deux sommets de l'équi-différent, comme on peut en juger par la correspondance des lettres l', l', r', r'. Incidence de c ou de c' sur x, $129^{d}\,8'$. Cette variété singulière m'a été communiquée par le Citoyen Borin.

Indéterminables.

6. Amphibole *cylindroïde*. En prismes déformés par des arrondissemens.

7. Amphibole *laminaire*. En masses composées de lames continues.

8. Amphibole *lamellaire*. *De Lisle*, p. 422 ; var. 15. Gemeiner horn-blende, *Emmerling*, t. I, p. 323. Id., *Werner, catal.*, t. I, p. 326. Schorl spathique et pâte de schorl, *Daub.* Composé de

---

(1) Même remarque, par rapport au signe indicatif, qu'aux notes précédentes.

(2) *Idem.*

grains ou de petits cristaux, dont les lames sont comme entre-lacées les unes dans les autres, en sorte que son intérieur présente une multitude de facettes diversement inclinées.

9. Amphibole *aciculaire*. En prismes déliés, fasciculés, ou qui se croisent dans différentes directions.

A C C I D E N S D E L U M I È R E.

Couleurs.

1. Amphibole *noir*. A mesure qu'on le broie, une couleur d'un vert sombre remplace le noir, et l'on finit par obtenir une poussière d'un gris verdâtre.

2. Amphibole *brun*.

Transparence.

Amphibole *opaque*.

Substances étrangères à l'espèce de l'amphibole, que l'on y a faussement rapportées, la plupart sous le nom de schorl.

1. Tourmaline. Schorl électrique.
2. Epidote. Schorl vert du Dauphiné.
3. Pyroxène. Schorl volcanique.
4. Axinite. Schorl violet.
5. Feld-spath quadrioctogonal. Schorl blanc du Dauphiné.
6. Staurotide. Schorl cruciforme.
7. Disthène. Schorl bleu.
8. Anatase. Schorl octaèdre du Dauphiné.
9. Actinote. Schorl du Zillerthal.
10. Pycnite. Schorl blanc d'Altenberg.
11. Macle. Quoique rangée parmi les schorls, elle n'avoit point d'autre nom que celui de *macle de Bretagne*.
12. Prehnite du Cap. Elle n'avoit point non plus de dénomination qui rappelât l'espèce dans laquelle on la plaçoit. Mais

on avoit donné à la prehnite de France le nom de *schorl en gerbes.*

13. Titane oxydé de Hongrie. Schorl rouge.

14. Sibérite de Lhermina ; daourite de Lametherie ; schorl rouge de Sibérie.

15. Grammatite. Schorl fibreux.

16. Sphène. Nouveau schorl violet (1).

A N N O T A T I O N S.

1. L'amphibole abonde dans les montagnes primitives ; mais il y est rarement en cristaux d'une forme bien prononcée. Celui qui fait partie d'un grand nombre de granites, où il entre souvent pour plus des deux tiers de la masse, est en cristaux courts, irréguliers , et d'une contexture très-lamelleuse. Dans certaines roches à base de stéatite, de chlorite, ou micacées, l'amphibole se montre sous la forme de prismes assez longs, mais rarement bien terminés. Quelquefois il constitue seul des masses assez considérables, et alors il est composé de lames entrecroisées. On le rencontre rarement dans les cavités des filons, où il auroit pu prendre plus aisément les formes régulières qui lui sont propres. Ce n'est guère que dans les déjections volcaniques que l'on le trouve en beaux cristaux solitaires, non pas que ceux-ci doivent être regardés comme un produit immédiat des volcans ; mais parce qu'ayant été d'abord incorporés avec les roches où ils avoient pris naissance, antérieurement à l'action des feux souterrains, ils ont été ensuite dégagés de leur base, par l'effet de la scorification, pour être rejetés, à l'époque de l'éruption, avec les scories légères qui les environnoient (2).

---

(1) On auroit pu charger cette liste de plusieurs autres minéraux qui n'ont fait, pour ainsi dire , que passer à travers l'espèce du schorl, tels que le péridot des volcans, l'amphigène , l'émeraude, dite *aigue-marine de Sibérie,* la chaux phosphatée, dite *apatite,* la baryte sulfatée en baguettes, stangen-spath des Allemands , etc.

(2) Le fond de cet article m'a été fourni par le Cit. Dolomieu.

Les variétés 2 et 3 ont été trouvées par le Citoyen Launoy, parmi les produits volcaniques de la Carboneira, près du cap de Gates, dans le royaume de Grenade.

2. Les cristaux réguliers d'amphibole sont, en général, d'un volume peu considérable. Le plus gros que j'aie observé, qui étoit dodécaèdre, avoit 15 millimètres ou près de sept lignes de longueur, sur 12 millimètres ou environ 5 lignes $\frac{1}{3}$ d'épaisseur.

3. Les minéralogistes, surtout ceux de France, ont réuni, pendant long-temps, l'amphibole sous le nom commun de *schorl*, avec beaucoup d'autres espèces de minéraux. En nous bornant à celles qui portoient ce nom, lorsque Romé de Lisle publia la seconde édition de sa Cristallographie, ou qui leur ont été associées depuis, nous avons seize espèces, dont l'énumération a été donnée ci-dessus. L'histoire naturelle ne présente, peut-être, nulle part un plus grand nombre d'erreurs resserrées dans un plus petit espace.

Il paroît que c'est le caractère de la fusibilité par le chalumeau, employé sans autre examen, et pour ainsi dire sans ménagement, qui a d'abord servi comme de lien commun à tous ces prétendus schorls (1). Après s'être accoutumé à confondre des substances très-distinctes, sur la foi d'un caractère souvent peu décisif, lorsqu'on l'emploie solitairement, on en vint, comme par degrés, jusqu'à prononcer le mot de *schorl*, au seul aspect d'une substance nouvelle, dont les cristaux, lorsqu'ils étoient prononcés, se rapprochant de la forme rhomboïdale, ou, dans le cas d'une cristallisation confuse, s'alongeant en prismes chargés de cannelures et réunis par fascicules, avoient avec les schorls déjà connus, un faux air de ressemblance, que l'on prenoit pour l'air de famille. Il suffisoit même quelquefois, qu'elle ne ressemblât à rien de ce que l'on connoissoit. On en faisoit un

______

(1) *Voyez* Wallerius, édit. de 1778, t. I, p. 331; Demeste, lettres, t. I, p. 366; Romé de Lisle, t. II, p. 506; Lametherie, théorie de la terre, 1re. édit., t. II, p. 64.

schorl,

schorl, par la seule raison qu'il falloit en faire quelque chose. Un illustre géomètre, le Cit. Lagrange, disoit, à cette occasion, que le schorl étoit le *nectaire* (1) des minéralogistes.

3. L'une des substances avec lesquelles on pourroit être surtout tenté de confondre l'amphibole, au premier coup d'œil, est la tourmaline, surtout lorsque l'on compare l'amphibole dodécaèdre avec la tourmaline équi-différente, où les faces les plus surbaissées du sommet hexaèdre ont sensiblement la même inclinaison que les faces r, r', P (*fig.* 133) des sommets de l'amphibole. Et si l'on suppose avec Romé de Lisle, et comme je l'avois d'abord fait moi-même, d'après des mesures prises sur des cristaux peu prononcés, que le prisme de l'amphibole soit régulier, le rapprochement de ces deux corps, d'ailleurs souvent opaques et d'une couleur noire, aura de grandes apparences en sa faveur. La staurotide et le pyroxène ont aussi, avec l'amphibole, certains traits de ressemblance, qui, pour ne pas induire en erreur, exigent qu'on y regarde de près. Ce sont ces analogies qui ont suggéré le nom d'*amphibole*, comme pour avertir l'observateur de ne pas s'en laisser imposer par les dehors.

On auroit pu continuer d'employer le nom de *schorl*, en l'appliquant à l'espèce dont il s'agit ici. Mais ce nom qui sert, en Allemagne, à désigner la tourmaline, eut laissé subsister une équivoque qu'il étoit important d'éviter. Quant au mot de *hornblende*, il étoit trop impropre pour être conservé ; ce qui conduisoit à adopter une nouvelle dénomination, pour remplacer celle de *schorl*. Et peut-être même étoit-il bon de faire, pour ainsi dire, un exemple de ce mot, qui avoit occasionné tant d'erreurs, en le proscrivant de la nomenclature des minéraux.

4. J'ai indiqué plus haut (2) une propriété géométrique des

----

(1) Nom donné par les botanistes, d'après Linnæus, à des parties de la fleur très-différentes par leur position, dans les diverses espèces où on les considère.

(2) Page 42, note I.

molécules de l'amphibole, qui consiste en ce que si l'on mène une ligne droite de l'extrémité supérieure O (*fig.* 132) de l'arête H, à l'extrémité inférieure de l'arête opposée, ou de celle qui aboutit en A, cette ligne se trouve perpendiculaire sur l'une et l'autre arête. Du moins est-il vrai qu'en déterminant la hauteur de la molécule, d'après cette hypothèse, on parvient à des lois simples de décroissement, relativement aux formes secondaires. Or, cette propriété est d'autant plus remarquable, qu'elle existe également dans les molécules des autres substances minérales, dont la division mécanique conduit aussi à un prisme oblique qui a pour bases de véritables rhombes ; et j'ai retrouvé cette même propriété dans la molécule des cristaux de nickel sulfaté obtenus par le Cit. Leblanc, dont je parlerai à l'article de cette substance métallique.

5. Romé de Lisle regardoit la différence de configuration qui a lieu entre les sommets de l'amphibole équi-différent, comme l'effet d'un jeu de cristallisation du même genre que ceux d'où résultent les hémitropies. Supposons un plan coupant qui, en partant d'un point pris sur l'arête i (*fig.* 133) dans l'amphibole dodécaèdre, se dirige perpendiculairement aux faces x, et soit en même temps parallèle à l'axe. Imaginons de plus que le segment détaché par ce plan dans la partie postérieure du cristal restant fixe, un segment semblable pris dans un autre dodécaèdre vienne s'appliquer contre lui en prenant une position renversée, de manière que les deux coupes adhèrent l'une à l'autre. Le polyèdre deviendra semblable à l'amphibole équi-différent ; il faudra seulement supposer que la face p et celle qui lui sera accolée se prolongent, s'il est nécessaire, de manière à masquer les résidus des faces r, r, et de celles qui leur seront analogues sur l'autre segment.

L'observation d'un cristal qui m'a été donné par la Cit. Dré, paroît confirmer cette supposition. Ce cristal a le même aspect que si la section faite dans le dodécaèdre avoit passé sur la face P, à une petite distance du sommet s, en se dirigeant parallèlement

à la grande diagonale de cette même face. On conçoit que, dans
ce cas, le sommet supérieur de l'hémitropie doit avoir un angle
rentrant formé par le petit triangle intercepté sur la face P, et
par celui qui lui correspond sur l'autre segment.

La même supposition s'appliqueroit à la variété sexdécimale
(*fig.* 136), sans l'intervention des facettes *z*, *z'*, qui ne paroissent pas s'y prêter. L'embarras seroit beaucoup plus grand
par rapport à la variété ondécimale (*fig.* 135). Enfin, j'observe
que dans la surcomposée (*fig.* 137), le sommet inférieur réunit
les faces des deux sommets de la variété dodécaèdre (*fig.* 133):
mais la face *p* (*fig.* 137) qui répond à P (*fig.* 133), est séparée,
par la face *y*, des faces *r'*, *r'* (*fig.* 137), analogues à celles qui
sont marquées des mêmes lettres (*fig.* 133): et de même la face *y*
est séparée des faces *l'*, *l'*, par la face *p*; d'où il suit que pour
avoir ici une hémitropie, il faudroit imaginer que les faces *p*, *y*,
échangeassent leurs positions, et alors elles formeroient un angle
rentrant comme dans le cas exposé précédemment, au lieu qu'elles
sont saillantes sur leur arête de jonction. L'aspect du cristal semble
donc encore exclure ici l'idée d'un renversement. Quoi qu'il en
soit, on a vu que la théorie satisfaisoit, dans tous les cas, à
l'hypothèse où la cristallisation produiroit chaque forme comme
d'un seul jet. Mais il faut avouer qu'elle ne fait disparoître qu'en
partie l'air de singularité et de paradoxe sous lequel se présentent
les cristaux d'amphibole. On diroit qu'il y a ici un mélange des
accidens qui déterminent les hémitropies, et des lois qui donnent
naissance aux formes ordinaires; et il en résulte une espèce d'am-
biguité qui semble ajouter un nouveau fondement à la dénomination d'amphibole.

La même hypothèse meneroit à conclure que, si l'on peut dire
jusqu'ici que les cristaux électriques par la chaleur ont leurs sommets différemment configurés, la proposition inverse n'est pas
vraie. Cependant l'amphibole présente, relativement à cette différence elle-même, des circonstances qui le distinguent de la tourmaline. Car, en premier lieu, cette différence ne se soutient pas

dans toutes les variétés, puisque celle en dodécaèdres, qui est la plus commune, a ses sommets semblables. D'ailleurs, dans les tourmalines que j'ai été à portée de voir, les faces qui existoient sur le sommet le plus simple, se répétoient sur le plus composé : en sorte que celui-ci n'étoit autre chose que le premier, plus certaines facettes additionnelles. Au contraire, les variétés d'amphibole dont les sommets diffèrent entre eux, n'en ont aucun qui rentre exactement dans l'autre; car ceux des variétés *(fig.* 134, 135 et 136) n'ont rien de commun que les faces P, *p*, et dans la variété *(fig.* 137) où les faces *r, r', l, l'* du sommet supérieur ont leurs analogues sur le sommet inférieur, chaque sommet a de plus des facettes qui lui sont particulières; savoir, les facettes *c, c'* d'une part, et *p, y* de l'autre. Au reste, je ne prétends pas établir ici des règles, mais seulement énoncer les résultats des observations faites sur les cristaux connus jusqu'à ce jour.

X I X^e. E S P É C E.

A C T I N O T E, *(m.)* c'est-à-dire, *corps rayonné.*

Rayonnante, *Saussure, voyage dans les Alpes,* N°s. 1728 et 1919. Schorl vert du Zillerthal; zillerthite, *Lametherie, théorie de la terre,* 2e. édit., *t. I, p.* 357. Strahlstein, *Emmerling, t. I, p.* 418. *Id., Werner, catal., p.* 306. Actynolite, *Kirwan, t. I, p.* 167 et 168; 16 et 17 species. La rayonnante commune, *Brochant, t. I, p.* 507.

Caractère essentiel. Divisible par des coupes nettes, parallélement aux pans d'un prisme rhomboïdal de 124^d $\frac{1}{2}$ et 55^d $\frac{1}{2}$.

Caract. phys. Pesant. spécif., 3,3333.

Dureté. Rayant le verre; fragile dans le sens transversal.

Cassure, transversale, un peu ondulée et un peu luisante.

Caract. géom. Forme primitive. Prisme à bases rhombes, dont les pans sont inclinés entre eux d'environ 124^d $\frac{1}{2}$ et 55^d $\frac{1}{4}$. Les coupes parallèles aux pans sont nettes et éclatantes. La position des bases n'est que présumée.

Molécule intégrante. *Id.* (1).

Caract. chim. Fusible en émail grisâtre.

Caract. distinct. Les mêmes que pour l'amphibole, en substituant la fusibilité en émail grisâtre à celle en verre noir. Quant aux différences entre l'actinote et l'amphibole lui-même, nous en parlerons plus bas dans les annotations.

VARIÉTÉS.

FORMES.

1. Actinote *hexaèdre.* Gemeiner strahlstein, *Emmerling, t. I,* p. 418. *Id., Werner, catal., p.* 306. Schorlaceus actynolite, *Kirwan, t. I, p.* 168. En prismes hexaèdres, ayant deux angles saillans d'environ 124^d 30', et quatre de 117^d 45'. Je n'ai point encore observé de ces prismes qui fussent pourvus de leurs sommets naturels.

2. Actinote *aciculaire.* Asbestartiger strahlstein, *Emmerling,* t. I, p. 416. *Id., Werner, catal., p.* 305. Amianthinite, *Kirwan,* t. I, p. 164. En prismes plus ou moins déliés, fasciculés ou croisés.

3. Actinote *lamellaire.* Horn-blende (greyish black, or blackish green, or dark olive green, or leek green), *Kirwan, t. I,* p. 213. Schorl spathique vert de quelques auteurs. Composé de petites lames ordinairement entrelacées.

4. Actinote *étalé.* Rayonnante à larges rayons, *Saussure, voyage dans les Alpes,* N°. 1920. En prismes fasciculés, ayant quelquefois un centimètre et plus de largeur, dont plusieurs ont leurs pans légérement concaves ou convexes, ou même sont courbés en arc. Cette variété est d'un gris verdâtre joint à un éclat assez vif et un peu nacré.

______

(1) Le défaut de cristaux complets n'a pas permis de déterminer jusqu'ici les dimensions de cette molécule.

5. Actinote *fibreux*. Composé de fibres très-déliées, de plusieurs centimètres de longueur, disposées parallélement entre elles, d'une couleur blanche un peu soyeuse. Une très-légère pression suffit pour les séparer, et si on les passe entre les doigts, elles se soudivisent avec une extrême facilité en une multitude d'autres fibres très-courtes, en sorte que la substance paroît s'être convertie tout à coup en duvet. Si l'on saisit une des fibres avec une pince, et qu'on essaye de la plier, on trouve qu'elle a une certaine roideur et est élastique. Cette substance diffère de l'asbeste flexible ou amiante, en ce que les filamens de celle-ci, lorsqu'on les sépare, se soutiennent beaucoup mieux, sans se soudiviser, et en ce qu'ils n'ont pas la même roideur, lorsqu'on tente de les plier. Je rapporte cette substance à l'actinote, en me conformant à l'opinion de plusieurs minéralogistes Français d'un mérite distingué.

A C C I D E N S   D E   L U M I È R E.

Couleurs.

1. Actinote *vert-sombre*.
2. Actinote *vert-clair*.
3. Actinote *gris-verdâtre*. La variété étalée.
4. Actinote *noirâtre*.
5. Actinote *blanc*. La variété fibreuse.

Transparence.

1. Actinote *translucide*.
2. Actinote *opaque*.

A N N O T A T I O N S.

1. L'actinote appartient au sol primitif, surtout à celui dans lequel la magnésie domine. Il y existe comme partie constituante de beaucoup de roches d'espèces différentes, parmi lesquelles il en est plusieurs dont il forme la base. Le plus pur, celui dont

les cristaux sont le mieux prononcés et ont le plus de longueur,
a pour enveloppe un talc feuilleté, blanc ou vert. Tel est l'actinote
qui vient du Zillerthal, dans le Tirol. Ailleurs, cette substance
est engagée dans la dolomie, dans les roches micacées et même
dans le pétrosilex. Le Citoyen Dolomieu a de l'actinote noirâtre,
en très-longs prismes, dans des masses de mica noir en petites
écailles ; il en a aussi de lamellaire, entrelacé avec de la mine
de fer grise, avec du titane oxydé rouge, etc. En général, l'actinote est commun dans les Alpes Piémontaises, Lombardes et Ti-
rollaises, et il abonde surtout dans la vallée de Zillerthal (1).

2. L'actinote se divise suivant les mêmes directions que l'amphibole, et ses joints ont sensiblement les mêmes inclinaisons
respectives. Il s'en rapproche encore par sa dureté et par sa pesanteur spécifique ; et à l'égard de la différence de couleur que
présente le résultat de la fusion de ces deux substances, elle pourroit ne provenir que d'un mélange de fer, qui teindroit en noir
le verre produit par l'amphibole. Mais pour savoir jusqu'où
s'étend l'analogie entre ces substances, il faudroit avoir trouvé
des cristaux d'actinote avec des sommets pourvus de facettes qui
permissent de déterminer avec précision sa molécule. Or, inutilement cherche-t-on ces sommets. Les cristaux dégagés avec le
plus grand soin de leur gangue, ne présentent qu'une cassure à
chaque extrémité. J'ai observé, à la vérité, sur quelques-uns une
facette oblique, qui sembloit être le rudiment d'un sommet. Mais
il est probable que c'étoit plutôt l'empreinte d'un autre cristal
qui avoit comme barré le premier, qu'un résultat direct de la
cristallisation.

3. En général, les coupes des cristaux d'actinote sont plus
exactement sur un même plan, que celles des cristaux d'amphibole, qui présentent des portions de lames fracturées et disposées comme en retraite. Dans les premiers, c'est la couleur
verte qui domine, et quelques-uns ont à certains endroits une

____

(1) Le fond de cet article m'a été fourni par le Cit. Dolomieu.

transparence, d'où résulte une espèce de chatoyement d'un beau vert d'émeraude, qui semble percer à travers la teinte plus foncée des parties environnantes. Les cristaux d'amphibole, au contraire, sont noirs ou d'un brun sombre. Mais ces différences qui ne tiennent qu'à des nuances accidentelles, peuvent servir tout au plus à caractériser certains corps particuliers, et sont comme les nuances extrêmes d'une série où les milieux se confondent. Le Citoyen Dolomieu m'a fait voir des cristaux noirs, qui, d'après l'inspection de la localité, appartenoient, selon lui, à l'actinote, et qu'on eût été tenté de rapporter à ce qu'on a nommé *horn-blende cristallisée*, en les envisageant d'une manière isolée. D'une autre part, il paroît que la horn-blende verte en masses des Allemands, ou le schorl spathique vert des Français est une variété de l'actinote. Ainsi, il est infiniment probable que quand nous serons à portée de comparer exactement les deux substances, sous tous leurs points de vue, la limite qui jusqu'ici a semblé les distinguer, disparoîtra entièrement ; et telle est l'opinion du Citoyen Dolomieu, qui les ayant suivies l'une et l'autre dans leurs gisemens, et frappé d'ailleurs des rapports de structure que j'avois reconnus entre elles, considère l'actinote comme congénère de l'amphibole, dont il offre la substance beaucoup plus voisine de l'état de pureté. C'est l'expectative dont je viens de parler, qui m'a engagé à conserver le nom d'*actinote*, que je regarde comme vicieux, mais auquel il seroit superflu d'en substituer un autre, s'il ne doit avoir qu'une existence passagère.

4. J'ai observé une substance en prismes hexaèdres, d'un vert plus ou moins pâle, et d'environ un millimètre d'épaisseur, qui ont un grand nombre de fêlures transversales. Ils sont engagés dans un talc écailleux, semblable à celui qu'on a appelé *craie de Briançon*. La plus grande incidence de leurs pans m'a paru être d'environ 125^d, comme dans l'actinote. Mais comme il n'y a qu'environ 3^d de différence entre cette valeur et celle de l'angle correspondant sur les prismes de grammatite, il m'est resté, à cet égard, une incertitude qui ne pourroit être levée que par

des

des mesures prises sur des cristaux plus volumineux que ceux
de la substance dont il s'agit. Du reste, je n'ai point remarqué
qu'elle fût phosphorescente, et le Cit. Lelièvre, qui l'a essayée
au chalumeau, penche à la regarder, d'après le résultat de sa
fusion, comme une variété de l'actinote.

XXe. ESPÈCE.

PIROXÈNE, *(m.)* c'est-à-dire, *hôte ou étranger dans*
le domaine du feu.

Schorl noir en prisme octaèdre, *de Lisle, t. II, p.* 398. Schorls
volcaniques, *Sciagr., t. I, p.* 292. Augit, *Emmerling, t. III,*
p. 241. Pyroxène, schorl des volcans, *Daubenton, tabl., p.* 11.
M. Kirwan en fait une variété du basaltic horn-blende, *t. I,*
v. 219. L'augite, *Brochant, t. I, p.* 179.

Caractère essentiel. Divisible parallélement aux pans d'un
prisme oblique rhomboïdal de 92^d et 88^d environ, lequel se soudivise dans le sens des grandes diagonales des bases.

Caract. phys. Pesant. spécifique , 3,2265.

Dureté. Rayant à peine le verre.

Couleur des parcelles , obtenues par la trituration. Je l'ai
trouvée constamment verte, avec une teinte plus ou moins foncée,
quelle que fût la couleur des cristaux intacts.

Caract. géom. Forme primitive (*fig.* 138) *pl. LIV*. Prisme
oblique à bases rhombes, dont les pans sont inclinés entre eux
de 92^d 18' à l'endroit de l'arête G, et de 87^d 42' à l'endroit de
l'arête H ; ce prisme est divisible dans le sens de la grande
diagonale des bases en deux prismes obliques triangulaires. Les
joints parallèles à l'axe sont très-apparens dans certains cristaux ;
j'ai observé aussi, mais plus rarement, ceux qui sont parallèles
aux bases, et ils étoient moins nets que les premiers (1).

____

(1) La ligne menée de l'angle O sur l'extrémité inférieure de l'arête opposée

Molécule intégrante ; prisme oblique triangulaire.

Cassure, transversale, raboteuse.

Caract. chim. Fusible au chalumeau, mais avec difficulté, et seulement lorsqu'il est en petits fragmens.

Analyse du pyroxène de l'Etna, par Vauquelin (1).

Silice	52,00.
Chaux	13,20.
Alumine	3,33.
Magnésie	10,00.
Oxyde de fer	14,66.
Oxyde de manganèse	2,00.
Perte	4,81.
	100,00.

Analyse du pyroxène d'Arendal, par le Cit. W. Roux, de Genève (2).

Silice	45,0.
Chaux	30,5.
Alumine	3,0.
Manganèse	5,0.
Oxyde de fer	16,0.
Perte	0,5.
	100,0.

à H, est perpendiculaire sur cette arête ; le rapport entre l'une et l'autre est celui de $\sqrt{3}$ à ½ ; la grande diagonale du rhombe de la base est à la petite comme 13 à 12.

(1) Journ. des mines, N°. 39, p. 172.

(2) *Idem*, N°. 53, p. 366. Ce résultat ne s'accorde sensiblement avec le précédent que par les proportions d'alumine, de fer et de manganèse, et la magnésie ne s'y trouve pas. Cependant l'examen que j'ai fait des pyroxènes d'Arendal, surtout de ceux que j'ai reçus postérieurement à cette analyse, et dont la forme étoit très-prononcée, ne me paroît laisser aucun doute sur leur identité avec les pyroxènes de l'Etna.

Caractères distinctifs. 1°. Entre le pyroxène et l'amphibole. Celui-ci a, dans le sens longitudinal, deux joints très-éclatans, et inclinés entre eux de 124^d $\frac{1}{2}$ et 55^d $\frac{1}{2}$; ceux du pyroxène, ordinairement moins éclatans, conduisent à un prisme dont les angles sont de 92^d et 88^d ; ce prisme admet une soudivision en diagonale, laquelle manque à l'amphibole. Celui-ci se fond aisément, et le pyroxène difficilement. 2°. Entre le pyroxène et la tourmaline. Celle-ci est électrique par la chaleur, et non le pyroxène ; elle est beaucoup plus fusible. 3°. Entre le pyroxène en cristaux croisés et la staurotide. Le croisement des cristaux de celle-ci se fait constamment sous l'angle de 60^d ou de 90^d ; dans le pyroxène il a lieu sous d'autres angles, qui n'ont rien de constant.

VARIÉTÉS.

FORMES.

1. Pyroxène *périhexaèdre.* $\frac{\text{M 'H' P}}{\text{M } r \text{ P}}$ (*fig.* 139). Incidence de M sur M, 87^d 42' ; de M sur le pan de retour, 92^d 18' ; de r sur M, 133^d 51' ; de P sur r, 106^d 6'. Angles de la base ; z ou z' = 95^d 54' ; chacun des quatre autres angles est de 132^d 3'.

2. Pyroxène *périoctaèdre.* M 'H' 'G' P. La variété précédente dont les arêtes situées entre M, M et les pans de retour, sont remplacées chacune par un trapèze incliné sur ces mêmes pans de 136^d 9'.

3. Pyroxène *bis-unitaire.* $\frac{\text{M 'H' E' 'E}}{\text{M } r \quad s}$ (*fig.* 140). Prisme hexaèdre, avec des sommets dièdres, dont l'arête terminale est oblique à l'axe. Incidence de s sur s, 120^d ; de s sur r, 103^d 54'. Angles de l'hexagone r ; g ou g' = 117^d 58' ; chacun des quatre autres angles est de 121^d 1'.

4. Pyroxène *triunitaire.* $\frac{\text{M 'H' 'G' E' 'E}}{\text{M } r \quad l \quad s}$ (*fig.* 141). La variété

précédente devenue périoctaèdre. *De Lisle, t. II, p.* 398 ;
var. 9. Incidence de *l* sur M, 136^d 9' ; de *s* sur *l*, 120^d ; la
même que celle de *s* sur *s*. Le cristal mis dans la position
indiquée·par la figure, s'offre sous l'aspect d'un prisme octaèdre
à sommets dièdres ; si on le place de manière que les faces *s*,
s soient verticales, on pourra le concevoir comme un prisme
hexaèdre régulier à sommets trièdres, dont l'un sera composé
des faces M, *r*, M, et l'autre des faces parallèles aux précédentes.

5. Pyroxène *sexoctonal.* M 'H' 'G' E' 'E P. La variété précédente, dont l'arête *x* et son opposée sont remplacées chacune
par un rectangle alongé. Incidence de ce rectangle sur les faces
s, *s*, 150^d.

6. Pyroxène *soustractif.* $\begin{smallmatrix} M & 'H' & 'G' & E' & 'E & \mathring{A} \\ M & r & l & & s & n \end{smallmatrix}$ (*fig.* 142). La
variété triunitaire (*fig.* 141), dont l'angle solide aigu, situé à
l'extrémité postérieure de l'arête *x*, est remplacé par une facette
triangulaire horizontale, *de Lisle, t. II, p.* 415 ; var. 13. Incidence de *n* sur *r*, 90^d. Les facettes *n* sont rarement planes, et
forment communément une courbure plus ou moins sensible,
surtout vers leur angle du sommet.

7. Pyroxène *dioctaèdre.* $\begin{smallmatrix} M & 'H' & 'G' & E^3 & E' & 'E \\ M & r & l & o & s \end{smallmatrix}$ (*fig.* 143).
La variété triunitaire (*fig.* 141) émarginée à la rencontre des
faces *s*, M. Incidence de *o* sur M, 145^d 9' ; de *o* sur *s*,
156^d 39'.

8. Pyroxène *octoduodécimal.* $\begin{smallmatrix} M & 'H' & 'G' & E' & 'E P & \mathring{A} & ^3A \\ M & r & l & s & P & t & u \end{smallmatrix}$ On
peut prendre une idée de cette variété, d'après la fig. 144,
relative au pyroxène hémitrope, qui sera décrit dans un instant.
On supposera que les facettes *x*, *x'* soient remplacées, l'une par
la facette P, l'autre par la facette *t*, qui font partie du signe
représentatif ; de plus, on imaginera, au lieu des facettes *s'*, qui
sont censées ici inclinées de la même quantité en sens contraire,
que les facettes *s*, deux autres facettes *u*, qui en partant tou-

jours des arêtes comprises entre *s* et *s'*, s'inclinent davantage vers le pan opposé à *r*. Quant au sommet inférieur, qui dans la fig. 144 diffère du sommet supérieur à cause de l'hémitropie, il faut concevoir qu'il lui soit semblable. Incidence de P sur *r*, 106^d 6' ; de *t* sur le pan opposé à *r*, 106^d 6', la même que la précédente ; de *t* sur P, 147^d 48' ; de *u* sur le pan opposé à *r*, 126^d 36' ; de *u* sur *s*, 129^d 30'.

9. Pyroxène *hémitrope* (*fig.* 144). *De Lisle, t. II, p.* 416. Les deux moitiés de cristal, dont l'une est retournée, appartiennent, suivant les localités, à l'une ou l'autre des variétés précédentes. L'hémitropie, telle que la représente la figure, dérive de la variété triunitaire.

Indéterminables.

10. Pyroxène *amorphe*. En petites masses ou en grains, dont la surface est quelquefois très-éclatante, souvent disséminés dans des basaltes.

ACCIDENS DE LUMIÈRE.

Couleurs.

1. Pyroxène *noir*. Cette couleur, qui est celle d'un grand nombre de pyroxènes, passe au vert-sombre, et ensuite au gris-verdâtre, par l'effet de la trituration.

2. Pyroxène *vert*. Cette couleur est assez belle dans les cristaux translucides ; mais dans ceux qui sont opaques, c'est un vert plus ou moins obscur.

3. Pyroxène *blanc*.

4. Pyroxène *gris*.

Transparence.

1. Pyroxène *translucide*. Plusieurs cristaux verts. Il y en a même qui approchent beaucoup de la transparence proprement dite.

2. Pyroxène *opaque*. Les fragmens très-minces des cristaux, dont la masse est d'une opacité parfaite, sont souvent translucides, et alors ils transmettent une lumière verdâtre, semblable à celle qu'ils réfléchissent.

ANNOTATIONS.

1. Les pyroxènes sont très-abondans parmi les matières volcaniques du Vésuve, de l'Etna, de la ci-devant Auvergne, etc. Beaucoup sont libres et très-bien conservés ; d'autres sont comme incrustés dans des basaltes durs et compactes, qui renferment aussi du péridot granuliforme (chrysolite des volcans). D'autres enfin ont pour gangue des laves poreuses, et ce sont ordinairement ceux qui ont le plus souffert de l'action du feu ; aussi sont - ils tendres et fragiles. Quant à ceux dont la couleur est blanche, et qui sont de même faciles à briser, ils étoient originairement noirs, et ont été décolorés par l'action de quelque vapeur acide. Il en est qui ont conservé, à l'intérieur, leur couleur primitive, et d'autres qui en offrent des traces à la surface.

Les pyroxènes de ces différentes localités présentent ordinairement les formes des variétés bis-unitaire et triunitaire. La variété soustractive se trouve à l'île Bourbon.

Dolomieu a observé des pyroxènes triunitaires sur une roche qu'il désigne comme intermédiaire entre le trapp et le pétrosilex, et qu'il avoit rencontrée dans la vallée de Barège, en sorte qu'elle lui a paru n'avoir aucune relation avec les volcans (1).

Le pays d'Arendal en Norwège fournit plusieurs variétés de la même substance, que je ne sache pas avoir été encore trouvées ailleurs ; telles sont celles que j'ai nommées *périhexaèdre*, *périoctaèdre* et *sexoctonale*. On y rencontre aussi le pyroxène bis-unitaire. Je suis redevable des cristaux de ces variétés, qui sont

----

(1) Journ. de phys., avril, 1798, p. 507.

dans ma collection , à MM Abildgaard et Manthey , et au
Cit. Lasterie. Je viens de recevoir de M. Hoffmann Bang , un
cristal de la variété octoduodécimale, qui a environ deux centimètres d'épaisseur, et que ce savant naturaliste a trouvé dans
le même terrain.

2. Les pyroxènes translucides et plusieurs de ceux qui sont
opaques ont leur surface extérieure lisse et assez éclatante.
D'autres, parmi ces derniers, l'ont terne et même âpre au
toucher. L'éclat intérieur est médiocre dans quelques-uns, tandis
que d'autres présentent dans leurs fractures des reflets à peu
près aussi brillans que ceux de l'amphibole. Tels sont en particulier les cristaux qui ont pour enveloppe un basalte compacte ;
mais lorsque ces cristaux, ou plutôt leurs fragmens, sont assez
saillans pour qu'en faisant varier la position du basalte , on
puisse apercevoir leurs divers joints naturels, on parvient, à
l'aide d'un œil un peu exercé, à saisir les différences qui existent
entre les inclinaisons de ces joints et celles des joints qui ont lieu
dans les cristaux d'amphibole. Les variations dont je viens de
parler dépendent, en partie, de l'action du feu qui a été nulle
sur certains pyroxènes, et plus ou moins sensible sur les autres,
et en partie des différens degrés de pureté de ces corps , dont
quelques - uns paroissent mélangés de fer en proportion très-
sensible.

3. Les pyroxènes, en général, sont assez petits ; il y en a de
verts , fortement translucides , qui n'ont guère qu'un demi-
millimètre d'épaisseur. J'en ai un qui jouit des mêmes qualités,
et dont le volume est beaucoup plus sensible. Il m'avoit été
donné sous le nom de *tourmaline verte*. Le plus gros cristal
de cette espèce que j'aie vu, et qui venoit d'Arendal , a quatre
centimètres de longueur sur une épaisseur de 22 millimètres.

4. Parmi les cristaux de pyroxène, il en est qui font mouvoir le barreau aimanté ; mais je ne leur ai point observé de
pôles.

5. Quelques naturalistes ont regardé les pyroxènes comme

produits immédiatement par le feu des volcans. Mais il est
reconnu qu'ils ne se rencontrent qu'accidentellement au milieu
des substances qu'ils accompagnent, et avec lesquelles ils ont été
rejetés au moment de l'éruption. Le nom de *pyroxène* avertit
qu'ils ne sont pas là dans leur lieu natal, et par conséquent
il suppose que l'on peut en trouver dans des terrains non
volcaniques, et exprime seulement une circonstance relative à
l'histoire de cette espèce de minéral.

6. Le pyroxène a été réuni d'abord avec les schorls, d'après
l'usage où l'on étoit de s'en rapporter au premier aperçu dans
ces sortes de rapprochemens. Cependant on auroit pu, en y
regardant de plus près, être conduit à des rapports d'autant
plus propres à faire illusion, qu'ils auroient paru avoir un fondement dans la chose même. Supposons, par exemple, que
la variété triunitaire (*fig.* 141) ait ses faces l, s, s, qui font
entre elles des angles de 120$^{\rm d}$, situées verticalement, ce qui
paroît même être la position la plus naturelle de certains cristaux
très-raccourcis dans le sens de l'axe qui passe par l'arête x, et
par son opposée ; dans cette hypothèse, la variété dont il s'agit
paroîtra avoir une certaine analogie avec la tourmaline équi-
différente, qui, parmi ses neuf pans, en a six disposés comme
ceux d'un prisme hexaèdre régulier, et parmi ses faces terminales,
en a trois, dont l'inclinaison sur l'arête longitudinale adjacente
est presque la même que celle de la face r à l'égard de l'arête x,
qui dans la supposition présente seroit parallèle à l'axe du
pyroxène (1); mais les lois de la structure prouvent visiblement
que cette analogie n'est qu'accidentelle.

L'amphibole dodécaèdre semble rentrer dans la même forme
à plusieurs égards, et ici le piége étoit d'autant plus délicat,
que l'amphibole abonde, comme le pyroxène, dans les terrains

------

(1) Cette inclinaison, dans la tourmaline, est de 104$^{\rm d}$ 58$^{\prime}$; dans le
pyroxène, elle est de 106$^{\rm t}$ 6$^{\prime}$.

volcaniques,

volcaniques, qu'il présente, en général, la couleur noire, qui est celle de beaucoup de pyroxènes : et qu'enfin, il paroit se rapprocher de ceux-ci par toutes les apparences dont l'ensemble a été désigné par le mot de *facies*. Aussi le pyroxène a-t-il continué long-temps d'être regardé comme une variété de l'amphibole ou de la horn-blende cristallisée : et il n'a commencé à être mieux connu en Allemagne, qu'à l'époque assez récente où le célèbre Werner en a fait une espèce distincte, sous le nom d'*augite* (1).

Dès les premiers temps où je m'étois occupé de la structure des schorls, j'avois d'autant mieux senti la nécessité de cette séparation, que l'angle obtus du prisme rhomboïdal, qui représente la forme primitive, est plus fort d'environ 31² ½ dans l'amphibole que dans le pyroxène. Il existe peu d'exemples d'une différence aussi frappante, cachée sous une ressemblance aussi trompeuse.

7. Les cristaux hémitropes de pyroxène forment quelquefois des groupes, en se croisant deux à deux, ou en plus grand nombre et, dans le premier cas, ils paroissent à l'œil avoir du rapport avec les staurotides croisées. Mais dans celles-ci, le croi-

---

(1) On lit, dans le journal de physique du mois ventôse, an 9, p. 227, une description de l'augite, rédigée par M. Esinger, d'après la méthode que le célèbre Werner suit dans ses cours. La seule couleur qui y soit indiquée pour ce minéral est *le vert foncé, qui est ou vert de poireau ou vert-noirâtre, et passe quelquefois au noir-verdâtre*. M. Esinger ajoute que l'*augite* est *translucide*, et il réduit ses formes cristallines à deux, qui répondent à celles de nos variétés bis-unitaire *fig.* 110, et trinitaire *fig.* 111). Cependant il n'est pas rare de voir des cristaux noirs et parfaitement opaques, qui appartiennent évidemment à la même espèce que les augites verts et translucides, et parmi lesquels on rencontre, indépendamment des deux variétés citées par M. Esinger, celles dont ce savant n'a pas parlé. J'ai cru devoir, pour l'exactitude de la synonymie, me permettre cette observation, de laquelle il résulte que M. Werner restreint l'acception d'*augite* à un beaucoup plus petit nombre de corps naturels, que ceux qui sont compris sous la dénomination de *pyroxène*.

sement a lieu, ainsi que nous le verrons, de manière que les axes
des deux cristaux font toujours entre eux ou un angle droit,
ou un angle de 60^d d'une part, et de 120^d de l'autre, tandis
que dans les pyroxènes, les angles formés par les axes sont très-
variables. La fig. 145 représente une de ces jonctions, produite
par des cristaux du Stromboli, et semblables à ceux de la variété
bis-unitaire (*fig.* 140), avec les facettes *n* de la variété soustractive
(*fig.* 142). Les hexagones *rr*, *r'r'* (*fig.* 145) sont sensiblement
sur un même plan. L'angle *o l z* est d'environ 50^d, et l'angle formé
par l'arête *o* avec *o'*, ou, ce qui revient au même, par les deux
axes *t u*, *t' u'*, est à peu près de 81^d. On voit sur le même groupe
d'autres cristaux, dont le croisement se fait dans des directions
toutes différentes.

XXIe. ESPÈCE.

STAUROTIDE, (*f.*) c'est-à-dire, *croisette.*

Schorl cruciforme ou pierre de croix, *de Lisle*, *t. II*, *p.* 434.
Id., *de Born*, *t. I*, *p.* 168. Pierre de croix ou croisette. *Daubenton*, *tabl.*, *p.* 11. Staurolithe, pierre de croix, Sciagr., *t. I*,
p. 168. Staurolith, *Karsten*, *mineral. tabellen*, *p.* 22.

Caractère essentiel. Divisible parallélement aux pans d'un
prisme rhomboïdal de 129^d $\frac{1}{2}$, et 50^d $\frac{1}{2}$, lequel se soudivise dans
le sens des petites diagonales des bases.

Caract. phys. Pesanteur spécif., 3,2861.

Dureté. Rayant foiblement le quartz.

Caract. géom. Forme primitive. Prisme droit à bases rhombes
(*fig.* 146) *pl. LV*, dont les pans sont inclinés entre eux de 129^d
30', et 50^d 30'; il se soudivise dans le sens des petites diagonales de ses bases. Cette dernière coupe est plus nette que celles
qui sont parallèles aux pans. Il m'a semblé apercevoir des indices
de lames dans le sens des bases (1).

---

(1) Le rapport entre les diagonales EE, AA, est celui de 3 à $\sqrt{2}$; et la
hauteur H, est $\frac{1}{6}$ de la grande diagonale EE.

Molécule intégrante. Prisme triangulaire à bases isocèles.

Cassure, raboteuse et un peu luisante dans les cristaux bruns ; terne et tirant sur celle de l'argile dans les cristaux d'une couleur grise.

Caract. chim. Au chalumeau, elle commence par brunir, sans se fondre, puis se convertit en fritte.

Caract. distinct. 1°. Entre la staurotide unibinaire et le grenat sous forme prismatique. Dans celui-ci, tous les pans sont inclinés entre eux de 120^d ; dans la staurotide, il y a deux inclinaisons. de 129^d $\frac{1}{2}$, et quatre de 115^d $\frac{1}{4}$. La pesanteur spécifique du grenat est plus grande, dans le rapport d'environ 5 à 4. 2°. Entre la staurotide et l'amphibole. Celui-ci a le tissu beaucoup plus lamelleux ; ses prismes ne se divisent point dans le sens des diagonales de leurs bases.

Analyse de la staurotide du département du Morbihan, par Vauquelin.

Silice.	33,00.
Oxyde de fer.	13,00.
Manganèse oxydé.	1,00.
Sulfate de chaux 12, qui contient de chaux pure.	3,84.
Alumine	44,00.
Perte	5,16.
	100,00.

La staurotide du Saint-Gothard, dite *granatite*, a été analysée par les mêmes moyens, et a fourni à peu près le même résultat (1).

____

(1) Journ. des mines, N°. 53, p. 352.

V A R I É T É S.

F O R M E S.

Cristaux simples.

1. Staurotide *primitive*. M P (*fig.* 146). Le prisme est ordinairement beaucoup plus long que celui dont les dimensions seroient assorties à celles de la forme primitive. Incidence de M sur M, 129^d $30'$.

2. Staurotide *périhexaèdre.* $\frac{\text{M 'G' P}}{\text{M } o \text{ P}}$ (*fig.* 147). Incidence de M sur o, 115^d $15'$.

3. Staurotide *unibinaire*. $\frac{\text{M 'G' P }\overset{\text{\tiny 1}}{\text{A}}}{\text{M } o \text{ P } r}$ (*fig.* 148). Granatite, Sciagr., *t. I*, *p.*357. La variété précédente, dont les deux plus grands angles solides autour de chaque base sont remplacés chacun par une facette r. Incidence de r sur P, 125^d $16'$; de r sur M, 137^d $37'$.

Cristaux croisés.

4. Staurotide *rectangulaire* (*fig.* 149). Deux cristaux semblables à la staurotide périhexaèdre (*fig.* 147), croisés de manière que la commune section u des pans o, o' étant perpendiculaire sur l'arête f ou f', ces mêmes pans, ainsi que les axes, sont pareillement perpendiculaires entre eux.

Quelquefois les deux prismes sont semblables à ceux de la staurotide unibinaire (*fig.* 148).

5. Staurotide *obliquangle* (*fig.* 150). Concevons que la section u (*fig.* 149) s'incline par rapport aux arêtes f, f', de manière à former avec chacune d'elles un angle ucf ou ucf' (*fig.* 150) de 35^d $16'$, et qu'en même temps les deux pans o, o', qui étoient perpendiculaires entre eux, s'inclinent aussi, jusqu'à ce que les arêtes f, f', et par une suite nécessaire, les

deux axes forment un angle de 60ᵈ d'un côté, et de 120ᵈ de l'autre. On aura l'assortiment qui donne cette variété.

6. Staurotide *ternée*. Trois prismes croisés.

a. Staurotide ternée obliquangle. Les trois prismes se croisent, de manière que deux quelconques d'entre eux sont situés l'un à l'égard de l'autre, comme ceux de la variété précédente, c'est-à-dire, que les trois axes s'entrecoupent comme les trois diamètres d'un hexagone régulier.

b. Staurotide ternée mixte. Les deux prismes de la variété rectangulaire, avec un troisième situé par rapport à l'un d'eux, comme dans la variété obliquangle.

ACCIDENS DE LUMIERE.

Couleurs.

1. Staurotide *brune*.
2. Staurotide *grisâtre*.

Transparence.

1. Staurotide *translucide*. Quelques cristaux du Saint-Gothard.
2. Staurotide *opaque*.

Substances étrangères à cette espèce, auxquelles on a donné le nom de pierre de croix.

1. La macle.
2. L'harmotome.

ANNOTATIONS.

1. Les staurotides abondent en différens endroits des départemens du Morbihan et du Finistère, particulièrement aux environs de Quimper. Elles sont engagées dans un schiste argileux mêlé de mica, et quelquefois elles sont revêtues d'une couche de cette dernière substance. La plupart se croisent deux à deux, comme dans les variétés 4 et 5. On trouve aussi des staurotides en

Espagne, près de Saint-Jacques de Compostelle. Le Cit. Dupuget en a rapporté de son voyage à Cayenne, qui apartiennent à la seconde variété.

La staurotide unibinaire, dont on a fait tantôt une espèce à part, sous le nom de *granatite*, tantôt une variété du grenat ou du schorl, doit être placée ici, d'après l'ensemble de ses caractères physiques et géométriques, ainsi que je l'avois annoncé depuis long-temps, et que l'a confirmé récemment l'analyse chimique. On la trouve dans des roches micacées, que ses cristaux pénètrent suivant différentes directions. Elle accompagne aussi les beaux cristaux de disthène renfermés dans un talc feuilleté, qui viennent du Mont Saint-Gothard. Elle y porte elle-même l'empreinte d'une plus grande perfection que dans la plupart des autres gisemens. Ses cristaux y sont translucides, au moins en partie, et quelques-uns ont leur surface éclatante, tandis qu'en général les staurotides qu'on trouve ailleurs sont opaques et n'ont qu'un léger luisant. Beaucoup même sont tout à fait ternes. J'ai une de ces staurotides unibinaires du Saint-Gothard, qui m'a été donnée par le célèbre Jurine, et qui présente un croisement absolument semblable à celui de la variété obliquangle, nouvelle preuve que la granatite appartient à cette espèce.

2. Rien n'est si ordinaire que de voir des cristaux prismatiques qui se croisent, en paroissant se pénétrer mutuellement. Si les prismes sont hexaèdres, comme ceux de staurotide, on démontre, par la géométrie, que leurs communes sections forment toujours deux hexagones, dont chacun a tous ses côtés sur un même plan (1). Ces hexagones sont faciles à reconnoître, par la

(1) Ceci suppose que les prismes ayent toute la régularité dont ils sont susceptibles, et s'emboitent exactement l'un dans l'autre, autrement les côtés de chaque hexagone ne coïncideront pas sur un plan unique. Ce niveau a rarement lieu dans la nature. Mais ici, comme dans une infinité d'autres cas, la théorie donne la limite à laquelle parviendroit le résultat de la cristallisation, si celle-ci n'étoit dérangée dans sa marche par l'effet des causes accidentelles.

seule inspection des fig. 149 et 150. Dans la première, ils s'entre-coupent aux points d, i, et dans la seconde, aux points c, l.

La symétrie qui existe dans la manière dont se croisent les prismes de la staurotide rectangulaire (*fig.* 149), est faite pour frapper tous les observateurs. On s'aperçoit aisément que les axes des deux prismes sont perpendiculaires entre eux, et l'on concevra, avec un peu d'attention, que les plans des deux hexa-gones doivent aussi être à angle droit l'un sur l'autre.

Le croisement de la staurotide obliquangle, (*fig.* 150) ne présente pas, au premier coup d'œil, des caractères à beaucoup près aussi marqués d'une disposition symétrique. Mais on est agréablement surpris de voir ceux qu'il recèle se développer les uns après les autres, à mesure que l'on étudie cette variété. Voici ce que donnent à cet égard les résultats du calcul.

1°. Les axes des prismes, et par une suite nécessaire, les bords longitudinaux n, n', ou f, f', etc., font entre eux des angles de 60 et 120^{d}; 2°. les pans o, o' sont pareillement inclinés l'un sur l'autre de 120^{d}, ce qui est d'autant plus remarquable, que cette inclinaison n'est pas nécessitée par celles des axes; 3°. les deux hexagones de jonction sont perpendiculaires l'un sur l'autre, comme dans la variété rectangulaire; 4°. l'hexagone $ctylks$ est régulier; 5°. dans l'hexagone $cxalqz$, les angles x et q sont droits, et chacun des angles c, l est égal à celui que forme le côté cz avec l'arête cf ou cf', c'est-à-dire, qu'il est de 144^{d} 44'. Ces mesures prises sur un grand nombre de cristaux, se sont trouvées exactement les mêmes.

D'une autre part, il est facile de voir que l'assortiment des deux prismes est déterminé dans l'une et l'autre variété, par la position d'un seul des hexagones que l'on peut considérer à l'endroit où ces prismes se joignent. Or, si dans la staurotide rectangulaire (*fig.* 149) on prend à volonté l'un de ces hexa-gones, qui sont semblables par leur figure et par leur position, on trouve qu'une facette située par rapport à chaque prisme, comme cet hexagone, résulteroit d'un décroissement qui a pour signe $\overset{1}{\overset{\frac{1}{3}}{E}}$ (*fig.* 146); et si dans la staurotide obliquangle (*fig.* 150) on choisit l'hexagone *ctylks*, qui est régulier, comme nous l'avons dit, on trouve qu'une facette placée comme cet hexagone naîtroit d'un décroissement qui a pour signe $\overset{1}{A}$ (1).

On voit ici un accord singulier entre la simplicité des lois de décroissement d'après lesquelles les deux prismes se joignent, et celles des angles de 90^d et 60^d, ou de 120^d, supplément du précédent, qui dominent dans cette jonction ; et quoique nous ne soyons pas à portée d'expliquer, *a priori*, comment la cristallisation, qui semble se jouer de tant de manières dans le croisement des prismes qui appartiennent à d'autres minéraux, est ici limitée à deux résultats, dont elle ne quitte l'un que pour aller à l'autre ; l'espèce d'harmonie qui règne dans l'ensemble de ces résultats, fournit du moins une raison de convenance en faveur de l'alternative dont il s'agit ici. On est moins surpris d'une uniformité qui s'allie si bien avec la simplicité et la symétrie.

———

XXIIe. E S P È C E.

E P I D O T E, *(m.)* c'est-à-dire, *qui a reçu un accroissement.*

Delphinite, *Saussure, voyage dans les Alpes, n°.* 1918. Schorl vert du Dauphiné, *de Lisle, t. II, p.* 401 *et suiv.* Glasiger strahlstein, *Emmerling, t. I, pag.* 422. *Id., Werner, catal., p.* 307. Thallite, *Lametherie, théor. de la terre, seconde édit., t. II, p.* 319. Thallite, *Daubenton, tabl., p.* 9. Glassy actinolyte, *Kirwan, t. I, p.* 168. Thallit, *Karsten, minéral. tabellen, p.* 20. Arendalit, *ib., p.* 34. Akanticone, *Dandrada,*

---

(1) La position de l'autre hexagone *cxalqz* dépend de la loi E^5, qui n'a rien d'extraordinaire en elle-même, et est d'ailleurs nécessairement liée à la précédente. Voyez, pour le développement de toute la théorie relative aux cristaux de cette espèce, la partie géométrique, t. II, p. 61 et suiv.

journal

journal de chim. par Schérer, t. IV, 19ᵉ. *cahier.* On l'a nommé
aussi *akanticonite.* La rayonnante vitreuse, *Brochant, t. I, p.* 510.
Les cristaux du Saint-Gothard ont été appelés *schorls aigues-
marines. Saussure, ibid.*

Caract. essent. Divisible parallélement aux pans d'un prisme
rhomboïdal de 114ᵈ ½ et 65ᵈ ½.

Caract. phys. Pesant. spécif. , 3,4529.

Dureté. Rayant aisément le verre, étincelant par le choc du
briquet.

Réfraction, simple (1).

Électricité, nulle par la chaleur, difficile à exciter par le frottement, même dans les morceaux diaphanes.

Poussière. Blanchâtre dans les cristaux de France, jaune-verdâtre dans ceux de Norwège et de Suède.

Caract. géom. Forme primitive. Prisme droit (*fig.* 151)*pl. LV*,
dont les bases sont des parallélogrammes obliquangles, ayant
leurs angles de 114ᵈ 37′ et 65ᵈ 23′. Les divisions parallèles aux
pans M sont ordinairement les plus nettes ; celles qui regardent
les pans T sont surtout sensibles par le chatoyement à la lumière, et dans quelques cristaux, on les obtient presqu'aussi
aisément que les premières. On voit quelquefois des indices de
lames dans le sens des bases.

Molécule intégrante. *Id.* (2).

Cassure, transversale, raboteuse et un peu éclatante.

Caract. chim. Fusible au chalumeau en une scorie brune,
qui noircit par un feu continué.

---

(1) Le cristal qui a servi à cette observation avoit été taillé dans le sens
de deux plans qui intercepteroient les arètes B, B (*fig.* 151) en s'inclinant
l'un vers l'autre au-dessus de la base P. L'angle réfringent étoit d'environ 20ᵈ.
Je dois prévenir que ce cristal avoit quelques glaces qui ne permettoient
pas de distinguer les images avec la netteté nécessaire pour qu'il ne restât
aucun doute sur le résultat de l'observation.

(2) Le côté C, pris pour sinus total par rapport à l'angle E, est au co-

Tome III.   K

Analyse de l'épidote du ci-devant Dauphiné, par Descostils (1).

Silice.	37,0.
Alumine.	27,0.
Chaux.	14,0.
Oxyde de fer.	17,0.
Oxyde de manganèse.	1,5.
Perte.	3,5.
	100,0.

Analyse de l'épidote d'Arendal, par Vauquelin.

Silice.	37,0.
Alumine.	21,0.
Chaux.	15,0.
Oxyde de fer.	24,0.
Oxyde de manganèse.	1,5.
Perte.	1,5.
	100,0.

Caract. distinct. 1°. Entre l'épidote et l'actinote. Celui-ci se divise latéralement sous des angles de 124$^{\rm d}$ ½ et 55$^{\rm d}$ ½, et l'épidote sous des angles de 114$^{\rm d}$ ½ et 65$^{\rm d}$ ½. L'actinote se fond en émail d'un blanc grisâtre, et l'épidote en scorie noirâtre. 2°. Entre l'épidote et la tourmaline. Celle-ci est électrique par la chaleur, et non l'épidote; elle donne par le chalumeau un émail blanc, et l'épidote une scorie noirâtre. 3°. Entre le même et l'éme-raude, dite *aigue-marine*. Celle-ci se divise parallélement aux pans et aux bases d'un prisme hexaèdre régulier; la division mé-canique de l'épidote conduit à un prisme rhomboïdal de 114$^{\rm d}$ ½ et 65$^{\rm d}$ ½. L'émeraude se fond beaucoup plus difficilement, et donne un verre blanc au lieu d'une scorie noirâtre. 4°. Entre

sinus de cet angle comme 12 : 5; et les trois dimensions B, C, G ou H sont entre elles comme les nombres 110, 96 et 61.

(1) Journal des mines, N°. 50, p. 415 et suiv.

l'épidote en aiguilles déliées et l'asbeste roide. Celui-ci se résoud,
par la trituration, en poussière douce au toucher; celle de l'épidote est aride. L'asbeste se fond en émail, et l'épidote en scorie.

VARIÉTÉS.

FORMES.

Déterminables.

1. Epidote *bis-unitaire.* $\overset{\overset{1}{}}{\underset{\begin{smallmatrix}\end{smallmatrix}}{\text{T M 'G' B}}}$ $\text{T M } r \; z$ (*fig.* 152). Prisme hexaèdre, à sommets dièdres qui naissent sur deux arêtes horizontales
du même prisme. Incidence de M sur T, 114^d 37'; de T sur
le pan de retour, 128^d 43'; de M sur r, 116^d 40'; de z sur T,
124^d 57'; de z sur z, 110^d 6'.

2. Epidote *sexquadridécimal.* $\text{T M 'G' } \overset{1}{C}\, \overset{1}{B}\, \overset{\frac{1}{2}}{E}\, P$ $\text{T M } r \; o \; z \; e \; P$ (*fig.* 153).
Prisme hexaèdre à sommets composés de six facettes obliques
qui naissent sur des arêtes horizontales, et d'une septième facette
horizontale. Incidence de o sur M, 121^d 23'; de o sur P, 148^d 37';
de z sur P, 145^d 3'; de e sur r, 144^d 55'; de e sur P, 125^d 5'.

Les cristaux de cette variété sont sujets à s'élargir dans le sens
des pans T.

3. Epidote *monostique.* $\text{T M 'G' } \overset{\frac{1}{2}}{B}\, \overset{1}{C}\, \overset{1}{E}$ $\text{T M } r \; u \; o \; n$ (*fig.* 154)*pl. LVI.* Même
disposition générale relativement aux faces, que dans la variété
précédente. Incidence de u sur T, 144^d 25'; de u sur P, 125^d 35';
de n sur r, 125^d 25'; de n sur P, 144^d 55'.

4. Epidote *subdistique.* $\text{'G' M } \overset{\frac{4}{3}}{H}\, \text{T } \overset{1}{E}\, \overset{\frac{1}{2}}{C}\, \overset{\frac{1}{2}}{B}\, \overset{1}{B}$ $r \; \text{M } k \; \text{T } n \; h \; u \; z$ (*fig.* 155).
Prisme à huit pans, terminé par des sommets composés d'une
rangée de six facettes obliques, avec le rudiment d'une seconde,

et une facette horizontale. Incidence de k sur M, 150ᵈ 5′ ; de k sur T, 144ᵈ 52′ ; de h sur M, 140ᵈ 39′ ; de h sur P, 129ᵈ 21′.

5. Epidote *dissimilaire.*
$$\begin{array}{ccccccccc} {}^{\iota}G & G^{\iota} & M & \overset{\frac12}{E} & \overset{\frac13}{C} & \overset{\iota}{E} & \overset{\iota}{C} & B & P \\ r & s & M & e & h & n & o & z & P \end{array}$$
(*fig.* 156).
Prisme hexaèdre, terminé par des sommets composés de huit facettes obliques situées deux à deux l'une au-dessus de l'autre, de deux pareillement obliques, mais solitaires, et d'une horizontale. Incidence de s sur r, 151ᵈ 3′ ; de s sur M, 145ᵈ 37′.

6. Epidote *amphihexaèdre.*
$$\begin{array}{cccc} {}^{\iota}G & M & T & \overset{\iota}{E} \\ r & M & T & n \end{array}$$
(*fig.* 157). Prisme hexaèdre, dans le sens des faces r, M, T, etc., d'une part, et T, n, n, etc., de l'autre. Incidence de n sur n, 109ᵈ 10′.

7. Epidote *dodécanome.*
$$\begin{array}{cccccccccccc} {}^{\iota}G^{\iota} & G^{\iota} & G^{\iota} & M & T & {}^{\iota}G & \overset{\iota}{E} & \overset{\frac12}{C} & \overset{\iota}{C} & \overset{\iota}{A} & \overset{\frac12}{B} & \overset{\iota}{B} \\ r & s & i & M & T & l & n & h & o & d & u & z \end{array}$$
$$\left(\begin{array}{c} E^{\iota} B^{\iota} C^{\iota} \\ q \end{array} \right) \overset{\frac12}{E}{}_{y}$$
(*fig.* 158) Douze lois de décroissement. Prisme dodécaèdre avec des sommets à seize faces obliques diversement situées. Les faces q, o, d sont des trapèzes ; les autres sont plus ou moins irrégulières. Incidence de l sur T, 154ᵈ 7′ ; de l sur M, 88ᵈ 44′ ; de i sur M, 163ᵈ 31′ ; de y sur l, 141ᵈ 48′ ; de q sur l, 122ᵈ 26′ ; de d sur M, 127ᵈ 16′.

Indéterminables.

8. Epidote *aciculaire.* En prismes minces, striés longitudinalement et ordinairement disposés par faisceaux.

9. Epidote *granuleux.* Delphinite grenue, *Saussure*, *Voyage dans les Alpes*, n°. 1225. En masses d'un jaune-verdâtre à cassure raboteuse, ayant çà et là des reflets scintillans produits par de petites lames de la même substance. On observe quelquefois le passage de l'épidote en aiguilles très-reconnoissables, à la variété granuleuse qui lui succède immédiatement sur la même roche.

ACCIDENS DE LUMIÈRE.

Couleurs.

1. Epidote *vert - foncé.*
2. Epidote *olivâtre.*
3. Epidote *jaune - verdâtre.*

La surface des cristaux d'épidote a, en général, un éclat assez vif. Parmi ceux d'Arendal, quelques-uns ont subi une altération qui donne à leurs faces une sorte d'aspect métallique grisâtre à certains endroits, et dans d'autres, d'un gris - verdâtre.

ANNOTATIONS.

1. On trouve l'épidote dans le ci-devant Dauphiné, près du bourg d'Oisans, à la surface et dans les fissures d'une roche argileuse. Les substances qui l'accompagnent sont le quartz, l'amiante, le feld-spath, dit *schorl blanc,* l'axinite, la prehnite et le talc chlorite. Ces mêmes cristaux forment ordinairement des gerbes de longs prismes cannelés, dont les plus gros n'ont guère que deux millimètres d'épaisseur. Ils sont fragiles dans un sens perpendiculaire à leur axe. Parmi les différentes localités qu'occupe l'épidote, celle-ci paroît avoir été la plus anciennement connue. Il existe, aux Pyrénées, de ces mêmes cristaux aciculaires, engagés dans la chaux carbonatée.

On a découvert plus récemment des cristaux libres et beaucoup plus volumineux, près de Chamouni, dans les Alpes, où ils occupent des filons, qui renferment en même temps de l'asbeste tressé ou membraneux, du feld-spath et du quartz. Ils sont plus purs et plus homogènes que ceux de l'Oisans. Mais leur forme est, en géneral, plus ou moins défectueuse, et il n'est pas facile de la ramener à un ensemble régulier et symétrique.

C'est dans les mines de fer situées près d'Arendal, en Norwège, que se trouvent les cristaux de cette substance les plus parfaits que j'aie observés. Parmi ceux de ma collection, qui tous sont des présens de MM. Abildgaard, Manthey et Neergaard, les uns affectent la forme de la variété amphihexaèdre, et d'autres celle de la dodécanome. Quelques-uns de ces derniers ont plusieurs centimètres de longueur sur une épaisseur proportionnée, et M. Dandrada en cite qui pesoient jusqu'à cinq livres. Selon ce savant, on en trouve aussi en Suède, dans les mines de fer de Persberg, de Lüngbansbytta et de Norberg.

Enfin, le Cit. Beauvois a rapporté de son voyage en Amérique des morceaux d'épidote d'un vert-jaunâtre, qu'il a recueillis dans la Caroline du Sud, sur des montagnes granitiques qui font suite avec les montagnes bleues. Ces morceaux renfermoient quelques cristaux de la variété bis-unitaire.

2. L'épidote a été rangé, pendant long-temps, en France, parmi les substances que l'on désignoit sous le nom de *schorls*. On sait combien étoient vagues les caractères sur lesquels étoit fondée la réunion de ces substances. Mais Romé de Lisle avoit cru apercevoir dans la forme des cristaux observés avec soin, l'indice d'une analogie sensible entre le schorl vert et le schorl volcanique, qui est notre pyroxène. Il considéroit celui-ci, tel qu'il se présente le plus ordinairement, comme un octaèdre rhomboïdal (*fig.* 159) tronqué à chaque sommet par une facette P, et sur les deux plus longues arêtes à la rencontre des deux pyramides, par deux larges hexagones M. En supposant de pareilles troncatures sur les deux autres arêtes, savoir x et son opposée, on avoit un prisme rhomboïdal terminé par des pyramides incomplètes, dont les faces étoient g, l, etc., c'est-à-dire, une forme analogue à celle du cristal représenté fig. 153, abstraction faite des facettes e, r, et avec cette différence, que le prisme du schorl vert étoit plus long. Les cristaux de la collection de de Lisle, étant trop petits pour donner prise au gonyomètre, qui auroit indiqué une différence sensible entre les angles de part et d'autre; ce savant, préoccupé d'ailleurs de

l'idée que les deux substances étoient congénéres, s'est borné à un simple aperçu d'autant plus fait pour séduire, que l'analogie apparente qui en résultoit entre les deux formes demandoit à être cherchée, et s'offroit sous l'air d'une chose que l'on a devinée.

3. Les minéralogistes Allemands ont réuni l'épidote avec l'actinote, qui est leur gemeiner strahl-stein, probablement parce que celui du Dauphiné, le seul qui fut connu, cristallise comme l'actinote en aiguilles rayonnées, auxquelles leur couleur verte ajoutoit un nouveau trait de ressemblance avec ce dernier minéral. Mais la différence de dix degrés entre les incidences des pans qui appartiennent aux molécules intégrantes des deux strahl-stein, prouve seule évidemment que ce sont deux espèces différentes. L'épidote emprunte même des dimensions de sa molécule, un caractère particulier, qui le sépare non-seulement de l'actinote, ainsi que de l'amphibole, mais du pyroxène, de la staurotide, de la grammatite, etc. Il consiste en ce que l'un des côtés de la base de cette molécule est plus étendu que l'autre, en sorte que cette base est un parallélogramme alongé, au lieu que dans les autres substances la figure de la base est celle d'un rhombe. C'est de cette espèce d'*accroissement* que j'ai tiré le nom d'*épidote*, ne pouvant conserver ni celui de *thallite*, qui signifie *feuillage vert*, ni celui de *delphinite*, qui indique une localité particulière, et moins encore celui de *schorl vert* ou celui de *rayonnante*.

A l'égard de l'épidote d'Arendal, ses caractères extérieurs tranchoient si fortement à côté de ceux des autres variétés du même minéral, surtout de ceux du ci-devant Dauphiné, que de très-habiles minéralogistes en ont fait une espèce à part, nommée par les uns *arendalite*, d'après le pays où elle se trouve, et par les autres *akanticone* ou *akanticonite*, qui signifie *pierre de serein*, parce que la poussière de la substance dont il s'agit a une couleur semblable à celle du plumage de cet oiseau. J'annonçai dans un mémoire lu à la société d'histoire naturelle, il y a trois ans, que la structure de ces cristaux, jointe aux caractères physiques, indiquoit leur réunion avec l'épidote, et cette opinion se trouve confirmée par l'analyse que le Cit. Vauquelin a faite des mêmes cristaux. Toute la différence entre le résultat et celui qu'avoit déjà obtenu précédemment le Cit. Descostils, dont on connoît l'habileté, en opérant sur des cristaux de France, consiste en ce que ceux-ci ont donné environ $\frac{2}{7}$ de plus d'alumine, et $\frac{1}{4}$ de moins d'oxyde de fer. Or, de pareilles diversités ne sont pas rares dans les analyses de minéraux qui d'ailleurs appartiennent évidemment à la même espèce.

Il paroît que les cristaux d'Arendal étoient connus depuis un certain nombre d'années. Nous apprenons par l'ouvrage que vient de publier le Cit. Brochant (1), que le célèbre Widenmann les avoit décrits, sans leur donner de nom, à la suite du glasiger strahlstein, avec lequel il leur trouvoit beaucoup de rapport.

4. Suivant M. Dandrada, l'épidote, dit *akanticone*, est un peu électrique par la chaleur (2). J'ai essayé de vérifier ce fait, en employant différens cristaux, et en apportant aux expériences tout le soin et toute l'attention dont je suis capable, et je n'ai jamais pu obtenir la moindre apparence d'électricité.

5. Les seuls cristaux transparens d'épidote que j'aie vus, venoient de Chamouni; ce sont de ceux qui, selon Saussure, ont été nommés *schorls aigues - marines*. Leur surface a un éclat très-vif, et ils prennent un beau poli. Mais le peu d'intensité de leur couleur verte, offusquée d'ailleurs par une teinte sombre, rend ici le nom d'*aigue-marine* très-impropre, même dans le sens qu'y attachent les lapidaires.

---

(1) Traité de Minér., t. I, p. 513.
(2) Journ. de phys., fructidor, an 8, p. 240.

XXIIIe. ESPÈCE.

SPHÈNE, *(m.)* c'est-à-dire, *ayant la forme d'un coin.*

Rayonnante en gouttière. *Saussure, voyage dans les Alpes,* n°. 1921. Nouveau schorl violet de quelques naturalistes; *ibid.*

Caractère essentiel. Deux coupes peu obliques de part et d'autre de l'axe, vers chaque sommet des cristaux.

Caract. phys. Pesant. spécif., 3,1372. Les cristaux que j'ai pesés avoient quelques grains de chlorite adhérens à leur surface, ce qui a dû modifier un peu le résultat.

Dureté. Rayant le verre.

Réfraction, simple.

Caract. géométr. Si l'on brise un cristal vers les arêtes longitudinales *g*, *g'* (*fig.* 160) *pl. LVI*, qui sont les plus saillantes, et qu'on le fasse mouvoir ensuite à la lumière d'une bougie, on aperçoit des joints parallèles à des plans qui, en partant des mêmes arêtes, seroient peu obliques à l'axe. Ces joints iroient se réunir au-dessus de la base *o*, en formant une espèce de coin, ce qui m'a suggéré le nom de *sphène*. La même chose a lieu par rapport à la partie inférieure du cristal.

Caract. chim. Fusible en verre noirâtre.

Caract. distinctifs. 1°. Entre le sphène et l'épidote. Celui-ci se divise par des coupes parallèles à l'axe des cristaux, et le sphène par des coupes obliques. 2°. Entre le même et l'actinote; *id.* Le sphène a d'ailleurs un aspect plus vitreux que l'actinote.

VARIÉTÉS.

FORMES SIMPLES.

1e. Sphène *quadrisénaire* (*fig.* 160). En prisme droit rhomboïdal, épointé à la rencontre des arêtes les moins saillantes et des bases. Incidence de M sur M', 140^d ; de s sur M, 144^d $27'$; de s sur M', 151^d $25'$; de s sur o, 115^d $10'$.

2°. Sphène *quadrioctodécimal* (*fig.* 161). La variété précédente augmentée de huit facettes peu obliques à l'axe, qui naissent deux à deux sur les arêtes g, g' (*fig.* 160). Incidence de P sur o, 111^d $49'$; de P sur M', 121^d $48'$; de P sur le pan de retour, 95^d $21'$; la petitesse des facettes l ne m'a pas permis d'en déterminer les incidences.

3°. Sphène *monostique* (*fig.* 162) *pl. LVII*. Prisme droit rhomboïdal, ayant vers chaque sommet une rangée de huit facettes irrégulières. Incidence de n sur M, 168^d $14'$; de t sur M', 170^d $13'$ (1).

Quelques cristaux ont leur prisme hexaèdre, par la suppression de l'arête y et de son opposée. Dans d'autres, la base o est nulle, par la réunion de la face s avec son analogue, sur une même arête terminale.

------

(1) Pour déterminer les valeurs de tous ces différens angles, qui ne sont qu'approximatives, je suis parti des données suivantes. Soit bk (*fig.* 164) le même prisme que celui qui résulteroit des faces M, M', o et son opposée (*fig.* 160, 161, 162), si elles existoient seules. J'ai supposé l'angle acd de 140^d. De plus, rdn étant un plan parallèle à la facette s (*fig.* 160), j'ai fait l'angle $dra = 154^d$ (*fig.* 164), d'où il suit que $drc = 26^d$ et $rdc = 14^d$. Il est aisé d'en conclure les incidences de s (*fig.* 160) sur les faces voisines. J'ai supposé de plus que le point r (*fig.* 164) étoit situé de manière que $cr = 2ar$, ce qui m'a donné les dimensions du rhombe $abdc$; jai considéré la facette P^l (*fig.* 162) comme étant parallèle au plan bco (*fig.* 164), qui passe par la diagonale bc et par le point o tellement situé que $do = 4cn$. Enfin, soient bs et be deux perpendiculaires l'une sur ac, l'autre sur cd. La facette n (*fig.* 162) étant rapportée au prisme bk, pris comme forme primitive hypothétique, j'ai fait dépendre sa position d'un triangle mensurateur, dans lequel le côté horizontal étoit au vertical comme bs est à $6(cn)$ (*fig.* 164), et à l'égard du triangle relatif à la facette t (*fig.* 162), j'ai supposé que le côté horizontal étoit au vertical comme $be : 6(cn)$ (*fig.* 164). Tout ceci n'est, comme l'on voit, qu'une espèce de tâtonnement, pour parvenir, dans la suite, à la détermination de la véritable structure.

Cristaux accolés.

4°. Sphène *canaliculé*. Assemblage de deux cristaux dont on voit les coupes transversales *i*, *i'* (*fig.* 163). Les deux rhombes qui forment ces coupes, et dont l'un, savoir le rhombe *i*, est censé passer par les points *g*, *g'* (*fig.* 160), sont accolés par le bord adjacent à l'angle *g'*, d'où il suit que les prismes forment en cet endroit un angle saillant, et de l'autre part un angle rentrant, en sorte que leur assemblage représente une sorte de gouttière ou de petit canal. Quelquefois il y a quatre cristaux accolés, de manière à former la gouttière de deux côtés opposés.

5°. Sphène *cruciforme*. En cristaux très-comprimés, qui se croisent à angle droit ou à peu près, sur une ligne située dans le sens de l'axe.

ACCIDENS DE LUMIÈRE.

Couleurs.

1. Sphène *verdâtre*.
2. Sphène *violâtre*.
3. Sphène *jaunâtre*.

Transparence.

1. Sphène *transparent*.
2. Sphène *translucide*.

ANNOTATIONS.

1. Le sphène a été découvert par le Citoyen Vizard, auprès du Dissentis, dans les environs du Saint-Gothard. Ses cristaux, la plupart amincis en forme de lames et d'un petit volume, ont pour gangue une roche feld-spathique et chloriteuse ; ils sont entremêlés de cristaux blanchâtres de feld-spath ditétraèdre.

2. Il paroît que le célèbre Saussure qui, le premier, a publié des observations sur cette substance, n'avoit vu que la quatrième

variété, que j'ai nommée *sphène canaliculé*. Il crut devoir la réunir à la rayonnante, qui est notre actinote, d'après le caractère tiré de sa fusibilité en verre noirâtre, et il l'appela *rayonnante en gouttière*. Mais la division mécanique s'oppose visiblement à cette réunion, et je ne trouve même aucune autre substance à laquelle on puisse rapporter celle-ci. Le Cit. Cordier, ingénieur des mines, qui en a décrit les cristaux dans le Journal de physique (1), la regarde aussi comme une espèce particulière.

3. La petitesse de ces cristaux m'a empêché jusqu'ici d'en déterminer complétement la structure. Il se pourroit que les joints qu'on aperçoit dans leurs fractures répondissent aux faces P (*fig.* 161 *et* 162); et si l'on suppose que celles-ci se meuvent l'une vers l'autre parallélement à elles-mêmes, jusqu'à se réunir sur une arête commune, et que de plus on les combine avec les faces M, M', il en résultera un octaèdre formé de deux pyramides, dont la base commune passera par l'arête *y* et par son opposée, et dont les sommets seront situés sur les arêtes *g*, *g'*. Mais ce n'est ici qu'une simple conjecture, et je n'ai donné de même que par aperçu les incidences des faces des cristaux secondaires.

<hr>

XXIVe. ESPÈCE.

WERNERITE, *(m.)*

Wernerit. *Dandrada, journ. de Scherer, t. IV,* 19e. *cahier.* Wernerit, *bulletin des Sc. de la Soc. philom., fructidor, an 8, p.* 142. *Id., journ. de phys., fructidor, an 8, p.* 214.

Caractère essentiel. Pesant. spécif., 3,6. Phosphorescence par le feu, et point par la percussion.

Caract. phys. 3,6063.

<hr>

(1) Prairial, an 6, p. 454.

Dureté. Rayant le verre; étincelant sous le briquet.

Phosphorescence. La poussière injectée sur un charbon ardent luit dans l'obscurité.

Caract. géométr. Forme primitive présumée. Prisme droit à bases carrées (*fig.* 165) *pl. LVII.* Je n'ai, à cet égard, qu'un soupçon fondé sur de très-légers indices de lames que j'ai cru apercevoir, parallélement aux pans M, M (*fig.* 166).

Molécule intégrante. *Id.* (1).

Cassure, raboteuse et terne.

Caract. chim. Insoluble dans l'acide nitrique. Fusible au chalumeau, avec écume, en émail blanc.

Caract. distinct. 1°. Entre le wernerite et l'épidote. Celui-ci a des joints longitudinaux très-apparens et inclinés sous un angle de 114^{d} $\frac{1}{2}$; le wernerite n'en offre aucuns qui soient bien sensibles, et ceux que l'on croit entrevoir dans certains cristaux sont perpendiculaires entre eux. La poussière de l'épidote n'est pas phosphorescente par l'action du feu, comme celle du wernerite; il n'écume pas, comme lui, en se fondant. 2°. Entre le même et l'idocrase. La cassure de celle-ci approche beaucoup plus d'être vitreuse; parmi ses faces terminales, celles qui tendent à se réunir en pyramides quadrangulaires sont inclinées entre elles de 131^{d}. L'inclinaison, dans le wernerite, est d'environ 136^{d} $\frac{1}{2}$. La poussière de l'idocrase n'est pas phosphorescente par le feu, ses fragmens se fondent sans écume. 3°. Entre le même et le zircon. Dans celui-ci les faces terminales réunies en pyramide quadrangulaire, font des angles de 124^{d} $\frac{1}{4}$, et de plus les cristaux se divisent parallélement à ces mêmes faces. Dans le wernerite il n'y a aucune division analogue, et l'incidence est de 136^{d} $\frac{1}{2}$. La pesanteur spécifique du zircon est plus forte, dans

---

(1) Dans l'hypothèse où la variété dioctaèdre résulteroit de la loi de décroissement la plus simple, le côté B de la base seroit à la hauteur G (*fig.* 165) à peu près comme 18 à 13.

le rapport de 7 à 6 ; il n'est pas fusible comme le wernerite. 4°. Entre le même et l'harmotome en cristaux simples. Les sommets pyramidaux de celui-ci ont leurs faces inclinées de 122^d, et se divisent dans le sens de ces mêmes faces ; nulle division semblable dans le wernerite, où l'incidence, d'ailleurs beaucoup plus forte, est de $136^d \frac{1}{2}$. La pesanteur spécifique du wernerite est plus considérable, dans le rapport d'environ 3 à 2. 5°. Entre le même et la méïonite. Celle-ci a des joints sensibles, parallélement aux pans qui répondent à s, s (*fig.* 166) ; on n'en aperçoit point de semblables dans le wernerite, et ceux que l'on pourroit y soupçonner seroient plutôt parallèles aux pans M, M. La poussière de la méïonite n'est pas phosphorescente par le feu, comme celle du wernerite.

V A R I É T É S.

F O R M E S.

Déterminables.

1. Wernerite *dioctaèdre.* $\overset{\text{'G'}}{\underset{s}{}} \overset{\text{M}}{\underset{\text{M}}{}} \overset{\overset{1}{\text{B}}}{\underset{o}{}}$ (*fig.* 166). Prisme octaèdre terminé par des sommets tétraèdres, qui naissent sur les bords horizontaux du même prisme. Incidence de s sur M, 135^d ; de o sur M, 121^d $28'$; de o sur o, 136^d $38'$.

Les pans M sont tantôt plus larges et tantôt plus étroits que les pans *s*.

Indéterminables.

2. Wernerite *amorphe.* En petites masses disséminées dans la gangue.

A C C I D E N S D E L U M I È R E.

Couleur.

Wernerite *olivâtre.*

Transparence.

1. Wernerite *translucide*.
2. Wernerite *opaque*

ANNOTATIONS.

1. On trouve le wernerite dans les mines du Nortbo et d'Ulrica, en Suède ; à Bouoen, près d'Arendal, en Norwège, et à Campo-Longo, en Suisse. Celui d'Arendal, le seul que j'aie vu, et dont M. Manthey a eu la complaisance de me donner des morceaux très-caractérisés, est tantôt en cristaux et tantôt en grains irréguliers, engagés dans une roche feld-spathique rouge à certains endroits, d'un gris-verdâtre dans d'autres, et entremêlée de quartz.

M. Dandrada qui, le premier, a décrit cette substance, l'a appelée *wernerite*, en l'honneur du célèbre professeur de Frey-berg, et aucun nom ne méritoit mieux d'être placé parmi les signes indicatifs des espèces minéralogiques, que celui d'un savant qui a tant contribué à la perfection de la langue destinée à décrire ces mêmes espèces.

2. Les cristaux d'Arendal ont un éclat qui fait paroître leur surface comme émaillée, et qui contraste avec la surface presque terne que présente leur cassure. Cet aspect a été remarqué par M. Dandrada. Mais ce naturaliste dit que le wernerite a beau-coup de ressemblance par sa couleur et par son éclat avec le spath-adamantin ou corindon. Les cristaux d'Arendal ne m'ont point offert cette analogie, qui n'est sans doute, dans les idées de M. Dandrada, que purement accidentelle, et ne peut être en effet considérée autrement : car la forme des cristaux de wernerite n'est susceptible en aucune manière de dériver du rhomboïde que l'on retire du corindon par la division mécanique.

3. Cette forme dioctaèdre qu'affectent les seuls cristaux connus de wernerite, est commune à plusieurs espèces de minéraux,

mais avec des angles différens, ainsi qu'on en peut juger d'après
les détails cités dans les caractères distinctifs. La structure de ces
minéraux offre d'ailleurs des différences sensibles avec celle du
wernerite, et les formes de leurs molécules ne se prêtent à aucune
loi de décroissement, prise parmi les plus simples et les plus
ordinaires, d'où puisse résulter une forme secondaire semblable
à celle dont il s'agit ici. Il faut excepter de cette comparaison
la meïonite dioctaèdre, dont les angles se rapprochent beaucoup de ceux du wernerite. Mais dans la meïonite, les pans
de la forme primitive sont situés comme *s*, *s* (*fig.* 166); et
si l'on supposoit que dans le wernerite ils fussent, au contraire, parallèles à M, M, on ne pourroit obtenir, au moyen du
calcul, des résultats conformes à l'observation, qu'en donnant
aux deux molécules des dimensions différentes (1), ce qui prou-
veroit que la similitude des formes n'a lieu que par rencontre.
D'ailleurs nous ne sommes pas bien sûrs que les mesures des
angles, telles que je les ai indiquées, ayent, dans le cas présent,
toute la précision que l'on pourroit désirer, pour en conclure
l'entière similitude des formes, soit à cause de la petitesse des
cristaux de meïonite, soit parce que ceux de wernerite que j'ai
observés n'avoient pas leurs faces exactement de niveau. Enfin,
si l'on fait attention à l'aspect, au tissu et aux autres caractères,
on trouvera encore à cet égard des diversités marquées entre les
deux substances. Ainsi on peut déjà les regarder comme deux
espèces distinctes, en désirant toutefois que de nouvelles observations, relatives à la structure et aux angles, nous mettent

---

(1) Soit AG (*fig.* 165) la forme de la molécule commune, s'il est
possible, aux deux substances. Dans le wernerite, le côté horizontal du
triangle mensurateur, relatif aux faces du sommet, sera toujours une fonction
de l'arête B, et dans la meïonite il seroit une fonction de la diagonale,
laquelle est à l'arête comme √2 à 1, c'est-à-dire, que le rapport est incom-
mensurable, d'où il suit que les termes de ce rapport sont incompatibles dans
un même résultat.

à

à portée d'établir entre ces substances une comparaison plus
rigoureuse.

XXVe. ESPÈCE.

DIALLAGE, (f.) c'est-à-dire, *différence*.

Smaragdite. *Saussure, voyage dans les Alpes*, n°s. 1313 *et*
1362. ·Feld-spath vert, *de Lisle, t. II, p.* 544. Schorl feuilleté
verdâtre en grandes lames, *de Born, catal., t. I, pag.* 380.
Emeraudite , smaragdite, *Daubenton, tabl., p.* 15.

Caract. essentiel. Une seule coupe nette. Lames cassantes.
Couleur verte ou d'un gris éclatant.

Caract. phys. Pesanteur. spécif. , 3.

Dureté. Rayant toujours la chaux carbonatée, et quelquefois
légérement le verre.

Caract. géom. Substance lamelleuse, ayant des joints naturels
assez nets dans un sens, et d'autres ternes, sensibles seulement
à la lumière d'une bougie , et qui paroissent à peu près perpendiculaires sur les précédens. Les lames sont souvent fendillées
dans un autre sens, en sorte qu'elles paroissent tendre à se
diviser en rhombes. Le défaut de formes cristallines n'a pas
permis de déterminer la molécule intégrante.

Caract. chim. Fusible au chalumeau , en émail gris ou
verdâtre.

Caract. dist. 1°. Entre la diallage et le feld-spath. Celui-ci
raye facilement le verre ; la diallage le raye à peine et rarement.
Le feld-spath a deux joints naturels également éclatans ; dans
la diallage, l'un des deux joints se laisse à peine entrevoir.
2°. Entre la même et l'amphibole ou l'actinote. Ceux-ci ont deux
joints d'un éclat égal, inclinés entre eux de 124^d $\frac{1}{2}$; dans la
diallage ,un seul a de la netteté, et l'autre, qui est terne, fait
avec lui un angle droit ou à peu près.

V A R I É T É S

Tissu.

1. Diallage *laminaire.*
2. Diallage *compacte.*

Couleurs et chatoyement.

1. Diallage *verte.* La variété compacte.
a. Satinée. Cet accident a souvent lieu dans la variété laminaire.
2. Diallage *métalloïde.* D'un gris dont l'éclat tire sur le métallique. Labradorische horn-blende, *Emmerling , t. I , p.* 328.

A N N O T A T I O N S.

1. On trouve la diallage dans les environs de Turin, au pied de la montagne du Mussinet , où elle a été observée par Saussure. Elle est empâtée, par petites masses, dans une roche blanchâtre , quelquefois nuancée de bleuâtre, que le même naturaliste regarde comme un jade. Il y en a aussi sur la côte de Gènes , près du lac de Genève , dans la Corse , et dans divers autres endroits.

2. La diallage a été appelée *prime d'émeraude* par quelques naturalistes. On l'a regardée aussi comme un feld - spath et comme un schorl. Les Allemands paroissent l'avoir rapportée à leur horn-blende, du moins est-il très-vraisemblable que ce qu'ils nomment horn-blende de Labrador, est notre variété métalloïde. Saussure est le premier qui ait mis de la précision dans la détermination des caractères qui distinguent cette substance des autres , avec lesquelles on l'avoit confondue. Mais en cherchant à s'écarter , comme il le dit lui-même, le moins possible des dénominations reçues jusqu'alors, il a sacrifié à cette espèce de condescendance la justesse du langage, par la dénomination de *smaragdite ,* dont le vice est seulement un peu déguisé à la

faveur du grec (1). Il a donc fallu changer cette dénomination ; et d'après la remarque que dans les substances auxquelles on avoit associé celle-ci, comme l'émeraude, le feld-spath et l'amphibole, il y a toujours au moins deux joints naturels également nets, tandis que ceux de la diallage diffèrent beaucoup l'un de l'autre par leur éclat, et par la facilité de les obtenir ; j'ai adopté un nom qui fut propre à rappeler cette différence.

3. La variété métalloïde tranche tellement au premier coup d'œil sur celle qui est verte, que l'on seroit tenté de la prendre pour une espèce différente, surtout si l'on considère qu'elle est sensiblement plus tendre. Mais dans le rapprochement des divers morceaux, on voit la smaragdite verte présenter, sous certains aspects, des reflets d'un blanc satiné, qui semble être le premier degré du gris éclatant de la variété métalloïde. Au reste, j'ai cru devoir, en plaçant ici cette variété, me conformer à l'opinion de Saussure, qui a été à portée d'observer sur les lieux mêmes la série des intermédiaires qui servent à lier les extrêmes.

4. On taille la roche qui renferme la diallage, pour en faire des plaques d'ornement, dont le fond blanchâtre, mélangé de bleu tendre, est relevé par de belles taches vertes dues à la diallage. On voit, en Italie, des tables faites de cette même matière, que l'on appelle dans ce pays, *verde di Corsica ; vert de Corse.*

XXVIIe. ESPÈCE.

ANATASE, *(m.)* c'est-à-dire, *étendu en hauteur.*

Schorl octaèdre rectangulaire, *Bournon, Journ. de phys., mai,* 1787, *p.* 386 *et suiv.* Schorl bleu, *de Lisle, t. II, p.* 406. Octaèdrite, *Saussure, voyage dans les Alpes, n°.* 1901. Oisanite,

---

(1) Ce nom est tiré de *smaragdus*, par lequel on a désigné l'émeraude.

Lametherie, *théor. de la terre*, 2de. *édit.*, *t. II, p.* 269. *Id.*, *Daubenton*, *tabl.*, *p.* 4. Vulgairement, schorl octaèdre du Dauphiné.

Caractère essentiel. Divisible en octaèdre rectangulaire alongé, lequel se soudivise parallélement à la base commune de ses deux pyramides.

Caract. phys. Pesanteur spécif., 3,8571 (1).

Dureté. Rayant le verre.

Electricité, très-sensible par communication.

Poussière, blanchâtre.

Caractère géom. Forme primitive. Octaèdre rectangulaire (*fig.* 167) *pl. LVII*, dans lequel l'incidence de P sur P' est de 137ᵈ 10′ (2). Cet octaèdre se soudivise dans le sens de la base commune des deux pyramides, dont il est l'assemblage. Ces divisions, ainsi que celles qui ont lieu parallélement aux faces P, sont nettes et assez éclatantes.

Molécule intégrante. Tétraèdre irrégulier.

Caract. chim. Infusible au chalumeau; chauffé fortement avec une partie égale de borax, il se fond en un verre d'une couleur verte d'émeraude, et qui par le refroidissement se cristallise en aiguilles. Fondu avec une plus grande quantité de borax, il communique au verre une couleur d'un brun d'hyacinthe, et si l'on expose ce verre à une médiocre chaleur, en le plaçant à la pointe du dard de flamme, le brun se change en bleu foncé, et le verre perd sa transparence. Si l'on continue de chauffer, le bleu fait place au blanc. Enfin, à une chaleur plus active, la couleur d'hyacinthe et la transparence reviennent, et l'on peut réitérer, à volonté, les changemens de couleur, en faisant varier l'intensité de la chaleur. Expériences de M. Esmark.

---

(1) Ce résultat a été pris avec un certain nombre de petits cristaux, qui formoient ensemble un poids de 13 grains ½.

(2) La hauteur de chaque pyramide est à la moitié du côté de la base comme $\sqrt{15}$ à $\sqrt{2}$.

Caract. distinctifs. La substance avec laquelle on seroit le plus tenté de confondre l'anatase au premier coup d'œil, est le zinc sulfuré en petits cristaux ayant l'aspect métallique. Mais, outre que la structure et les formes sont très-différentes de part et d'autre, le zinc sulfuré ne raye pas le verre, comme le fait l'anatase; et il donne une odeur hépathique par l'acide sulfurique, ce qui n'a pas lieu pour l'anatase.

VARIÉTÉS.

FORMES.

1. Anatase *primitif.* P (*fig.* 167). Incidence de P sur P, $97^d 38'$; de P sur P', $137^d 10'$. Angle plan au sommet de chaque triangle, $40^d 8'$; angles latéraux, $69^d 56'$.

2. Anatase *basé.* $\dfrac{P\ A}{P\ o}^1$ (*fig.* 168). Incidence de o sur P, $111^d 25'$.

3. Anatase *dioctaèdre.* $\dfrac{P\ A}{P\ r}^{\frac{3}{2}}$ (*fig.* 169). Incidence de r sur P, $138^d 26'$.

4. Anatase *prominule.* $\mathrm{P} \left(\dfrac{A}{\frac{9}{2}} \dfrac{B^5\ B^6}{s} \right)$ (*fig.* 170). La forme primitive modifiée à chaque sommet par huit petits triangles scalènes très-inclinés aux endroits des arêtes z, ce qui rend celles-ci très-peu saillantes. Incidence de s sur s', $169^d 50'$; de s' sur P, ou de s sur P'', $129^d 11'$; de s sur P, ou de s' sur P'', $121^d 4'$. Valeur de l'angle o, $124^d 24'$.

La position des facettes et la légère saillie qu'elles forment à leur rencontre, indiquent seules qu'elles dépendent d'une loi composée; celle que j'ai adoptée, après divers tâtonnemens, m'a paru satisfaire à l'observation. Mais je n'oserois en garantir l'existence, vu la petitesse des cristaux que j'avois entre les mains.

A C C I D E N S   D E   L U M I E R E.

Couleurs.

1. Anatase *brun - noirâtre*. Ce ton de couleur n'a lieu que sur les parties tournées du côté opposé à celui d'où vient la lumière. Celles qui sont dans une position favorable aux reflets, paroissent d'un gris métallique éclatant.

2. Anatase *bleu*.

Transparence.

1. Anatase *translucide*. Il ne l'est que dans certaines parties, et lorsqu'on le place entre l'œil et une vive lumière. Les endroits translucides sont d'un jaune-verdâtre.

2. Anatase *opaque*.

A N N O T A T I O N S.

1. On trouve l'anatase à Vaujani, près d'Allemont, dans le ci-devant Dauphiné, sur les montagnes voisines du bourg d'Oisans. Ses cristaux, qui sont petits en général, et dont plusieurs sont presqu'imperceptibles, ont pour gangue une roche couverte de cristaux quartzeux et de feld-spaths, nommés autrefois *schorls blancs*.

2. Nos premières connoissances sur l'anatase sont dues au célèbre Bournon qui, en 1783, envoya à Romé de Lisle une notice sur un cristal bleu de cette substance, qu'il appeloit *schorl d'une couleur bleue indigo*. Ayant acquis depuis divers autres cristaux du même minéral, il en mesura les angles ; et il indique 140^{d} pour la valeur de celui que forment entre elles les faces P, P′. Il cite une autre variété de la même substance, en octaèdre moins alongé que le primitif, qui lui parut provenir de la loi de décroissement, dont l'expression seroit B. Mais cet

octaèdre ne s'est point encore rencontré parmi les différentes formes d'anatase qui se sont offertes à mes observations.

Saussure a décrit aussi l'anatase, auquel il donne le nom d'*octaèdrite*. N'ayant point alors de gonyomètre, il avoit employé, au défaut de cet instrument, une méthode qu'il recommande, comme susceptible d'une plus grande exactitude. Elle consistoit à mesurer, avec le micromètre, les trois côtés d'un des triangles P (*fig.* 167), et à en déduire trigonométriquement les angles. Il avoit trouvé, par ce procédé, 53^d $\frac{1}{2}$ pour la valeur de l'angle au sommet de chaque triangle, d'où il s'ensuivroit que l'incidence de P sur P' ne seroit que de 119^d 28'. J'ai suivi la méthode inverse, c'est-à-dire, que j'ai mesuré immédiatement cette dernière incidence, qui m'a donné environ 137^d $\frac{1}{4}$, et j'en ai conclu l'angle au sommet de chaque triangle, qui est d'environ 40^d, ce qui fait une différence de près de 18^d d'une part, et de 13^d de l'autre. J'ai répété mes observations sur plusieurs cristaux, et j'ai obtenu constamment le même résultat. Il est probable que celui de Saussure ne s'en écarte si sensiblement, que par l'effet de quelqu'inadvertance. Mais en m'abstenant d'imputer l'erreur au procédé employé par ce célèbre naturaliste, je ne balance pas à préférer le gonyomètre, comme beaucoup plus sûr, et d'ailleurs d'un usage plus facile et plus expéditif.

3. A l'égard du nom d'*octaèdrite*, donné par le même naturaliste à la substance dont il s'agit, il m'a paru trop vague pour être adopté, et je l'ai remplacé par un autre qui, emprunté aussi de la forme, porte sur le caractère particulier qu'elle présente dans cette substance, où les pyramides qui composent l'octaèdre sont beaucoup plus alongées que dans tous les autres minéraux, qui ont cette même forme pour noyau.

4. Ayant conjecturé, d'après quelques indices, que les cristaux d'anatase devoient avoir la propriété de conduire très-sensiblement le fluide électrique, je m'y suis pris de la manière suivante, pour vérifier ce soupçon : j'ai fait entrer de petits cristaux de cette substance dans un tube de verre, de manière

qu'ils y étoient rangés à la file, sur une longueur d'environ quatre centimètres. J'ai inséré ensuite, par les deux orifices, deux verges de cuivre, dont chacune se trouvoit en contact avec une extrémité de la file de cristaux, et dont l'une étoit droite, et l'autre recourbée en anneau par sa partie saillante. Ayant fait communiquer la première avec un conducteur qu'on électrisoit modérément, j'ai obtenu des étincelles assez vives, en approchant le doigt de la partie recourbée de l'autre verge ; et lorsque je faisois l'expérience dans l'obscurité, je voyois des points lumineux très-éclatans à tous les endroits où les petits octaèdres laissoient entre eux de légères séparations. L'expérience faite comparativement avec des grains de chaux fluatée, ne produisoit aucune transmission bien sensible du fluide électrique.

Le résultat dont je viens de parler sembloit indiquer que cet éclat grisâtre que présentent, sous certains aspects, les cristaux d'anatase, étoit dû à la présence d'une substance métallique. J'ai reçu depuis une lettre de M. Esmark, qui renferme les détails des expériences très-intéressantes citées plus haut, à l'article des caractères chimiques. Elles avoient fait conjecturer à ce célèbre naturaliste, que l'anatase pourroit bien renfermer du chrome. Le Cit. Vauquelin, à qui j'ai communiqué le tout, s'est donné le plaisir d'observer par lui-même les jolis phénomènes annoncés par M. Esmark, et ils ont ajouté au désir qu'il a depuis long-temps de se procurer une assez grande quantité d'anatase, pour faire l'analyse de ce minéral.

<hr>

XXVIIe. E S P È C E.

DIOPTASE, *(f.)* c'est-à-dire, *visible au travers. Voyez* les annotations.

Emeraude. *Lametherie, Journ. de phys., février,* 1793, *p.* 154.
Emeraudine. *Lametherie, théor. de la terre, seconde édit.,* t. *II, p.* 230.

Caractère

Caractère essentiel. Divisible en rhomboïde obtus, dont les angles plans sont de 111ᵈ et 69ᵈ.

Caract. phys. Pesant. spécifique, 3,3.

Dureté. Rayant difficilement le verre.

Electricité. Substance conductrice, acquérant, lorsqu'elle est isolée, l'électricité résineuse par le frottement, même sur ses faces polies.

Caract. géom. Forme primitive. Rhomboïde obtus (*fig.* 171) *pl. LVII*, dont l'angle plan au sommet est de 111ᵈ. Les joints naturels sont très-nets.

Molécule intégrante. *Id.* (1).

Caract. chim. Au chalumeau, elle prend une couleur d'un brun marron, et en communique une d'un vert-jaunâtre à la flamme de la bougie, sans se fondre. Vauquelin.

Traitée avec le borax, elle finit par donner un bouton de cuivre. Lelièvre et Vauquelin.

Aperçu d'analyse par Vauquelin, sur une quantité du poids de 3 grains ½ environ.

Silice	28,57.
Cuivre oxydé	28,57.
Chaux carbonatée	42,85.
Total	99,99.

Caract. distinctifs. Entre la dioptase et l'émeraude. La pesant. spécifique de celle-ci est moindre, dans le rapport d'environ 5 à 6. L'émeraude raye aisément et assez fortement le verre; la dioptase le raye foiblement et avec peine. L'émeraude, isolée ou non, acquiert par le frottement l'électricité vitrée, et la dioptase la résineuse, seulement lorsqu'elle est isolée. L'émeraude se divise

---

(1) J'ai pris pour données les angles du rhomboïde qui résulteroit du prolongement des faces *r*, *r* (*fig.* 172), et dans lequel la diagonale horizontale est à l'oblique sensiblement comme $\sqrt{9}$ à $\sqrt{8}$, ce qui donne pour le rapport, entre la diagonale horizontale et l'oblique du noyau (*fig.* 171), $\sqrt{36} : \sqrt{17}$.

Tome III.   N

parallélement aux pans et aux bases d'un prisme hexaèdre régulier, et la dioptase parallélement aux faces d'un rhomboïde
obtus.

V A R I É T É S.

F O R M E S.

Dioptase *dodécaèdre.* $\overset{\text{\textbf{1}}}{\text{D}}\underset{s}{\text{E}}\underset{r}{\text{' 'E}}$ (*fig.* 172). Incidence de *r* sur *r*,
93ᵈ 35'; de *r* sur *s* 133ᵈ 12' 30". Valeur de l'angle *a*, 93ᵈ 22';
valeur de l'angle *o*, 122ᵈ 51'.

A C C I D E N S   D E   L U M I È R E.

Couleurs.

Dioptase *verte.* C'est un vert pur, semblable à celui des belles
émeraudes.

Transparence.

Dioptase *translucide.*

1. J'ai appris de M. Inguersen, savant minéralogiste danois,
que la dioptase se trouvoit en Sibérie, sur une gangue recouverte de malachite. Le plus gros cristal de cette substance que
j'aie observé, n'avoit qu'environ 6 millimètres, ou 2 lignes $\frac{2}{5}$
d'épaisseur.

2. Lorsqu'on fait mouvoir une dioptase dodécaèdre à la lumière, on aperçoit à l'intérieur des reflets assez vifs, situés sur
des plans sensiblement parallèles aux arêtes terminales ; de sorte
que les joints naturels sont indiqués d'avance par ces reflets, en
perçant, pour ainsi dire, à travers le cristal. C'est ce qu'exprime
le nom de *dioptase.*

3. Cette substance, l'une de celles qui joue le mieux l'émeraude par sa belle couleur verte, se prêtoit d'autant plus facile-

ment à l'illusion qui l'a fait d'abord prendre pour cette gemme,
qu'elle tendoit à l'œil un nouveau piége par sa forme, qui sembloit être une modification du prisme hexaèdre régulier. Mais
l'examen que je fis bientôt après de la structure des cristaux de
cette substance (1), indiqua, au contraire, une différence de nature
très-sensible entre elle et non-seulement l'émeraude, mais encore
les autres minéraux cristallisés observés jusqu'ici; et ce qui est
remarquable, c'est que cette belle teinte verte, qui à l'aspect
d'une dioptase rappelle le souvenir de l'émeraude, présente elle-
même, dans le résultat de l'analyse, un caractère distinctif très-
prononcé entre l'un et l'autre minéral; l'émeraude, d'après la
découverte du Citoyen Vauquelin, ayant le chrome pour principe
colorant, tandis que la dioptase doit sa couleur au cuivre.

A juger de cette substance par le résultat dont nous venons de
parler, on pourroit être tenté de supposer qu'elle n'est autre
chose qu'une chaux carbonatée mélangée de cuivre. Mais alors
son rhomboïde ressembleroit à celui de la chaux carbonatée, au
lieu qu'il y a une différence d'environ 10^d entre les angles de
l'un et l'autre. Il paroît plutôt que la chaux carbonatée et le
cuivre sont unis, dans la dioptase, par une combinaison intime

---

(1) Journal des mines, N°. 28, p. 274. La forme du dodécaèdre dont
il s'agit ici, est même démontrée impossible dans l'espèce de l'émeraude.
Soit AEM (*fig.* 71) *pl. VII* le noyau de cette dernière substance. Le
résultat le plus approché auquel on parvienne, en se bornant à des lois

admissibles, est celui qui a pour signe représentatif $'G' \overset{\frac{a}{\epsilon}}{\underset{s\ \ r}{B}}$, la quantité $\overset{\frac{4}{5}}{B}$ dé-

signant ici des décroissemens sur trois bords pris alternativement autour de
chaque base, et qui alternent entre eux d'une base à l'autre. Or, dans cette
hypothèse, l'incidence de *r* sur *r* (*fig.* 172) seroit de $89^d 14'$, au lieu de 93^d
$35'$, différence très-appréciable à l'aide du gonyomètre. Et si l'on suppose

que le signe soit $M\ \overset{\frac{4}{3}}{A}\ \overset{\frac{4}{3}\cdot 0}{\underset{s}{}}\ \overset{\frac{4}{3}}{\underset{r}{a}}\ \overset{\frac{4}{3}\cdot 0}{\underset{r}{e}}\ E$, auquel cas les décroissemens bis-alternes au-

ront lieu sur les angles, l'incidence de *r* sur *r* sera de $87^d 48'$, ce qui s'écarte
encore plus de la véritable mesure, qui est de $93^d 35'$.

qui détermine une espèce toute particulière, et il se pourroit que dans une analyse faite sur une quantité suffisante, la proportion de cuivre se trouvât être assez considérable pour faire ranger la dioptase parmi les mines de ce métal.

XVIIIe. E S P È C E.

G A D O L I N I T E, *(f.)*

Id., Mém. de l'Académie royale des siences de Suède, 1794. *Id., Crell, Annales de chimie, t. I, p.* 313 *et suiv. Id., Scherer, Journ. de chimie, t. III, p.* 187 *et suiv.*

Caractère essentiel. Pesant. spécifique au-dessus de 4. Soluble en gelée dans l'acide nitrique étendu d'eau et chauffé.

Caract. phys. Pesant. spécif., 4,0497.

Dureté. Rayant légérement le quartz ; donnant des étincelles par le choc du briquet.

Magnétisme. Action très-sensible sur le barreau aimanté.

Cassure, conchoïde, éclatante.

Caract. chim. Réduite en poudre, et mise dans l'acide nitrique étendu d'eau, elle s'y décolore, lorsqu'on fait chauffer l'acide, et se convertit en une espèce de gelée épaisse, d'un gris-jaunâtre.

Au chalumeau, elle décrépite et lance au loin des parcelles qui paroissent embrasées ; mais si l'on a pris la précaution de faire rougir le fragment dans la flamme de la bougie, il subit ensuite l'action du chalumeau sans décrépiter, devient d'un rouge terne mêlé de blanc, se fendille et ne se fond pas. Si cependant le fragment est très-petit, quelques parcelles se fondent avec un léger bouillonnement, en verre spongieux.

Traitée avec le borax, elle le colore en jaune de topaze, qui s'affoiblit par le refroidissement; si l'on ajoute une plus grande quantité de gadolinite, le verre prend une couleur plus foncée, sans devenir opaque, et ce qui n'a pas été dissous reste blanc.

Première analyse par M. Ekeberg.

Yttria...................................... 47,5.
Silice .... 25,0.
Fer.. 18,0.
Alumine.................................... 4,5.
    Perte.................................. 5,0.
                                           ______
                                           100,0.

Seconde analyse par Vauquelin.

Yttria..................................... 35,0.
Silice .... 25,5.
Fer.. 25,0.
Oxyde de manganèse......................... 2,0.
Chaux...................................... 2,0.
Eau et acide carbonique.................... 10,5.
                                           ______
                                           100,0.

Caractères distinctifs. 1°. Entre la gadolinite et le fer chromaté. La cassure de celui-ci n'a point un aspect vitreux, comme celle de la gadolinite ; il ne se résoud point en gelée dans l'acide nitrique ; il communique au verre de Borax, par la fusion, une couleur verte, et la gadolinite une couleur jaune. 2°. Entre la même et l'urane sulfuré, dit *pech-blende*. Celui-ci a une pesanteur spécifique plus grande, dans le rapport d'environ 3 à 2 ; il n'a point la cassure vitreuse, comme la gadolinite, et ne forme point de gelée dans l'acide nitrique. 3°. Entre la même et la lave vitreuse obsidienne. Celle - ci a une pesanteur spécifique moindre, dans le rapport d'environ 3 à 5 ; elle ne donne point de gelée dans l'acide nitrique, comme la gadolinite. Elle n'agit point non plus, comme elle, sur le barreau aimanté. Enfin, elle se fond beaucoup plus aisément.

V A R I É T É S.

F O R M E S.

Gadolinite *amorphe.*

Couleurs.

1. Gadolinite *noire.*

2. Gadolinite *roussâtre.* Le Citoyen Lelièvre pense, d'après le changement que les fragmens noirs de gadolinite subissent, par le chalumeau, que la couleur rousse qu'ont naturellement certaines parties de cette substance, a remplacé la couleur primitive qui étoit noire, par l'effet d'un commencement de décomposition.

A N N O T A T I O N S.

1. La gadolinite a été découverte à Ytterby, en Suède. Nous ignorons jusqu'ici quelle est sa situation géologique, et quelles sont les substances qui l'accompagnent. Elle a surtout de la ressemblance, par son aspect, avec la lave qu'on appelle *pierre obsidienne;* mais elle en est distinguée par des caractères si tranchés, que l'on n'y est pas long-temps trompé.

2. L'action très-sensible que la gadolinite exerce sur le barreau aimanté, prouve que le fer qu'elle contient est, au moins en partie, à l'état métallique. Mais je n'ai point trouvé qu'elle eût le magnétisme polaire, même en employant une aiguille d'une foible vertu (1).

3. M. Gadolin ayant examiné ce minéral, en 1794, y reconnut l'existence d'une nouvelle terre. Ce résultat a été confirmé depuis, par l'analyse que M. Ekeberg a faite de cette même substance, à laquelle il a donné le nom de *gadolinite,* qui rappelle l'auteur de la découverte; et quant à la nouvelle terre, il l'a appelée *Yttria,* nom dérivé de celui d'*Ytterby,* où a été trouvé le minéral qui la renferme.

____

(1) Voyez l'article du fer, sur la nécessité de se servir, dans ce cas, d'une pareille aiguille.

Divers échantillons de cette substance, dont nous sommes redevables, le Cit. Vauquelin et moi, à la générosité de MM. Abildgaard, Manthey et Nergaard, nous ont mis à portée d'en étudier les caractères. Dans l'analyse que le Cit. Vauquelin en a faite, et qu'il a même recommencée, il a trouvé une perte d'environ 10,5, dont il a recherché la cause, et qui lui a paru devoir être attribuée principalement à l'eau que contient la gadolinite, et à une petite quantité d'acide carbonique. Il a reconnu que l'yttria avoit des rapports avec la glucyne découverte par lui-même, mais qu'elle en différoit cependant par plusieurs propriétés, d'une manière assez sensible pour mériter d'être regardée comme une terre particulière (1).

XXIXe. ESPÈCE.

LAZULITE, *dérivé du mot AZUL, par lequel les Arabes désignent cette pierre.*

Zeolithes particulis subtilissimis, colore albo et cæruleo, argentum continens. *Waller*, *t. I*, *p.* 326. Lapis lazuli vel cyaneus, *Boëce de Boot, gemmar. et lapid. hist.*, *lib. II*, *cap.* 119, 120, etc. Lapis lazuli, *de Lisle*, *t. II*, *p.* 49. Zéolithe bleue ou lapis lazuli, pierre d'azur, *de Born*, *t. I*, *p.* 201. Lazur stein, *Emmerling*, *t. I*, *p.* 212. Id., *Werner, catal.*, *p.* 267. Lapis lazuli, Sciagr., *t. I*, *p.* 306. Pierre d'azur, lapis, *Daubenton, tabl.*, *p.* 4. Lapis lazuli, *Kirwan*, *t. I*, *p.* 283. La pierre d'azur, *Brochant*, *t. I*, *p.* 313.

Caractère essentiel. Bleu et opaque ; cassure matte, à grain très-serré.

Caract. phys. Pesant. spécif., 2,7675 .... 2,9454.

---

(1) Voyez les notions préliminaires, t. II, p. 84.

Dureté. Rayant le verre ; étincelant dans certaines parties , par le choc du briquet.

Couleur. Le bleu d'azur.

Caract. chim. A un feu de 100^d du pyromètre , il conserve sa couleur ; à un feu plus violent, il se boursoufle et se fond en une masse d'un noir jaunâtre , et si l'on pousse encore plus le feu , il se change en émail blanchâtre. (*Kirwan*).

Soluble en gelée dans les acides , après la calcination.

Analyse par Klaproth.

Silice	46,0.
Alumine	14,5.
Chaux carbonatée	28,0.
Chaux sulfatée	6,5.
Oxyde de fer	3,0.
Eau	2,0.
	100,0

Caractères distinctifs. 1°. Entre le lazulite et la substance bleue qui se trouve dans le granite de Stirie. La couleur de celui-ci est d'un bleu clair, et n'a pas , à beaucoup près, l'intensité de celle du lazulite. 2°. Entre le même et l'oxyde bleu de cuivre, mélangé de matière calcaire, nommé *pierre d'Arménie* par plusieurs naturalistes. Celui-ci estbeaucoup moins dur que le lazulite. Sa couleur se détruit à un feu ordinaire, au lieu que celle du lazulite y persiste.

V A R I É T É S.

F O R M E S.

Lazulite *amorphe.*

ACCIDENS

ACCIDENS DE LUMIÈRE.

Couleurs.

1. Lazulite *bleu-d'azur.*
2. Lazulite *bleu-pourpré.*

Transparence

Lazulite *opaque.*

Le lazulite a souvent des taches blanches dues à un mélange de matière calcaire, et quelquefois de quartz, ou, selon d'autres, de feld-spath. On y voit aussi des grains ou des veines de fer sulfuré.

ANNOTATIONS.

1. On trouve le lazulite en Perse, en Natolie, en Chine, etc. On croit qu'il y est renfermé dans des roches granitiques. On en a trouvé aussi en Sibérie, près du lac Baikal; il y occupoit un filon où il étoit accompagné de grenats, de feld-spath et de fer sulfuré.

2. Quoique le lazulite ait, en général, une cassure compacte et granuleuse, j'ai aperçu, dans quelques fragmens, des indices de joints naturels à des endroits dont la couleur étoit uniforme et d'un bleu foncé, en sorte qu'ils paroissoient appartenir au lazulite lui-même.

3. Ce minéral est regardé si généralement aujourd'hui comme formant une espèce distincte, que j'ai cru devoir, sur ce point, me conformer à l'usage. Avant l'époque où on a commencé à lui assigner un rang à part, le plus grand nombre des minéralogistes, d'après Marcgraff, le plaçoient parmi les zéolithes, dont il ne différoit, selon ce chimiste, qu'en ce qu'il contenoit du gypse. Klaproth y a trouvé effectivement une certaine quantité de cette dernière substance, mais il en a retiré une beaucoup plus considérable de chaux carbonatée; et si l'on considère ces

deux substances comme étant à l'état de simple mélange, il ne restera plus, pour les principes qui dominent dans le lazulite, que la silice et l'alumine (1), et ce sera dans la combinaison des mêmes principes que consistera la nature de ce minéral, dont il seroit plus facile de déterminer le vrai type, si on le trouvoit sous des formes cristallines, qui permissent à la minéralogie de concourir avec la chimie à cette détermination.

4. Le lazulite, surtout celui qui est d'un bleu pourpré et exempt de taches blanches, a été recherché de tout temps par les artistes qui taillent et polissent les pierres. On en a fait des coupes et autres vases, de petites statues, des bracelets, etc. On le tailloit aussi en forme de plaques, que l'on faisoit servir à la décoration des autels ou des ouvrages destinés pour l'ameublement. Les portions pyriteuses, qui paroissent assez souvent à la surface sous l'aspect de taches ou de veines d'un jaune métallique, passoient pour de l'or, apparemment parce qu'on en jugeoit sur le prix qu'on attachoit à la pierre elle-même.

5. Mais le lazulite emprunte son plus grand mérite des ressources qu'il fournit à la peinture, en lui cédant sa couleur, qui produit de si grands effets sur la toile. Cette couleur se nomme *bleu d'outremer*. Pour parvenir à l'extraire, on calcine d'abord la pierre, et on la réduit en poussière impalpable. On mêle ensuite cette poussière avec une pâte composée de matières résineuses, de cire et d'huile de lin, puis on sépare du mélange, par le lavage, une poudre qui, étant desséchée, fournit le bleu d'outremer. Boëce de Boot a décrit dans un grand détail cette opération, qui exige beaucoup de temps et de soin (2).

***

(1) Dans cette hypothèse, si l'on représente par 100 la totalité des principes qui restent, les parties proportionnelles de ceux-ci donneront 70,2 de silice, 22,1 d'alumine, 4,6 de fer et 3,1 d'eau.

(2) Gemmar. et lapid. hist., c. 123, 124, etc. Voyéz aussi l'Encyclopédie méth., arts et mét., t. I, Ire partie, p. 219.

6. Le bleu d'outremer appliqué sur la toile, est peu susceptible d'altération. Mais par là même son effet, après un certain temps, cesse d'être d'accord avec celui des autres couleurs, qui éprouvent des changemens plus ou moins sensibles. Watelet (1) compare ingénieusement un tableau à un clavecin, qui, nouvellement accordé, jouit de toute son harmonie, mais dont les tons s'altèrent ensuite inégalement, par les variations de la température, qui agit plus fortement sur certaines cordes que sur les autres. Les couleurs d'un tableau perdent de même plus ou moins leur ton, par successsion de temps, et le bleu d'outremer étant une de celles qui résistent le plus, il en résulte dans l'ensemble du coloris une espèce de défaut d'harmonie, dont se ressentent surtout les anciens tableaux.

<hr>

XXXe. ESPÈCE.

MÉSOTYPE, (*f*) c'est-à-dire, *forme primitive moyenne.*

Zeolithes figurâ determinatâ cristallisatus. *Waller, t. 1, p.* 328. Zeolithes, *Cronstedt,* 108—112. Zéolithe en aiguilles prismatiques ou pyramidales, *de Lisle, t. II, p.* 41. Argile unie à la terre siliceuse, faisant la moitié du poids et quelquefois davantage, et à un peu de chaux. Zéolithe, Sciagr., *t. I, p.* 301. Zeolith, *Emmerling, t. I, p.* 199. Id., *Werner, catal., t. I, p.* 265. Zéolite, *Kirwan, t. I, p.* 278. La Zéolithe, *Brochant, t. I, p.* 298.

Caractère essentiel. Divisible parallélement aux pans d'un prisme rectangulaire. Electrique par la chaleur en deux points opposés.

Caract. phys. Pesant. spécif., 2,0833.

<hr>

(1) Encycl. méthod., beaux arts, t. I, p. 79.

Dureté. Rayant la chaux carbonatée.

Electricité. Electrique par la chaleur (1).

Réfraction , double.

Caract. géom. Forme primitive. Prisme droit (*fig.* 173) *pl. LVIII*, dont les bases sont des carrés, et qui se soudivise sur les deux diagonales de ces mêmes bases. Les divisions parallèles aux pans M sont ordinairement nettes. Celles qui répondent aux diagonales le sont moins ; celles qui ont rapport aux bases se laissent à peine entrevoir, excepté dans les cristaux qui appartiennent à la variété épointée, où elles sont très-sensibles.

Molécule intégrante. Prisme triangulaire à bases rectangles isocèles (2).

Cassure , un peu vitreuse.

Caractère chimique. Soluble en gelée dans les acides (3).

Fusible avec bouillonnement et phosphorescence en émail spongieux.

Analyse par Vauquelin (4).

Silice.	50,24.
Alumine	29,30.
Chaux.	9,46.
Eau.	10,00.
Perte	1,00.
	100,00.

---

(1) Voyez le journ. des mines , N°. XIV , p. 87.

(2) Dans la molécule soustractive (*fig.* 173) le rapport entre le côté du carré de la base et la hauteur du prisme est celui de √5 à 2. Au reste , la petitesse des cristaux qui m'ont servi à déterminer ce rapport ne permet de le regarder que comme approché.

(3) Pour éprouver ce caractère, je verse de l'acide nitrique sur de la mésotype réduite en poudre fine. Au bout de quelque temps, les particules de cette substance se coagulent en une masse semblable , par son aspect et par sa consistance , à une gelée de viande.

(4) Le morceau qui a servi à cette analyse a été détaché d'un groupe de cristaux de mésotype pyramidée , variété 1 , qui est dans ma collection.

Caract. distinctifs. 1°. Entre la mésotype et la stilbite. Celle-ci ne se divise nettement que dans un seul sens parallèle à l'axe de ses cristaux ; la mésotype a deux joints latéraux également nets et perpendiculaires l'un sur l'autre. Elle est électrique par la chaleur, et soluble en gelée dans les acides; deux propriétés qui manquent à la stilbite. 2°. Entre la mésotype et la chabasie. Celle-ci se divise parallélement aux faces d'un rhomboïde obtus, peu différent du cube ; mais cependant assez pour que la différence soit sensible. Les joints naturels de la mésotype sont exactement perpendiculaires l'un sur l'autre. *Id.*, pour les caractères par l'électricité et par les acides. 3°. Entre la mésotype et l'analcime. Celui-ci a une cassure compacte qui ne laisse apercevoir aucuns joints sensibles, au lieu que ceux de la mésotype sont faciles à observer. Les cristaux de mésotype dérivent d'un prisme quadrangulaire ordinairement alongé; ceux de l'analcime sont originaires d'un cube dont les huit angles solides subissent des modifications semblables. *Id.*, pour les caractères par l'électricité et par les acides. 4°. Entre la mésotype et la prehnite, soit du Cap, soit de France. La pesanteur spécifique de celle-ci est plus grande, dans le rapport d'environ 9 à 7 ; elle raye le verre, ce que ne fait pas la mésotype. Elle ne se résoud pas comme celle-ci en gelée dans les acides. 5°. Entre la mésotype et l'harmotome. Celui-ci a des joints obliques à l'axe, qui n'existent pas dans la mésotype. Sa poussière est phosphorescente sur un charbon ardent, et non celle de la mésotype. Il n'est ni électrique par la chaleur ni soluble en gelée dans les acides. 6°. Entre la mésotype radiée et la chaux carbonatée de même forme. Celle-ci fait effervescence avec les acides ; la mésotype s'y résoud paisiblement en gelée. *Id.*, pour le caractère tiré de l'électricité.

V A R I É T É S.

F O R M E S.

Déterminables.

Strahliger zeolith , *Emmerling* , *t. I* , *p.* 202. Excluez la
5ᵉ. variété des formes cristallines. *Id.* , *Werner* , *catal.* , *t. I* , *p.* 266.
Excluez les Nᵒˢ· 2310 *et* 2311.

1. Mésotype *pyramidée.* $\overset{M}{\underset{M}{}}\ \overset{\overset{2}{B}}{\underset{o}{}}$ (*fig.* 174). Incidence de *o*
sur M , 114ᵈ 6′.

2. Mésotype *épointée.* $\overset{M}{\underset{M}{}}\ \overset{\overset{\frac{3}{2}}{A}}{\underset{s}{}}\ \overset{P}{\underset{P}{}}$ (*fig.* 175). Incidence de *s*
sur P , 117ᵈ 48′ ; de *s* sur *s* , 102ᵈ 32′.

3. Mésotype *dioctaèdre.* $\overset{M}{\underset{M}{}}\ \overset{'G'}{\underset{r}{}}\ \overset{\overset{2}{B}}{\underset{o}{}}$ (*fig.* 176). Incidence de
r sur M , 135ᵈ.

Indéterminables.

4. Mésotype *aciculaire.* Fasriger zeolith , *Emmerling* , *t. I* ,
p. 200. *Id.* , *Werner* , *catal.* , *p.* 265. En aiguilles ordinairement convergentes vers un centre commun, réunies suivant toute
leur longueur, ou libres par le haut.

5. Mésotype *globuliforme.* En globules striés à l'intérieur , du
centre à la circonférence.

6. Mésotype *amorphe.*

A C C I D E N S   D E   L U M I È R E.

Couleurs.

Mésotype *blanchâtre.*

Transparence.

1. Mésotype *transparente.* Quelques cristaux de mésotype *piramidée.*

2. Mésotype *translucide.*

Substances étrangères à cette espèce, auxquelles on a donné le nom de zéolithe.

1. Zéolithe nacrée. La stilbite.

2. Zéolithe dure. L'analcime.

3. Zéolithe cubique. La substance en rhomboïdes un peu obtus, que nous avons réunie à la chabasie.

4. Zéolithe bleue. Le lazulite.

5. Zéolithe. L'harmotome.

6. Zéolithe du Cap. La prehnite.

7. Zéolithe du Brisgaw. L'oxyde de zinc cristallisé du même pays.

ANNOTATIONS.

1. Les cristaux de mésotype se trouvent dans les pays volcaniques, tels que l'île de Feroë, l'Islande, l'île Bourbon, les îles Cyclopes, le Vivarais, etc. Ils occupent des géodes dont la croûte est enchatonnée, tantôt dans un basalte très-compacte, tantôt dans des laves plus ou moins tendres (1).

2. Les cristaux de mésotype n'ont, en général, qu'une petite épaisseur, qui n'excède guère trois millimètres, ou une ligne et un tiers. Ordinairement ils forment des faisceaux de prismes divergens, de plusieurs centimètres de longueur. Ceux de la

----

(1) Lorsque je parlerai, dans l'appendice relatif aux produits volcaniques, des substances que renferment les laves, je ferai connoitre les différentes opinions des géologues sur la formation de la mésotype.

variété aciculaire sont quelquefois d'une finesse presqu'égale à
celle d'un cheveu.

3. La substance dont je fais ici une espèce à part, est celle
que Cronstedt, à qui nous en devons la connoissance, a nommée
zéolithe, à cause de l'espèce d'ébullition qu'elle éprouve par
l'action du feu. Bergmann la considéroit comme ayant de grands
rapports avec les schorls (1), et Wallerius l'avoit réunie à la
tourmaline (2), d'après les caractères que l'une et l'autre présentoient lorsqu'on les fondoit, et surtout la lueur phosphorescente qu'elles répandoient au moment même de leur fusion. Leur
lien commun auroit paru se serrer encore davantage, si l'on
eût su alors que la zéolithe étoit électrique par la chaleur, comme
la tourmaline. Elle en a été depuis séparée, ainsi que des autres
schorls, d'après les différences très sensibles qui l'en distinguent
à plusieurs égards, et en particulier celle qui se tire des formes
cristallines. Mais comme si elle s'étoit ressentie encore du voisinage des schorls, après cette séparation, elle est devenue à son
tour le point de ralliement de plusieurs substances qui n'avoient
avec elle que des rapports équivoques ; tels que la propriété de
se fondre en une masse spongieuse, celle de faire gelée dans les
acides, une cristallisation en rayons divergens, une couleur d'un
blanc mat, etc. On y regardoit même si peu, que la dissolution
en gelée qu'on étendoit à toutes les zéolithes, après l'avoir reconnue dans celle de Cronstedt, appartient peut-être exclusivement à cette dernière ; du moins ai-je tenté inutilement d'obtenir
cet effet, en essayant différentes variétés de ces minéraux. J'ai
seulement remarqué que quelquefois les particules sembloient se
renfler, en prenant de la transparence ; mais elles ne se coagu-
loient pas en masse continue.

4. Les mêmes motifs qui m'ont déterminé à supprimer le nom
de *schorl*, se tournent également contre celui de *zéolithe*. Pour

---

(1) Sciagr., édit. de Lametherie, t. I, p. 301.
(2) Systema mineral., édit. 1778, p. 329.

le

le remplacer avec avantage, j'ai comparé la forme primitive de la substance dont il s'agit ici, avec celle de l'analcime et celle de la stilbite, qui sont les deux espèces que l'on a surtout confondues avec elle. Dans l'analcime, les bases et les faces latérales sont des carrés ; dans la stilbite, les unes et les autres sont de simples rectangles ; dans la substance qui est l'objet de cet article, les bases sont des carrés et les faces latérales des rectangles ; d'où il suit que sa forme primitive présente comme un moyen terme entre les noyaux des deux autres substances, et c'est ce qu'indique le nom de *mésotype*.

Parmi les cristaux que j'ai réunis sous ce même nom, ceux de la première variété appartiennent bien décidément à la zéolithe observée par Cronstedt. Je n'ai vu encore qu'un groupe de ceux de la seconde, qui étoit sans gangue, et dont une partie étoit recouverte par un faisceau de filamens blanchâtres qui paroissoit être aussi de la nature des mésotypes. Les cristaux prononcés différoient de ceux de la première variété non-seulement par leur forme, mais de plus en ce que les coupes parallèles à leurs bases étoient plus nettes, et s'obtenoient plus facilement. Du reste, ils avoient aussi la propriété de devenir électriques par la chaleur. J'ai cru devoir, en attendant des observations plus décisives, les réunir aux précédens, avec lesquels ils m'ont paru s'accorder par leurs lois de structure, autant que l'on peut en juger d'après les mesures prises sur des objets qui, par leur petitesse, se refusent à la précision qu'exige la certitude.

5. On voit par les analyses exactes qui ont été faites de quelques-unes des substances appelées *zéolithes*, qu'elles ont en quelque sorte un même fond, et sont composées de silice, d'alumine, de chaux et d'une certaine quantité d'eau. Les différences qu'établissent entre elles la structure et les autres caractères ne peuvent provenir que de celles qui existent entre les proportions des principes composans, et elles m'ont paru assez marquées, pour que l'on soit fondé à reconnoître ici plusieurs espèces distinctes, qu'il faudra placer à la suite les unes des autres, lorsque

le moment sera venu de classer les substances terreuses, en prenant pour guides les résultats de la chimie.

6. Les cristaux de mésotype observés jusqu'ici n'étant terminés que d'un côté, je n'ai pu reconnoître si les parties dans lesquelles résident les deux électricités avoient une différence de configuration, comme dans les tourmalines. J'ai seulement remarqué que l'électricité vitrée appartenoit au sommet libre, et l'électricité résineuse à la partie qui avoit été détachée du support.

7. La mésotype est sujette à perdre son eau de cristallisation. Ses cristaux paroissent alors se couvrir d'une croûte farineuse. Les parties qui ont subi cette altération ne s'électrisent plus par la chaleur.

8. Les Suédois donnent le nom de *zéolithe* à une substance verdâtre, en petites masses ordinairement striées à l'intérieur, qui se trouve dans le voisinage des mines de cuivre natif. On appelle encore *zéolithe*, dans le même pays, une pierre tendre, d'un rouge terne, mêlée de grains de chaux carbonatée, que l'on tire des mines d'Adelfors en Smolande. J'ai cru devoir renvoyer ces deux substances parmi celles dont la nature est encore douteuse.

<hr>

X X X I^e. E S P È C E.

S T I L B I T E, *(f.)* c'est-à-dire, *corps qui a un certain éclat.*

Zeolithes facie seleniticâ, lamellaris. *Waller, t I, p.* 327. Blattriger zeolith, *Emmerling, t. I, p.* 204. *Id., Werner, catal., p.* 267. La var. 5 du *strahliger zeolith* d'*Emmerling, p.* 202, est une stilbite. Il en est de même de la var. 4, qui cependant pourroit se rapporter aussi à la mésotype. Stilbite, *Daubenton, tabl. minér., p.* 17.

Caractère essentiel. Une seule coupe nette; fusible en émail spongieux; non électrique par la chaleur.

Caract. phys. Pesant. spécif., 2,5.

Dureté. Rayant la chaux carbonatée.

Éclat des lames, tirant sur celui de la nacre.

Caract. géom. Forme primitive. Prisme droit à bases rectangles (*fig.* 177) *pl. LVIII.* Coupes parallèles à M, très-nettes ; de légers indices de lames dans le sens de T. Les positions des bases P ne sont que présumées.

Molécule intég. *Id.* (1).

Cassure, transversale, raboteuse, presque terne.

Caract. chim. Fusible au chalumeau, avec bouillonnement et phosphorescence ; exposée sur un charbon ardent, elle blanchit et devient facile à pulvériser. Non réductible en gelée dans les acides.

Analyse par Vauquelin.

Silice.. 52,0.

Alumine...................................... 17,5.

Chaux.. 9,0.

Eau.. 18,5.

Perte.. 3,0.
                                            ————
                                            100,0.

Caractères distinctifs. 1°. Entre la stilbite et la mésotype. Celle-ci est électrique par la chaleur et non la stilbite ; elle se résoud en gelée dans les acides, ce que ne fait pas la stilbite. Ses divisions longitudinales sont également nettes dans les deux sens, au lieu que la stilbite n'en a qu'une qui le soit. 2°. Entre la stilbite et la chaux sulfatée. Les lames de celle-ci se divisent par la percussion en rhombes de 113^d et 67^d. La stilbite ne produit rien de semblable. La chaux sulfatée se fond en verre, et la stilbite en masse spongieuse.

———————————

(1) Les trois dimensions C, G, B sont entre elles dans le rapport des nombres $\frac{1}{2}$, $\sqrt{3}$ et $3\sqrt{2}$.

V A R I É T É S.

F O R M E S.

Déterminables.

1. Stilbite *dodécaèdre.* $\frac{M\ T\ A^{2\ 2}A}{M\ T\quad r}$ (*fig.* 178).

Zéolithe, var. 3, *Daub.*, *tableau méthod. des minéraux.* Incidence de *r* sur *r*, 123^d 32′; de *r* sur T, 118^d 14′; de *r* sur M, 123^d 53′; de *r* sur la face adjacente à l'arête *y* ou *y'*, 112^d 14′. Angles de la face M; *o* est de 110^d 34′; chacun des quatre autres angles est de 124^d 43′. Angles de la face T ; *n* est de 101^d 32′; chacun des quatre autres angles est de 129^d 14′.

a. Stilbite dodéc. lamelliforme. Le dodécaèdre qui, en général, a moins d'épaisseur entre M et la face opposée que dans l'autre sens, est aminci dans cette sous-variété, au point qu'on le prendroit pour une lame hexagonale à biseaux. *De Born, catal., t. I, p.* 209 *et* 210. XI. c. 3. c. 4. c. 5. et c. 6.

2. Stilbite *épointée.* $\frac{M\ T\ A^{2\ 2}A\ P}{M\ T\quad r\quad P}$ (*fig.* 179). La variété précédente, dont chaque sommet est intercepté par une facette **P**, perpendiculaire à l'axe.

3. Stilbite *anamorphique.* $\frac{M\ T\ B^{\frac{3}{2}}\ C^{1}}{M\ T\ s\ z}$ (*fig.* 180). Si l'on considère le cristal comme un prisme hexaèdre incomplet dans deux angles solides pris autour de chaque base **M**, et que l'on dispose les pans *s* verticalement, la forme du noyau se trouvera renversée, par rapport à la situation qu'elle a dans la première variété, fig. 178. Zéolithe, var. 4. *Daub.*, *tableau méthod.* Incidence de *s* sur M, 90^d; de *s* sur *s*, 130^d 24′; de *z* sur M, 112^d 13′; de *z* sur *z*, 135^d 34′.

4. Stilbite *octoduodécimale.* $\frac{M\ T\ B^{\frac{3}{2}}\ C^{1}\ A^{\frac{2}{3}}}{M\ T\ s\ z\ u}$ (*fig.* 181). Prisme hexaè-

dre épointé à tous ses angles solides. Incidence de u sur M, 113ᵈ; de u sur T, 131ᵈ 32′.

Indéterminables.

5. Stilbite arrondie. La var. 1, en prismes fasciculés, arrondis à leur sommet.

A C C I D E N S   D E   L U M I È R E.

Couleurs.

1. Stilbite *blanchâtre*.
2. Stilbite *brune*. Zéolithe bronzée d'Abildgaard.
3. Stilbite *grise*.

Transparence.

1. Stilbite *transparente*. Certains cristaux de la 3ᵉ. var.
2. Stilbite *translucide*.

A N N O T A T I O N S.

1. Un des gisemens les plus ordinaires de la stilbite, est le sol volcanique, où elle occupe les cavités de certaines laves. Elle y est quelquefois associée à d'autres substances, et particulièrement à la chabasie. Il y a en Islande des groupes de stilbite arrondie, engagés en partie dans des cristaux limpides de chaux carbonatée.

La stilbite se rencontre aussi hors des terrains volcaniques, comme à Andreasberg, au Hartz, où elle est en cristaux dodécaèdres lamelliformes, qui reposent sur la chaux carbonatée. Le Cit. Schreiber, inspecteur des mines, a trouvé la variété arrondie dans les roches primitives des Alpes Dauphinoises. Enfin, j'ai reçu de M. Abildgaard des cristaux de la même substance, provenant d'Arendal, en Norwège, qui avoient la forme de la variété épointée, et dont la couleur brune ou grise étoit jointe à un éclat qui se rapprochoit de celui des stilbites ordinaires.

2. Les cristaux réguliers de stilbite dodécaèdre que j'ai observés, avoient environ sept millimètres ou trois lignes de largeur
sur une longueur beaucoup plus considérable. Mais cette variété
se présente assez souvent en cristaux groupés, dont l'ensemble
paroît former un cristal unique de deux centimètres d'épaisseur
ou davantage, et qui sont accolés entre eux par les hexagones M
(*fig.* 178), de manière qu'ils divergent en partant de leur point
d'adhérence à leur commun support. A l'égard de la variété
anamorphique, les plus gros cristaux que j'en aie vus avoient
près de deux centimètres entre la face T (*fig.* 180) et son opposée.

3. La stilbite diffère sensiblement par plusieurs caractères de
la mésotype, avec laquelle on l'a toujours confondue jusqu'à
présent. Dans le triage que j'ai fait des formes cristallines qui
lui appartiennent, j'ai éprouvé quelqu'embarras par rapport à
la réunion de la variété dodécaèdre avec l'anamorphique : à la
vérité, elles ont une grande analogie par leur tissu lamelleux
dans un seul sens, par leur apparence nacrée, et par la manière
dont le feu agit sur elles. Mais elles contrastent tellement par
l'ensemble et par la disposition de leurs faces, qu'on ne les soupçonneroit pas, au premier aperçu, de pouvoir être ramenées à
la même forme de molécule ; et c'est surtout dans ces sortes de
cas que l'on a besoin de mesures très-précises, qui puissent garantir l'application de la théorie. La variété anamorphique se
prête davantage à cette précision. Mais les cristaux de la première, même lorsqu'ils sont d'ailleurs très-prononcés, ont les
faces de leurs sommets altérées par de petites inégalités, et par
des interruptions de poli et de niveau ; en sorte que les mesures
des angles, qui participent de ces altérations, ne permettent que
de regarder comme extrêmement probables les conséquences
qui s'en déduisent en faveur du rapprochement dont j'ai parlé.

XXXIIe. ESPÈCE.

PREHNITE, *(f.) nom emprunté de celui du colonel Prehn.*
(Voyez les annotations).

Chrysolite du Cap. *De Lisle*, *t. II*, *p.* 275. Zéolithe verdâtre,
de Born, *catal.*, *t. I*, *p.* 203. Prehnite, Sciagr., *t. I*, *p.* 305.
Schorl en gerbes de Schreiber. Prehnit, *Emmerling*, *t. I*, *p.* 192.
Prase cristallisée de Haquet. La prehnite, *Brochant*, *t. I*,
p. 295.

Caractère essentiel. Divisible par une seule coupe sensible,
médiocrement nette ; électrique par la chaleur.

Caract. physiq. Pesant. spécif., 2,6097....2,6969.

Dureté. Rayant légérement le verre.

Electricité. Electrique par la chaleur, (observation du Cit. Dré).

Aspect de la surface intérieure, un peu nacré.

Caract. géom. Forme primitive présumée. Prisme droit à bases
rectangles (*fig.* 182) *pl. LVIII*. Les divisions parallèles à T sont
les seules bien nettes.

Molécule intégrante, *idem.* Le défaut de formes secondaires,
assez diversifiées dans le nombre de leurs facettes, n'a pas permis
jusqu'ici de déterminer les dimensions de cette molécule.

Caract. chim. Fusible au chalumeau, en écume blanche, remplie
de bulles, qui finit par se convertir en émail d'un jaune-noirâtre.

Analyse de la prehnite du Cap, par Hassenfratz.

Silice.	50,0.
Alumine	20,4.
Chaux	23,3.
Fer.	4,9.
Eau.	0,9.
Magnésie.	0,5.
	100,0.

Analyse de la même, par Klaproth.

Silice . . . . 44,0.
Alumine. . . . . 30,0.
Chaux. . . . . 18,0.
Oxyde de fer. . . . . 5,0.
Eau et gaz . . . . 1,5.
Perte. . . . . 1,5.

100,0.

Caractères distinct. 1°. Entre la prehnite et la stilbite. Celle-ci s'émousse contre le verre, tandis que la prehnite le raye. La stilbite n'est pas électrique par la chaleur comme la prehnite : elle blanchit et se réduit en poudre sur un charbon allumé, ce qui n'arrive pas à la prehnite. 2°. Entre la même et la mésotype. Celle - ci se divise nettement dans deux sens perpendiculaires l'un sur l'autre, et la prehnite seulement dans un sens. La mésotype se résoud en gelée dans les acides, et non la prehnite; dans la mésotype l'axe électrique se confond avec celui des cristaux prismatiques que forme cette substance ; dans la prehnite en prisme court rhomboïdal, il est dirigé parallélement à la grande diagonale du rhombe de la base. 3°. Entre la même et le feld-spath. Celui-ci a des joints naturels également éclatans dans deux sens perpendiculaires entre eux ; ceux de la stilbite, moins brillans, n'ont lieu que dans un seul sens. Le feld-spath ne se fond pas, en se boursouflant, comme la prehnite.

V A R I É T É S.

F O R M E S.

Déterminables.

1. Prehnite *rhomboïdale* (*fig.* 183). Incidence de *r* sur T, 90^d ; de *r* sur *r*, environ 101^d.

2. Prehnite *hexagonale* (*fig.* 184). Incidence de P sur *r*, 129^d 30'.

3.

3. Prehnite *octogonale* (*fig.* 183). Incidence de *r* sur M, 140^d 30′.

Indéterminables.

4. Prehnite *flabelliforme* (c'est-à-dire, ayant la forme d'un éventail). En faisceaux de lames rhomboïdales divergentes. Ces faisceaux ont souvent, à leur partie supérieure, une saillie curviligne semblable à celle que présentent les deux portions d'une coquille bivalve.

Toutes les variétés précédentes appartiennent à la prehnite de France.

5. Prehnite *entrelacée*. En masses composées, à l'intérieur, de lames qui se croisent en différens sens, et à l'extérieur, de portions saillantes de cristaux qui présentent deux faces très-inclinées entre elles. Cette variété appartient à la prehnite du Cap.

ACCIDENS DE LUMIÈRE.

Couleurs.

1. Prehnite *verte*. La variété du Cap.
2. Prehnite *olivâtre*. Celle de France.
3. Prehnite *blanchâtre*. Id.

Transparence.

Prehnite *translucide*.

ANNOTATIONS.

1. La découverte de la prehnite du Cap de Bonne Espérance, est due au Cit. Rochon, membre de l'Institut National, qui en rapporta, de ce pays, en 1774. Mais nous n'avons encore rien de précis sur les gisemens de cette substance, non plus que sur les matières qui l'accompagnent.

La prehnite de France a été trouvée vers l'an 1782, par le

Cit. Schreiber, inspecteur des mines, dans le pays d'Oisans, à la montée du chemin qui conduit à la Rivoire, hameau de la commune de Mons de Lens. Elle présentoit l'aspect de notre variété flabelliforme, et le Cit. Schreiber la nomma *schorl en gerbes*. La gangue est une roche argileuse, semblable à celle qui, dans le même lieu, sert de support au feld-spath, nommé autrefois *schorl blanc*, à l'épidote et à l'axinite. Le Cit. Ramond a observé depuis le même minéral, au pic d'Eredlitz, près de Barège, dans les Pyrénées.

2. La prehnite n'a été d'abord connue en Allemagne que par les morceaux de cette substance, que le colonnel Prehn avoit rapportés du Cap, postérieurement au voyage du Cit. Rochon. Il l'avoit prise pour une émeraude ; mais comme elle n'étoit pas d'un assez beau vert pour mériter ce nom, les minéralogistes crurent se rapprocher davantage de la vérité, en l'appelant, les uns *chrysoprase*, d'autres *prase cristallisée*, et quelques-uns *chrysolite*. Romé de Lisle, en la comparant avec la substance à laquelle il donnoit ce dernier nom, et qui est aujourd'hui une variété de la chaux phosphatée, vit bien qu'elle devoit en être séparée (1). Mais il lui assigna une place qui ne lui convenoit pas mieux, en la réunissant avec les schorls, d'après la manière dont elle se fondoit, selon lui, en verre noirâtre. Bruckmann penchoit à la regarder plutôt comme une variété du feld-spath. Werner qui, le premier, l'a nommée *prehnite*, du nom de l'auteurde la découverte, l'associoit à la zéolithe, et de Born a suivi cette opinion (2). L'analyse que le Cit. Hassenfratz en a donnée le premier, indiquoit une substance d'une nature particulière : et le célèbre chimiste de Berlin, dont le résultat a confirmé celui du Cit. Hassenfratz, paroit avoir fixé enfin sans retour l'opinion des naturalistes sur la classification de la preh-

______

(1) Cristal., t. II, p. 275.
(2) Annales de chimie, t. I, p. 215.

nite , considérée comme formant une espèce distincte , qui diffé·
roit spécialement de la zéolithe, par un plus grand degré de
dureté , et en ce qu'elle contenoit moins de silice , plus d'alumine , et surtout plus de chaux.

3. Nous ne connoissons jusqu'ici la prehnite du Cap que sous
la forme de masses cristallisées confusément, ce qui nous empêche
d'en faire une comparaison exacte avec la substance qu'on lui
a associée, sous le nom de *prehnite de France* , et qui a d'ailleurs beaucoup de rapports avec elle par sa pesanteur spécifique ,
par sa dureté et par le résultat de sa fusion au chalumeau. La
propriété que le Cit. Dré a reconnue à l'une et à l'autre de
s'électriser par la chaleur, favorise encore ce rapprochement.

Il est vrai que la mésotype jouit aussi de cette propriété. Mais
ici la cristallisation offre seule entre les deux substances un
caractère distinctif qui ne permet pas de les confondre. La prehnite de France s'éloigne moins en apparence de la stilbite. Elle a,
comme celle-ci, un certain aspect nacré ; elle semble même ne
lui être pas étrangère par sa cristallisation : l'angle d'environ 101^{d},
formé par l'incidence mutuelle des faces *r* , *r* (*fig.* 183) , est
sensiblement égal à celui que font entre elles deux arétes terminales de la stilbite dodécaèdre , prises de deux côtés opposés ;
mais cet angle , dans la prehnite , est tourné vers les faces T
parallélement auxquelles les cristaux se divisent nettement , au
lieu que dans la stilbite, il regarde les autres faces qui répondent à M (*fig.* 177) , et qui laissent à peine entrevoir des indices
de joints naturels. Les deux substances ont encore d'autres points
de partage dont nous avons parlé dans l'exposition des caractères distinctifs.

3. L'opinion de Bruckmann , qui étoit porté à ranger la
prehnite du Cap dans l'espèce du feld-spath, pourroit paroître ,
au premier coup d'œil , convenir encore mieux à la prehnite
de France, dont une variété, savoir la rhomboïdale (*fig.* 183) ,
est semblable au feld - spath unitaire , excepté que l'incidence
mutuelle des faces *r* , *r'* , est d'environ un degré plus forte que

celle des faces correspondantes sur le feld-spath. Plus les découvertes se multiplieront, et plus il est probable que l'on ren-
contrera de ces analogies capables d'en imposer d'abord, mais
qui n'existant, pour ainsi dire, qu'à la surface, ne soutiennent
pas l'épreuve de la division mécanique.

4. La propriété électrique que les cristaux de prehnite acquièrent par la chaleur, s'exerce dans le sens d'un axe qui passeroit
par le milieu de la facette P (*fig.* 181) et de son opposée,
ou qui seroit parallèle à la grande diagonale du rhombe T
(*fig.* 183). Or, dans les cristaux électriques par la chaleur,
dont la structure est connue, tels que ceux de tourmaline, de
topaze et de mésotype, l'axe électrique se confond toujours avec
celui de la molécule soustractive. Par exemple, dans la tourmaline, il coïncide avec l'axe même du rhomboïde primitif;
dans la mésotype, il coïncide avec l'axe qui passe par les centres
des bases du prisme qui représente en même temps la molécule
intégrante et la molécule soustractive. D'après cette observation,
j'ai présumé que les molécules de la prehnite, dont une seule
face est donnée par la division mécanique, savoir celle qui
répond à T (*fig.* 182), pourroit bien être un prisme rectangulaire, dont les autres faces seroient parallèles à P et à M.
Dans cette hypothèse, l'axe électrique passeroit aussi par le
centre des bases P de la molécule, au lieu qu'en adoptant pour
celle-ci un prisme rhomboïdal semblable à celui de la fig. 183,
il faudroit supposer, contre l'analogie, que l'axe électrique passât
par le milieu de l'arête z et de son opposée. De légers indices
de lames que j'ai entrevus dans les fractures des cristaux,
semblent confirmer cette idée que je ne propose, au reste, que
comme une simple conjecture.

J'ai tenté inutilement de m'assurer si les parties dans lesquelles
résident les deux électricités différoient l'une de l'autre par leur
conformation. J'ai bien aperçu dans certains cristaux des espèces
de rudimens de facettes à l'endroit d'un des pôles électriques;
mais ces cristaux n'étant point terminés du côté opposé, on

ne pouvoit savoir si les facettes dont il s'agit auroient été nulles de ce même côté ; et lorsque j'ai quelquefois rencontré des cristaux complets , leur forme n'étoit pas assez nette , pour permettre de reconnoître la présence ou l'absence des facettes qui auroient troublé la symétrie.

XXXIIIe. ESPÈCE.

C H A B A S I E , *(f.) tiré d'un mot grec , qui désignoit une certaine espèce de pierre.*

Chabasie, *Daubenton, tabl., p.* 17. Zéolithe en cubes, *de Lisle , t. II , p.* 40. Zéolithe cristallisée en cubes, *Faujas , Minéral. des Volcans , p.* 196. Wurfel zeolith ? *Emmerling, t. I , p.* 205. La zéolithe cubique? *Brochant , t. I , p.* 304.

Caractère essentiel. Divisible en rhomboïde un peu obtus ; aisément fusible.

Caract. phys. Pesant. spécif. , 2,7176.

Dureté. Rayant légérement le verre.

Caract. géom. Forme primitive. Rhomboïde un peu obtus (*fig.* 186) *pl. LIX* , dont l'angle plan au sommet est d'environ 93^d $\frac{1}{2}$. Divisions nettes parallèles aux six faces.

Molécule intégrante. *Id.* (1).

Caract. chim. Aisément fusible au chalumeau , en une masse blanchâtre et spongieuse.

Caractères distinctifs. 1°. Entre la chabasie et la mésotype. Dans celle-ci , les joints sont situés à angle droit les uns sur les autres ; dans la chabasie ils font entre eux des angles de 93^d $\frac{3}{4}$ et 86^d $\frac{1}{4}$; la mésotype est électrique par la chaleur, et non la

____

(1) Le sinus de la moitié de la plus grande inclinaison des faces est au cosinus comme $\sqrt{8}$ est à $\sqrt{7}$, ce qui donne le rapport $\sqrt{17}$ à $\sqrt{15}$, pour celui des diagonales du rhombe.

chabasie. 2°. Entre la même et la chaux carbonatée. Celle-ci se divise en rhomboïde beaucoup plus obtus, dont les faces sont inclinées entre elles de $101^d \frac{1}{2}$ et $78^d \frac{1}{2}$; elle fait effervescence avec l'acide nitrique, ce qui n'a pas lieu pour la chabasie.

V A R I É T É S.

F O R M E S.

1. Chabasie *primitive*. P (*fig.* 186). Incidence de P sur P, $93^d 48'$. Angle plan au sommet du rhomboïde, $93^d 36'$.

2. Chabasie *tri-rhomboïdale*. $\overset{P \, B \, {}^,E^,}{\underset{P \, \overset{1}{n} \ \ r}{}}$ (*fig.* 187). Combinaison de trois rhomboïdes, l'un primitif indiqué par P, le second plus obtus, indiqué par les facettes n, n, le troisième aigu, auquel appartiennent les facettes r, r. Les deux derniers sont au premier, ce que sont le rhomboïde équiaxe et l'inverse de la chaux carbonatée à l'égard du noyau de cette substance. Incidence de n sur P, $136^d 54'$; de r sur n, $143^d 59'$.

3. Chabasie *disjointe*. $\overset{P \, B \, B \, {}^,E^,}{\underset{P \, \overset{1}{n} \ \overset{4}{z} \ r}{}}$ (*fig.* 188). La var. précédente, dans laquelle chacune des faces P est remplacée par deux facettes qui font entre elles un angle très-ouvert. Incidence de z sur z, $161^d 12'$; de z sur n, $150^d 41'$ (1).

A C C I D E N S D E L U M I È R E.

Couleurs.

Chabasie *blanchâtre*. La couleur rougeâtre que présentent certains cristaux, n'est qu'un enduit superficiel.

---

(1) N'ayant pu mesurer qu'à peu près ces incidences, je ne donne que comme probable l'existence de la loi dont je les fais dépendre.

Transparence.

1. Chab. *transparente.*
2. Chab. *translucide.*

ANNOTATIONS.

1. Le nom de chabasie a été donné par le Cit. Bosc d'Antic à des cristaux de la variété tri-rhomboïdale, inconnus jusqu'a-lors, et que ce savant a décrits dans un mémoire lu à la société d'histoire naturelle. Ces cristaux, qui se trouvent en Allemagne, près d'Oberstein, tantôt garnissent seuls l'intérieur de certaines géodes de quartz-agathe, tantôt y sont associés au quartz-hyalin enfumé. M. Jacquin m'a donné depuis des cristaux de la même substance, dont les uns présentoient la forme primitive, et les autres celle de la variété disjointe.

2. D'une autre part, on connoissoit depuis long-temps des cristaux en petits rhomboïdes légèrement obtus, les uns trans-parens, les autres blanchâtres et presque opaques, qui occupent les cavités de différentes laves, où ils sont quelquefois entremêlés de stilbite dodécaèdre lamelliforme. On les avoit pris pour des cubes, et réunis à la zéolithe, sous le nom de *zéolithe cubique.* Ayant mesuré les incidences de leurs faces, j'avois trouvé que leur forme différoit sensiblement du cube, et étoit un rhomboïde qui se rapprochoit beaucoup de celui de la chabasie ; et il me paroissoit d'autant plus vraisemblable qu'ils appartenoient à cette substance, qu'ils donnoient, comme elle, par le chalumeau, une masse blanchâtre boursouflée.

Ce rapprochement acquiert un nouveau degré de probabilité par l'observation d'un très-beau groupe de ces mêmes cristaux, dont M. Neergaard m'a fait présent, et qui vient de l'île de Feroë. Le volume de ces cristaux, qui ont environ 15 millimètres d'épais-seur, rend la similitude de leur forme avec celle de la chabasie ordinaire beaucoup plus facile à saisir. Ils ont d'ailleurs la même

teinte, le même *facies*; et puisque nous en sommes aux nuances,
j'ajouterai que leur demi-transparence permet d'apercevoir, dans
leur intérieur, certains accidens que j'avois aussi remarqués dans
les cristaux d'Oberstein; ce sont des espèces de ruptures de continuité, d'où naissent des reflets particuliers, et que l'on pourroit
comparer à ce que les lapidaires appellent *glaces* dans les gemmes.
Des stilbites dodécaèdres s'implantent dans leur intérieur, en sorte
qu'il est visible que les deux substances ont cristallisé simultanément, et ceci achève de prouver que ces deux zéolithes de l'ancienne minéralogie doivent être regardées comme deux espèces
distinctes. Car on sait que les cristaux d'un minéral quelconque,
qui sont contemporains et ont été produits dans la même circonstance, affectent, en général, les mêmes formes, qu'ils ont,
pour ainsi dire, le même tour, et présentent les traits du modèle
commun, d'après lequel travailloient les lois d'affinité qui agis-
soient dans toute la masse du liquide.

XXXIVe. ESPÈCE.

ANALCIME, *(m.)* c'est-à-dire, *corps sans vigueur, à cause
de la foible vertu électrique que reçoit ce minéral, au moyen
du frottement.*

Zéolithe dure de Dolomieu. Wurfel zeolith, *Emmerling*, *t. I*,
p. 205. Analcime, *Daubenton, tabl.*, *p.* 18. La zéolithe cubique,
Brochant, *t. I*, *p.* 304.

Caractère essentiel. Formes originaires du cube. Fusible en
verre.

Caract. phys. Pesant. spécifique, 2 à peu près (1).

Dureté. Rayant légérement le verre.

---

(1) Je n'ai pu l'estimer que par aperçu, en opérant sur un morceau dans
lequel on remarquoit, en le cassant, de petites cavités.

Électricité,

Électricité, difficile à exciter par le frottement, même dans les morceaux diaphanes.

Cassure, un peu ondulée lorsque la transparence existe, compacte et à grain très-fin, lorsque le cristal est opaque.

Caractère géométr. Forme primitive. Le cube (*fig.* 189) *pl. LIX.* Les cristaux diaphanes offrent seuls quelques indices de lames parallèles aux faces du cube.

Molécule intégr. *Id.*

Caractères distinctifs. 1°. Entre l'analcime trapézoïdal et l'amphigène. Le premier n'offre point de joints parallèles aux faces d'un dodécaèdre rhomboïdal, comme dans l'amphigène; il est fusible, au chalumeau, en verre transparent ; l'amphigène résiste à la fusion. 2°. Entre le même et le grenat trapézoïdal. Celui-ci raye le quartz ; l'analcime ne raye le verre qu'avec difficulté. Sa pesant. spécif. n'est guère que la moitié de celle du grenat. 3°. Entre l'analcime et la mésotype. Celle-ci est électrique par la chaleur, et non l'analcime. Ses formes secondaires dérivent d'un prisme dont les pans sont des rectangles et les bases des carrés, et celles de l'analcime sont originaires d'un cube. 4°. Entre le même et la stilbite. Celle-ci a un aspect nacré ; elle s'exfolie lorsqu'on la présente à une petite distance d'un charbon allumé; elle a un sens où elle se divise très-nettement, trois caractères qui manquent à l'analcime. Les formes secondaires de la stilbite ont un aspect qui ne permet pas de les rapporter à un cube, comme celles de l'analcime.

V A R I É T É S.

F O R M E S.

Déterminables.

1. Analcime *triépointé.* $\frac{P\,\overset{\text{a}}{A}}{P\ o}$ (*fig.* 190). Passage de la forme primitive à celle du solide trapézoïdal. Zéolithe tronquée sur ses

angles par trois petites faces triangulaires. Sciagr., *t. I, p.* 3o4. Incidence de *o* sur **P**, 144^d 44' 8".

2. Analcime *trapézoïdal.* $\overset{A}{o}$ (*fig.* 191). Vingt-quatre trapézoïdes égaux et semblables. Zéolithe cristallisée comme le grenat, à 24 facettes. Sciagr., *ibid.* Incidence de *o'* sur *o*, 131^d 48' 36" : de *o'* sur *o'*, ou de *o* sur *o*, 146^d 26' 33".

Indéterminables.

3. Analcime *radié.*

4. Analcime *amorphe.* En masses irrégulières, quelquefois mamelonées.

Accidens de lumière.

Couleurs.

1. Analcime *limpide.*
2. Analcime *blanc-mat.*
3. Analcime *rouge-incarnat.*

Transparence.

1. Analcime *translucide.*
2. Analcime *opaque.* Les cristaux incarnats.

Annotations.

1. Nos premières connoissances sur l'analcime sont dues au Cit. Dolomieu, qui a découvert cette substance dans les îles Cyclopes, près de Catane, et l'a appelée *zéolithe dure.* Il y en a aussi au Mont Etna, et, en général, on ne l'a encore rencontrée que dans les laves. Au reste, les cristaux que j'ai réunis sous le nom d'*analcime*, présentent des diversités assez sensibles, par rapport à leur tissu et à la qualité de leur pâte. Les uns sont diaphanes et presque limpides, ou bien leur transparence n'est

offusquée que par une légère teinte laiteuse. D'autres, qui appartiennent à la seconde variété, et ont été apportés de Dombarton, en Ecosse, sont d'un blanc mat joint à l'opacité, et, au premier coup d'œil, on seroit tenté de les prendre pour certains cristaux d'amphigène. C'est auprès du même endroit que l'on en trouve d'un rouge de chair, qui ont environ quatre centimètres, ou un pouce et demi d'épaisseur. Or, quoique plusieurs espèces de minéraux, d'ailleurs bien circonscrites, présentent des exemples de ces diversités, qui tiennent alors à des mélanges purement accidentels, il pourroit rester, à l'égard du rapprochement des cristaux dont je viens de parler, un doute qui n'est peut-être pas suffisamment levé par l'identité de forme, puisque le solide trapézoïdal se retrouve dans des espèces très-distinctes. Il faudroit avoir observé, dans une même localité, cette gradation insensible de nuances intermédiaires, d'où l'on peut conclure que les extrêmes se touchent.

2. Les analcimes et les amphigènes comparés entre eux relativement à leur origine, ont été produits dans des circonstances très-différentes, suivant une opinion adoptée par des géologues célèbres ; car ils considèrent les amphigènes comme ayant été, postérieurement à leur formation, saisis et enveloppés par la lave dans laquelle leurs cristaux sont emboîtés, au lieu que la production de l'analcime est due, selon eux, à l'infiltration d'un liquide chargé des molécules de cette substance, et qui a pénétré par les fissures des laves refroidies, jusqu'aux cavités où la matière cristalline s'est déposée, et a formé des géodes. Mais cette opinion a été combattue par d'autres naturalistes d'un mérite distingué, dont j'exposerai la manière de voir, à l'article des substances volcaniques.

3. Qu'on me permette, en terminant cet article, de résumer les caractères que fournit la cristallisation, pour établir une distinction nette et précise entre les quatre substances qui ont été plus généralement confondues sous le nom de *zéolithe* ; je veux dire, la mésotype, la stilbite, la chabasie et l'analcime. Dans

celui-ci, les décroissemens qui donnent les cristaux secondaires agissent de la même manière autour de tous les angles solides, d'où résultent des formes qui, sous différentes positions, offrent le même aspect, ce qui est une suite de la forme cubique du noyau. Dans la mésotype, les décroissemens auxquels sont dues les facettes des sommets, diffèrent de ceux qui ont lieu vers les parties latérales, d'où naissent des prismes terminés par des pyramides, et cela en conséquence de ce que la hauteur du parallélipipède qui représente la forme primitive, est moindre que chacun des côtés de la base : mais parce que ces côtés sont égaux, toutes les inclinaisons des facettes terminales les unes sur les autres, sont aussi égales entre elles. Dans la stilbite, où il y a une différence non-seulement entre la hauteur du parallélipipède primitif et chacun des côtés de la base, mais encore entre ces côtés eux-mêmes, les facettes terminales sont plus inclinées dans un sens que dans l'autre. Enfin, dans les cristaux de chabasie, les effets des décroissemens se rapportent à un axe qui passe par deux angles solides opposés du rhomboïde primitif, et leur action, relativement à ces deux angles, est différente de celle qui s'exerce sur les angles latéraux ; d'où il suit que les cristaux sont dans leur attitude naturelle, lorsque l'axe dont j'ai parlé est situé verticalement. Ces quatre modifications bien distinctes de la structure et de ses lois, ces variétés dans les dimensions des formes primitives, ces routes différentes par lesquelles marche la cristallisation des substances dont il s'agit, me paroissent annoncer que quand l'analyse de ces substances aura atteint son degré de perfection, elle offrira aussi des diversités sensibles dans les qualités ou dans les quantités respectives de leurs élémens.

XXXVe. ESPÈCE.

NÉPHELINE, *(f.)* c'est-à-dire, *nébuleuse.*

An basaltes cristallisatus albus, cristallis prismaticis, in scoriâ

solidâ vitreâ nigrâ, è Vesuvio? *De Born, lithoph.*, t. *II*, p. 73.
Sommite, *Lametherie, théorie de la terre*, 2de. *édit.*, t. *II*,
p. 271. Schorls blancs, selon quelques naturalistes; variété de
feld-spath selon d'autres (1).

Caract. essent. Divisible parallélement aux pans et aux bases
d'un prisme hexaèdre régulier. Rayant difficilement le verre.

Caract. phys. Pesant. spécif., 3,2741.

Dureté. Ses parties aiguës rayent le verre, les autres y laissent
souvent une trace blanche de leur propre poussière.

Caract. géom. Forme primitive. Prisme hexaèdre régulier
(*fig.* 192) *pl. LIX.* Les joints naturels ne sont indiqués que par
de petites portions de lames que l'on voit briller dans les endroits
fracturés, en les faisant mouvoir à une vive lumière.

Molécule intégrante. Prisme triangulaire équilatéral (2).

Cassure, conchoïde, un peu éclatante.

Caract. chim. Fusible en verre, par un feu prolongé.

Ses fragmens transparens, mis dans l'acide nitrique, y deviennent comme nébuleux à l'intérieur, ce qui a fait naître l'idée
du nom que porte cette substance.

Analyse par Vauquelin (3).

Silice. . . . . 46.
Alumine . . . . 49.
Chaux. . . . . 2.
Oxyde de fer. . . . . 1.
Perte . . . . 2.
                                                            ______
                                                            100.

Caract. distinct. 1°. Entre la népheline et l'émeraude. Celle-ci
raye beaucoup plus facilement le verre; sa pesanteur spécifique
est moindre, dans le rapport de 5 à 6 ; sa cassure est plus lui-

____

(1) Voyez les Voyages phys. et lithol. de Breislak, t. I, p. 161.

(2) La perpendiculaire menée d'un des angles de la base sur le côté
opposé, est à la hauteur du prisme comme $\sqrt{7} : \sqrt{2}$.

(3) Bulletin des sciences de la Société philom., floréal, an 5, p. 13.

sante et plus décidément vitreuse. 2°. Entre la même et la pycnite. La cassure de celle-ci est compacte et matte ; celle de la népheline approche du vitreux. La pycnite est infusible ; la népheline finit par se fondre en verre. 3°. Entre la même et la chaux phosphatée cristallisée. Les variétés de celle-ci avec lesquelles on seroit le plus tenté de confondre la népheline, savoir, celles qui ont une face horizontale, sont phosphorescentes par le feu, ce qui n'a point lieu pour la népheline. Les joints naturels de la chaux phosphatée sont beaucoup plus sensibles. 4°. Entre la népheline granuliforme et la meïonite sous le même aspect. Celle-ci se fond beaucoup plus facilement, et donne un verre spongieux, au lieu d'un verre ordinaire.

V A R I É T É S.

F O R M E S.

Déterminables.

1. Népheline *primitive*. M P (*fig.* 192) Prisme hexaèdre régulier.

2. Népheline *annulaire*. $\frac{M\ \overset{1}{B}\ P}{M\ r\ P}$ (*fig.* 193). Incidence de r sur M, 118ᵈ 7' ; de r sur P, 151ᵈ 53'.

Indéterminables.

3. Népheline *granuliforme*.

A C C I D E N S D E L U M I È R E.

Couleurs.

Népheline *blanchâtre.*

Transparence.

1. Népheline *transparente.*
2. Népheline *translucide.*

A N N O T A T I O N S.

1. On trouve la népheline dans les laves du Vésuve, sur la montagne de la *Somma*, d'où elle avoit d'abord été appelée *sommite*. Elle y accompagne les idocrases. Ses cristaux, ordinairement d'une forme très-prononcée, sont disposés par groupes dans les cavités de la lave. La plupart n'ont guère que deux ou trois millimètres d'épaisseur. J'en ai observé un qui appartenoit à la seconde variété, et dont le diamètre étoit d'environ 6 millimètres, ou deux lignes $\frac{2}{3}$.

2. La forme de cette variété se rapproche de celle de l'émeraude annulaire, par la mesure de ses angles. Ces deux minéraux ont d'ailleurs le prisme triangulaire équilatéral pour molécule intégrante; mais les facettes marginales de l'émeraude sont inclinées de 120^{d} sur les pans correspondans. J'ai jugé l'incidence analogue, dans la népheline, plus petite d'environ deux degrés, ce qui donne un autre rapport entre les dimensions de la molécule. Au reste, il ne tient qu'au volume des cristaux et à la netteté de leurs formes qu'une différence égale à celle dont il s'agit, ou même encore plus petite, puisse être saisie avec facilité, et sans laisser aucune équivoque; et c'est une nouvelle occasion de remarquer combien il est intéressant de porter la plus grande précision possible dans la détermination des formes cristallines. La nature a placé certaines productions sur des lignes très-peu divergentes, tandis que les directions qui aboutissent à d'autres font des écarts très-sensibles. C'est un tableau qui a ses contrastes sur lesquels il n'est besoin que d'ouvrir les yeux, et ses nuances, dont la délicatesse exige un observateur attentif et exercé.

XXXVIe. E S P È C E.

HARMOTOME, *(m.)* c'est-à-dire, *qui se divise sur les jointures.*

Hyacinthe blanche cruciforme. *De Lisle, t. II, pag.* 299. Cristalli hyacinthici crucis præditi formâ, *Bergmann, opusc.*, *t. II, p.* 7. Hyacinthe blanche cruciforme, *de Born, t. I, p.* 79. Andreasbergolithe, *Lametherie ;* Sciagr., *t. I, pag.* 267. Andréolite, *id., théor. de la terre*, 2de. *édit., t. II, pag.* 285. *Id., Daubenton, tabl., pag.* 18. Kreuzstein, *Emmerling, t. I, p.* 209. Staurotide, *Kirwan, t. I, p.* 282. Pierre cruciforme, *Brochant, t. I, p.* 311.

Caractère essentiel. Divisible en octaèdre rectangulaire, lequel se soudivise sur les arétes contiguës aux sommets.

Caractère phys. Pesant. spécif., 2,3333.

Dureté. Rayant légérement le verre.

Phosphorescence par le feu ; d'un jaune-verdâtre.

Cassure, transversale, raboteuse, presque terne.

Caract. géomét. Forme primitive. Octaèdre à triangles isocèles (*fig.* 194) *pl. LIX.* Divisible suivant des plans qui passeroient par les arétes B, C, et par le centre (1). Ces dernières coupes sont plus nettes que les autres.

Molécule intégrante. Tétraèdre irrégulier.

On peut consulter l'article de la chaux fluatée (2), sur le résultat de la division de l'octaèdre parallélement à ses faces, en octaèdres et en tétraèdres partiels. Mais ici l'octaèdre primitif pouvant être soudivisé ultérieurement sur les arétes B et C, si l'on

---

(1) Le côté D de la pyramide qui a son sommet en A , est à la hauteur de la même pyramide comme 3 à $\sqrt{2}$, d'où il suit que la demi-diagonale de la base est à la hauteur comme 3 à 2.

(2) Voyez t. II, p. 177.

suit,

suit, par la pensée, l'effet de cette seconde division, on concevra qu'elle doit partager chaque octaèdre en quatre nouveaux tétraèdres, tandis que les mêmes coupes passeront entre les premiers tétraèdres, sans les entamer. On a donc ici deux espèces différentes de tétraèdres, dont chacune peut être adoptée, en laissant à la théorie toute sa simplicité ; mais la raison d'analogie semble déterminer la préférence, en faveur des tétraèdres donnés immédiatement par les divisions parallèles aux faces de la forme primitive. La manière dont l'octaèdre primitif se soudivise, dans le cas présent, par des coupes qui coïncident avec les arêtes situées à la jonction des faces d'une même pyramide, a servi de fondement à la dénomination d'*harmotome*.

Caractère chim. Fusible au chalumeau, avec bouillonnement.

Analyse par Klaproth, de la variété cruciforme.

Silice.. 49.
Baryte.. 18.
Alumine.. 16.
Eau... 15.
    Perte... 2.

                            100.

Analyse par Tassaërt, de la variété dodécaèdre.

Silice.. 47,5.
Baryte.. 16,0.
Alumine.. 19,5.
Eau... 13,5.
    Perte... 3,5.

                            100,0.

Caractères distinctifs. 1°. Entre l'harmotome et le zircon dodécaèdre. Dans celui-ci, les coupes verticales interceptent les arêtes du prisme ; dans l'harmotome, elles sont parallèles aux pans. Les faces adjacentes sur un même sommet, dans le zircon, sont inclinées entre elles de 124^d $\frac{1}{2}$, et dans l'harmotome, de

TOME III.   S

121^d 57'. La pesanteur spécifique du zircon est plus grande, dans le rapport d'environ 15 à 8. Le zircon est infusible, et l'harmotome facile à fondre. 2°. Entre l'harmotome et la mésotype. Celle-ci n'est point divisible comme l'harmotome, par des coupes obliques à l'axe ; elle est électrique par la chaleur, et non l'harmotome. 3°. Entre le même et la stilbite. Celle-ci n'a de joints nets que dans un sens parallèle à l'axe ; l'harmotome en a deux parallèles à l'axe, avec d'autres dans des directions obliques. Dans le dodécaèdre de la stilbite, l'inclinaison des faces du sommet est très-différente, suivant qu'on la prend à l'endroit d'une arête ou de l'autre ; dans celui de l'harmotome, elle est égale de part et d'autre. La stilbite exposée pendant quelques secondes sur un charbon ardent, blanchit et s'exfolie, ce qui n'arrive point à l'harmotome.

V A R I É T É S.

F O R M E S.

1. Harmotome *dodécaèdre.* $\frac{{}^{\prime}E^{\prime}}{o}\ \frac{P}{P}$ (*fig.* 195). Incidence de o sur o, 90^d; de **P** sur **P**, 121^d 57' 56". Valeur de l'angle r, 72^d 5' 54".

2. Harmotome *partiel.* $\frac{{}^{\prime}E^{\prime}\ P\ C}{o\ P\ \overset{1}{s}}$ (*fig.* 196). La variété précédente, dans laquelle deux arêtes de chaque sommet, prises alternativement, sont interceptées par des facettes s, tandis que les arêtes intermédiaires resteroient intactes. C'est une espèce d'exception à la symétrie des formes ordinaires. J'ai vu des cristaux de cette variété qui étoient plus larges dans le sens de l'octogone o adjacent à s, que dans celui de l'hexagone voisin. Incidence de s sur o, 123^d 41' 24".

3. Harmotome *cruciforme* (*fig.* 197). Deux dodécaèdres semblables à celui de la fig. 195, plus larges dans un sens que dans

l'autre, et croisés à angle droit, de manière que leurs axes se confondent.

ACCIDENS DE LUMIÈRE.

Couleurs.

Harmotome *blanchâtre*. Sa couleur est d'un blanc mat.

Transparence.

1. Harmotome *translucide*.
2. Harmotome *opaque*.

ANNOTATIONS.

1. On trouve l'harmotome à Andreasberg, au Hartz, en cristaux croisés, entremêlés de chaux carbonatée. L'effervescence occasionnée par ce mélange, au moyen de l'acide nitrique, a fait regarder l'harmotome, par quelques naturalistes, comme un spath calcaire. Les variétés dodécaèdre et partielle garnissent l'intérieur de plusieurs géodes de quartz-agathe d'Oberstein. L'analyse faite par le Cit. Tassaërt des cristaux détachés d'une de ces géodes, achève de prouver leur identité avec l'harmotome cruciforme, déjà indiquée par la conformité des caractères minéralogiques.

2. Les cristaux d'harmotome cruciforme ont depuis deux jusqu'à cinq millimètres d'épaisseur. Parmi ceux de la variété partielle, j'en ai observé qui avoient jusqu'à un centimètre dans le même sens.

3. De toutes les substances avec lesquelles on a confondu l'harmotome, la seule qui exigeât des observations délicates, pour éviter la méprise, étoit le zircon en cristaux dodécaèdres, connus alors sous le nom d'*hyacinthes*. Outre qu'il n'étoit pas facile d'estimer sur des cristaux d'un petit volume la différence assez peu considérable qui se trouve entre les angles des deux

dodécaèdres, la couleur des zircons, qu'on appeloit *hyacinthes blanches*, étoit une nouvelle cause d'illusion. En 1793, le Cit. Gillot, l'un de ceux qui ait cultivé avec le plus de succès l'étude de la théorie des décroissemens, guidé par la structure des cristaux de l'une et l'autre substance, traça entre elles une ligne nette de séparation ; et ce sont les résultats de ses calculs que j'ai employés dans cet article (1).

4. On pourroit absolument considérer l'harmotome cruciforme comme un cristal simple, de figure dodécaèdre, qui, par l'effet d'un défaut d'accroissement, se trouveroit échancré aux endroits de ses arêtes verticales ; et si l'on y fait attention, on concevra que les faces rentrantes qui appartiennent aux échancrures, faisant des angles droits avec les résidus des pans du dodécaèdre, sont dans le sens des coupes qui soudivisent l'octaèdre primitif. Mais les angles rentrans paroissent exclus en vertu des lois de la cristallisation, qui produisent les cristaux simples. D'ailleurs, en examinant un groupe d'harmotomes partiels qui m'a été confié par le Cit. Gillet-Laumont, j'ai remarqué sur quelques-uns des cristaux qui sont, comme je l'ai déjà dit, plus larges dans un sens que dans l'autre, le rudiment d'un second cristal qui croisoit le premier à angle droit ; et sur la même gangue on voit un petit harmotome cruciforme qui est complet. Ainsi, tout nous conduit à penser, avec Romé de Lisle, que cette dernière variété résulte d'un assemblage de deux dodécaèdres simples comprimés, et croisés de manière que leurs axes se confondent, et que la quantité dont ils se dépassent mutuellement est égale à la différence entre les deux dimensions du rectangle qui représente leur coupe, dans un sens perpendiculaire à l'axe.

---

(1) Voyez le journ. de phys. , août, 1793.

XXXVIIe. ESPÈCE.

PÉRIDOT.

Chrysolite ordinaire, *journ. des mines*, n°. 22, *p.* 1 *et suiv.*
Chrysolite des volcans ou olivine, *ibid.*, *p.* 11. Péridot du commerce, *journ. des mines*, n°. 24, *p.* 37. Péridot, *journ. de phys.*,
an 2 de la rép., *pag.* 397. Chrysolith, *Emmerling*, *t. I*, *pag.* 27.
Olivin, *ibid.*, *t. I*, *p.* 35. Péridot, *Daubenton*, *tabl.*, *pag.* 6.
Chrysolite, *Kirwan*, *t. I*, *p.* 262. Olivin, *ibid.*, *p.* 263. La chrysolite et l'olivine, *Brochant*, *t. I*, *p.* 170 et 175.

Caractère essentiel. Double réfraction forte. Une seule coupe
bien sensible, parallèle à l'axe des cristaux.

Caract. phys. Pesant. spécif., 3,4285.

Dureté. Rayant le verre.

Réfraction, double à un degré très-marqué.

Caract. géom. Forme primitive. Prisme droit à bases rectangles
(*fig.* 198) *pl. LX.* Les divisions parallèles à T sont assez nettes.
Les autres sont beaucoup moins sensibles, et ne s'aperçoivent
que dans quelques cristaux.

Molécule intégrante. *Id.* (1).

Cassure, conchoïde, éclatante.

Caract. chim. Infusible au chalumeau.

Analyse du péridot ordinaire, par Klaproth (2).

Silice . . . . 39,0.
Magnésie . . . . 43,5.
Oxyde de fer . . . . 19,0.
____
101,5.

____

(1) Les trois côtés C, B, G, sont entre eux dans le rapport des nombres 5,
$\sqrt{5}$ et $\sqrt{8}$.

(2) Journ. des mines, N°. 22, p. 1 et suiv.

Analyse du même, par le Cit. Vauquelin (1).

Silice . . . . 38,0.
Magnésie . . . . 5o,5.
Oxyde de fer . . . . 9,5.
Perte . . . . 2,0.
____
100,0.

Analyse du péridot granuliforme d'Unkel (olivine de Werner),
par Klaproth (2).

Silice . . . . 50,00.
Magnésie . . . . 38,5o.
Oxyde de fer . . . . 12,00.
Chaux . . . . 00,25.
____
100,75.

Du même, venant de Carlsberg, par Klaproth.

Silice . . . . 52,00.
Magnésie . . . . 37,75.
Oxyde de fer . . . . 10,75.
Chaux . . . . 00,12.
____
100,62.

Caractères distinctifs. 1°. Entre le péridot et la chaux phosphatée (chrysolite de Romé de Lisle). Le péridot raye le verre
beaucoup plus facilement que la chaux phosphatée ; sa pesant.
spécif. est plus grande, dans le rapport d'environ 8 à 7. Il a la
double réfraction, et celle de la chaux phosphatée est simple.
Les formes cristallines du péridot sont des modifications du parallélipipède rectangle, et celles de la chaux phosphatée, du
prisme hexaèdre régulier. 2°. Entre le péridot et la tourmaline
vert-jaunâtre, dite *péridot du Brésil et péridot de Ceilan*. Celle-ci

____

(1) Journal des mines, N°. 24, p. 73 et suiv.
(2) *Id.*, N°. 22, p. 16 et suiv.

est très-électrique par la chaleur; le péridot ne l'est que par le frottement; la tourmaline raye le quartz, et le péridot seulement le verre. 3°. Entre le péridot et l'idocrase. Dans les cristaux de celle-ci, les facettes d'un même ordre ont des inclinaisons respectivement égales sur les pans du prisme; dans ceux de péridot, ces inclinaisons sont différentes. L'idocrase est fusible au chalumeau, et non le péridot. Quant à l'idocrase vert-jaunâtre qui a été taillée, on ne peut guère la distinguer du péridot dans le même état, que par la nuance de noirâtre qui offusque sa couleur.

VARIÉTÉS.

FORMES.

Déterminables.

1. Péridot *triunitaire.* $\overset{\qquad\;\overset{1}{}\;\overset{1}{}}{\underset{\text{M} \; n \; \text{T} \; d \; e \; \text{P}}{\text{M} \;{}'\text{G}'\; \text{T} \; \overset{}{\text{C}} \; \text{A} \; \text{P}}}$ (*fig.* 199). Prisme octogone; sommets à six faces obliques et une horizontale. Incidence de *n* sur M, 155ᵈ 54'; de *n* sur T, 114ᵈ 6'; de *d* sur M, 141ᵈ 40'; de *d* sur P, 128ᵈ 20'; de *e* sur *n*, 144ᵈ 10'; de *e* sur P, 125ᵈ 50'.

Dans les cristaux de cette variété que j'ai vus, ainsi que dans les suivantes, excepté la 4ᵉ., ou le péridot continu, les pans M étoient souvent déformés par des stries nombreuses, parallèles à l'axe, qui les rendoient un peu curvilignes, tandis que les pans T avoient ordinairement beaucoup de netteté. Ces mêmes pans M avoient aussi plus de largeur que les pans T.

2. Péridot *monostique.* $\overset{\qquad\;\;\overset{1}{}\;\overset{1}{}\;\overset{\frac{1}{2}}{}}{\underset{\text{M} \; n \; \text{T} \; d \; e \; k \; \text{P}}{\text{M} \;{}'\text{G}'\; \text{T} \; \overset{}{\text{C}} \; \text{A} \; \text{B} \; \text{P}}}$ (*fig.* 200). Prisme octogone; sommets à huit faces obliques, qui répondent aux pans du prisme, et une horizontale. Incidence de *k* sur T, 138ᵈ 31': de *k* sur P, 131ᵈ 29'.

3. Péridot *subdistique.* $\dfrac{M\quad {}'G'\quad T\quad \overset{1}{C}\quad \overset{1}{A}\quad \overset{\frac{1}{2}}{B}\quad \overset{1}{B}\quad P}{M\quad n\quad T\quad d\quad e\quad k\quad h\quad P}$ (*fig.* 201).
Les facettes h, h, forment comme le rudiment d'une seconde rangée au-dessus des faces k, d, e. Incidence de h sur T, 119^d $29'$; de h sur P, 150^d $31'$.

4. Péridot *continu.* $\dfrac{{}'G'\quad {}^2G\quad G^2\quad T\quad \overset{1}{C}\quad \overset{\frac{1}{4}}{B}\quad P}{n\qquad s\qquad T\quad d\quad k\quad P}$ (*fig.* 202). Prisme à dix pans ; sommets à 6 faces obliques et une horizontale. Incidence de s sur T, 131^d $49'$; de s sur n, 162^d $17'$.

a. Quelquefois les facettes s, d, P étant presqu'insensibles, le cristal s'amincit entre T et la face opposée, de manière à présenter l'aspect d'une lame rectangulaire émarginée, semblable à la baryte sulfatée en tables. T et son opposée représentent les grandes faces, et n, k les biseaux.

5. Péridot *doublant.* $\dfrac{M\quad {}^2G\quad G^2\quad {}^4G\quad G^4\quad T\quad \overset{1}{C}\quad \overset{1}{A}\quad \overset{\frac{1}{2}}{B}\quad P}{M\quad s\quad z\quad T\quad d\quad e\quad k\quad P}$ (*fig.* 203).
Prisme dodécaèdre ; sommets à huit faces obliques et une horizontale. Incidence de z sur T, 150^d $47'$; de z sur M, 119^d $13'$.
Dans les cristaux que j'ai vus de cette variété, les faces d, M, K, T étoient étroites, comme les représente la figure.

6. Péridot *quadruplant.* $\dfrac{M\quad {}'G'\quad {}^2G\quad G^2\quad T\quad \overset{1}{C}\quad \overset{1}{A}\quad \overset{\frac{1}{2}}{B}\quad \overset{1}{B}\quad P}{M\quad n\quad s\quad T\quad d\quad e\quad k\quad h\quad P}$ (*fig.* 204).
Prisme dodécaèdre ; sommets à onze faces, dont huit obliques inférieures, deux obliques supérieures, et une horizontale. Cette variété réunit toutes les précédentes, à l'exception des faces z, z (*fig.* 203).

Indéterminables.

7. Péridot *granuliforme.* Chrysolite des volcans. C'est proprement l'olivin des minéralogistes Allemands.

a. Discret. En grains séparés.

b. Agrégé. En grains réunis par masses plus ou moins considérables.

A C C I D E N S

A C C I D E N S   D E   L U M I È R E.

Couleurs.

1. Péridot *jaune-verdâtre.*
2. Péridot *jaune-pâle.* Le jaune est joint à une légère nuance de verdâtre.

Transparence.

1. Péridot *transparent.* La plupart des cristaux.
2. Péridot *translucide.* Une grande partie des morceaux granuliformes.

A N N O T A T I O N S.

1. On ne connoît pas bien encore le lieu natal des péridots du commerce. Mais la variété granuliforme, que l'on nommoit *chrysolite* des volcans, abonde dans une multitude d'endroits. Tantôt ses grains sont disséminés dans le basalte ; tantôt ils y forment, par leur réunion, des masses plus ou moins considérables, dont quelques-unes, suivant le Cit. Faujas , qui a fait beaucoup d'observations sur cette substance (1), pèsent jusqu'à trente livres. J'ai reconnu dans ces grains, des joints naturels dirigés comme dans les cristaux ordinaires de péridot.

Le Cit. Bert, officier de marine, a découvert à l'île Bourbon, dans la rivière de Saint Denis, de petits cristaux engagés dans une lave, qu'il a regardés , avec raison, comme étant de la même nature que la chrysolite des volcans ; observation intéressante, en ce qu'elle confirme , par les caractères minéralogiques , le rapprochement que Klaproth, guidé par l'analyse, avoit fait de cette même substance en masses informes, avec le péridot ordinaire. Le Cit. Bert ayant bien voulu me donner plusieurs des cristaux dont il s'agit , j'ai trouvé que les mesures

____

(1) Minéral. des volcans, p. 138.

TOME III.   T

de leurs angles coïncidoient avec celles que j'avois prises sur
les variétés de notre péridot. Leur forme se rapporte à la
variété continue (*fig.* 202), et quelques-uns présentent celle de
la sous-variété *a*. La pesanteur spécifique est aussi la même,
autant que j'ai pu en juger d'après un poids de quelques grains
que formoit la totalité de ces cristaux. Un fragment essayé au
chalumeau, par le Cit. Vauquelin, n'a pu être fondu. La lave
qui enveloppe ces cristaux est d'un rouge-brun, et forme des
masses un peu friables, qui paroissent avoir été roulées.

2. Le plus gros cristal de péridot que j'aie observé, avoit
environ 12 millimètres, ou 5 lignes $\frac{1}{8}$ dans sa plus grande largeur. Mais il y a, dans le commerce, des morceaux bruts de
cette substance, d'un volume beaucoup plus considérable. A
l'égard des cristaux de l'île de Bourbon, ils n'ont guère que
4 millimètres, ou environ une ligne $\frac{3}{4}$ d'épaisseur. Leur prisme
n'est point strié, comme celui des cristaux ordinaires.

3. Le péridot a été employé long-temps par les lapidaires,
avant qu'aucun naturaliste ait déterminé ses formes cristallines.
La pierre que Romé de Lisle décrit très-bien, sous le nom de
péridot de Ceilan (1), et qu'il appelle aussi *péridot des Indes
Orientales* (2), n'étoit autre chose dans l'idée de ce célèbre
naturaliste, ainsi que dans la réalité, qu'une tourmaline d'un
vert-jaunâtre. Il est visible pour ceux qui le liront avec attention, qu'il n'a pas été à portée d'observer les formes de notre
péridot, ou de ce que les Allemands ont appelé *chrysolite ;*
et ainsi on ne peut l'accuser, comme on l'a fait (3), de s'être
trompé, au point de confondre avec cette gemme les substances
qu'il nomme *chrysolite ordinaire* (4) et *chrysolite de Saxe* (5),

______

(1) Cristal., t. II, p. 363 et suiv.
(2) *Ib.*, p. 348, note 68.
(3) Voyez M. Kirwan, elements of miner., t. I, p. 263.
(4) Cristallogr., t. II, p. 271.
(5) *Ib.*, p. 267.

et dont il donne aussi des descriptions parfaitement exactes, en même temps qu'il fait de l'une une espèce particulière, et considère l'autre comme une simple variété de la topaze de Saxe.

4. Klaproth, en publiant l'analyse du péridot (1), lui avoit conservé ce même nom de *chrysolite*, qu'il portoit en Allemagne; et comme ce célèbre chimiste n'a joint à ses résultats aucune description de la pierre qu'il appeloit ainsi, et s'est contenté de renvoyer à celle de Werner, qui n'étoit pas connue parmi nous, la première idée qui devoit se présenter, est qu'il s'agissoit de la substance nommée *chrysolite* par Romé de Lisle, Daubenton et les autres minéralogistes Français. Mais Dolomieu prouva bientôt que la pierre analysée n'étoit autre chose que notre péridot, et en prit occasion de développer les motifs pressans qu'avoient la minéralogie et la chimie de ne point séparer leurs intérêts, et de s'éclairer mutuellement dans leurs travaux (2). Les craintes de ce savant naturaliste sur les inconvéniens que pouvoit entraîner un défaut de concert entre ces deux sciences, furent justifiées, presque dans le même temps, par un exemple d'autant plus marquant, qu'il portoit sur cette même chrysolite de Klaproth, dont un minéralogiste s'empressa d'appliquer l'analyse à la chrysolite de Romé de Lisle (3). Celle-ci étoit encore rangée, à cette époque, parmi les substances terreuses, auxquelles les expériences de Vauquelin l'ont enlevée depuis, pour lui assigner sa véritable place, dans l'espèce de la chaux phosphatée.

5. J'ai aperçu très-nettement la double image des objets, au moyen d'un péridot cristallisé et intact, en regardant à travers une des faces obliques *d* (*fig.* 199), et le pan opposé à M. J'ai fait tailler un autre cristal, en forme de prisme, dont l'angle réfringent avoit une face dans le sens du pan M, et une autre qui correspondoit à *d*, avec une inclinaison différente. Cet angle

(1) Journ. des mines, N°. 22, p. 1 et suiv.
(2) *Ib.*, N°. 29, p. 365 et suiv.
(3) Théorie de la terre, par Lametherie, 2ᵉ. édit., t. II, p. 249.

qui n'est que d'environ 14 degrés, double sensiblement l'image d'une ligne à environ 22 centimètres ou 8 pouces de distance.

6. Le péridot n'est pas fort recherché par les amateurs de pierreries, à cause de son peu de dureté et de jeu, et du ton peu agréable de sa couleur, surtout lorsque le jaune y domine. L'auteur du Mercure indien (1) dit que ceux qui font le commerce des pierres ont peine à se défaire de celle-ci, d'où est venu cette espèce d'adage : *qui a deux péridots en a trop.*

A P P E N D I C E.

Péridot granuliforme altéré.

Rougeâtre, brun-jaunâtre, etc., quelquefois irisé à la surface. A mesure qu'il se décompose, il devient friable. On ne peut le reconnoître que par l'observation des morceaux de basalte, qui présentent la série des divers degrés d'altération par lesquels il a passé, et dont le dernier le convertit en une ocre ferrugineuse d'un brun-jaunâtre. Ses grains, en se détruisant, abandonnent souvent les petites cavités qu'ils occupoient, et c'est ce qui donne à certains basaltes un aspect cellulaire et poreux (2).

XXXVIIIᵉ. E S P È C E.

M I C A, c'est-à-dire, *qui brille dans le sable.*

Mica, *Waller*, *t. I*, *p.* 383. Mica, *de Lisle*, *t. II*, *p.* 504. *Id.*, *de Born*, *t. I*, *p.* 237. Argile intimement unie à beaucoup de terre siliceuse et à un peu de magnésie. Mica, talc, Sciagr., *t. I*, *p.* 307. Glimmer, *Emmerling*, *t. I*, *p.* 311. *Id.*,

---

(1) 2ᵉ. partie, l. I, ch. 15.

(2) Voyez la minéral. des volcans, par Faujas, p. 144 et suiv., et le traité de minér. de Brochant, t. I, p. 177 et 178.

Werner, *catal.*, *t. I*, *p.* 288. Talc, *Daubenton*, *tabl.*, *p.* 15.
Mica, *Kirwan*, *t. I*, *p.* 210. Le mica, *Brochant*, *t. I*, *p.* 402.

Caractère essentiel. Divisible jusqu'à une extrême ténuité, en lames flexibles et élastiques.

Caract. phys. Pesant. spécif., 2,6346.... 2,9342.

Consistance. Très-facile à rayer ; peu fragile, et se laissant plutôt déchirer que briser.

Elasticité ; sensible dans les lames minces.

Raclure. Poussière blanche et onctueuse.

Impression sur le tact. Surface simplement lisse, sans onctuosité sensible.

Eclat de la surface, imitant souvent le métallique.

Caract. géom. Forme primitive. Prisme droit (*fig.* 205) *pl. LX*, dont les bases sont des rhombes, ayant leurs angles A,A de 60^d, et leurs angles E,E de 120^d. Divisions très-nettes parallélement aux bases, ordinairement ternes et mattes dans le sens latéral.

Molécule intégrante. *Id.* (1).

Caractère chimique. Fusible au chalumeau, en émail dont la couleur varie du blanc au gris, et quelquefois passe au vert. Les fragmens noirs donnent un émail de cette même couleur, dont l'action est très-sensible sur le barreau aimanté.

Analyse par Vauquelin.

Silice..	50,00.
Alumine	35,00.
Chaux.......................................	1,33.
Magnésie...................................	1,35.
Oxyde de fer...............................	7,00.
Perte..	5,32.
	100,00.

---

(1) AA (*fig.* 206) étant le rhombe de la base, la perpendiculaire E*n*, menée sur un des côtés jusqu'à la rencontre de l'autre, est à la hauteur G ou H (*fig.* 205), comme 3 : 1.

Caractères distinctifs. 1°. Entre le mica blanc ou verdâtre, et le talc proprement dit (talc de Venise). Le talc communique à la cire d'Espagne et à la résine l'électricité vitrée par le frottement, et le mica l'électricité résineuse ; celui-ci n'a point comme le talc une onctuosité très-sensible au toucher. 2°. Entre le mica gris et la diallage grise éclatante. Celle-ci raye le mica, et se casse net, au lieu de fléchir. 3°. Entre le mica et le disthène. Celui-ci est beaucoup plus dur, et se divise latéralement par des coupes beaucoup plus sensibles, inclinées sur les grandes faces. Il résiste à la fusion, au lieu que le mica est fusible. 4°. Entre le mica et la chaux sulfatée en lames minces. Celle-ci se divise facilement en rhombes, dont les angles sont de 113^d et 67^d ; le mica, lorsque sa division a lieu, donne des rhombes de 120^d et 60^d. Il ne forme point de plâtre comme la chaux sulfatée, par l'action du feu. 5°. Entre le mica et le molybdène sulfuré. Le premier ne tache point, comme l'autre, le papier sur lequel on le passe avec frottement. 6°. Entre le mica et le fer carburé, *id.* 7°. Entre le mica et l'oxyde vert d'urane cristallisé. Celui-ci est fragile, au lieu d'avoir la souplesse du mica ; il ne s'exfolie pas comme lui au chalumeau ; il s'y convertit en scorie noire, et le mica en émail blanchâtre. 8°. Entre le mica d'un gris-noirâtre et la substance métallique, dite *fer micacé gris* ou *eisenman* (fer oligiste écailleux de notre méthode). Les particules de celui-ci sont friables et adhèrent aux doigts ; elles ont souvent de l'action sur le barreau aimanté, et se fondent en une scorie noire.

V A R I É T É S.

F O R M E S.

Déterminables.

1. Mica *primitif.* M T P *(fig.* 205 *).* En prisme droit rhomboïdal, ordinairement fort court. Angles de la base, 120^d et 60^d.

2. Mica *prismatique.* $\begin{smallmatrix} M & 'H' & T & P \\ M & r & T & P \end{smallmatrix}$ *(fig.* 207 *).* En prisme hexaè-

dre régulier, ordinairement fort court. Mica lamelleux hexagone, *de Lisle*, *t. II*, *p.* 509. Quelquefois les prismes, qui dans ce cas sont de simples lames, forment des compartimens d'hexagones de différentes grandeurs, qui anticipent les uns sur les autres.

3. Mica *binaire.* $\begin{matrix} M & H' & P \\ M & z & P \end{matrix}$ (*fig.* 208). En lames rectangles. *Voyez* la fig. 206, où les lignes En, En, qui expriment par leur position l'effet du décroissement H', sont à angle droit sur les bords primitifs EA, EA; cette propriété suit nécessairement de ce que les angles E, A, sont de 120^d et 60^d.

4. Mica *annulaire.* $\begin{matrix} M & {}^{\prime}H^{\prime} & T & \overset{\frac{1}{2}}{A} & \overset{\frac{1}{2}}{B} & P \\ M & r & T & x & x' & P \end{matrix}$ (*fig.* 209). Incidence de x ou de x' sur P, 99^d 28$'$; de x' sur M, ou de x sur r, 170^d 52$'$.

Indéterminables.

5. Mica *foliacé.* Mica en grandes feuilles, vulgairement *verre* ou *talc de Moscovie.*

6. Mica *lamelliforme.* Mica en petites lames ; mica proprement dit de plusieurs naturalistes.

7. Mica *écailleux.* Mica en masses composées d'une infinité de parcelles, qui se détachent aisément par l'action du doigt.

8. Mica *hémisphérique.* A surface convexe.

9. Mica *filamenteux.* Divisible en filamens déliés ; la tranche de ses lames a un certain brillant, au lieu d'être terne, comme dans les autres variétés.

10. Mica *pulvérulent.* Vulgairement *sable doré.*

ACCIDENS DE LUMIÈRE.

Couleurs.

1. Mica *jaune d'or.* Vulgairement *or de chat*, par un abus de langage, dont l'ancienne minéralogie offre de nombreux exemples.

2. Mica *blanc-argentin*. Vulgairement *argent de chat.*

3. Mica *verdâtre.*

4. Mica *rougeâtre.*

5. Mica *jaunâtre.*

6. Mica *brun.*

7. Mica *noir.*

Transparence.

1. Mica *transparent.* Il ne l'est que quand ses lames ont peu d'épaisseur. On l'a appelé *glacies Mariæ.*

2. Mica *translucide.*

3. Mica *opaque.* Le noir l'est toujours lorsqu'on le prend en masse. Mais souvent ses lames séparées ont une demi-transparence verdâtre.

Substances étrangères à l'espèce du mica, auxquelles on a donné son nom.

1. Le fer carburé. Mica des peintres, mica pictoria.

2. Le molybdène sulfuré. *Id.*

3. L'urane oxydé. Mica vert.

A N N O T A T I O N S.

1. Le mica appartient essentiellement aux terrains primordiaux, où il a pris naissance au milieu de la cristallisation confuse, par laquelle les roches ont été constituées. Celui qui est empâté dans certaines substances pierreuses qui font partie des terrains secondaires, y a été transporté d'autant plus facilement, depuis la destruction des roches qui le renfermoient, que ses parcelles minces et légères étoient plus susceptibles d'être chariées par les eaux, qui les ont déposées avec d'autres sédimens d'une nature argileuse ou calcaire. On le trouve aussi mêlé aux autres débris des roches, avec lesquels il a été transporté par les eaux. C'est dans cet état qu'il fait partie des couches de grès et

de

de schistes, qui alternent ordinairement avec celles de houille. Ses parcelles sont encore assez souvent disséminées dans les sables de dernière formation. Ainsi il existe en différens états dans les terrains de tous les ordres.

Le mica, considéré dans les masses de roches à la composition desquelles il concourt, ne forme point de lames d'une étendue bien sensible. Rarement il y est cristallisé. C'est dans les filons qui traversent les roches, qu'on le trouve en masses de plusieurs centimètres d'épaisseur, et qui ont souvent jusqu'à trois décimètres ou davantage de largeur. Il y est ordinairement associé avec le quartz et le feld-spath, et c'est-là encore qu'il a pu prendre les formes cristallines qui lui sont propres (1). On remarque que les prismes hexaèdres réguliers de mica reposent souvent, par le tranchant de leurs lames composantes, sur la pierre qui leur sert de support, en sorte que leurs bases s'élèvent perpendiculairement à la surface de cette pierre. La forme dont il s'agit, et qui est celle sous laquelle le mica se présente le plus communément, avoit été remarquée par Boëce de Boot (2). Le mica primitif, qui est beaucoup plus rare, se trouve entre autres lieux, au Mont Saint-Gothard, où le Cit. Jurine l'a observé en petits cristaux brunâtres lamelliformes engagés dans une dolomie, dont il m'a envoyé plusieurs morceaux.

Je me suis servi, pour déterminer les dimensions de la molécule intégrante, d'un cristal représentant la variété annulaire, que m'a donné le Cit. Lelièvre, qui l'avoit détaché d'un morceau de roche rejeté par le Vésuve. La petitesse de ce cristal, qui n'a que quatre millimètres d'épaisseur, ne me permet de regarder les mesures auxquelles je suis parvenu, que comme des approximations.

___

(1) Les détails qui précèdent m'ont été communiqués par les Cit. Dolomieu et Lefebvre.

(2) *Aliquando sexangulâ figurâ excrescunt.* De lap. ac gemm. in specie. lib. II, c. 215.

2. On dit que l'on a trouvé en Sibérie des feuilles de mica, qui avoient près de deux aunes et demie en carré (1), ce qui revient à environ trois mètres dans chaque dimension.

3. Le mica qui se divise si facilement dans le sens des bases de sa forme primitive, est en même temps une des substances terreuses qui se prête le moins aux divisions latérales. Je n'ai pu effectuer celles-ci que sur un petit nombre de morceaux, en pliant les lames avec précaution jusqu'à ce qu'elles se rompissent, et en les déchirant ensuite doucement. A l'égard de la division parallèle aux bases, en lames toujours plus minces, il n'y a point de minéral qui, à cet égard, ne le cède de beaucoup au mica; et ces lames, à raison d'un certain degré de souplesse et de ténacité, ont encore cela de particulier, que l'on peut les découper avec la même facilité qu'une feuille de métal battu. Je suis parvenu à en obtenir d'isolées, qui étoient si minces, que leur surface réfléchissoit des couleurs d'iris, semblables à celles que produit souvent une légère fissure qui a lieu à l'intérieur. Ayant calculé l'épaisseur d'une de ces lames, à l'endroit où elle étoit peinte d'une belle couleur bleue, j'ai trouvé cette épaisseur égale à environ 43 millionièmes de millimètre, ou environ 1,6 millionième de pouce (2).

4. Il en est du mot de *talc*, à peu près comme de celui de *spath*, que l'on a appliqué à des minéraux de différentes natures. Il indiquoit, en général, une pierre divisible en lames minces, parallélement à un seul plan, comme la substance qui est l'objet de cet article, le talc dit *de Venise*, la chaux sulfatée, etc. Ce nom étoit employé relativement à l'espèce dont il s'agit ici, par opposition à celui de *mica*, en sorte que le talc étoit un mica en grandes lames, et le mica un talc en petites lames. On avoit cru remarquer que le talc étoit plus doux et le mica plus

---

(1) Hist. générale des voyages, t. XVIII, p. 272.

(2) Voyez dans la partie géométrique, à l'article mica (t. II, p. 72) la méthode que j'ai suivie pour arriver à ce résultat.

aride au toucher. Il restoit à déterminer le point où finissoit le talc, et où commençoit le mica.

6. La manière dont le molybdène sulfuré cristallise en hexagones réguliers, et la propriété qu'il a de se diviser aussi en lames minces, l'avoit fait prendre pour un mica à écailles très-fines, coloré par du fer et de l'étain, en même temps qu'on le confondoit avec le fer carburé, vulgairement *plombagine* ou *mine de plomb*. L'urane oxydé en petites lames carrées présentoit aussi un aspect qui sembloit le rapprocher du mica, auquel on l'avoit effectivement rapporté, sous le nom de *mica vert*. La chimie a fait disparoître le vice de ces rapprochemens, en substituant des résultats pris dans la nature même des êtres, aux indications trop souvent équivoques des caractères purement extérieurs.

7. Le mica réunit aux autres propriétés remarquables dont nous avons parlé, celle de réfléchir fortement la lumière ; en sorte que la surface de ses lames présente, dans certaines variétés, un faux aspect métallique. Plus d'une fois des hommes sans connoissances en minéralogie se sont laissés éblouir, et par l'éclat du mica, et par l'idée flatteuse d'avoir fait la découverte d'une mine d'or.

8. Les lames transparentes de mica s'électrisent facilement lorsqu'on les passe avec frottement entre les doigts ; et cette électricité, qui est vitrée, se dissipe plus lentement que celle de beaucoup d'autres substances terreuses que j'ai soumises à l'expérience. On peut faire usage de cette propriété, pour communiquer l'électricité résineuse à la petite aiguille dont j'ai parlé à l'article de la tourmaline, en présentant à l'une des boules qui la terminent une bande de mica électrisé, de manière que l'extrémité de cette bande soit placée à une petite distance en dessous de la boule.

9. On emploie le mica à différens usages. En Sibérie, on le substitue au verre dont on garnit les fenêtres. Le Cit. Patrin a vu à l'une de celles de l'apothicairerie d'Ekaterinbourg un

carreau de mica, qui a fixé son attention, en ce que sa surface étoit marquée de plusieurs hexagones concentriques très-distincts, d'une couleur rembrunie : l'hexagone extérieur occupoit à peu près toute l'étendue du carreau, qui étoit d'environ trois décimètres dans un sens et de 2,5 ^{décim.} dans l'autre (1). On lit dans l'Histoire générale des voyages (2), que la marine Russe fait une grande consommation de mica, pour les vitrages des vaisseaux, et qu'on le préfère au verre, parce qu'il n'est pas sujet à se briser par les commotions qu'occasionne l'effet de la poudre à canon. Cependant il a l'inconvénient de se salir, et de perdre sa transparence, lorsqu'il a été long-temps exposé à l'air.

10. On s'est servi aussi du mica pour faire des lanternes, et il y a de l'avantage à le substituer à la corne, parce qu'il est plus diaphane, et n'est pas susceptible d'être brûlé par la flamme d'une bougie (3).

11. Le mica en paillettes est employé pour brillanter différens ouvrages d'agrément sur lesquels on l'applique. Ce que les papetiers appellent *poudre d'or*, n'est autre chose qu'un sable de mica.

XXXIXe. E S P È C E.

D I S T H È N E, *(m.)* c'est-à-dire, *qui a deux forces.*

Sappare, *Saussure fils*, *journ. de phys.*, mars, 1789, *p.* 213. Talc bleu, *Sage*, *description du cabinet de l'école des mines*, *p.* 134. Beril feuilleté, *Sage*, *journ. de phys.*, juillet, 1789, *p.* 39. Sappare, *Saussure*, *voyage dans les Alpes*, *n*°. 1901. Cyanit, *Emmerling*, *t. I*, *p.* 412. Cyanite, schorl bleu, Sciagr., *t. I*, *p.* 311. Sappare ou cyanite, *Daubenton*, *tabl.*, *p.* 15.

---

(1) Hist. nat. des minér., t. I, p. 71 et 72.
(2) T. XVIII, p. 272.
(3) Lemery, dict. des drogues simples, au mot *talcum*.

Sapparc, *Kirwan*, *t. I*, *p.* 209. La cyanite, *Brochant*, *t. I*, *p.* 501.

Caractère essentiel. Divisible par deux coupes inclinées entre elles d'environ 103ᵈ, dont l'une est sensiblement plus nette que l'autre.

Caract. phys. Pesant. spécif., 3,517.

Dureté. Rayant le verre, lorsqu'on a soin de choisir une partie bien aiguë ; rayé par une pointe d'acier, sur les grandes faces de ses lames, mais non sur les faces latérales.

Réfraction, simple (1).

Electricité. Substance idio - électrique, lorsqu'elle jouit d'un certain degré de pureté, acquérant l'électricité résineuse par le frottement, dans certains cristaux, même sur des faces d'un beau poli, et dans d'autres l'électricité vitrée. Le nom de *dis-thène* a rapport à cette double vertu électrique.

Caract. géom. Forme primitive. Prisme oblique quadran-gulaire (*fig.* 210) *pl. LXI*, dont les pans M, T sont inclinés entre eux d'environ 103ᵈ. La base P a ses arêtes x perpen-diculaires aux arêtes longitudinales z, et fait avec le pan M à peu près le même angle de 103ᵈ. Divisions très-nettes parallé-lement à M, un peu moins parallélement à T. Celles qui sont dans le sens de P ont ordinairement peu d'éclat. Elles sem-blent avoir lieu de préférence à certains endroits, lorsqu'on essaye de rompre le cristal, tandis qu'à d'autres endroits on n'observe qu'une cassure inégale ; et il y a des cristaux où elles sont nulles.

Molécule intégrante. *Id.* (2).

Caract. chim. Infusible.

___

(1) Des deux faces à travers lesquelles j'ai vu les objets simples, l'une, qui étoit artificielle, interceptoit l'arête x (*fig.* 210), en partant d'une ligne parallèle à cette arête ; l'autre étoit le pan naturel situé parallélement à M.

(2) Les cristaux n'ayant offert jusqu'ici qu'une seule facette addition-nelle, je n'ai pu déterminer les dimensions de la molécule.

Caractères distinctifs. 1°. Entre le disthène et le mica. Le premier raye souvent le verre et toujours le mica. Outre les divisions parallèles aux grandes faces de ses lames, il en admet d'autres situées obliquement à l'égard des précédentes, et qui offrent le poli naturel. Les divisions latérales du mica, lorsqu'elles existent, sont ternes et ne s'obtiennent qu'en déchirant les lames. Le disthène est réfractaire et le mica fusible. Les lames de celui-ci ont une élasticité sensible. Celles du disthène, beaucoup plus difficiles à plier, restent dans l'état où la flexion les a mises. 2°. Entre le disthène et l'actinote. Celui-ci a deux joints longitudinaux également nets, qui font entre eux un angle de $124^d \frac{1}{2}$. Dans le disthène, l'un est plus net que l'autre, et leur incidence n'est que de 103^d. L'actinote est fusible et le disthène infusible. 3°. Entre le disthène taillé et la télésie bleue ou le quartz bleu. Le disthène cède facilement à une bonne lime, et non les deux autres substances.

V A R I É T É S.

F O R M E S.

1. Disthène *périhexaèdre* (*fig.* 211). C'est la forme primitive augmentée de deux facettes longitudinales *o*. Incidence de *o* sur M, environ 127^d.

Nota. Lorsqu'on dégage les prismes de leur enveloppe, ils se délitent assez souvent d'eux-mêmes dans le sens de la face P; et l'on seroit tenté de prendre le joint qui a été mis à découvert, pour la base naturelle du cristal, à cause de son aspect un peu brut et souvent strié. Cependant après y avoir regardé de près, j'ai cru reconnoître qu'il y avoit aussi des cristaux naturellement terminés.

2. Disthène *double*. En cristaux accolés deux à deux. Supposons d'abord deux cristaux semblables à la forme primitive, qui soient appliqués l'un contre l'autre, pour leurs faces M (*fig.* 210), de manière que l'un ait la position indiquée par

la figure, et que l'autre soit dans une position renversée. Dans ce cas, les faces analogues à T formeront un angle saillant d'un côté, et de l'autre un angle rentrant. Supposons ensuite que chaque cristal ait acquis une des facettes o (*fig.* 211), à la place d'une des arêtes longitudinales, tandis que l'arête opposée reste intacte, et que les deux nouvelles facettes se trouvent du côté de l'angle rentrant. La coupe transversale de l'assemblage présentera l'aspect indiqué par la fig. 212, d'après laquelle il est facile de se représenter l'accident de cristallisation dont il s'agit, et qui est très-commun dans les cristaux du Saint-Gothard. On concevra que les sommets devroient former aussi d'une part un angle rentrant, et de l'autre un angle saillant. Mais je n'ai, à cet égard, aucune observation satisfaisante.

3. Disthène *lamelliforme*. En lames qui ont la forme de rectangles très-alongés.

ACCIDENS DE LUMIÈRE.

Couleurs.

1. Disthène *bleu*. D'un bleu céleste uniformément répandu.

2. Disthène *fasciolé*. Une bande bleue longitudinale, bordée de blanc nacré de part et d'autre, de manière que le bleu passe au blanc par une dégradation insensible. Cet accident s'observe dans le disthène lamelliforme.

3. Disthène *jaunâtre*.

Transparence.

1. Disthène *transparent*.
2. Disthène *translucide*.

ANNOTATIONS.

1. Les beaux cristaux de disthène se trouvent au Mont Saint-Gothard, où ils sont enchatonnés dans un talc feuilleté blanc

ou jaunâtre, qui renferme aussi des staurotides unibinaires, dont quelques-unes adhèrent aux prismes de disthène dans le sens de leur longueur. Le Mont Greiner, dans le Zillerthal, l'Espagne, l'Autriche et diverses autres parties de l'Allemagne fournissent des cristaux de la même substance, engagés constamment dans des roches de première formation. La variété lamelliforme est indiquée par Saussure le fils (1), dans les carrières de granite entremêlé de roche feuilletée, qui sont dans la ville même de Lyon. Ce savant cite aussi un morceau de disthène envoyé à son père, et qui venoit des mines d'or situées en Ecosse, près de Botrephnei-Banff-Shire.

2. Rien ne prouve mieux combien étoit précipité le jugement que l'on portoit de certaines substances, en les classant parmi les schorls, que l'application qui a été faite de ce nom par quelques naturalistes à une substance aussi réfractaire que le disthène; la fusibilité ayant servi, dès l'origine, comme de ralliement aux différens corps qu'on avoit associés sous ce nom. Mais le disthène passoit plus généralement, et avec une plus grande apparence de raison, pour une variété du mica, qu'on nommoit talc bleu, avant que Saussure le fils, guidé par l'analyse, lui eût assigné un rang à part. Quant à l'opinion qui faisoit du disthène une variété du beril en prisme hexaèdre que l'on trouve dans les montagnes granitiques de la Daourie (2), elle ne s'accorde pas avec ce que l'observation nous apprend sur les caractères de ces deux substances, qui diffèrent très-sensiblement l'une de l'autre par leur pesanteur spécifique, par leur structure et par les angles de leur prisme hexaèdre, ce prisme étant régulier dans le beril, tandis que dans le disthène il a deux angles de 103^d, deux de 130^d et deux de 127^d.

3°. Saussure le père a annoncé que le disthène s'électrisoit

---

(1) Journ. de phys., mars, 1789, p. 212.
(2) *Id.*, juillet, 1789, p. 39.

négativement

négativement (1). J'ai répété cette observation sur un certain nombre de cristaux, choisis parmi les plus purs, et j'ai obtenu le même résultat. Cependant j'en ai trouvé d'autres qui acquéroient l'électricité vitrée, lorsqu'on les plaçoit précisément dans les mêmes circonstances, soit qu'on les frottât sur leurs faces naturelles, ou sur celles que la division mécanique avoit mises à découvert. Il semble d'abord que l'on doive attribuer la différence à un poli plus égal et plus parfait dans ces derniers cristaux: mais si cela est, il faut que la nuance soit bien légère, puisqu'elle échappe à l'œil et au tact. Car les cristaux qui acquéroient l'électricité résineuse avoient été choisis parmi ceux dont les faces étoient les plus lisses, ou qui se divisoient avec le plus de netteté. Quoi qu'il en soit de la cause de cette anomalie, c'est toujours un fait remarquable, que la production d'une électricité résineuse sur des faces d'un poli vif et éclatant, tandis qu'en général les corps qu'on a appelés *pierres* n'acquièrent cette espèce d'électricité que quand leur surface est terne.

4. On trouve dans certaines collections, et chez les joailliers, de petites pierres bleues taillées en cabochon, que l'on a fait quelquefois passer pour des saphirs orientaux, ou pour des saphirs d'eau, mais dans lesquels j'ai reconnu, en les divisant, la structure du disthène.

---

(1) Voyage dans les Alpes, N°. 1901.

X L⁰. E S P È C E.

GRAMMATITE, (*f.*) c'est-à-dire, *marquée d'une ligne* (1).

Tremolite, *Saussure, voyage dans les Alpes*, n⁰. 1923 *et suiv.*
Tremolite, Sciagr., *t. I, p.* 221. Tremolith, *Emmerling, t. I,
p.* 426. Tremolite, *Daubenton, tabl., p.* 16. La tremolite, *Brochant, t. I, p.* 514.

Caractère essentiel. Divisible parallélement aux pans d'un prisme rhomboïdal de 127ᵈ et 53ᵈ.

Caract. phys. Pesant. spécif., 2,9237 . . . . 3,2.

Dureté. Rayant le verre, rayée difficilement par le quartz.

Rachure. Poussière un peu âpre au toucher.

Eclat. Les grammatites, en général, surtout les blanches, sont à l'extérieur, et plus encore à l'intérieur, d'un éclat assez vif, joint à un aspect un peu nacré.

Phosphorescence. La percussion ou le frottement, dans l'obscurité, en dégage une lueur rougeâtre ; la poussière jetée sur un charbon ardent répand une lueur verdâtre.

Caract. géom. Forme primitive. Prisme oblique à bases rhombes (*fig.* 213) *pl. LXI*, dont les pans sont inclinés entre eux de 126ᵈ 52′ 12″ d'une part, et 53ᵈ 7′ 48″ de l'autre. Les coupes parallèles aux pans M, M sont très-nettes ; celles qui répondent aux bases P s'obtiennent rarement par les moyens de division mécanique ordinaire (2).

---

(1) Le fond de cet article m'a été communiqué par le Cit. Cordier, ingénieur des mines, avec tous les résultats relatifs à la détermination des formes cristallines, d'après les morceaux recueillis par lui-même dans un voyage au Mont Saint-Gothard.

(2) On peut les rendre plus faciles à obtenir, en faisant d'abord rougir les cristaux au feu, puis en les jetant dans l'eau, pour les faire éclater.

Molécule intégr. *Id.* (1).

Cassure, transversale, ondulée, légérement luisante.

Caract. chim. Au chalumeau, la grammatite blanchit, et se fond aisément en un émail blanc et bulleux.

Analyse par Klaproth (2).

Silice..	65,00.
Magnésie	10,33.
Chaux...	18,00.
Oxyde de fer.....................................	0,16.
Eau et acide carbonique..........................	6,50.
Perte...	1.
	100,00.

Caractères distinctifs. 1°. Entre la grammatite et la mésotype. Dans celle-ci les joints naturels sont perpendiculaires entre eux ; dans la grammatite ils sont inclinés d'environ 127^d et 53^d ; la mésotype est électrique par la chaleur ; elle se résoud en gelée dans les acides ; deux propriétés que n'a pas la grammatite. 2°. Entre la même et la stilbite. La division mécanique de celle-ci ne donne de coupes nettes que dans un seul sens ; la grammatite se divise nettement suivant deux directions. La stilbite blanchit et s'exfolie en un instant sur un charbon allumé, ce que ne fait pas la grammatite. 3°. Entre la grammatite fibreuse et l'asbeste. Celui-ci n'est point phosphorescent par la percussion ou par l'action du feu, comme la grammatite ; il donne par la trituration une poudre pâteuse et douce au toucher, tandis que celle de la grammatite est sèche et un peu rude. 4°. Entre la

---

(1) La ligne menée de l'extrémité supérieure de l'arête H à l'extrémité inférieure de l'arête opposée, est perpendiculaire sur ces deux arêtes, et par conséquent égale à la petite diagonale de la coupe transversale. Son rapport avec l'arête H est celui de 7 à 2 ; et avec la grande diagonale de la base, celui de 1 à 2.

(2) Crell, annales de chimie, an 1790, t. I, p. 54.

grammatite et l'actinote. Celui - ci se divise sous des angles de $124^d \frac{1}{2}$ et $55^d \frac{1}{2}$, et la grammatite sous des angles de 127^d et 53^d; il se fond en verre d'une couleur jaunâtre ou verdâtre, et la grammatite en verre blanc et bulleux. 5ᵒ. Entre la même et la pycnite. La pesanteur spécifique de celle-ci est plus forte, dans le rapport d'environ 7 à 6; son tissu est compacte et n'offre aucun indice bien apparent de lames; celui de la grammatite est très-sensiblement lamelleux; la pycnite résiste à la fusion; la grammatite se fond aisément.

V A R I É T É S.

F O R M E S.

Déterminables.

Gemeiner tremolith, *Emmerling, t. I, p.* 426.

1. Grammatite *ditétraèdre.* $\overset{}{\underset{\text{M } s}{\text{M } \overset{\text{'}}{\text{E}}}}$ (*fig.* 214) *pl. LXI.* Prisme tétraèdre à sommets dièdres, dont l'arête terminale est oblique à l'axe. Incidence de M sur M, 126^d 52' 12"; de M sur le pan de retour, 53^d 7' 48"; de *s* sur *s*, 149^d 16' 38"; de l'arête *x* sur l'arête *o*, 105^d 56' 44"; de *s* sur M, 110^d 49' 7".

2. Grammatite *bis-unitaire.* $\underset{\text{M } k \ s}{\text{M 'G' } \overset{\text{1}}{\text{E}}}$ (*fig.* 215). La variété précédente émarginée à l'endroit des arêtes longitudinales les plus saillantes. Incidence de *k* sur M, 116^d 33' 54".

3. Grammatite *triunitaire.* $\underset{\text{M } k \ \ r \ s}{\text{M 'G' 'H' } \overset{\text{1}}{\text{E}}}$ (*fig* 216) La variété précédente émarginée à l'endroit des arêtes longitudinales qui étoient restées intactes sur la première. Incidence de *r* sur M, 153^d 26' 6".

Indéterminables.

4. Grammatite *cylindroïde.* En prisme arrondi et déformé par

des stries longitudinales. Souvent plusieurs de ces prismes se réunissent de manière à former des masses qui paroissent striées.

5. Grammatite *comprimée.* En prisme très-comprimé, dont les pans, quoique striés, sont encore sensibles. L'effet des stries est d'élargir le cristal dans le sens de la grande diagonale de la base, et assez souvent elles rendent les pans un peu concaves dans le sens de leur longueur.

6. Grammatite *fibreuse.* Asbestartiger tremolith, *Emmerling,* *t. I, p.* 425 *et* 429.

a. Fasciculée. En prismes plus ou moins déliés, réunis par faisceaux, et quelquefois divergens, de chaque côté, depuis le milieu.

b. Radiée. En prismes divergens en tous sens, à partir d'un centre commun. Leur finesse et leur luisant donnent souvent aux surfaces mises à découvert par les fractures, un aspect soyeux. Dans les morceaux intacts, la réunion de ces prismes se présente sous une forme imparfaitement globuleuse. Quelquefois les prismes partent de plusieurs centres, en formant des cônes qui s'entrecroisent.

A C C I D E N S   D E   L U M I È R E.

Couleurs.

1. Grammatite *blanche.*
2. Grammatite *blanc-rougeâtre.*
3. Grammatite *blanc-verdâtre.*
4. Grammatite *grise.*
5. Grammatite *gris-noirâtre.*

Transparence.

1. Grammatite *transparente.* Très-rare.
2. Grammatite *translucide.*
3. Grammatite *opaque.*

A N N O T A T I O N S.

1. On trouve la grammatite dans la partie des Hautes-Alpes qui sépare la Suisse de l'Italie, et à laquelle on a donné le nom de Mont Saint-Gothard. Elle y existe en beaucoup d'endroits, et principalement au pied des cimes aiguës de Campo Longo, dans la vallée Lévantine supérieure, dans le val Tremola, au Spitzberg, dans la vallée d'Urseren, etc. C'est au val Tremola qu'elle a été découverte par le père Pini, qui lui a donné en conséquence le nom de *trémolite*.

Le Cit. Patrin a rapporté de son voyage en Sibérie, un morceau de grammatite fibreuse, d'un aspect soyeux, qui venoit de la mine de Kadaïnsk, près du fleuve Amour. Sa gangue étoit une dolomie blanche. Le même naturaliste parle d'une autre grammatite qui a été trouvée, depuis son voyage, près du lac Baïkal (1). C'est probablement à celle-ci qu'appartiennent des cristaux blanchâtres, en aiguilles fasciculées engagées dans une chaux carbonatée granuleuse, qui ont circulé ici dans le commerce, sous le nom de *baïkalite*. Ces cristaux ont la double phosphorescence et les autres caractères de la grammatite ordinaire.

Cette substance, telle qu'on la trouve au Saint-Gothard, entre dans la composition d'une des roches les plus communes en cet endroit, et qui est à base de dolomie, avec un mélange de la grammatite elle-même, et d'une petite quantité de mica. Il s'y joint aussi quelquefois du talc laminaire et de la chaux carbonatée saccaroïde, nommée communément *marbre salin*. La couleur de la roche est tantôt le blanc éclatant, et tantôt le gris sombre. Les prismes solitaires de grammatite ont quelquefois plus d'un décimètre de longueur, sur deux centimètres de largeur; et à l'égard des masses, leur diamètre s'étend jusqu'à quatre décimètres.

---

(1) Hist. naturelle des minéraux, t. II, p. 117.

2. Le célèbre Saussure, en annonçant la phosphorescence des grammatites par le frottement ou par la percussion, a très-bien remarqué que sa vivacité et la facilité de la faire naître sembloient être en raison inverse de la dureté (1). Les **grammatites** en fibres déliées n'ont besoin que d'être sollicitées par le frottement d'une plume, pour répandre une belle lumière purpurine. Le caractère est moins prononcé dans celles dont l'aspect est vitreux, et qui ont besoin d'être frottées avec une pointe d'acier ; et quant à celles qui sont grises, elles exigent un mouvement rapide et une forte pression de l'acier. La phosphorescence produite par la chaleur va aussi en diminuant d'intensité, à mesure que le morceau qu'on pulvérise, pour le soumettre à l'expérience, est plus dur. La dolomie avec laquelle la grammatite est associée, surtout celle qui est blanche, donne elle-même, à l'aide du frottement ou de la percussion, une lumière très-abondante et très-vive, qui est d'un rouge de feu.

3. Les prismes de grammatite offrent souvent, dans leur cassure transversale, un accident assez remarquable. Il consiste en ce que le rhombe mis à découvert par cette cassure est marqué d'une ligne qui passe par les deux angles aigus, et représente naturellement la grande diagonale de la base du prisme. On pourroit croire d'abord, en raisonnant d'après l'analogie, que cette ligne indique le renversement d'une des moitiés du prisme, comme dans les cristaux que nous appelons *hémitropes*. Mais ce qui prouve que l'accident dont il s'agit est dû à une autre cause, c'est que quand après avoir fait rougir au feu un prisme choisi parmi les mieux prononcés, on le jette dans l'eau, les fissures transversales qui s'y forment, dans le sens des joints parallèles aux bases, présentent un rhombe continu, et non pas deux triangles inclinés en sens contraire, à l'endroit de la grande diagonale, comme cela devroit être s'il y avoit hémitropie. Enfin, ce qui lève tout à fait le doute à cet égard, c'est qu'on observe

____

(1) *Voyage dans les Alpes*, N°. 1928.

des cristaux de grammatite , parfaitement terminés des deux
côtés, dont les sommets sont l'un et l'autre saillans et semblablement conformés, quoique leur cassure présente toujours la
même ligne transversale. Le nom de *grammatite* tire son origine
de cet accident.

L'intérieur des cristaux de cette substance est presque toujours occupé par des grains de dolomie, qui sont disposés surtout dans le sens de l'espèce de séparation indiquée par la ligne
dont nous avons parlé. Ce mélange doit faire varier la pesanteur
spécifique. Il doit aussi influer sur le résultat de l'analyse ; et
c'est une considération qui n'est pas à négliger pour ceux qui
cherchent à mettre de la précision dans ce genre d'opération,
que cette faculté qu'ont certains minéraux de s'approprier une
portion de la substance qui les enveloppe.

XLIe. E S P È C E.

P Y C N I T E , *(f.)* c'est-à-dire, *dense, compacte.*

Schorl blanc prismatique, *de Lisle*, *t. II, p.* 420, *note* 137.
Schorl blanchâtre, Sciagr., *t. I , p.* 289. Leucolithe, *ibid.*, *t. II,
p.* 401. Schorlatiser beril, *Emmerling, t. I, p.* 92. *Id.*, *Werner,
catal., t. I, p.* 251. Leucolite , *Daubenton, tabl., p.* 9. Schorlite,
Kirwan, t. II, p. 286. Le beril schorliforme, *Brochant, t. I,
p.* 224.

Caractère essentiel. Infusible. Cristaux originaires du prisme
hexaèdre régulier.

Caract. phys. Pesant. spécif. , 3,5145.

Dureté. Rayant légérèment le quartz et très-sensiblement le
verre. Fragile surtout dans un sens perpendiculaire à l'axe des
cristaux. Assez facile à racler avec une lame d'acier.

Poussière, sèche et un peu rude au toucher.

Caract. géom. Les fractures des cristaux, mues à la lumière

d'une

d'une bougie, présentent, à certains endroits, dans le sens longitudinal, des lamelles brillantes, et dans le sens transversal de
légers reflets, d'où l'on peut présumer que la forme primitive
est le prisme hexaèdre régulier.

Il faut éviter de prendre pour des joints naturels les faces
par lesquelles les cristaux qui ont été séparés de leurs groupes
adhéroient entre eux.

Cassure ; presque terne. Vue à la loupe, elle paroît inégale
et écailleuse.

Caract. chim. Infusible.

Analyse par Klaproth.

    Silice . . . . 5o.

    Alumine . . . . 5o.

                                                    100.

Analyse par Vauquelin.

    Silice . . . . 36,8.

    Alumine . . . . 52,6.

    Chaux . . . . 3,3.

    Eau . . . . 1,5.

    Perte . . . . 5,8.

                                                    100,0.

Caractères distinctifs. 1º. Entre la pycnite et l'émeraude,
dite *beril.* La pesanteur spécifique de celle-ci est moindre, dans
le rapport d'environ 4 à 5. Sa division mécanique offre des
joints naturels beaucoup plus sensibles. Sa dureté est plus considérable. 2º. Entre la même et l'amphibole, l'actinote, le pyroxène et l'épidote. Tous les cristaux de ces substances se divisent beaucoup plus nettement, et jamais sous des angles de 120^d.
Leurs fragmens sont fusibles au chalumeau ; ceux de la pycnite
ne s'y fondent pas. 3º. Entre la même et la tourmaline blanche.
Celle-ci est électrique par la chaleur, et non la pycnite. 4º. Entre
la même et la néphéline. Celle-ci a une cassure qui approche

beaucoup plus d'être vitreuse. Elle finit par se fondre au chalumeau ; la pycnite reste infusible.

VARIÉTÉS.

FORMES.

1. Pycnite *primitive*. En prisme hexaèdre régulier.

2. Pycnite *annulaire*. Béril schorliforme en prisme à 6 faces, tronqué sur ses bords terminaux. *Brochant, t. I, p.* 224.

3. Pycnite *cylindroïde*. En prisme déformé par des stries longitudinales.

ACCIDENS DE LUMIÈRE.

Couleurs.

1. Pycnite *blanchâtre*.

2. Pycnite *rougeâtre*. La teinte de rouge est ordinairement légère.

On lit dans quelques auteurs qu'il y a aussi de la pycnite verdâtre , et d'autre d'un jaune de soufre.

Transparence.

1. Pycnite *translucide*.
2. Pycnite *opaque*.

ANNOTATIONS.

1. On trouve la pycnite dans des roches granitiques , à Altenberg en Saxe ; on en a cité aussi à Swisel en Bavière , sur la montagne nommée Rabensteine. La roche qui renferme les cristaux de Saxe, la seule que j'aie vue , est composée de quartz blanchâtre et de mica d'un gris sombre. Les cristaux de pycnite, dont l'épaisseur n'excède guère trois à quatre millimètres, y sont réunis parallélement les uns aux autres , et peuvent être facilement séparés.

2. La pycnite mise au nombre des schorls par les naturalistes Français, qui l'ont appelée *schorl blanc*, a été réunie par ceux d'Allemagne avec le beril, qui n'est plus aujourd'hui qu'une variété de l'émeraude. Forcé de m'écarter encore ici de la nomenclature reçue, j'ai adopté le nom de *pycnite*, emprunté de deux considérations, dont l'une consiste en ce que la densité ou la pesanteur spécifique de la substance à laquelle il s'applique, l'emporte sensiblement sur celle du beril, et l'autre en ce que la cassure compacte de cette substance la distingue non-seulement du beril, mais encore des autres minéraux avec lesquels on pourroit être tenté de la confondre. Au reste, j'aurois désiré de pouvoir observer par moi - même la variété annulaire citée par Emmerling, et dont les facettes obliques à l'axe, si elles étoient nettes, pourroient servir à déterminer les dimensions respectives de la molécule de la pycnite, et à les comparer avec celles qui caractérisent la molécule de l'émeraude. La différence entre les deux rapports serviroit à faire encore mieux ressortir celle qu'indiquent entre les deux substances les résultats de l'analyse et les caractères physiques.

3. A l'égard du nom de *schorl blanc* que l'on avoit donné à la pycnite, il étoit d'autant plus vicieux, qu'il servoit aussi à désigner une substance toute différente, que j'ai reconnue il y a long-temps pour appartenir au feld-spath, et qui est désignée, dans ce Traité, par la dénomination de *feld-spath quadridécimal.*

4. M. Kirwan termine la description qu'il donne du beril schorlacé, en remarquant que ce minéral *passe au feld-spath.* On trouve plusieurs de ces sortes de transitions indiquées dans les auteurs étrangers, et j'ai cru qu'il ne seroit pas inutile de faire ici quelques observations propres à éclaircir un point qui tient à la philosophie de la science.

Que l'on nous parle du passage d'une roche à une autre, par exemple, de celui du granite au porphyre (1), ou du gneiss au

____

(1) Saussure, *voyage dans les Alpes*, N°. 155.

granite (1), ce langage n'a pas de quoi surprendre, parce que l'une et l'autre roche étant des mélanges de parties qui appartiennent à des espèces différentes, on conçoit que ces parties peuvent varier à l'infini dans leurs proportions, leurs volumes et leur arrangement respectif; et il en résultera une succession de nuances, à l'aide de laquelle l'une des roches, telle que le granite, qui est composée de parties comme engrenées les unes dans les autres, sans apparence de gluten, sera censée passer au porphyre, dans lequel on observe une pâte qui réunit des grains cristallisés.

Mais pour qu'il y eût une transition entre une espèce proprement dite et une autre, comme entre la pycnite et le feld-spath, il faudroit que la molécule de la première, qui est un prisme triangulaire équilatéral, subît, par degrés, dans ses angles et dans ses dimensions respectives, des changemens qui se terminassent par la forme d'un parallélipipède obliquangle, semblable à la molécule du feld-spath. Or, cette supposition est inadmissible. Les deux molécules ont chacune une forme déterminée qui n'est pas susceptible de plus ou de moins; elles n'admettent entre elles aucune gradation d'intermédiaires; en un mot, il y a un saut brusque de l'une à l'autre. Si malheureusement il n'en étoit pas ainsi, au lieu d'avoir des espèces nettement circonscrites, nous n'aurions plus que des séries de nuances; la minéralogie deviendroit une sorte de dédale où l'on ne se reconnoîtroit plus, et où tout seroit plein de passages qui ne meneroient à rien.

---

(1) *Ib.*, N°. 1679.

XLIIᵉ. ESPÈCE.

DIPYRE, *(m.)* c'est-à-dire, *doublement susceptible de l'action du feu.*

Leucolithe de Mauléon. *Lametherie, théorie de la terre,* 2ᵉ. *édit., t. II, p.* 275.

Caract. essent. Divisible parallélement aux pans d'un prisme hexaèdre régulier. Fusible avec bouillonnement.

Caract. phys. Pesanteur spécif., 2,6305.

Dureté. Rayant le verre.

Phosphorescence. Sa poussière, jetée sur un charbon ardent, donne une légère lueur phosphorique dans l'obscurité.

Cassure, conchoïde.

Caract. géom. Forme primitive. Prisme hexaèdre régulier. Les joints naturels se manifestent par des facettes que l'on voit briller à certains endroits, lorsqu'on fait mouvoir à la lumière les fragmens des cristaux.

Molécule intégrante. Prisme triangulaire équilatéral.

Caract. chim. Fusible avec bouillonnement.

Analyse par Vauquelin.

Silice.. 60.

Alumine .... 24.

Chaux .... 10.

Eau... 2.

 Perte... 4.

                                                 ———
                                                 100.
                                                 ———

Caract. distinctifs. 1°. Entre le dipyre et la pycnite. Celle-ci est infusible et le dipyre facile à fondre. Elle n'est point phosphorescente comme lui par le feu. Sa cassure est compacte et presque terne, et celle du dipyre ondulée et brillante. 2°. Entre le même et la mésotype. Celle-ci se résoud en gelée dans les acides, et est électrique par la chaleur; deux caractères qui manquent au dipyre. 3°. Entre le même et la népheline. Celle-ci est difficile à fondre; sa poussière n'est pas phosphorescente comme celle du dipyre.

V A R I É T É S.

F O R M E S.

Dipyre *fasciculé*. En faisceaux de prismes minces qui adhèrent entre eux dans toute leur longueur, et se séparent aisément.

A C C I D E N S   D E   L U M I È R E.

Couleurs.

1. Dipyre *blanchâtre*.
2. Dipyre *rosacé*. D'un rouge de lilas ordinairement foible.

Transparence.

Dipyre *translucide*.

A N N O T A T I O N S.

1. Le dipyre a été trouvé, en 1786, par les Citoyens Lelièvre et Gillet-Laumont, sur la rive droite du gave de Mauléon, à environ deux kilomètres et demi de cette commune. Les fascicules de ses cristaux étoient engagés dans une terre stéatiteuse, ordinairement blanche, quelquefois avec une nuance de rougeâtre. D'autres morceaux de la gangue étoient noirs et mélangés de fer sulfuré. Cette substance, au premier aperçu, parut être une variété de la pycnite. Mais le Citoyen Lelièvre l'ayant éprouvée au chalumeau, et l'ayant trouvée facile à fondre, en a conclu qu'elle ne pouvoit être de la même nature que la pycnite, qui est infusible. Les autres caractères indiquent également la séparation de ces deux substances, et le résultat de l'analyse faite par le Cit.

Vauquelin, des cristaux de dipyre que lui avoit remis le Citoyen Lelièvre, assigne à ce minéral un rang à part dans la série des espèces.

2. Le dipyre, dans l'état où il a été observé jusqu'ici, n'offroit rien de bien saillant qui pût servir de fondement au nouveau nom qu'il devenoit nécessaire de lui donner. Celui que nous avons adopté, indique la double action du feu sur cette substance, soit pour la fondre, soit pour en développer la phosphorescence, caractères dont la réunion distingue assez nettement l'espèce dont il s'agit, de la pycnite et de quelques autres minéraux dont elle se rapproche par son aspect.

XLIII°. ESPÈCE.

ASBESTE, c'est-à-dire, *inextinguible*.

Abestus, amianthus, *Waller, t. I, p.* 406. Asbeste et amiante, *de Lisle, t. II, p.* 506. Asbeste, *de Born, t. I, p.* 256. Magnésie unie à une portion considérable de terre siliceuse, et à une moindre de calcaire et d'argileuse, et souillée de chaux de fer. Asbeste, Sciagr., *t. I, p.* 212. Amiante, *Daubenton, tabl., p.* 16. L'asbeste, *Brochant, t. I, p.* 492.

Caractère essentiel. Filamenteux. Réductible par la trituration en poussière fibreuse ou pâteuse.

Caract. physiq. Pesant. spécif. de l'asbeste flexible, 0,9088 (1)....
2,3134.....2,5779; de l'asbeste dur, 2,9958; de l'asbeste tressé, 0,6806....0,9933.

Dureté. Variable depuis la faculté de rayer le verre jusqu'à la mollesse du coton.

Imbibition, plus ou moins sensible, lorsqu'on le plonge dans l'eau.

----

(1) Ce résultat a été trouvé par le Cit. Brisson, en pesant la variété qui forme de longs filamens soyeux.

Poussière obtenue par la trituration ; douce au toucher.

Caract. géom. Structure ; toujours filamenteuse. Les fibres de l'asbeste dur paroissent être des prismes rhomboïdaux.

Caractère chim. Fusible au chalumeau en un verre noirâtre. A un feu violent, il se réduit en fritte cellulaire, qui corrode le creuset (1).

Caractères distinctifs. 1°. Entre l'asbeste flexible et diverses substances acidifères filamenteuses, telles que l'alumine sulfatée, dite *alun de plume*, le fer et le zinc sulfatés de la même forme, etc. Ces dernières substances sont faciles à distinguer de l'asbeste par leur saveur. 2°. Entre l'asbeste dur et la chaux sulfatée, dite *gypse soyeux.* Celle-ci se calcine en un instant sur un fer chaud, tandis que l'asbeste n'y éprouve point d'altération sensible. 3 . Entre le même et l'actinote, l'amphibole et l'épidote en aiguilles. La poussière de ces dernières substances est sèche et aride au toucher ; celle de l'asbeste est douce et comme pâteuse.

V A R I É T É S.

Consistance et disposition des filamens.

1. Asbeste *flexible.* Asbestus mollior, fibris parallelis, laxiùs cohærentibus, facilè separabilibus, flexilibus. *Waller, t. 1, p.* 408. Linum montanum, indum, creticum, inextinguibile, incombustibile, etc., nonnulor. Amianth, *Emmerling, t. I, p.* 402. *Id.*, *Werner, catal., t. I, p.* 304. Vulgairement amiante. Amianthus, *Kirwan, t. I, p.* 161. Filamens déliés, plus ou moins souples, libres ou faciles à séparer, élastiques, doux au toucher, semblables quelquefois à la plus belle soie.

2. Asbeste *dur.* Asbestus maturus et immaturus. *Waller, t. I, p.* 410 *et* 411. Gemeiner asbest, *Emmerling, t. I, p.* 406. *Id.*, *Werner, catal., t. I, p.* 304. Asbeste mûr et asbeste non mûr ;

(1) De Born . catalogue de la collect. de Mlle. Éléonore de Raab , t. I, p. 257.

Daubenton ,

Daubenton, tabl., *p.* 16. Asbestus, *Kirwan, t. I, p.* 159. Filamens roides et cassans, adhérens entre eux. Cette variété passe
à la précédente, par une gradation de nuances.

3. Asbeste *tressé*. Amiantus vel asbestus membranaceus,
Waller, t. I, p. 414. Corium montanum, suber montanum,
nonnullor. Cuir fossile, liége fossile, liége de montagne, papier
fossile, etc. Bergkork, *Emmerling, t. I, p.* 599. *Id., Werner,
catal., t. I, p.* 303. Suber montanum, corium montanum, *Kirwan, t. I, p.* 163. Filamens entrelacés, composant des espèces
de membranes plus ou moins dures et épaisses. Cette variété
surnage ordinairement l'eau.

4. Asbeste *ligniforme.* Ligniform asbestus, *Kirwan, t. I, p.* 161.
Bergholz, *Emmerling, t. I, p.* 410. *Id., Werner, catal., t. I,
p.* 305. Roux ou brunâtre ; divisible en fragmens semblables à
des éclats de bois, tantôt roides et cassans, tantôt tendres et
flexibles.

Couleurs.

1. Asbeste *blanc-soyeux.*
2. Asbeste *gris.*
3. Asbeste *jaunâtre.*
4. Asbeste *verdâtre.*
5. Asbeste *brun.*

A N N O T A T I O N S.

1. Les asbestes, quoiqu'ils aient presque toujours leur gisement dans le sol primitif, ne peuvent cependant être mis au
rang des substances primordiales. Ils paroissent plutôt avoir été
formés aux dépens de celles-ci, et provenir de leur décomposition. Aussi ne remarque-t-on pas qu'ils constituent des bans et
de grandes masses particulières ; mais ils occupent des fentes et
des cavités situées au milieu des roches stéatiteuses, serpenti-
neuses, et autres pierres abondantes en magnésie.

Il existe des asbestes dans une multitude d'endroits. Il seroit difficile d'en voir de plus beau que celui qui se trouve dans les montagnes de la Tarentaise, en Savoie, et qui forme des filamens soyeux de plus de trois centimètres ou environ un pied de longueur. On est souvent obligé d'insister auprès de ceux qui ne sont pas minéralogistes, et à qui l'on présente une touffe de cet asbeste, pour leur persuader que ce qu'ils croient être une belle soie blanche, est une vraie pierre. Le Cit. Dolomieu en a trouvé de semblable en Corse, où l'asbeste est en général très-abondant. Il s'est servi de cette substance, au lieu de foin et d'étoupes, pour emballer les autres minéraux qu'il avoit recueillis dans le pays.

2. Un filament d'asbeste flexible, présenté à la flamme d'une bougie, offrant une très-petite masse à l'action du calorique, se raccourcit en se retirant sur lui-même, et en formant à son extrémité un globule friable. Mais une touffe ou un tissu de la même substance, jeté au milieu du feu, après avoir paru s'y embraser, en sort sans avoir fait une perte sensible, et repasse à l'instant de l'état d'incandescence à sa blancheur naturelle. Cependant il éprouve toujours, dans ce cas, une petite diminution de poids, ainsi qu'il résulte des expériences faites devant la Société royale de Londres (1). Cette faculté de résister au pouvoir d'un agent qui détruit si facilement le lin, la soie et les autres matières végétales filamenteuses auxquelles l'asbeste ressemble à l'extérieur, est le fondement de toutes les merveilles que l'on a prêtées à cette substance. On l'a regardée comme une espèce de lin incombustible, produit par une plante des Indes; et Pline, toujours ingénieux à chercher des analogies dans la nature, pour donner de l'apparence à des faits qu'elle désavoue, ajoute que l'asbeste, né dans un climat desséché par le soleil et que les pluies n'arrosent point, s'accoutume à vivre au milieu des ardeurs du feu: *assuescit vivere ardendo* (2).

---

(1) Chambers, diction. encycl. au mot *lin incombustible*.
(2) Hist. nat., l. XXIX, c. 1.

3. Les anciens filoient l'asbeste et en faisoient des nappes, des serviettes, des coiffes, etc. Quand ces pièces étoient sales, on les jetoit au feu, et on les retiroit plus blanches que si elles avoient été lavées. Dans les pompes funèbres des rois, on enveloppoit les cadavres avec des toiles d'asbeste, avant de les brûler, pour en obtenir séparément les cendres (1). On conserve à Rome, dans la bibliothèque du Vatican, un suaire d'asbeste, que le Cit. Dolomieu y a vu, et qui renferme des cendres et des ossemens à demi-brûlés, avec lesquels il a été trouvé dans un sarcophage. Au reste, ce que les anciens racontent des tissus d'asbeste qui servoient pour les usages ordinaires, semble supposer qu'on avoit alors un procédé plus parfait que celui qui a été imaginé dans les temps modernes, pour la fabrication de ces sortes d'ouvrages; car on n'est parvenu à filer l'asbeste, qu'en réunissant des fils de lin ou de chanvre à ceux de cette pierre. On faisoit ensuite disparoître ces substances étrangères, en jetant l'ouvrage au feu. Mais il n'en résultoit qu'une espèce de canevas, dont le tissu lâche et grossier laissoit apercevoir qu'on avoit forcé la pierre de prendre la forme d'une toile. Il y a cependant quelques ouvrages modernes du même genre, entre autres ceux dont le Cit. Macquart a rapporté des échantillons de Sibérie, qui soutiennent mieux la comparaison avec les toiles ordinaires.

4. Les tentatives que l'on a faites pour imiter, avec l'asbeste, le papier à écrire, ont eu plus de succès; et comme on employoit l'encre commune pour tracer les caractères, on pouvoit les faire disparoître en jetant la feuille au feu, et recommencer à écrire comme sur un papier neuf. Mais un avantage plus réel de cette invention, seroit de servir, au moyen d'une encre indélébile au feu, à préserver de l'incendie des manuscrits précieux.

5. On fait avec l'asbeste des mèches à lampe, qui s'imbibent d'huile facilement, et produisent une lumière assez vive. Le père

_____

(1) Hist. nat., l. XIX, c. 1.

Kircher fit usage pendant plus de deux ans d'une pareille mèche, sans qu'elle parût s'être altérée; mais cette mèche s'étant perdue par accident, il ne put pousser plus loin son expérience.

6. J'ai appris du Cit. Dolomieu, qu'en Corse on tiroit un parti très - avantageux de l'asbeste, pour la fabrication de la poterie. On empâte cette substance avec l'argile, et on tourne le mélange à la manière ordinaire. Les vases qui en résultent en sont plus légers, moins cassans, et plus capables de résister à l'alternative subite du froid et du chaud.

X L I V^e. E S P È C E.

T A L C.

Talcum, *Waller*, t. *I*, p. 389. Stéatites, *ib.*, p. 395. Talc ou stéatite, *de Lisle*, t. *II*, p. 519. Talc, *de Born*, t. *I*, p. 243. Stéatite, *ib.*, p. 249. Talk, *Emmerling*, t. *I*; p. 391. Talc, Sciagr., *t. I*, p. 217. Stéatite, *ib.*, p. 215. Stéatites, *Daubenton*, *tabl.*, p. 15.

Caractère essentiel. Divisible en rhombes de 120^d et 60^d; poussière onctueuse au toucher.

Caract. phys. Pesant. spécif. , 2,5834 . . . . . 2,8729.

Dureté. Facile à racler avec le couteau. Les fragmens, passés avec frottement sur une étoffe, y laissent souvent des taches blanchâtres.

Impression sur le tact. Surface et poussière onctueuses au toucher.

Électricité. Les variétés qui jouissent d'un certain degré de pureté, communiquent à la cire d'Espagne l'électricité vitrée, au moyen du frottement.

Caract. géom. Forme primitive. Prisme droit rhomboïdal (*fig.* 217) *pl. LXI*, dont les bases ont leurs angles de 120^d et 60^d. Cette forme est indiquée par les directions croisées des

lignes qui se montrent à la surface du talc laminaire, soit naturellement, soit par l'effet d'une percussion.

Molécule intégrante. Id. (1).

Caract. chim. Au chalumeau, il blanchit, et donne à l'extrémité du fragment un très-petit bouton d'émail.

Caractères distinctifs. 1°. Entre le talc lamellaire et le
mica. Celui-ci raye le talc et a une élasticité sensible, tandis
que les lames de talc restent dans l'état où la flexion les a
mises. Le talc communique à la cire d'Espagne l'électricité
vitrée par le frottement, et le mica la résineuse. La surface du
mica est seulement douce au toucher; celle du talc est grasse
et onctueuse. 2°. Entre le même et le disthène. Celui-ci raye
le verre; le talc ne raye pas même la chaux carbonatée. Le
disthène, outre les divisions parallèles à ses grandes faces,
en admet de latérales, qui sont obliques sur les précédentes;
le talc ne peut être divisé nettement que dans un seul sens.
3°. Entre le même et la chaux sulfatée laminaire. Celle-ci se
divise en rhombes de 113^d et 67^d, au lieu de 120^d et 60^d; sa
surface n'est pas onctueuse au toucher, comme celle du talc.
4°. Entre le talc compacte, nommé *pierre de lard*, et la partie
blanche de la macle. Même différence par rapport à l'électricité que pour le mica. 5°. Entre le même et l'argile savonneuse.
Le talc mis dans l'eau n'y forme point de pâte et n'y devient
point ductile comme l'argile; il ne happe point comme elle à la
langue. Même différence relativement à l'électricité que pour
le mica.

<h3 style="text-align:center">VARIÉTÉS.</h3>

1. Talc *hexagonal.* $\begin{smallmatrix} P & M & T & {}^{\prime}H^{\prime} \\ P & M & T & r \end{smallmatrix}$ (*fig.* 218). Stéatite en lames
hexagones, *de Lisle*, t. II, p. 519. Même structure que celle

---

(1) Les observations nous manquent jusqu'ici, pour déterminer le rapport
entre les dimensions de cette molécule.

du mica hexagonal. *Voyez* mica. Il communique à la cire d'Espagne l'électricité vitrée par le frottement.

2. Talc *laminaire*. Talc de Venise, *de Lisle, t. II, p.* 519.
Talcum albicans, lamellis subpellucidis flexis, talcum lunæ,
Waller, t. I, p. 589. Gemeiner talc, *Emmerling, t. I, p.* 391.
Talc, or common talc ; Venetian talc, *Kirwan, t. I, p.* 150.
D'un blanc verdâtre argentin ; divisible jusqu'à un grand degré
de ténuité en lames transparentes, très-flexibles et non élastiques.
Id. pour l'électricité.

3. Talc *écailleux*. Craie de Briançon, *de Lisle, t. II, p.* 519.
Talcum solidum, durius, semipellucidum pictorium. Creta
Briançonica, *Waller, t. I, p.* 590. Steatites semi-indurated,
Kirwan, t. I, p. 151. D'un blanc nacré, ou d'une couleur
verdâtre. Divisible par écailles, sans joints continus. *Id.* pour
l'électricité.

4. Talc *granuleux*. Erdiger talk ou talkerde, *Emmerling,
t. I, p.* 589. Très-friable ; composé de grains agglutinés d'un
gris de perle. Si après l'avoir plongé dans l'eau, pendant
une ou deux minutes, on le passe avec frottement entre les
doigts, il s'attache à la peau, sous la forme d'un enduit nacré.

5. Talc *glaphique*, c'est-à-dire, propre pour la sculpture.
Steatites particulis impalpabilibus, mollis, semi-pellucidus,
larditos, *Waller, t. I, p.* 599. Stéatite solide, rougeâtre ;
pierre de lard, *de Born, t. I, p.* 250. Pierre de lard, *de
Lisle, t. II, p.* 520. *Id.*, Sciagr., *t. I, p.* 211. La pierre de lard
ou le bildstein, *Brochant, t. I, p.* 451. Klaproth l'a nommé
aussi agalmatolithe. Pierre de lard, *Daubenton, t. I, p.* 451.
Très-compacte, à cassure terne, raboteuse et en même temps
écailleuse ; très-onctueux au toucher ; réductible en poussière
très-fine ; communiquant à la cire d'Espagne l'électricité vitrée à
l'aide du frottement ; couleur variable entre le gris, le verdâtre,
le blanc-rougeâtre et le rouge de chair. Quelques morceaux sont
veinés ou tachés de rouge sur un fond blanchâtre. Ordinairement il est translucide.

6. Talc *stéatite*. Stéatites, *Waller, t. I, p.* 395. Speckstein, *Emmerling, t. I, p.* 363. La pierre nommée *craie d'Espagne* appartient à cette variété. Blanchâtre, jaunâtre, vert-pâle, vert-noirâtre. Cassure à grain fin, souvent écailleuse. Surface moins onctueuse que celle des variétés précédentes. Communiquant à la cire d'Espagne l'électricité résineuse par le frottement. Susceptible de poli.

a. Céroïde ; ayant l'aspect de la cire jaune.

7. Talc *ollaire*. Lapis ollaris, *Waller, t. I, p.* 402. Pierre ollaire ou de colubrine, *de Lisle, t. II, pag.* 520. Topfstein, *Emmerling, t. III, p.* 282. Pot stone, *Kirwan, t. I, p.* 155. A cassure terreuse ; tendre et non susceptible de poli. *Id.* pour l'électricité.

8. Talc *chlorite*. Plus ou moins friable ; couleur verte ; odeur argileuse ; cassure granuleuse. *Id.* pour l'électricité. Chlorite, *Kirwan, t. I, p.* 147.

a. Terreux. Chlorite ordinaire. Chloriterde, *Emmerling, t. I, p.* 317. *Id., Werner, catal., t. I, p.* 294. Vu à la loupe, il paroît composé d'une multitude de petits prismes hexaèdres réguliers.

b. Fissile. Chlorit schiefer, *Emmerling, t. I, p.* 320. Composé de feuillets ordinairement curvilignes.

c. Zographique, c'est-à-dire, propre à la peinture. Terre verte de Vérone, *de Lisle, t. II, p.* 522.

Substances étrangères à l'espèce du talc, auxquelles on a donné son nom.

1. Talc de Moscovie. Le mica en grandes lames.
2. Talc bleu. Le disthène.
3. Talc. La chaux sulfatée en fragmens lamelleux.
4. Talc. La chaux carbonatée, dite *spath d'Islande.*

A N N O T A T I O N S.

1. Le talc appartient en même temps aux terrains primitifs et aux terrains secondaires ; mais il est moins commun dans ceux-ci. Il provient quelquefois de la décomposition des serpentines, et il occupe alors des fentes où les produits de cette décomposition s'étoient rassemblés.

Le talc qui habite les terrains primitifs n'y est point parmi les matières qui, par leur situation, sont considérées comme véritablement primordiales, mais parmi les produits qui se sont formés vers la fin du premier âge géologique. Il constitue quelquefois des bancs d'une grande étendue ; mais alors sa masse n'est point homogène, et sert de base aux roches qui renferment du mica, de l'actinote, du disthène, etc. Le talc pur et homogène, ou à peu près, est ordinairement en rognons plus ou moins volumineux, engagés dans des roches micacées, ou en filons qui traversent ces roches.

La variété nommée communément *talc de Venise*, abonde dans le Tirol et dans la Valteline. Les craies de Briançon et d'Espagne se trouvent, l'une dans les Alpes Dauphinoises, près de la ville d'où elle a tiré son nom, l'autre dans les montagnes de l'Arragon. Ces variétés ont toutes leur gisement dans les terrains primitifs.

2. Le talc chlorite est quelquefois incorporé, sous la forme de rognons, dans les granites les plus compactes, tels que ceux de la chaîne du Mont Blanc. Il occupe aussi beaucoup de filons qui traversent les roches, et semble y avoir été introduit par l'infiltration. Il y est souvent associé à des cristaux de quartz qu'il colore en vert. Il se mêle même à la substance de ces cristaux, ainsi qu'à celle des feld-spaths, des prehnites, des axinites.

Ailleurs, le talc chlorite constitue des bancs particuliers, où souvent il sert de base à différentes roches, qui renferment des cristaux de quartz, de feld-spath, de tourmaline, de mica, etc.

En

En Corse, il y en a de feuilleté, qui est tout pénétré de petits cristaux éclatans de fer octaèdre. Enfin, la variété de chlorite, dite *terre de Vérone*, se trouve à Bictonico, dans le bas Tyrol, où elle a pour support des laves compactes, dans les cavités desquelles elle a été apportée par l'infiltration (1).

Le mot de *talc* est un de ces noms génériques qui, comme ceux de *schiste* et de *spath*, servoient, dans l'ancienne minéralogie, à désigner une certaine contexture commune à des substances d'une nature très-différente. On appeloit *talcs* les minéraux qui se divisoient avec facilité en lames éclatantes. A l'égard du nom de *stéatite*, que l'on donnoit plus communément aux variétés compactes, il est tiré d'un mot grec qui signifie *suif*, et exprimoit l'onctuosité de cette substance, dont la surface fait la même impression sur le doigt que si elle eût été enduite d'une légère couche de graisse.

3. Le talc stéatite, qui a été fortement chauffé, devient âpre au toucher, et paroît composé de petites lames brillantes. On en trouve dans les environs des volcans qui est passé à cet état, et on lui a donné le nom de *talcite*, qui a été aussi appliqué au mica altéré par les agens volcaniques.

4. Le talc enveloppe quelquefois des cristaux d'une autre nature, sur les faces desquels il s'applique exactement. Tels sont en particulier les octaèdres de fer qu'on trouve en Suède et ailleurs. Ce que certains auteurs ont dit des cristaux de talc octaèdres, dodécaèdres, etc., paroîtroit d'abord devoir être regardé comme l'effet d'une méprise occasionnée par cette incrustation. Cependant de Born, après avoir cité un cristal de talc vert en dodécaèdre à plans rhombes, ajoute qu'on avoit entaillé ce cristal jusqu'au centre, sans y trouver une autre matière que celle du talc (2). Les seuls cristaux de talc lamel-

---

(1) Cet article a été rédigé d'après des notes communiquées par le Cit. Dolomieu.

(2) Catal., t. I, p. 248.

laire que j'aie observés, étoient ceux de la première variété en lames hexagonales. Mais j'ai vu, sur du talc stéatite jaunâtre, des prismes rhomboïdaux, dont la pâte étoit absolument la même, et qui faisoient tellement continuité avec leur support, qu'ils paroissoient en être de simples expansions ; au lieu que les cristaux ordinaires, lors même qu'ils sont d'une nature analogue à celle du support, ont quelque chose de particulier, soit dans leur transparence ou leur couleur, soit dans la manière dont ils adhèrent à ce support, ou sont eux-mêmes soutenus par d'autres cristaux. Je n'ai pas été à portée d'examiner plus à fond cette cristallisation singulière.

5. La faculté de communiquer à la cire d'Espagne l'électricité vitrée par le frottement, appartient aux variétés de talc qui sont les plus pures. Lorsque le morceau que l'on veut éprouver n'est pas assez uni à la surface, on parvient aisément à le lisser, en employant d'abord une lime douce, puis en frottant fortement l'endroit limé sur une étoffe de laine. Dans la dernière variété, que nous nommons *talc stéatite*, le mélange de quelque matière hétérogène, en altérant le tissu, détermine la communication d'une électricité contraire. Cette variété offre comme le passage aux serpentines, où la matière du talc s'associe diverses substances étrangères, telles que le quartz, l'asbeste, le mica, etc., et où souvent sa surface est diversifiée par des taches dont la ressemblance avec celles que présente la peau des serpens, a donné naissance au nom de *serpentine*. Il en est de l'espèce dont il s'agit ici, comme de plusieurs autres qui, s'écartant insensiblement de leur type, finissent par sortir du plan de la méthode, et ne pouvoir plus être rangées que parmi les agrégats que l'on a désignés sous le nom de *roches*.

6. La propriété qu'a le talc laminaire, appellé *talc de Venise*, de donner une poudre qui rend la peau lisse et luisante, a suggéré l'idée de l'employer comme cosmétique, et le rouge dont on le colore est tiré de la fleur d'une espèce de chardon nommée, par Linnæus, *carthamus tinctorius*.

Le talc écailleux, vulgairement craie de Briançon, a été ainsi nommé, parce que les tailleurs s'en servent pour marquer d'un trait les endroits où ils doivent faire des coupes. La substance dite *craie d'Espagne*, est employée au même usage.

Le talc glaphique, ou la pierre de lard, est la matière de ces petites figures qu'on nous apporte de la Chine, et que leur aspect grotesque a fait appeler *magots*, par allusion à l'espèce de singe qui porte le même nom (1).

Le talc ollaire doit sa dénomination de *pierre ollaire*, à la propriété qu'il a de se laisser tourner aisément, pour faire des marmites qui soutiennent très-bien le feu, et ne donnent aucun goût particulier aux alimens qu'on y fait cuire. Il y a près de Côme, en Italie, une carrière d'excellente pierre ollaire qui étoit déjà exploitée du temps de Pline (2). Dans tous le Vallais, on fait un grand usage d'une semblable pierre que l'on y appelle *giltstein* (3), pour en construire des poêles à l'épreuve du degré de feu suffisant pour le chauffage, et qui ne demandent qu'à être préservés des chocs auxquels le peu de dureté de cette pierre ne lui permet pas de résister.

La variété de talc chlorite, connue sous le nom de *terre de Vérone*, est la matière d'une couleur verte, qui est employée dans la peinture à l'huile, pour les paysages et pour l'imitation des marbres verts (4).

7. Je comprends ici dans l'espèce du talc trois substances, dont deux sont regardées comme des espèces particulières par de célèbres minéralogistes, et la troisième paroîtroit devoir aussi occuper un rang séparé, d'après le résultat d'une analyse récente. Ces substances sont le talc chlorite, le talc glaphique ou la pierre de lard, et le talc granuleux.

---

(1) Journ. de phys., mars, 1798, p. 220.
(2) Hist. nat., lib. XXXVI, cap. 22.
(3) Saussure, voyage dans les Alpes, N°. 1727.
(4) Encycl. méthod., arts et mét., t. II, 2e. partie, p. 6.

L'analyse du talc chlorite faite par Vauquelin, a donné :

Silice. . . . . 26,0.

Alumine. . . . . 18,5.

Magnésie . . . . 8,0.

Oxyde de fer. . . . . 43,0.

Muriate de soude ou de potasse. . . . . 2,0.

Eau. . . . . 2,0.

Perte . . . . 0,5.

$$\overline{}$$
100,0 (1).

M. Karsten, considérant que le fer forme ici la partie dominante, a rangé la chlorite parmi les mines de ce métal, (mineral. tabel., p. 40). Ce célèbre minéralogiste semble avoir agi dans l'hypothèse où la chlorite seroit une combinaison intime de fer, de silice, d'alumine et de magnésie, au lieu que je l'ai considérée comme un mélange composé principalement de talc et de fer, et qui emprunte du talc son caractère ; ce qui est conforme à l'opinion du citoyen Vauquelin lui-même.

La 2ᵉ· substance, qui est le talc glaphique, (bildstein des Allemands) a été regardée comme une espèce distincte, parce que Klaproth, dans deux analyses qu'il en a faites, n'y a point trouvé de magnésie. En voici les résultats.

1°. Pour le bildstein translucide.

Silice. . . . . 54,00.

Alumine. . . . . 36,00.

Oxyde de fer. . . . . 0,75.

Eau . . . . 5,50.

Perte . . . . 3,75.

$$\overline{}$$
100,00.

(1) Journ. des mines, N°. 59, p. 167.

2°. Pour le bildstein opaque.

Silice .... 62,0.

Alumine... 24,0.

Oxyde de fer... 0,5.

Eau .... 10,0.

Chaux .... 1,0.

   Perte .... 2,5.
                                                      ____
                                                      100,0.

Quant à la troisième substance, qui est le talc granuleux, et qui fait encore partie de l'espèce du talc, sous le nom d'*erdiger talk*, dans les minéralogies allemandes, le Cit. Vauquelin en a retiré les principes suivans.

Silice .... 50,0.

Alumine... 26,0.

Fer oxydé... 5,0.

Chaux .... 1,5.

Potasse et acide muriatique en petite quantité.. 17,5.
                                                      ____
                                                      100,0.

Si l'analyse toute seule décidoit du rapprochement des substances, le talc granuleux devroit être réuni à la lépidolithe (1), dont nous parlerons dans l'appendice relatif aux substances douteuses. Mais ce qui peut faire présumer que ces deux minéraux ne jouissent pas de cette homogénéité, qui est une condition nécessaire pour que les résultats de plusieurs analyses deviennent comparables, c'est que l'on retrouve les mêmes principes, avec des proportions qui ne sont pas très-différentes, dans l'analyse de l'amphigène ou de la leucite, qui porte bien plus visiblement le caractère d'une substance homogène (2).

____

(1) Cette substance contient, d'après l'analyse que Vauquelin en a faite, 54 de silice, 20 d'alumine, 18 de potasse, 4 de chaux fluatée, 3 d'oxyde de manganèse, 1 d'oxyde de fer. Ces trois derniers principes peuvent être regardés ici comme accidentels, ainsi que la chaux et le fer dans le talc granuleux.

(2) Suivant Klaproth, la leucite contient 54 de silice, 24 d'alumine et 21 de potasse. Vauquelin y a trouvé un peu de chaux.

Je conviendrai donc, si l'on veut, que l'assortiment des minéraux que j'ai laissés ensemble sous le nom de *talc*, peut, à quelques égards, n'être pas d'accord avec leur composition chimique. Mais je ne pense pas qu'il soit encore temps de retoucher cette partie de la méthode, surtout lorsque je considère que nous n'avons, relativement au talc le plus pur, à celui qu'on nomme *talc de Venise*, que d'anciennes analyses qui auroient besoin d'être vérifiées, c'est-à-dire, que la substance qui devroit servir de terme de comparaison aux autres n'est, jusqu'ici, qu'imparfaitement connue.

X L V^e.   E S P È C E.

M A C L E, *(f.)* c'est-à-dire, *rhombe évidé parallélement à ses bords.*

Macle basaltique, ou schorl en prismes quadrangulaires rhomboïdaux, *de Lisle, t. II, p.* 440. Macles, *Daubenton, tabl., p.* 16. Chiastolith, *Karsten, mineral. tabellen, p.* 28.

Caractère essentiel. Divisions parallèles aux pans d'un prisme légérement rhomboïdal. Substance noire enveloppée par une autre d'une couleur blanchâtre.

Caract. phys. Pesant. spécifique, 2,9444.

Dureté. Rayant le verre, lorsqu'elle a le tissu sensiblement lamelleux.

Cassure, à grain fin et serré.

Electricité. Communiquant presque toujours à la cire d'Espagne l'électricité résineuse par le frottement.

Poussière, douce au toucher.

Caract. géom. Joints naturels parallèles aux pans d'un prisme quadrangulaire (*fig.* 219) *pl. LXI,* à bases légérement rhomboïdales, dont le plus grand angle est censé ici être contigu à l'arrête *z* ou à son opposée. D'autres joints ont lieu dans le sens de deux plans obliques qui, en partant de ces mêmes arêtes, tendroient à se réunir sur une arête commune située au-dessus de la diagonale *x*, et d'autres encore dans le sens des deux diagonales des bases.

Si l'on suit, par la pensée, les indications de ces différens joints, on concevra qu'ils tendent à donner pour forme primitive un octaèdre rectangulaire, qui auroit quatre faces parallèles aux pans M, M, et les quatre autres obliques sur l'arête *z* et son opposée. Celle des deux autres coupes qui passe par la grande diagonale *x*, soudiviseroit l'octaèdre dans le sens de la base rectangle commune aux deux pyramides. Si l'on combine la coupe, qui passe par la petite diagonale, avec un joint parallèle à la base *r*, chacun des tétraèdres, dont l'octaèdre est censé être composé, se trouvera partagé en deux moitiés, qui seront elles-mêmes des tétraèdres, et représenteront les molécules intégrantes; mais pour bien déterminer la forme primitive et celle de la molécule, il faudroit avoir mesuré exactement les inclinaisons mutuelles des joints, ce qui ne m'a pas été possible jusqu'ici.

Aspect de la coupe transversale du prisme. Un rhombe d'un bleu-noirâtre, et quelquefois d'un noir décidé, inscrit dans un autre d'une couleur blanchâtre. Cet assortiment est susceptible de plusieurs autres modifications, qui seront décrites à l'article des variétés.

Caract. chim. Au chalumeau, la partie blanchâtre donne une fritte d'un blanc plus décidé; la partie noirâtre se fond en verre noir.

La macle a des caractères si particuliers, que nous n'avons pas cru nécessaire d'indiquer les différences qui pourroient empêcher de la confondre avec d'autres substances.

V A R I É T É S.

F O R M E S.

Cristaux simples.

1. Macle *prismatique* (*fig.* 219). L'incidence de M sur M n'est pas facile à mesurer, à cause du peu de netteté de ces pans. Elle est, suivant Romé de Lisle, de 95ᵈ, et celle de M sur le pan qui lui est contigu derrière le cristal, est de 85ᵈ. Je suppose ici le prisme droit; mais dans les cristaux que j'ai observés, la base qui se trouvoit quelquefois à peu près perpendiculaire à l'axe, étoit l'effet d'une fracture.

2. Macle *cylindroïde.* La variété précédente arrondie aux endroits des arêtes longitudinales.

Cristaux groupés.

3. Macle *quaternée.* Assemblage de quatre prismes blanchâtres disposés en croix.

Assortiment des deux substances qui composent la Macle.

1. Macle *tétragramme.* Des lignes noirâtres, en partant des angles du rhombe intérieur, vont aboutir aux angles du rhombe extérieur (*fig.* 219).

2. Macle *pentarhombique.* A l'assortiment précédent se joignent quatre autres petits rhombes situés aux angles du prisme (*fig.* 220).

3. Macle *polygramme.* Le même assortiment, dans lequel les lignes noirâtres situées diagonalement, se ramifient en d'autres lignes parallèles aux côtés de la base (*fig.* 221).

4. Macle *circonscrite.* Prisme entièrement noirâtre, excepté que ses pans sont recouverts d'une pellicule d'un blanc nacré.

ANNOTATIONS.

1. On trouve des macles en plusieurs endroits de la ci-devant Bretagne, et dans la Gallice, près de Saint Jacques de Compostelle. Les mêmes lieux fournissent aussi des staurotides, et plusieurs naturalistes ont désigné l'une et l'autre substance sous le nom commun de *pierre de croix*. Les macles sont engagées ordinairement dans une matière feuilletée, semblable à de l'ardoise tendre. Celles de Bretagne sont plus exactement quadrangulaires. On en voit qui ont un centimètre, ou environ 4 lignes $\frac{1}{2}$ d'épaisseur, sur une longueur d'un décimètre, ou d'environ 3 pouces $\frac{1}{2}$ et au-delà. Celles d'Espagne sont ordinairement beaucoup plus grosses et d'une forme arrondie. La surface extérieure des unes et des autres offre assez souvent un luisant qui tire sur celui de la nacre. La variété dont le prisme noir n'a qu'une légère enveloppe de la substance nacrée, a été observée par les C^ens. Lelièvre et Dolomieu, aux Pyrénées, dans la vallée de Barège. Ses cristaux, qui ne surpassent guère en épaisseur deux millimètres, ou environ une ligne, sont empâtés dans une cornéenne, dont la surface humectée présente çà et là de petits rhombes bordés de blanc, qui sont les coupes d'autant de prismes perpendiculaires à cette surface. Je dois à l'amitié du C^en. Ramond, un très-bel échantillon de la variété quaternée, que ce savant naturaliste a découverte sur le plateau de Troumouse, Hautes-Pyrénées ; elle y est en petits cristaux engagés dans un schiste noirâtre, qui recouvre en entier le granite fondamental de cette région, et supporte les roches secondaires qui constituent les sommets. En brisant cette roche, on aperçoit à la jonction des quatre prismes une petite tache noire, qui semble indiquer qu'une portion de la roche a formé une espèce d'axe, autour duquel ils se sont réunis.

2. Ce que la macle a réellement de singulier, c'est la distinction des deux substances qui ont concouru à sa formation.

On voit quelquefois des cristaux recouverts d'une enveloppe étrangère, mais qui est venue après coup se mouler sur leur surface. D'autres admettent entre leurs molécules une substance d'une nature différente, mais qui s'y trouve tellement disséminée, que l'œil ne la discerne pas. Ici, au contraire, les deux matières paroissent avoir cristallisé à la fois, en formant une espèce de compartiment où elles tranchent l'une sur l'autre.

On s'aperçoit cependant, en examinant de près la substance noirâtre, qu'elle est mélangée de substance blanchâtre ou nacrée. Dans les macles de la ci-devant Bretagne, sa poussière a une onctuosité sensible. Dans celles des Pyrénées, on distingue quelquefois des couches chatoyantes, situées parallèlement aux pans du prisme. Il seroit possible que la figure quadrangulaire que prend la partie noire des cristaux, provînt de son union avec cette même substance nacrée, qui lui auroit imprimé le caractère de sa propre forme, comme cela a lieu par rapport à d'autres minéraux. Mais il resteroit à expliquer pourquoi le mélange n'est pas uniforme dans toute la masse, et pourquoi la substance blanchâtre s'empare de certaines parties du cristal, à l'exclusion de l'autre.

3°. Cette substance a beaucoup de rapports, par son aspect et par l'onctuosité de sa poussière, avec celle qu'on a nommée *pierre de lard*, et dont nous avons parlé à l'article du talc. Mais, dans quelques cristaux, elle prend un tissu très-sensiblement lamelleux, avec une dureté plus considérable, qui la rend capable de rayer le verre.

Quant à la matière noirâtre, elle présente les mêmes caractères que la roche qui enveloppe les prismes. On remarque, au moins dans les macles de Bretagne, que cette matière va ordinairement en s'amincissant, d'une extrémité du prisme vers l'autre ; en sorte qu'après avoir commencé par occuper toute l'épaisseur de ce prisme, elle finit par se réduire à un simple filet. Les portions qui forment les rhombes des coins partent de la base de cette espèce de pyramide, comme d'un tronc commun, d'où elles se distribuent dans l'intérieur du cristal, et les lignes parallèles aux côtés semblent être autant d'expansions de celles qui sont dirigées diagonalement. Au reste, il est facile de voir que cet assortiment est en rapport avec le mécanisme de la structure ; car le rhombe central et ceux des coins ayant leurs bords parallèles à ceux du rhombe blanchâtre qui sert de fond au dessin, et parmi les lignes qui traversent ce fond, les unes étant aussi parallèles aux côtés, et les autres l'étant aux diagonales, toutes les interruptions que subit la matière blanche sont dans le sens des joints ; en sorte que si l'on conçoit que les parties noires deviennent nulles, elles pourront être suppléées par des molécules de la même nature que la partie blanchâtre, qui ne feront, pour ainsi dire, que prendre des places toutes préparées.

3. On trouve, dans le commerce, des macles dont on a poli le prisme sur ses deux bases, pour mieux faire ressortir l'espèce de mosaïque naturelle que sa coupe présente à l'œil.

TROISIÈME CLASSE.

SUBSTANCES COMBUSTIBLES NON MÉTALLIQUES.

La combustion dont les corps de cette classe sont susceptibles présente, en général, des différences marquées, lorsqu'on la compare à celle des corps métalliques. Ceux-ci acquièrent dans cette opération une augmentation de poids due à l'oxygène qui se combine avec leur substance. Parmi les autres, ceux qu'on appelle communément *bitumes*, brûlent en se décomposant, et en éprouvant une diminution de poids qui est sensible dans leur résidu. Il y a, au contraire, une certaine analogie entre plusieurs des corps qui appartiennent à la même classe, tels que le soufre, le succin, le bitume, et entre les métaux à l'état métallique, lorsque les uns et les autres n'éprouvent qu'une simple fusion.

Dans ce cas, ils conservent leur nature, et tout se borne à faire varier l'arrangement de leurs molécules, au lieu qu'un grand nombre de substances terreuses ou acidifères, soumises à la même opération, semblent changer d'état en se vitrifiant.

La même classe, depuis qu'on y a introduit le diamant, réunit les deux extrêmes de la propriété que nous appelons *consistance;* savoir, le maximum de dureté qui a lieu dans cette même substance, et une mollesse qui va jusqu'à la fluidité dans la variété de bitume, que l'on a nommée *petrole.*

La manière dont s'électrisent plusieurs des corps de la même classe, tels que le soufre, le succin, le bitume, offre un nouveau point de partage entre ces corps et ceux des autres classes. Si on les frotte sans les isoler, ils acquièrent l'électricité résineuse. Je ne connois d'ailleurs qu'une seule substance qui jouisse comme eux de cette propriété ; c'est l'arsenic sulfuré, qui la doit visiblement à la présence du soufre.

La classe dont il s'agit est celle où les couleurs sont le moins diversifiées. Si l'on excepte les teintes de certains diamans, toutes les autres se réduisent au jaune, pour le soufre, le mellite et le succin, et au noir pour l'anthracite, la houille et les bitumes. Ces couleurs sont caractéristiques, dans le cas présent, parce qu'elles dépendent de la nature même des substances, et non pas d'un principe étranger.

Trois espèces seulement ont une forme primitive déterminée, qui est l'octaèdre régulier dans le diamant, l'octaèdre simplement rectangulaire dans le mellite, et l'octaèdre à triangles scalènes dans le soufre.

Si nous essayons maintenant de préciser les caractères distinctifs des corps de cette troisième classe, nous pouvons dire que ces corps sont les seuls auxquels appartienne quelqu'une des qualités suivantes.

1°. Dureté supérieure à celle de tous les autres minéraux, (le diamant).

2°. Electricité résineuse par le frottement, sans isolement, à moins que le corps ne donne une odeur d'ail, à la flamme du chalumeau, (le soufre, le bitume et le succin).

3°. Combustion avec un simple résidu charbonneux, et une diminution de poids très-sensible, (le mellite, l'anthracite, la houille, le jayet et le bitume).

Nous divisons cette classe en deux ordres, dont le premier renferme les corps combustibles simples, et le second ceux qui sont formés de plusieurs principes. Mais nous ne serons à portée de soudiviser ces ordres en genres, et de donner aux espèces des dénominations chimiques, que quand l'analyse nous aura entièrement éclairés sur la nature et la manière d'être de quelques-uns des principes qui entrent dans la composition des espèces.

PREMIER ORDRE.

SIMPLES.

PREMIÈRE ESPÈCE.

SOUFRE.

Sulfur nativum, purum, flavum; sulfur vivum, flavum, *Waller, t. II, p.* 123. Soufre, *de Lisle, t. I, p.* 289. *Id., de Born, t. II, p.* 91. Natürlicher schwefel, *Emmerling, t. II, p.* 89. Soufre, Sciagr., *t. II, p.* 3. *Id., Daubenton, tabl., p.* 29. Native sulphur, *Kirwan, t. II, p.* 69.

Caractère essentiel. Odeur sulfureuse par le feu. Couleur jaune.

Caract. phys. Pesant. spécif. du soufre natif, 2,0332; du soufre fondu, 1,9907.

Réfraction, double à un haut degré, et sensible même à travers deux faces parallèles.

Dureté. Très-fragile, avec une espèce de craquement, lorsqu'on l'écrase. Si on le tient un instant dans la main fermée, et qu'on l'approche de l'oreille, on l'entend pétiller.

Électricité, résineuse par le frottement.

Odeur ; nulle, lorsqu'il n'est point chauffé, ou qu'il brûle rapidement ; suffocante pendant la combustion lente.

Couleur, dans l'état de pureté ; le jaune de citron.

Cassure, conchoïde, éclatante.

Caract. géom. Forme primitive. Octaèdre à triangles scalènes (*fig.* 1) *pl. LXII* (1). Les joints naturels ne sont sensibles que dans quelques cristaux.

Molécule intégrante. Tétraèdre irrégulier. ·

Caract. chim. Combustible en jetant une flamme légère et bleuâtre, si la combustion est lente ; ou blanche et vive, si la combustion est rapide.

Caract. distinct. Entre le soufre et les autres substances combustibles. Il en diffère par l'odeur connue qu'il répand, en brûlant avec lenteur.

V A R I É T É S.

F O R M E S.

Déterminables.

1. Soufre *primitif.* P (.*fig.* 1). *De Lisle*, *t. I, p.* 292. Incidence de P sur P, 107^d 18' 40'' ; de P sur la face adjacente à l'arête B, 84^d 24' 4'' ; de P sur P', 143^d 7' 48. Valeurs des angles du rhombe qui passe par l'arête D, 102^d 40' 48'' et 77^d 19' 12'' ; angles du rhombe qui passe par l'arête C, 133^d 46' et 46^d 14' ; angles du rhombe qui passe par l'arête B, 123^d 49' 54'' et 56^d 10' 6'.

La structure des cristaux qui appartiennent à cette espèce,

---

(1) La grande diagonale du rhombe qui passe par l'arête D, et joint la pyramide supérieure avec l'inférieure, est à la petite comme 5 à 4 ; et la perpendiculaire menée du milieu du même rhombe sur l'arête D, est à la hauteur de la pyramide comme 1 à 3.

a été déterminée, à l'aide du calcul théorique, par le Cit. Lefroy, ingénieur des mines.

Var. *a.* Cunéiforme (*fig.* 2). *De Lisle*, *t. I*, *p.* 292 ; var. 1.

2. Soufre *basé.* $\frac{P\ A}{P\ r}$ (*fig.* 3). *De Lisle*, *t. I*, *p.* 293 ; var. 2. Incidence de *r* sur P, 108ᵈ 26' 6".

3. Soufre *unitaire.* $\frac{P\ ^{\prime}T^{\prime}}{P\ o}$ (*fig.* 4). La forme primitive épointée à deux angles solides latéraux. *De Lisle*, *t. I*, *p.* 293 ; var. 2.

4. Soufre *prismé.* $\frac{P\ \overset{\prime}{D}}{P\ m}$ (*fig.* 5). *De Lisle*, *t. I*, *pag.* 293 ; var. 3. Incidence de *m* sur P, 161ᵈ 33' 54".

5. Soufre *émoussé.* $\frac{P\ B}{P\ n}$ (*fig.* 6). La forme primitive émarginée de part et d'autre, aux endroits de deux arêtes longitudinales. Incidence de *n* sur P, 132ᵈ 12' 2".

6. Soufre *dioctaèdre.* $\frac{P\ A}{P\ s}$ (*fig.* 7). La forme primitive surmontée de part et d'autre d'une pyramide quadrangulaire. Incidence de *s* sur P, 153ᵈ 26' 6".

7. Soufre *octodécimal.* $\frac{P\ A\ A}{P\ r\ s}$ (*fig.* 8). La variété dioctaèdre épointée à chaque extrémité. Incidence de *r* sur *s*, 135ᵈ.

8. Soufre *unibinaire.* $\frac{P\ B\ A}{P\ n\ s}$ (*fig.* 9). La variété émoussée augmentée de part et d'autre d'une pyramide quadrangulaire semblable à celle qui termine la variété dioctaèdre. *De Lisle*, *t. I*, *p.* 293 ; var. 4.

Indéterminables.

9. Soufre *strié.*

10. Soufre *pulvérulent.* Fleurs de soufre des volcans. *Faujas*, *minéral. des volcans*, *p.* 413.

11. Soufre *amorphe.*

A C C I D E N S   D E   L U M I È R E.

Couleurs.

1. Soufre *jaune-citrin.*
2. Soufre *jaune-verdâtre.*

Transparence.

1. Soufre *transparent.* Il est très-rare.
2. Soufre *translucide.*

A N N O T A T I O N S.

1. La nature emploie, en général, deux moyens pour opérer la cristallisation du soufre ; savoir, l'action d'un liquide et la sublimation par le feu. Le soufre, dont la formation dépend du premier moyen, est engagé par veines ou par bancs dans la chaux sulfatée ou dans l'argile. Le Cit. Dolomieu remarque que celui de Sicile, dont les bancs alternent avec des bancs de chaux sulfatée, dite *albâtre gypseux*, s'y trouve absolument dans les mêmes circonstances locales que la soude muriatée ; en sorte que quand on commence une fouille, d'après un indice commun aux deux substances, tel que la présence de la chaux sulfatée, on rencontre presque toujours l'une ou l'autre, et qu'on ignore, jusqu'à ce moment, laquelle des deux va se présenter. Le soufre est également voisin du sel gemme, dans plusieurs autres pays, comme à Bex en Suisse, où il est enclavé dans le massif de gypse que traversent les sources salées (1).

2. Les cristaux de soufre garnissent quelquefois l'intérieur des géodes calcaires ou des géodes quartzeuses. Les cailloux de Poligny, département du Jura, contiennent la même substance, sous forme pulvérulente.

____

(1) Journ. de phys., mars, 1798, p. 207.

3. A l'égard du soufre produit par sublimation, on le trouve en poussière, en masses striées ou même en cristaux, à la bouche de plusieurs volcans, tels que l'Etna, le Vésuve, le Mont Hecla, etc.

4. On trouve aussi assez communément du soufre naturellement formé dans les matières animales en putréfaction. Lorsqu'on détruisit la porte Saint-Antoine, en 1778, on fit, dans la partie qu'on appeloit *la demi-lune*, une fouille d'où l'on retira des plâtras qui avoient leur surface recouverte de soufre en grains· et en petits cristaux. Ils étoient au-dessus d'une terre· qui avoit servi de réceptacle aux vidanges de Paris (1).

5. Les plus beaux cristaux de soufre que j'aie vus, font partie de la collection du Cit. Dolomieu, qui les a recueillis en Sicile. Quelques-uns ont jusqu'à 14 centimètres, ou 5 pouces de diamètre. C'est d'après ces cristaux que le Cit. Lefroy a déterminé les variétés citées ci-dessus.

6. La chimie, en soumettant le soufre à l'action du calorique et de certains liquides, est parvenue à faire cristalliser artificiellement cette substance. Rouelle ayant fait fondre du soufre dans une capsule, le laissa refroidir jusqu'au point d'être figé seulement à la surface. Il perça ensuite cette espèce de croûte, puis ayant décanté le soufre fluide qui étoit au - dessous, il brisa la croûte, et trouva que l'intérieur de la capsule étoit devenu une géode tapissée de cristaux de soufre en longues aiguilles, qui se croisoient dans différentes directions. Les collections d'histoire naturelle offrent assez communément des géodes sulfureuses produites à l'aide d'un semblable procédé.

D'une autre part, Pelletier, en partant de l'observation que le soufre se dissolvoit dans les huiles, au moyen d'une chaleur assez considérable pour le faire fondre, et en employant l'huile de térébenthine pour opérer cette solution, a obtenu, par le

____

(1) Mém. de l'Acad. des Sc., an 1780, p. 105.

refroidissement, de petits cristaux très-réguliers de soufre, ayant la forme de l'octaèdre primitif.

7. Le soufre brûle avec tant de facilité et d'une manière si complète, que son nom seul semble réveiller dans l'esprit l'idée de la combustion. Aussi les anciens chimistes pensoient-ils que chacun des corps susceptibles de céder à l'action du feu, avoit son soufre particulier, à l'aide duquel il entroit en combustion. Stahl substitua à tous ces soufres un principe inflammable identique dans tous les corps combustibles, auquel il donna le nom de *phlogistique*, et qui existoit de même dans le soufre, où il étoit combiné avec l'acide sulfurique. Il parut même avoir démontré, par la synthèse, qu'il avoit découvert la vraie nature du soufre. Il étoit réservé à la chimie moderne de faire voir que le soufre étoit un corps simple, et que cet acide vitriolique, que l'on regardoit comme un des principes de cette substance, résultoit, au contraire, de la combinaison du soufre lui-même avec l'oxygène.

8. L'acquisition que j'avois faite de quelques morceaux de soufre transparent, me suggéra l'idée de les tailler et de les polir, pour observer la réfraction de cette substance. Je reconnus que cette réfraction étoit double, et qu'elle produisoit même un écartement considérable entre les images, qui de plus paroissoient fortement irisées. Ayant placé sur un papier marqué d'une ligne d'encre, un morceau de la même substance, qui avoit deux faces opposées sensiblement parallèles, à mesure que je le faisois tourner, je voyois les deux images s'écarter ou se rapprocher ; et il y avoit un terme où elles se confondoient, excepté à leurs extrémités, comme cela a lieu avec un rhomboïde de chaux carbonatée. On concevra la raison de cette duplication des images, à travers deux faces parallèles, si l'on fait attention que l'octaèdre primitif du soufre dérive d'un parallélipipède obliquangle, en sorte que le soufre se rapproche à cet égard de la chaux carbonatée. Mais les morceaux de soufre avec lesquels j'opérois n'ayant point de joints

naturels sensibles, je n'ai pu déterminer l'analogie qui doit exister entre leur structure et le sens dans lequel se fait l'écartement des images.

9. Ici se présentoit un autre sujet de recherches plus propre encore à exciter l'attention du minéralogiste physicien. Il résultoit des découvertes de Newton sur les rapports entre les puissances réfractives et les densités des divers corps naturels (1), que le soufre, qui étoit une substance éminemment combustible, devoit avoir une puissance réfractive beaucoup plus grande à proportion que ne l'indiquoit sa densité, laquelle n'est guère que le double de celle de l'eau. Je cherchai, en conséquence, à déterminer la quantité de la réfraction ordinaire du soufre, et à l'aide d'un moyen très-simple (2), je reconnus que le rapport entre le sinus d'incidence et celui de réfraction, au passage de l'air dans la même substance, étoit un peu plus petit que celui de 2 à 1. Je déterminai ensuite, par le calcul, la puissance réfractive que le soufre devoit avoir, en conséquence de sa densité, par comparaison à une autre substance combustible, telle que le succin ; et le rapport entre les sinus, déduit de cette même puissance réfractive, s'est trouvé, à très-peu près, le même que celui qui résultoit de l'observation.

10. La plus grande partie du soufre qui se débite dans le commerce, se retire, par le grillage, du fer sulfuré et des autres mines dans lesquelles il fait la fonction de minéralisateur. Après l'avoir épuré, en le faisant fondre, on le coule dans des moules de bois, où il forme le soufre en canons, tel qu'on le trouve dans le commerce. On appelle *fleurs de soufre* un amas de parcelles ou de petits cristaux aciculaires produits par la sublimation du soufre.

11. La propriété qu'a le soufre de brûler à une température peu élevée, le fait employer, avec succès, pour déterminer la combustion dans d'autres corps moins inflammables.

____

(1) Voyez l'article *diamant.*
(2) Ce moyen a été exposé dans la part. géom., t. II, p. 74.

Le soufre broyé et exactement mêlé avec la potasse nitratée et le carbone, dans de justes proportions, forme la poudre à canon. (*Voyez* l'article potasse nitratée). Fondu et versé sur la surface du fer, il contracte avec ce métal une adhérence intime, dont on profite pour sceller des barreaux de fer dans la pierre.

La vapeur du soufre en combustion, qu'on appelle *acide sulfureux*, est employée pour blanchir les soies, et rétablir ce *cri* particulier qui les caractérise lorsqu'elles sont neuves. On se sert utilement de la même vapeur, dans les cabinets qui renferment des collections d'animaux, pour faire périr les mites et autres insectes destructeurs.

Les modeleurs emploient le soufre pour former des moules. On prend, par son moyen, de très-belles empreintes des pierres gravées (1).

Dans les premières recherches qui ont frayé la route vers la véritable théorie des phénomènes électriques, les physiciens se servoient d'un globe de soufre, dont ils comparoient les effets avec ceux d'un globe de verre ; et les différences entre les uns et les autres, ont contribué à mettre en évidence les deux espèces d'électricité, l'une positive ou vitrée, l'autre négative ou résineuse.

IIᵉ. E S P È C E.

D I A M A N T.

Adamas, *Plin.*, *hist. nat.*, *l. XXXVII*, *c.* 4. *Id.*, *Newtonis optice*, *l. II*, *pars* 3, *prop.* 10. Gemma pellucidissima, omnium durissima, pulverisata nigrescens ; adamas. *Waller*, *t. I*, *p.* 241. Diamant, *de Lisle*, *t. II*, *p.* 189. *Id.*, *de Born*, *t. I*, *p.* 56. *Id.*, Sciagr., *t. I*, *p.* 257, et *t. II*, *p.* 27. Demant, *Emmerling*, *t. I*, *p.* 12. Diamond, *Kirwan*, *t. I*, *p.* 393. Diamans, *Daubenton*, *tabl. minér.*, *p.* 29.

____

(1) La plupart des détails précédens, sur les usages du soufre, m'ont été communiqués par le Cit. Chaptal.

Caractère essentiel. Rayant tous les autres minéraux.

Caract. phys. Pesant. spécif., 3,5185.........3,55.

Dureté. Rayant tous les autres minéraux.

Réfraction, simple.

Electricité ; vitrée par le frottement, même dans les diamans bruts, dont la surface est terne.

Poussière, grise ou noirâtre.

Caract. géom. Forme primitive. L'octaèdre régulier divisible par des coupes très-nettes.

Molécule intégrante, le tétraèdre régulier.

Caract. chim. Combustible sans résidu sensible.

Caractères distinctifs. 1°. Entre le diamant brut et la télésie, le zircon, le quartz, etc., en morceaux informes et ternes. Ces dernières substances acquièrent, dans ce cas, l'électricité résineuse, par le frottement. Celle du diamant est vitrée, comme lorsqu'il a été taillé. 2°. Entre le diamant octaèdre et le rubis de même forme. Le premier raye très-facilement l'autre. 3°. Entre le diamant taillé et la télésie limpide, dite *saphir blanc.* Celle-ci a une pesanteur spécifique plus considérable, dans le rapport d'environ 8 à 7.

VARIÉTÉS.

FORMES.

Déterminables.

1. Diamant *primitif.* P (*fig.* 10) *pl. LXII.* Diamant octaèdre, de *Lisle*, t. *I*, p. 191.

2. Diamant *sphéroïdal* (*fig.* 11). Diamant à facettes curvilignes.

a. Diamant sphéroïdal sextuplé. *De Lisle*, t. *II*, p. 197; var. 3. Quarante-huit facettes curvilignes, dont six telles que *adb*, *fdb*, *fdu*, *cdu*, *ade*, *cde*, répondent à une même face de l'octaèdre primitif. Des six arêtes qui partent d'un même sommet *d*, trois aboutissent aux angles *a*, *c*, *f*, de la face dont il s'agit, et les trois autres aux milieux *b*, *e*, *u* des côtés. Les premières sont ordinairement les plus vives ; les autres ne forment que de légères saillies.

b. Diamant sphéroïdal conjoint. Diamant dodécaèdre. *De Lisle*, *t. II*, *p*. 199 ; var. 4. La variété précédente, plus uniformément curviligne, de manière que les facettes *fdu*, *fiu*, et ainsi des autres semblablement situées deux à deux, paroissent se confondre en une seule ; et que si l'on fait abstraction des arêtes *du*, *iu*, qui souvent sont très-peu sensibles, la portion de surface comprise entre les arcs *df*, *dc*, *if*, *ic*, prendra l'aspect d'un rhombe légérement bombé.

c. Diamant sphéroïdal comprimé. Diamant triangulaire. *De Lisle*, *t. II*, *p*. 201 ; var. 6. Parmi les assortimens de six triangles qui répondent aux faces du noyau, deux opposés entre eux se rapprochent, de manière que le cristal se présente comme un prisme hexaèdre très-court, terminé par des pyramides curvilignes très-surbaissées.

Dans les diamans dont la forme est plus décidément sphéroïdale, les arêtes *fu*, *cu*, *ce*, *ae*, etc., qui répondent à celles du noyau, sont elles-mêmes curvilignes, en sorte que la surface est à double courbure.

Toutes ces modifications semblent n'être autre chose que les effets de la tendance qu'a la cristallisation vers une forme régulière à quarante-huit facettes planes, laquelle, si elle existe quelque part, n'a point encore été observée ; et il est facile de concevoir que cette forme seroit produite par des décroissemens intermédiaires sur tous les angles du noyau. Mais la formation du diamant ayant été précipitée, les faces ont subi des arrondissemens, comme cela arrive par rapport à une multitude de minéraux. On peut dire même que le diamant, dont les arêtes curvilignes forment des reliefs d'une grande délicatesse, et en même temps très-prononcés, porte plus visiblement que beaucoup d'autres substances, l'empreinte de la forme qui auroit eu lieu si la cristallisation avoit atteint son but.

J'ai observé beaucoup de diamans à faces bombées, et j'y ai toujours reconnu, au moins sur une partie des faces, les indices des arêtes *du*, *de*, *bd*, comprises entre celles qui aboutissent aux angles de la forme primitive. Il est vrai que ces arêtes ne répondent pas toujours au milieu des bords *ef*, *fc*, *ac*, mais éprouvent des déviations qui les rejettent d'un côté ou de l'autre. Les plus grandes diversités se trouvoient dans la courbure même des faces, qui étoit plus marquée sur certains diamans que sur d'autres ; en sorte que tantôt les deux faces *fdu*, *fiu*, adjacentes à une même arête *fu*, formoient une espèce de pli à l'endroit de cette arête, comme dans la sous-variété *a*, et tantôt n'avoient aucune limite distincte, auquel cas on avoit la sous-variété *b*.

D'après ces observations, j'ai cru devoir tout réduire à une seule variété, en désignant comme sous-variétés les nuances qui marquent le plus, parmi le grand nombre de celles dont elle est susceptible, et j'ai supprimé le diamant à 24 facettes, décrit par Romé de Lisle, *t. II*, *p.* 196, var. 2, lequel ne seroit autre chose que la sous-variété *a*, où toutes les arêtes *du*, *de*, *db*, etc., auroient entièrement disparu.

Romé de Lisle, qui voyoit autrement les choses, avoit, au contraire, dérogé ici, comme il l'a fait en plusieurs occasions, au principe de l'unité de forme primitive, pour en admettre *deux bien distinctes*, savoir, *l'octaèdre aluminiforme*, et *le dodécaèdre à plans rhombes* (1). De plus, il assimiloit notre sous-variété *a* aux pyrites globuleuses, en la considérant comme formée par la réunion très-intime de plusieurs petits diamans qui convergeoient vers un centre commun (2).

Cependant les diamans sphéroïdaux ont la même structure et se clivent aussi nettement que ceux qui sont cristallisés en octaèdre régulier. Les portions surajoutées au noyau sont produites par de vrais décroissemens, qui, au lieu de suivre une

---

(1) *Ibid.*, p. 190.
(2) *Ibid.*, p. 198.

marche uniforme, varient d'une lame à l'autre dans le rapport des ordonnées d'une courbe (1); et parce que les faces sont à double courbure, les soustractions qui, sur chaque lame, déterminent le décroissement intermédiaire, se font de même inégalement, en sorte que les bords subissent des inflexions continuelles au lieu de s'étendre en ligne droite.

Au reste, je ne prétends pas qu'il y ait quelque chose de constant dans les courbes dont je viens de parler, puisqu'elles sont dues aux perturbations que subissent ici les lois de la cristallisation. J'ai voulu seulement faire concevoir le rapport entre l'arrangement des molécules, dont les diamans sphéroïdaux sont l'assemblage, et celui qui atteindroit la véritable limite, et offriroit le résultat d'une loi uniforme et parfaitement régulière. Si l'on essayoit, ainsi que je l'ai fait, de soumettre au calcul une de ces lois variables qui sont susceptibles de produire des formes sphéroïdales, ce seroit une de ces recherches que l'on ne se permet que pour satisfaire sa curiosité.

3. Diamant *plan-convexe. De Lisle, t. II, p.* 195 ; var. 1. C'est la combinaison du diamant sphéroïdal avec la forme primitive. On voit dans la collection de l'Ecole des Mines plusieurs cristaux de cette variété, sur lesquels les faces parallèles à celles du noyau sont éclatantes et parfaitement planes (2).

Indéterminables.

4. Diamant *amorphe.* S'il pouvoit y avoir des diamans roulés, ils n'auroient passé à cet état que par leur frottement mutuel. Mais il est visible que ceux qu'on nous apporte, ne doivent

---

(1) Romé de Lisle a reconnu lui-même l'existence de ces décroissemens, par rapport au dodécaèdre, dont il ne laisse pas de faire une nouvelle forme primitive du diamant. *Ibid.*, p. 199.

(2) Engestrom, dans sa traduction anglaise de la minéralogie de Cronstedt, p. 48, cite un diamant cristallisé en cube tronqué sur ses huit angles solides. Mais cette observation n'a été confirmée depuis par aucune autre.

qu'à

qu'à une cristallisation imparfaite les accidens qui ont oblitéré leur forme.

ACCIDENS DE LUMIÈRE.

Couleurs.

1. Diamant *limpide.*
2. Diamant *rose.*
3. Diamant *orangé.*
4. Diamant *jaune.*
5. Diamant *vert.*
6. Diamant *bleu.*
7. Diamant *noirâtre.*

Transparence.

1. Diamant *transparent.*
2. Diamant *translucide.* C'est l'état ordinaire des diamans bruts. Mais leur demi-transparence n'est, pour ainsi dire, que superficielle, et fait place, au moyen de la taille, à une belle transparence.
3. Diamant *opaque.*

Substances d'une nature différente de celle du diamant, auxquelles on a appliqué son nom.

1. Le rubis. Diamant rouge. *Sage, élém. de minéral., t. I, p. 222.*
2. Le quartz en petits cristaux éclatans ; faux diamant, diamant d'Alençon, diamant de Canada.
3. Le zircon. Diamant d'une qualité inférieure.

ANNOTATIONS.

1. On trouve des diamans aux Grandes Indes, dans les royaumes de Golconde et de Visapour. Ils sont ordinairement

épars, à une médiocre profondeur, dans une terre ferrugineuse, d'une couleur rouge, jaune ou orangée, au pied de hautes montagnes formées en partie par différens lits de quartz. Il y a aussi des diamans au Mogol et dans d'autres climats de l'Asie. Vers le commencement de ce siècle, on en a trouvé au Brésil, dans le district de *Serro Dofrio*, ou Montagne Froide. Leur lieu natal est la croûte même des montagnes. Mais on préfère, pour la facilité du travail, de chercher ceux qui se trouvent dans les rivières et dans les attérissemens voisins. Ces rivières sont le *Riacho Fundo*, *Rio do Peixe* et la *Giquitignogna*. L'enveloppe des diamans est aussi une terre ferrugineuse qui, dans les attérissemens, est mêlée de cailloux roulés réunis en pouddings. D'autres parties du Brésil, telles que le *Cuiaba* et les campagnes de *Guara Puara*, dans la province de *Saint Paul*, renferment encore des mines de diamant, mais qui ne sont pas exploitées (1). On a prétendu que les diamans du Brésil étoient un peu moins durs et moins parfaits que ceux des Indes. On a cru encore que le diamant d'Orient affectoit plus particulièrement la forme de l'octaèdre, et celui du Brésil la forme du dodécaèdre ; mais ces différences ne sont pas prouvées.

2. Pline le naturaliste dit que le diamant est d'une dureté inexprimable ; il ajoute que ce corps naturel triomphe des efforts du feu, au point de n'être pas même échauffé par cet élément (2) ; et c'étoit de cette qualité prétendue, jointe à une autre plus réelle, je veux dire l'extrême dureté du diamant, que l'on avoit tiré le nom d'*adamas*, qui, dans la langue grecque, signifie *indomptable*.

3. Boyle est le premier, dit Henckel (3), qui ait fait sortir les pierres gemmes de son trésor, pour les livrer à l'action du feu. Il prétendoit que plusieurs de ces pierres, et en particulier

---

(1) Actes de la société d'hist. nat. de Paris, t. I, p. 78 et suiv.
(2) Hist. nat, l. XXXVII, c. 4.
(3) Pyritologie, Paris, 1760, p. 412.

le diamant, exhaloient, dans cette opération, des vapeurs très-âcres et très-abondantes. Tout ce qu'il y avoit en cela de réel, c'étoit l'idée que le diamant étoit altéré par le feu. En 1694 et 1695, l'expérience fut répétée à Florence, par les ordres du grand duc de Toscane, à l'aide de la lentille de Tschirnausen, et on remarqua que les diamans, après s'être gercés et éclatés, finissoient par disparoître (1).

L'empereur François premier fit faire depuis, à Vienne, sous ses yeux, plusieurs autres expériences sur des diamans exposés à un feu de fourneau très-violent et long-temps soutenu. Ces diamans se dissipèrent sans qu'il en restât aucune trace (2). Le Cit. Darcet fut le premier en France à répéter ces expériences, qui lui réussirent avec un simple fourneau de coupelle ordinaire, sans qu'on fût obligé d'employer ni soufflet ni tuyau (3). Macquer observa depuis que le diamant répandoit, en brûlant, une flamme légère, qui formoit autour de lui une espèce d'auréole très - sensible (4). Il dissipa un reste d'incertitude, par rapport à la combustion du diamant, qui naissoit de ce que ce minéral exactement enveloppé d'un enduit de pâte de porcelaine, avoit paru brûler sans le contact de l'air. Macquer fit voir que pendant la cuite de la porcelaine, il se formoit des fentes et des gerçures capables d'introduire assez d'air pour alimenter la combustion, et qui ensuite se refermoient et devenoient insensibles par le refroidissement.

Il résultoit de ces expériences et de beaucoup d'autres faites dans la même vue, que le diamant, exposé à un feu d'une certaine activité, brûloit sans laisser de résidu, et que ce minéral qui passoit déjà pour une espèce de phénomène, lorsqu'on le

---

(1) Giornale de letterati d'Italia, t. VIII, art. 9.

(2) Magasin de Hambourg, t. XVIII, p. 164 et suiv.

(3) 2ᵉ. mém. sur l'action d'un feu égal, etc., p. 87.

(4) Fourcroy, élémens d'hist. nat. et de chimie, édit. 1789, t. II, p. 314.

croyoit indestructible, n'avoit rien d'aussi merveilleux que sa destruction même.

Cependant plusieurs savans ont pensé que ce qu'on regardoit ici comme une combustion, pouvoit n'être que l'effet d'une simple dissipation de particules, semblable à celle qu'éprouvent les corps qu'on appelle *volatils*. Bergmann, qui avoit été d'abord de ce sentiment, l'a abandonné depuis dans sa Sciagraphie, et a été le premier méthodiste *qui*, suivant ses propres expressions, *ait enlevé aux gemmes leur chef, pour le placer dans la classe des combustibles* (1).

Il restoit à trouver la cause du phénomène, et l'on ne pouvoit y parvenir, qu'en déterminant la composition du diamant. Lavoisier ayant fait brûler un de ces corps, à l'aide du gaz oxygène, dans un vaisseau fermé, aperçut des taches sur la surface du diamant; il observa de plus que le gaz qui s'étoit dégagé par la combustion du diamant, précipitoit la chaux à la manière de l'acide carbonique. Mais il s'en tint à ces deux faits, sans en tirer aucune induction précise sur la nature du combustible. Tenant fit brûler depuis un diamant, dans un étui d'or, par l'intermède du nitre, et obtint une quantité d'acide carbonique, qu'il jugea égale à celle que produisoit la combustion du charbon; il en conclut que le diamant étoit lui-même uniquement composé de charbon. Guyton a reconnu, dans des expériences récentes, que le diamant exigeoit, pour brûler, une plus grande quantité d'oxygène que la substance qu'on avoit regardée jusqu'alors comme du charbon pur, ce qui prouve que celle-ci étoit déjà oxygénée. Enfin, ayant réfléchi que l'acier n'étoit autre chose que du fer uni à une certaine quantité de charbon, il a substitué le diamant à ce dernier principe, et le fer s'est converti en acier.

Tel est l'exposé succinct des recherches qui ont conduit les chimistes à apercevoir le point de contact de deux substances,

---

(1) *Sciagraphia regni mineralis; Leipsiæ*, 1782, p. 96.

qui, à en juger par leur aspect, par leur dureté, par leur action sur la lumière et diverses autres propriétés, sembleroient plutôt former les deux extrêmes d'une série.

4. Mais pendant tout le cours des expériences entreprises, par les chimistes, sur le diamant, jusqu'en 1792 (1), on ignoroit que Newton avoit, en quelque sorte, devancé leurs résultats par rapport à cet objet, et à un autre encore plus important, dont nous parlerons bientôt (2).

Cet illustre géomètre ayant entrepris de comparer les puissances réfractives des différens corps diaphanes avec leurs densités (3), trouva qu'en général elles étoient en rapport les unes avec les autres ; mais que les corps considérés sous ce point de vue formoient comme deux classes distinctes, l'une de ceux qu'il regarde comme fixes, tels que les pierres, l'autre de ceux qu'il appelle gras, sulfureux et onctueux, tels que les huiles, le succin, etc. Dans chaque classe, la puissance réfractive varioit, ainsi qu'on l'a dit, à peu près dans le rapport de la densité ; mais les corps de la seconde classe, à densité égale, avoient une puissance réfractive beaucoup plus considérable que ceux de la première.

Or, la grande puissance réfractive du diamant le plaçoit

---

(1) J'insérai, à cette époque, dans le journal d'histoire naturelle, N°. 10, p. 377, un article, où je fis connoître les observations dont je vais parler, et qui paroissent avoir échappé jusqu'alors à l'attention des savans.

(2) La première édition anglaise de l'optique de Newton, où se trouvent les résultats dont il s'agit, fut publiée en 1704, quelques années après les expériences faites devant le duc de Toscane. Mais outre qu'il ne paroît pas que Newton eût alors connoissance de ces expériences, il dit, dans le premier avertissement placé en tête de son Optique, qu'il avoit composé une partie de cet ouvrage en 1675, laquelle avoit été lue dans les assemblées de la société royale de Londres, et qu'il avoit ajouté le reste environ 12 ans après, c'est-à-dire, en 1687.

(3) Voyez, dans la partie géométrique, t. II, p. 73, la méthode que Newton a suivie pour évaluer les puissances réfractives.

parmi les corps onctueux et sulfureux (1) ; et dans la table
où Newton avoit présenté la série des rapports entre les puissances réfractives et les densités, le diamant se trouve à la suite
de l'huile de térébenthine et du succin. Newton avoit conclu de
ce résultat, que le diamant étoit probablement une *substance
onctueuse coagulée*, expression qui, dans le sens que lui-même
y attachoit, est un synonyme d'*inflammable*.

Ce grand géomètre va plus loin ; il remarque que l'eau a
une puissance réfractive moyenne entre celle des corps des deux
classes, et que vraisemblablement elle participe de la nature des
uns et des autres ; car elle fournit à l'accroissement des plantes
et des animaux, qui sont composés en même temps et de parties
sulfureuses, grasses et inflammables, et de parties terrestres,
sèches et alkalisées.

Ainsi Newton avoit presque lu dans les résultats de la réfraction, que le diamant étoit un corps combustible, et que l'eau
devoit renfermer un principe inflammable. En énonçant ces
aperçus, il s'exprime dans le langage de la chimie de son temps,
et c'est une raison de plus pour admirer comment son génie,
placé dans ce grand éloignement, a été aborder de si près, et
par une route en apparence si détournée, des résultats auxquels
la chimie moderne doit une partie de sa gloire (2).

---

(1) Suivant Newton, le rapport entre les sinus d'incidence et de réfrac-
tion est, par exemple, pour le quartz transparent $\frac{25}{16}$, et pour le diamant $\frac{100}{41}$,
d'où l'on conclud que la puissance réfractive du quartz est à celle du diamant
comme 5450 à 14556, c'est-à-dire, à peu près comme 3 à 8, tandis que
la densité du quartz est à celle du diamant dans le rapport beaucoup moindre
d'environ 3 à 4.

(2) Buffon, hist. nat. des minér., édit. in-12, t. VII, p. 356, prétend
avoir assuré, quelque temps avant qu'on en fît l'expérience, que le diamant
étoit une substance combustible, et il dit que sa présomption étoit fondée
sur ce qu'il n'y a que les matières inflammables qui donnent une réfraction
plus forte que les autres, relativement à leur densité. Il cite en preuve de
cette assertion l'article de la lumière de la chaleur et du feu, t. I du sup-

5. Le diamant, surtout lorsqu'on l'a taillé , est éminemment électrique , à l'aide du frottement. Nous avons dit, à l'article des caractères distinctifs, que les diamans bruts et ternes acquéroient l'électricité vitrée, comme ceux qui étoient taillés. Au contraire, le quartz et les corps pierreux appelés *gemmes* , donnent des signes d'électricité vitrée lorsque leur surface est polie , et résineuse lorsqu'ils sont ternes et âpres au toucher. On observe , dans le même cas, qu'ils ont perdu plus ou moins de leur faculté idio-électrique, et j'en ai trouvé quelques - uns, entre autres des morceaux de quartz roulé , qui avoient besoin d'être isolés , pour agir sur la petite aiguille de cuivre , et refusoient de s'électriser, lorsqu'on les tenoit entre les doigts , probablement parce que les aspérités dont leur surface étoit hérissée , faisant l'office de pointes, transmettoient rapidement le fluide électrique de proche en proche. A l'égard de la différence de nature entre l'électricité des diamans et celle des autres minéraux, dont la surface est raboteuse ou manque de poli, on pourroit l'attribuer à ce que les premiers ne sont ternes que sous un certain aspect, en sorte que si on les fait mouvoir à la lumière, on observera que les bords de leurs lames composantes deviennent sensibles par une espèce de chatoyement plus ou moins vif, ce qui ne peut avoir lieu sans que ces mêmes bords ne soient lisses et polis.

---

plément à l'hist. nat. Cependant il n'est pas dit un mot du diamant dans cet article. On y lit seulement, dans la note à la page 16, que la force *réfringente* des corps gras et sulfureux est plus grande que celle des autres corps. Mais quand même Buffon n'auroit pas puisé cette assertion dans Newton , qu'il cite en plusieurs occasions, il étoit si éloigné [d'en faire l'application au diamant que , dans l'article suivant , où il traite de l'air , de l'eau et de la terre , il dit, en parlant du minéral dont il s'agit ici : « la *fixité* , l'homogénéité , l'éclat transparent du diamant a ébloui les yeux de nos chimistes , lorsqu'ils ont donné cette pierre pour la terre élémentaire et pure ; on pourroit dire, avec autant et aussi peu de fondement, que c'est, au contraire , de l'eau pure , dont toutes les parties se sont fixées pour composer une substance solide , diaphane comme elle ». P. 169.

Or, ce sont ces petites portions de surfaces planes que le frottement électrise à la manière des corps appelés *vitreux*, qui présentent le poli de la nature ou celui de l'art.

6. La lumière, en pénétrant les diamans par les facettes diversement inclinées que le travail du lapidaire y a fait naître,
subit une forte décomposition, à laquelle est jointe une dispersion considérable (1); et ces rayons décomposés, rencontrant
la surface inférieure où ils se réfléchissent, s'élancent au dehors
sous un aspect irisé. Les facettes sont en même temps très-
éclatantes, parce que les substances qui réfractent le plus fortement la lumière, sont aussi celles où il y a un plus grand nombre
de rayons réfléchis au contact de l'air et du milieu réfringent (2).

Ainsi les mêmes qualités qui tiennent à la nature toute particulière du diamant, semblent encore le distinguer des corps
connus sous le nom de *gemmes*. Le rubis, la topaze, l'émeraude,
n'ont qu'un même ton de couleur, qui est fondu dans leur
substance. Le diamant, ordinairement limpide et sans mélange
d'aucun principe colorant qui lui soit propre, éblouit l'œil par
des effets de lumière inattendus. C'est comme un faisceau de petits
prismes où les rayons, en se repliant, développent les teintes infiniment variées qui embellissent leurs reflets étincelans, et qui,
mobiles avec le diamant lui-même, se jouent de mille manières
par des nuances fugitives et toujours renaissantes.

7. La taille qui favorise tous ces jeux de lumière est, en quelque
sorte, l'ouvrage des diamans mêmes. Car comme il n'y a dans la
nature aucune substance aussi dure que celle-ci, on est obligé de
la travailler à l'aide de sa propre poussière. Avant le seizième

---

(1) On appelle ainsi la quantité de la dilatation que subit un faisceau de
lumière, en traversant un prisme. L'expérience prouve qu'elle ne suit pas
le rapport des densités. Le Cit. Rochon a trouvé que la dispersion du diamant étoit à celle du quartz transparent à peu près comme 192 à 82, ce qui
s'éloigne peu du rapport de 7 à 3. Mém. sur la mécanique et la physique ;
Paris, 1783, p. 519.

(2) Newton, optice lucis, lib. II, pars 3, prop. 1.

siècle,

siècle, on employoit les diamans tels qu'ils étoient sortis du sein
de la terre, en les disposant de manière qu'ils présentassent en
avant un de leurs angles solides. Dans cet état, ils étoient plutôt
un surcroît de richesse qu'un ornement pour les vases et autres
objets sur lesquels on les appliquoit; et l'on peut dire qu'à cette
époque, aucun amateur de pierreries n'avoit encore vu le diamant.
En 1456, un jeune homme, nommé Louis de Berquen, né à
Bruges, imagina de frotter deux diamans l'un contre l'autre pour
les polir, ce qui s'appelle *égriser*. Il s'aperçut qu'effectivement
il s'y formoit des facettes, et bientôt il fit construire une
roue, avec laquelle il parvint à tailler des diamans, en se servant
de la poudre qui s'en étoit détachée, pendant qu'il les égrisoit (1).

8. Plusieurs diamans ont des espèces de nœuds, qui interrom-
pent la direction de leurs lames, et que les lapidaires com-
parent aux nœuds qui se forment dans le bois, aux endroits
où les fibres ligneuses se contournent et se pelotonnent. Ces
diamans sont appelés *diamans de nature*. Les artistes les reje[-
tent, parce qu'ils se refusent au poli.

9. Tout le monde connoît l'usage des pointes naturelles de
diamans pour couper le verre. Avant l'invention de ce procédé,
on commençoit par tracer la coupe avec de l'émeril, ou au
moyen d'une pointe d'acier très-dur ; on humectoit ensuite le
verre, à l'endroit de la ligne tracée, puis on y passoit une
pointe de fer rougie au feu (2).

10. Un des plus gros diamans que l'on connoisse, est celui
de l'impératrice de Russie. Il est d'une forme ovoïde aplatie et
d'une transparence très-nette. Il pèse 779 carats, qui équivalent
à peu près à 1608 décigrammes, ou 5 onces 2 gros 5 grains (3).

---

(1) Voyez, pour le travail du diamant et la description des différentes
formes qu'on lui fait prendre par la taille, l'Encycl. méthodique, arts et
métiers, t. I, p. 166.

(2) Encyc. méthod., arts et mét., t. VIII, 2ᵉ. part., p. 670.

(3) Voyez, pour les autres diamans les plus célèbres, la Cristallogr. de
Romé de l'Isle, t. II, p. 211.

I I Iᵉ. E S P È C E.

A N T H R A C I T E, *(m.)*

Plombagine charbonneuse. Anthracolithe, *de Born, catal.,* *t. II, p.* 296. Kohlen blende, *Emmerling, t. II, p.* 77. Anthroiolithe, en Danemarck. Carbon, loaded with stony matter, *Kirwan, t. II, p.* 57. Houillite, anthracite, *Daubenton, tabl.,* *p.* 29. Charbon de terre incombustible de quelques auteurs.

Caractère essentiel. D'une combustion lente et difficile.

Caract. phys. Pesant. spécif., 1,8.

Dureté. Friable.

Electricité. Electrique par communication, et donnant des étincelles à l'approche d'un excitateur, lorsqu'il est en contact avec un corps conducteur électrisé.

Tachure. Tachant assez souvent les doigts.

Transparence, nulle.

Couleur, noire, jointe à un luisant qui tire sur celui du fer carburé, mais plus sombre.

Caract. chim. Combustion lente et difficile, qui n'a lieu qu'à l'aide d'un feu violent.

Analyse par Vauquelin.

Carbone	0,68.
Silice, environ	0,30.
Fer	0,02.
	1,00.

Caractères distinctifs. 1°. Entre l'anthracite et la houille. Celle-ci a une pesanteur spécifique moindre, à peu près dans le rapport de 7 à 9. Elle brûle facilement, et l'anthracite avec beaucoup de difficulté. Son luisant est noir, au lieu que celui de l'anthracite approche du gris métallique. 2°. Entre le même et le fer carburé. Celui-ci a une pesanteur spécifique plus grande,

dans le rapport d'environ 14 à 9 ; il tache beaucoup plus facilement le papier, et y laisse des traces d'un gris métallique,
au lieu que celles de l'anthracite sont noires.

VARIÉTÉS.

1. Anthracite *feuilleté*. Divisible par feuillets dont la surface
est inégale et un peu ondulée.

2. Anthracite *globuleux*. A Konsbekg, en Norwège, dans la
chaux carbonatée cristallisée. Cette variété m'a été envoyée par
M. Abildgaard.

ANNOTATIONS.

1. L'anthracite appartient exclusivement aux terrains primitifs,
où il forme des masses assez considérables, et ce gisement offre
une nouvelle différence entre cette substance et la houille, qui
ne se trouve que dans les terrains secondaires et tertiaires.

2. On ne peut guère douter que la substance décrite par de
Born, sous le nom *d'anthracolite*, ne soit la même que celle
dont il s'agit ici. Ce naturaliste dit qu'on l'avoit découverte à
Schemnitz en Hongrie, et que, sur cent parties, elle en contenoit 90 de carbone, 5 d'alumine, 3 de fer et 2 de silice ;
d'où l'on voit qu'elle étoit plus pure que celle dont Vauquelin
a donné l'analyse, la silice ne pouvant être regardée que comme
un principe accessoire. Les observations faites depuis par
Dolomieu, sur la situation géologique de l'anthracite, sont
d'autant plus intéressantes, qu'elles prouvent l'existence du
carbone, indépendamment des animaux et des végétaux (1).
Ce célèbre naturaliste avoit même présumé que l'anthracite
n'étoit peut-être essentiellement que du carbone pur, associé,
par des causes accidentelles, à une certaine quantité de fer et

---

(1) Voyez le journal des mines, N°. 29, p. 338 et 339.

E e 2

de silice. Cette conjecture vient d'être portée au plus haut degré de probabilité, par divers essais que le Cit. Vauquelin a faits d'un anthracite que lui avoit remis le Cit. Ramond, et que ce célèbre naturaliste avoit trouvé au fond de la vallée de Héas, plateau de Troumose ; il y est disposé comme par veines dans le même schiste qui contient les cristaux quaternés dont nous avons parlé à l'article macle. Vauquelin n'a reconnu dans cet anthracite aucun indice sensible de fer. Le carbone y étoit seulement mélangé d'un peu d'argile et de silice, qui provenoit de la substance environnante. D'après ce résultat, l'anthracite paroît devoir être placé à la suite du diamant, comme étant composé du même principe, mais avec une différence d'état, qui établit entre l'une et l'autre substance une limite beaucoup plus nette que celle qui résulte, par rapport à d'autres espèces, de la diversité de composition.

SECOND ORDRE.

PREMIÈRE ESPÈCE.

BITUME.

Pétrole, *de Born, t. II, p.* 72. Pétrole pur et isolé, Sciagr., *t. II, p.* 15.

Caractère essentiel. Brûlant avec une odeur bitumineuse. Résidu peu considérable.

Caract. phys. Pesant. spécif. de celui qui est liquide, 0,8475 . . . . . . 0,8783 ; de celui qui est solide, 1,1044, suivant Brisson ; mais on en trouve qui surnage l'eau.

Consistance. Liquide, ou ayant la mollesse de la poix, ou solide, mais très-friable et s'égrenant facilement entre les doigts.

Caract. chim. Combustible en répandant une fumée épaisse accompagnée d'une odeur forte et âcre.

Traité par la distillation , il ne donne point d'ammoniaque et laisse un résidu peu considérable, d'après les expériences du Cit. Vauquelin.

Caractères distinctifs. 1° Entre le bitume solide et la houille. Le premier chauffé légérement ou frotté entre les doigts, contracte une odeur assez semblable à celle de la poix, ce que ne fait point la houille ; il brûle sans presque laisser de résidu terreux, au lieu que la houille en donne un considérable. Il s'électrise aisément à l'aide du frottement, même sans être isolé , ce qui n'arrive pas à la houille. 2°. Entre le bitume solide et le jayet. Celui-ci ne se laisse entamer au couteau qu'avec une certaine difficulté, tandis que le bitume solide s'éclate par une légère pression de l'ongle. Le jayet frotté ou un peu chauffé n'a point d'odeur comme le bitume solide.

VARIÉTÉS.

1. Bitume *liquide*. Il a une forte odeur , même avant la combustion.

a. Blanchâtre. Bitumen fluidissimum , levissimum ; naphta, *Waller.*, *t. II, p.* 89. Pétrole fluide, très-pur, naphte, *de Born*, *t. II , p.* 74. Naphta, *Emmerling*, *t. II, p.* 41. Naphte, Sciagr., *t. II, p.* 16. *Id. , Daubenton , tabl.*, *p.* 30. Naphta, *Kirwan ,* *t. II, p.* 43. Transparent dans l'état de pureté. Avec le temps il s'épaissit et perd son odeur, qui n'est pas désagréable. Il s'enflamme par la présence d'un corps embrasé , même à une certaine distance.

b. Brun ou noirâtre. Bitumen fluidum crassius ; petroleum, *Waller.*, *t. II, p.* 90. Pétrole gras, brun, *de Born, t. II, p.* 74. Pétrole, *de Lisle , t. II, p.* 591. Pétrole, Sciagr., *t. II, p.* 16. Erdoel, *Emmerling*, *t. II, p.* 43. Pétrole, *Daubenton, tabl., p.* 30. Pétrole, *Kirwan, t. II, p.* 43. Son odeur approche de celle de la térébenthine. Il devient aussi plus épais , par succession de temps.

2. Bitume *glutineux*. Bitumen segne, crassum, nigrum ; maltha, *Waller.*, *t. II*, *p.* 92. Poix minérale ou malthe, *de Lisle*, *t. II*, *p.* 592. Pétrole tenace, maltha, *de Born*, *t. II*, *p.* 76. Malthe ou poix minérale, Sciagr., *t. II*, *p.* 17. Pissasphalte, *ibid.* Zahes erdpech, *Emmerling*, *t. II*, *p.* 47. Pissasphalte, *Daubenton*, *p.* 30. Cohæsive mineral pith, *Kirwan*, *t. II*, *p.* 45. Noir et d'une consistance semblable à celle de la poix.

3. Bitume *solide*. Bitumen solidum, coagulatum, friabile, asphaltum, *Waller.*, *t. II*, *p.* 93. Asphalte ou bitume de Judée, *de Lisle*, *t. II*, *p.* 592. Pétrole solide, cassant, noir ; asphalte ; bitume de Judée, *de Born*, *t. II*, *p.* 78. Schlackiges erdpech, *Emmerling*, *t. II*, *p.* 50. Asphalte, Sciagr., *t. II*, *p.* 17. *Id.*, *Daubenton*, *tabl.*, *p.* 30. Compact mineral pith, *Kirwan*, *t. II*, *p.* 46. Noir et ayant une cassure ondulée et luisante ; très-friable ; facile à électriser par le frottement.

4. Bitume *élastique*. Cahoutchou fossile, *Lametherie*, *théorie de la terre*, 2e. *édit.*, *t. II*, *p.* 540. Elastic bitumen, *Schemeisser*, *a system of minerlag.*, *t. I*, *p.* 290. Elastisches erdpech, *Karsten*, *mineralog. tabellen*, *p.* 42. Mineral cahoutchou, *Kirwan*, *t. II*, *p.* 48. Opaque et d'un brun verdâtre, lorsqu'il est en masses ; translucide et d'une couleur orangée, lorsqu'il est réduit en lames minces ; luisant aux endroits où il a été récemment coupé ; très-aisément compressible entre les doigts ; on en trouve aussi qui est dur et cassant, et d'autre qui est d'une consistance moyenne. Quelquefois ces différentes variétés se trouvent réunies ensemble, d'où l'on peut présumer que ce bitume passe, avec le temps, de l'état de mollesse à celui de dureté. Il brûle avec une flamme claire, en répandant une légère odeur bitumineuse. Je dois à M. Esmark un morceau très-caractérisé de ce bitume, dans l'état de flexibilité où je l'ai décrit d'abord. Le Cit. Lametherie m'a donné des échantillons qui présentent les autres modifications.

A N N O T A T I O N S.

1. Le bitume, à l'état de liquidité, s'infiltre à travers les pierres et les terres qui en restent imprégnées. Souvent il s'élève à la surface des eaux. Dans plusieurs endroits, comme au village de Miano, situé à douze milles de Parme, on creuse des puits, d'où on le retire avec des seaux (1).

Le même bitume, en se desséchant, passe à l'état de bitume glutineux et de bitume solide. On trouve le premier dans plusieurs pays de la France, surtout du côté de Clermont, département du Puy-de-Dôme, dans un lieu nommé *le Puy de la Pège*, où il recouvre la terre et s'attache aux pieds des voyageurs, qu'il gêne et retarde dans leur marche (2). Il adhère aussi à la surface des produits volcaniques du même pays, où il est associé au quartz-agathe calcédoine mameloné. Le bitume solide flotte en quantité sur la surface du lac Asphaltique qui lui doit son nom. Les habitans du pays sont intéressés à le recueillir, en l'attirant à terre, non-seulement parce qu'il est pour eux un objet de commerce, mais aussi pour se délivrer de l'odeur incommode dont il infecte l'air. On dit même que les oiseaux qui volent au-dessus tombent morts, et que de là est venu le nom de *Mer Morte*, que l'on a aussi donné au lac Asphaltique (3).

2. Le bitume élastique se trouve en Angleterre, près de Castleton, dans le Derbishire, où il accompagne le plomb sulfuré et la chaux carbonatée. Celui qui est d'une consistance moyenne a beaucoup de ressemblance avec la gomme élastique, et le Cit. Lametherie conjecture, d'après ses expériences, que ces deux substances sont de la même nature (4).

---

(1) Mém. de l'Acad. des Sc., 1770.
(2) Lemery, diction., p. 602.
(3) Lemery, diction., p. 129.
(4) Journ. de phys., oct., 1787, p. 311.

En Perse, au Japon et dans divers autres pays, on emploie le bitume liquide comme huile de lampe. Les Persans et les Turcs le mêlent à leur vernis pour lui donner du luisant (1). Le bitume glutineux ou solide sert aux mêmes usages que le goudron. Les anciens le faisoient entrer dans la composition du ciment, et l'on prétend que les murs de Babylone étoient bâtis à l'aide de ce bitume. Rouelle a conclu de ses expériences sur les momies, que les Egyptiens employoient le bitume solide dans leurs embaumemens, qui étoient de trois sortes, l'un avec ce bitume seul, un second avec un mélange de ce même bitume et de la liqueur extraite du cèdre, nommée *cedria*, et le troisième avec le mélange dont il s'agit, et une addition de matières résineuses et aromatiques.

IIᵉ ESPÈCE.

HOUILLE (2).

Bitumen lapideum, schisto vel aliis terris mixtum et induratum ; lithantrax, *Waller.*, *t. II*, *p.* 98. Houille ou charbon de terre, *de Lisle*, *t. II*, *p.* 590. Charbon de terre ; pétrole uni à une base terreuse, *de Born*, *t. II*, *p.* 80. Pétrole uni à l'argile, charbon de terre, Sciagr., *t. II*, *p.* 20. Steinkohle, *Emmerling*, *t. I*, *p.* 60. Houille, *Daubenton*, *tabl.*, *p.* 30.

---

(1) Encycl. méth., antiquités, t. II, 2ᵉ. partie, p. 511.

(2) On semble s'accorder généralement à adopter le mot de *Houille*, pour signifier la substance bitumineuse connue aussi sous les noms de *charbon de terre* ou *de pierre* et de *charbon minéral*, *carbo fossilis* ou *petræus* et *lithanthrax*. Ce terme, déjà en usage dans nos départemens qui avoisinent le pays de Liége et la Belgique, a, sur les autres dénominations, l'avantage d'être simple, court, et de ne point présenter les mêmes équivoques que le mot de charbon appliqué à une substance qui n'est point charbonisée, et celui de terre ou de pierre à ce qui n'est ni l'un ni l'autre. Note du Cit. Coquebert, journ. des mines, N°. 1, p. 58.

Minéral

Mineral carbon impregnated with bitumen, *Kirwan*, *t. II*, *p.* 51. Vulgairement charbon de terre.

Caractère essentiel. Brûlant avec une odeur bitumineuse. Résidu considérable.

Caract. phys. Pesant. spécif. de la variété compacte, 1,3292.

Dureté. Plus grande que celle du bitume solide, moindre que celle du jayet.

Electricité, nulle par le frottement, à moins que le corps ne soit isolé.

Transparence, nulle.

Couleur. Le noir plus ou moins foncé.

Caract. chim. Combustible avec plus ou moins de lenteur, en répandant une odeur qui a quelque chose de fade. Résidu abondant.

Traitée par la distillation, elle donne de l'ammoniaque et beaucoup de terre.

Caract. distinct. 1°. Entre la houille et le jayet. Celui-ci est plus dur. L'odeur qu'il donne en brûlant est plutôt aromatique que fade. 2°. Entre la même et le bitume solide. Celui-ci est beaucoup plus tendre et s'éclate par une légère pression de l'ongle. Frotté entre les doigts ou un peu chauffé il rend une odeur assez semblable à celle de la poix, ce que ne fait pas la houille. Il brûle sans presque laisser de résidu terreux, au lieu que la houille en laisse un considérable.

VARIÉTÉS.

Tissu.

1. Houille *feuilletée*. Divisible en feuillets ou en lames qui admettent quelquefois, perpendiculairement à leurs grandes faces, des coupes assez nettes, en sorte qu'on en retire des parallélipipèdes rectangles. Cette variété est la plus commune.

2. Houille *compacte*. Cassure ondulée, ordinairement peu luisante. Cette variété se rapproche quelquefois du jayet, en ce

qu'elle est susceptible d'être mise sur le tour. C'est alors le *cannel-coal* des Anglais.

A C C I D E N S D E L U M I È R E.

Houille irisée. Ornée à sa surface des plus belles couleurs de l'arc-en-ciel.

A N N O T A T I O N S.

1. La houille, quoique d'une formation secondaire, se trouve le plus souvent dans des terrains environnés de montagnes primitives (1). Elle a communément pour toit une argile schisteuse noire feuilletée, plus ou moins bitumineuse, surtout dans la partie qui est en contact avec elle. Le mur est aussi, en général, une substance argileuse, mais moins feuilletée que celle du toit, et ne renfermant que peu ou point de bitume.

Les lits de houille s'étendent alternativement entre des lits de pierres qui sont, pour l'ordinaire, des argiles schisteuses et des grès. On retrouve dans la composition de ces grès toutes les parties constituantes des roches environnantes, dont les détritus remaniés par un fluide aqueux n'ont fait que passer à un autre arrangement. Il y a même des portions de ces grès tellement faites pour en imposer à l'œil, que si on ne les avoit vues en place, on auroit pu les croire détachées d'un granite primitif. Les schistes offrent les traces d'une semblable origine, par la quantité plus ou moins considérable de mica dont ils sont pénétrés ; et c'est un fait digne de toute l'attention des géologues, que ce rapport de composition entre les couches qui alternent avec celles de houille et les roches primitives circonvoisines.

––––––––––

(1) J'ai beaucoup profité, pour cet article, de l'extrait d'un mémoire du Cit. Duhamel fils, qui a été couronné par l'Acad. des Sc. en 1793. Cet extrait, fait par l'auteur lui-même, a été inséré dans le N°. 8 du journal des mines, p. 57 et suiv.

Il existe aussi, quoique plus rarement, des lits de houille compris entre des lits de pierre calcaire. Le département des Bouches-du-Rhône et les environs du lac de Genève fournissent des exemples de cette disposition.

Enfin, on rencontre quelquefois des veines de houille recouvertes par des matières volcaniques, et parmi les terrains qui ont donné lieu à cette observation, aucun n'est plus remarquable que le mont Meissner, en Hesse, où une mine de houille très-abondante est située sous un massif considérable de basalte (1).

Le nombre des couches, leurs directions et leur pente varient d'un endroit à l'autre, et subissent quelquefois, dans le même endroit, de grandes diversités. Les mines de Valenciennes entre autres, et plus particulièrement celles du pays de Mons, offrent des déviations singulières. Tantôt la direction d'une même couche de combustible change tout à coup en faisant un angle rectiligne, et cela à plusieurs reprises ; tantôt elle revient sur elle-même en formant différentes sinuosités. Ailleurs, on observe des couches verticales ou presque verticales, recouvertes par une superposition alternative d'autres couches parallèles à l'horizon ou à peu près (2). C'est l'image d'un dédale, surtout lorsqu'on songe à la difficulté de débrouiller, à l'aide de la théorie, une pareille complication de faits.

2. La plupart des naturalistes regardent la houille (et il en faut dire autant des autres substances bitumineuses), comme originaire des règnes végétal et animal. Cette origine paroît d'abord indiquée par les nombreux débris de corps organisés très-reconnoissables qui accompagnent la houille, telles que des dépouilles d'animaux marins, par des empreintes de différentes plantes,

––––––––––––

(1) Journ. des mines, N°. 22, p. 73 et suiv.

(2) Je dois ces détails au Cit. Baillet, inspecteur des mines, qui a tracé, avec beaucoup de soin, une suite de cartes géologiques formant une espèce d'atlas des mines de houille du pays de Mons.

surtout de la famille des fougères, dans les argiles schisteuses qui forment le toit de la mine, par des bois encore en partie à l'état de bois, et en partie bituminisés; de manière que l'on suit, pour ainsi dire, de l'œil toutes les nuances qui servent à lier les extrêmes. Les résultats de la chimie tendent à confirmer cette origine, en nous offrant, dans les produits de l'analyse de la houille, la monnoie, pour ainsi dire, des substances végétales et animales, savoir : des composés dans lesquels entrent l'hydrogène, l'oxygène, le carbone, l'azote, avec un résidu terreux qui provient probablement de la terre des végétaux. Mais quels sont les agens qui ont fait naître le jeu d'affinités à l'aide duquel le bois s'est converti en bitume? par quel mécanisme s'est opérée cette conversion? quelles sont les causes physiques qui ont ensuite déterminé la disposition de la houille et des matières étrangères par couches successives? Ce sont de grands problèmes dont la solution est réservée à la sagacité des chimistes et des géologues.

3. Les mines de houille les plus profondes que l'on connoisse en Europe, suivant Morand, sont celles du comté de Namur, où l'on est descendu jusqu'à environ 650 mètres, ou 2000 pieds. Le pays de Liége est un de ceux où le même combustible abonde davantage. L'Angleterre renferme aussi de grandes richesses en ce genre, surtout dans les comtés situés vers le Nord; et le gouvernement Anglais n'a rien négligé pour mettre en valeur cette source de prospérité, soit en l'employant à vivifier l'industrie nationale, soit en la versant au-dehors par le commerce.

« Le sol de la République Française, dit le Cit. Coquebert (1), recèle le germe des mêmes avantages. Un quart de sa surface promet des mines de ce combustible (la houille); et dussions-nous n'en point découvrir de nouvelles, il en existe assez d'exploitées pour suffire à nos besoins. Les départemens de l'intérieur

____

(1) Journal des mines, N°. 1. p. 59.

en offrent sur le bord des rivières navigables , d'où la houille qu'on en extrait se distribue facilement dans toutes les parties de la République. Celles qu'on exploite près des côtes peuvent devenir pour nous ce que celles de Newcastle et de Whitehaven sont pour les Anglais, une nouvelle pépinière d'excellens marins ».

4. On a distingué la houille en plusieurs variétés, relativement à ses usages. L'une est ce qu'on appele *charbon gras*, c'est-à-dire, très-chargé de bitume. Cette houille brûle en se boursouflant, et ses différentes parties semblent se coller l'une à l'autre pendant cette combustion. Comme elle donne un grand feu, on l'emploie avec avantage dans les ateliers où l'on façonne le fer. Mais elle ne convient pas aux fourneaux de fonte, parce qu'en se ramollissant et en coulant elle empâte la mine de fer et la soustrait à l'action de la chaleur.

En Angleterre et ailleurs, on dépouille cette houille d'une partie de son bitume par une première combustion. On s'est servi du mot très-impropre de *désoufrer*, pour exprimer cette dépuration. La houille, dans cet état, porte le nom de *coak* en Angleterre. Elle brûle sans fumée, sans ramollissement et sans odeur forte, et on la préfère, par cette raison, pour les cheminées des appartemens.

La partie dont la houille a été dépouillée en s'épurant n'est pas perdue. Elle fournit une huile que l'on emploie comme goudron, et de l'ammoniaque dont on se sert dans les manufactures d'ammoniaque muriaté.

Une autre variété de houille, est celle qu'on appelle *charbon sec*. Celle-ci brûle sans se ramollir. Mais elle donne moins de chaleur que la houille grasse.

Il y a aussi des houilles chargées de sulfure de fer, qui dans leur combustion rendent beaucoup d'acide sulfurique. Ce principe ronge le fer, et ainsi la variété dont il s'agit doit être proscrite par les arts qui emploient ce métal (1).

____

(1) Encycl. méthod., arts et métiers, au mot *serrurier*.

Enfin, il y a des houilles où la partie terreuse est surabondante,
et que l'on appelle, par cette raison, *charbon de terre terreux.*
Elles ont l'inconvénient de ne pas produire un degré suffisant
de chaleur.

5. On confond quelquefois avec la houille certains bois bitumineux, qui ne peuvent être que d'un service très-médiocre.
On peut les regarder comme une houille commencée. Ils sont
beaucoup plus secs que la véritable houille, et donnent par la
combustion une cendre semblable au résidu des bois ordinaires,
tandis que la houille donne une masse charbonneuse, légère et
criblée de pores.

III⁰. ESPÈCE.

JAYET, *dérivé du mot GAGAS, qui désignoit une rivière
de Lycie, près de laquelle on trouvoit cette substance.*

Bitumen durissimum, purum, polituram admittens, aquis in-
natans, gagas; *Waller., t. II, p.* 106. Jayet, *de Lisle, t. II,
p.* 589. Pétrole compacte, d'une cassure luisante, susceptible
d'un beau poli; jayet; jais, *de Born, t. II, p.* 79. Jayet,
Sciagr., *t. II, p.* 18. Variété du Schlakiges erdpech, *Emmerling, t. II, p.* 50. Jais, *Daubenton, tabl., p.* 30. Jet, *Kirwan,
t. II, p.* 64. Succin noir de quelques auteurs.

Caract. essentiel. Assez dur pour être travaillé au tour. Noir
et opaque.

Caract. phys. Pesant. spécif., 1,259, suivant Brisson. Mais il
y a des morceaux qui surnagent l'eau.

Dureté. Cassant; susceptible d'être tourné et poli.

Électricité, foible et difficile à exciter par le frottement, quand
le morceau n'est pas isolé.

Transparence, nulle.

Couleur; le noir très-foncé.

Cassure, ondulée et médiocrement luisante.

Caract. chim. Combustible sans couler ni se boursoufler, en répandant une odeur qui, pour l'ordinaire, a de l'âcreté, et quelquefois produit une sensation aromatique assez agréable.

D'après les expériences du Cit. Vauquelin, le jayet donne un acide par la distillation, en quoi il diffère du bitume et de la houille.

Caractères distinctifs. 1°. Entre le jayet et le bitume solide. Le premier ne se laisse entamer par le couteau qu'en opposant une certaine résistance ; tandis que le bitume s'éclate par la simple pression de l'ongle. Le jayet frotté ou chauffé légérement n'a point une odeur sensible, comme le bitume. 2°. Entre le même et la houille. Le jayet est ordinairement plus dur. L'odeur qu'il répand en brûlant est aromatique plutôt que fade, comme celle de la houille.

VARIÉTÉS.

Jayet *compact*. A grain fin et serré.

ANNOTATIONS.

1. Les différens minéralogistes ont donné des descriptions du jayet qui ne semblent pas pouvoir se rapporter à une seule et même substance. Suivant les uns, le jayet ne seroit autre chose qu'un asphalte qui auroit acquis, avec le temps, une assez grande dureté pour être travaillé au tour et recevoir le poli. Les caractères qu'ils ont attribués à ce jayet, comme de brûler en coulant, d'être sensiblement électrique par le frottement, sans avoir besoin d'être isolé, s'accordent avec l'opinion qu'ils en avoient. D'autres regardent le jayet comme étant plutôt une sorte d'intermédiaire entre le bois fossile et la houille, ou comme un bois qui ayant subi une décomposition moins complète que celle de la houille, seroit moins pénétré de bitume, et auroit un tissu plus serré et plus égal. C'est cette dernière substance, la seule qui nous soit connue, que nous appelons *jayet*, et dont nous avons fait

une espèce à part, d'après les expériences du Cit. Vauquelin, qui y a démontré la présence d'un acide, sans toutefois décider si c'étoit l'acide pyroligneux, ou un principe d'une autre nature. On la trouve près de certaines mines de houille, et il y a des morceaux dont une partie décèle l'origine végétale du jayet, par un tissu ligneux encore reconnoissable ; observation qui ne peut convenir au jayet, considéré comme étant le pétrole parvenu, par le desséchement, à un degré considérable de dureté. Au reste, il est très-possible que cette dernière substance existe aussi dans la nature, et peut-être est-ce elle qui a donné naissance à une autre opinion, suivant laquelle le jayet étoit un succin de couleur noire.

2. Le jayet est employé pour faire de petits vases, des bracelets et des colliers. Sa couleur lugubre l'a fait adopter comme matière des boutons de deuil.

* * *

I V^e. E S P È C E.

S U C C I N. *On croit ce mot dérivé de* S U C C U S, *d'après l'opinion que le succin provenoit du suc d'un arbre.*

Succinum durius, Europæum ; succinum, *Waller.*, *t. II*, *p.* 108. Karabe vel carabe ; succinum, electrum, glessum ; ambra citrina, sacal, *Lemery, diction.*, *p.* 463. Succin, *de Lisle*, *t. II*, *p.* 589. Succin ; ambre jaune ; karabé, *de Born*, *t. II*, *p.* 88. Bernstein, *Emmerling*, *t. II, p.* 81. Pétrole combiné avec l'huile de succin, Sciagr., *t. II*, *p.* 22. Ambre jaune, *Daubenton, tabl.*, *p.* 50. Amber, *Kirwan*, *t. II*, *p.* 65.

Caractère essentiel. Jaune ; brûlant avec une odeur assez agréable.

Caract. phys. Pes. spécif., 1,078 . . . . 1,0855.

Dureté. Cassant ; susceptible d'être tourné et poli.

Réfraction, simple.

Electricité,

Electricité, très-sensible par le frottement et résineuse.

Couleur dans l'état de pureté ; le jaune tirant à l'orangé.

Odeur, assez agréable par le frottement, la trituration ou la combustion.

Cassure , conchoïde.

Caract. chim. Combustible en se boursouflant.

Le succin renferme un acide particulier, que l'on nomme *acide succinique.*

Caract. distinct. 1°. Entre le succin et le mellite. Le premier est fusible sur un charbon ardent, en répandant une odeur assez agréable ; l'autre y blanchit sans se fondre , et sans donner d'odeur ; il n'est pas, à beaucoup près, aussi électrique par le frottement que le succin, à moins qu'on ne l'isole ; la réfraction du mellite est double, et celle du succin est simple.

VARIÉTÉS.

Tissu.

Succin *compacte.*

ACCIDENS DE LUMIÈRE.

Couleurs.

1. Succin *jaune.*
2. Succin *orangé.*
3. Succin *blanc-jaunâtre.*

Wallerius cite du succin rouge, bleu, violet, pourpré et vert

Transparence.

1. Succin *transparent.*
2. Succin *translucide.*

ANNOTATIONS.

1. Le succin abonde dans la Prusse Ducale, sur le bord de

la Mer Baltique. Il y accompagne des cailloux roulés et différentes substances, surtout du bois fossile. On l'y extrait pour le
compte du gouvernement ; mais il s'en détache des portions qui
sont entraînées par les vagues, et les habitans du pays profitent
de la marée montante, pour les pêcher avec de petits filets (1).
On en trouve aussi en Allemagne, en France et ailleurs, disposé
par petites masses sous le sable, ou dans l'argile, ou entre des
lits de matières pyriteuses, ou parmi des mines de houille (2).

2. Les anciens poëtes, et même les philosophes, ont exercé
leur imagination sur l'origine et sur les propriétés du succin,
qu'ils appeloient *électrum*, peut-être à cause de la ressemblance
de sa couleur avec un alliage d'or et d'argent qui portoit ce même
nom. Les poëtes feignoient que les sœurs de Phaéton ayant été
changées en peupliers, lorsqu'elles déploroient la mort de leur
frère, ces arbres avoient continué de répandre, chaque année,
des larmes dorées qui étoient autant de gouttes de succin (3).
D'une autre part, les philosophes avoient remarqué la propriété
qu'a le succin d'attirer des brins de paille et autres corps légers,
lorsqu'on l'avoit frotté ; et Thalés étoit si frappé de cette propriété, qu'il s'imaginoit que le succin avoit une ame (4). Pline
paroît entrer dans cette idée, lorsqu'il dit que le succin est
animé par la chaleur, *acceptâ caloris animâ*, pour exprimer
la vertu attractive que le frottement communique à cette substance (5). On a retrouvé depuis la même propriété dans une
multitude d'autres corps, où elle a développé bien d'autres merveilles, ce qui a produit une des plus belles branches de la
physique, que l'on a nommée *électricité*, du nom de la substance
qui en avoit offert l'origine. Le mot *karabé*, qui est tiré de la

____

(1) Boëce de Boot, de lap. ac gemm., lib. II, cap. 159.
(2) De Born, t. II, p. 90.
(3) Pline, hist. nat., l. XXXII, ch. 2.
(4) Priestley, hist. de l'électr., t. I, p. 2.
(5) Hist. nat., l. XXXVII, ch. 3.

langue persane, fait allusion à la même vertu, et signifie *tire-paille* (1).

L'opinion la plus généralement répandue aujourd'hui parmi les naturalistes sur l'origine du succin, est que cette substance provient d'un suc résineux qui a coulé d'un arbre, et qui, enfoui dans la terre, par l'effet de quelque bouleversement, s'est imprégné de vapeurs minérales et salines, et a pris, avec le temps, de la consistance (2).

4. Quoique Wallerius paroisse persuadé qu'il existe naturellement du succin de différentes couleurs, rouge, violette, verte, etc., il convient qu'il y a des hommes qui ont trouvé le secret de communiquer ces mêmes couleurs au succin ordinaire, pour lui donner de la ressemblance avec les gemmes, et le rendre plus propre à être employé comme ornement (3).

On remarque quelquefois, dans l'intérieur du succin, des insectes très-bien conservés et très-reconnoissables, qui prouvent que ce bitume a été originairement liquide. Mais on a prétendu qu'il y avoit aussi des gens qui possédoient l'art de ramollir le succin, sans lui faire perdre sa transparence, de manière à pouvoir y introduire des insectes, sans les déformer.

5. Plusieurs naturalistes ont distingué deux espèces de succin, l'une plus dure, et qui est celle que nous décrivons dans cet article, l'autre plus tendre, qu'ils nomment *succin copal*. Wallerius dit que celui-ci se trouve enseveli sous le sable, dans la province de Benin, en Guinée (4). M. Kirwan présume que c'est le suc concret d'un arbre nommé, par Linnæus, *rhus copalinum* (5). Cette même substance seroit alors l'espèce de résine à laquelle on donne communément, parmi nous, le

(1) Lemery, diction., p. 464.
(2) Fourcroy, élém. d'hist. nat. et de chim., édit. 1789, t. III, p. 443.
(3) T. II, p. 109.
(4) T. II, p. 109.
(5) Elements of mineralogy, t. II, p. 65.

nom de *copal*, et qui diffère de celle qu'on appelle *copal vrai* ou *animé oriental* (1).

Quoi qu'il en soit, j'ai suivi l'opinion des minéralogistes, qui pensent que le copal doit rester dans le règne végétal, comme ayant conservé trop visiblement l'empreinte de son origine, pour être associé aux minéraux.

On peut employer le moyen suivant, pour distinguer le copal du succin, auquel il ressemble quelquefois parfaitement à l'extérieur. Si après avoir fait chauffer la pointe d'un couteau, on l'enfonce dans un fragment de succin, jusqu'à ce qu'il y ait adhérence, et qu'ensuite on allume ce fragment, on observe qu'il produit une flamme mamelonée et bruissante, et que de plus il brûle jusqu'à la fin sans couler (2). Le copal, dans le même cas, brûle en tombant par gouttes. Si le fragment de succin vient à se détacher, avant que la combustion soit achevée, on le voit courir en bondissant sur le plan où il est tombé.

6. Le succin fournit, par la distillation, une huile qui se rapproche du naphte ou du pétrole, suivant le degré de chaleur et la durée de l'opération. On fait souvent passer cette huile pour un bitume liquide naturel.

Le succin entre dans la composition de différens vernis, entre autres de celui qu'on appelle communément *vernis anglais*, et que l'on applique sur les instrumens de physique faits en cuivre, pour leur conserver leur poli et leur lustre.

On travaille le succin, soit en le taillant, à la manière des pierres, soit en le mettant sur le tour. On en fait des vases, des pommes de canne, des colliers et autres bijoux semblables. On dit que le roi de Prusse a un miroir ardent de succin, d'un pied ou 32 centimètres de diamètre, et qu'il y avoit dans le cabinet du duc de Florence une colonne de succin, de 10 pieds ou environ 33 décimètres de hauteur (3).

---

(1) Voyez l'Encyclop. méthodique, médecine, aux mots *animé* et *copal*.

(2) Ceci suppose que le succin soit homogène.

(3) Chaptal, élém. de chimie, t. III, p. 252.

7. Le succin ne s'emploie pas en substance, dans la médecine, d'après des préjugés qui ne méritent pas d'être cités. On le donne en fumigations, et sous cette forme il produit des vapeurs que l'on regarde comme toniques et stimulantes. On les reçoit sur des flanelles, avec lesquelles on frotte les membres paralysés.

Le sel ou acide succinique est employé comme stimulant, à l'extérieur ; c'est surtout dans les affections pituiteuses de poitrine, qu'on en a fait usage, en le mêlant dans des potions composées. L'effet qu'il produit sur ce genre d'excrétion, en le rendant plus facile, a été désigné par l'expression d'*incisif*.

L'huile de succin dissoute par l'ammoniaque liquide, forme ce qu'on appelle *eau de luce* (1).

Vᵉ. ESPÈCE.

MELLITE, *(m.)*

Honigstein (pierre de miel), *Emmerling*, t. *II*, *p.* 86. Mellites, *Lin.*, *syst. nat.*, curâ Jo.-Frid. Gmelin, *Lipsiæ*, 1793, t. *III*, *p.* 282. Succin transparent, cristallisé en octaèdres isolés, etc., de *Born*, t. *II*, *p.* 90. III. A. 4. Mellilite, *Kirwan*, t. *II*, *p.* 68.

Caractère essentiel. D'une jaune de miel. Devenant blanc, sur un charbon allumé, sans se fondre et sans donner d'odeur.

Caract. phys. Pesant. spécif., 1,5838.....1,666 (2).

Dureté. Fragile, et se laissant aisément entamer avec le couteau.

Electricité. Les cristaux qui ont un certain degré de pureté manifestent l'électricité résineuse, lorsqu'on se hâte de les présenter à l'électromètre, après les avoir frottés. Si on les isole, cette électricité est beaucoup plus sensible, et persiste pendant long-temps.

______

(1) Article communiqué par le Cit. Hallé.

(2) Ce second résultat est de M. Abich ; je suis parvenu au premier, en pesant une quantité de 2,084 grammes, ou un peu plus de 39 grains.

Couleur, dans l'état de pureté ; le jaune de miel.

Caractères géom. Forme primitive. Octaèdre (*fig.* 12) *pl. LXII*, dans lequel la base commune des deux pyramides est un carré, et l'incidence de P sur P', de 93^d $22'$ (1). Les joints naturels sont très-apparens par le chatoyement à la lumière d'une bougie.

Molécule intégrante, tétraèdre irrégulier.

Cassure, écailleuse.

Caract. chim. Exposé sur un charbon allumé, ou à la flamme d'une bougie, il blanchit et perd sa transparence. Chauffé fortement, il blanchit de même, ensuite devient noir, et finit par tomber en cendre.

Analyse par Klaproth (2).

Alumine.	16.
Acide particulier, analogue aux acides végétaux.	46.
Eau.	38.
	100.

Caractères distinctifs. Entre le mellite et le succin. Celui-ci se fond sur un charbon ardent, en répandant une odeur agréable ; le mellite y blanchit sans fusion et sans odeur. Le succin est très-électrique par le frottement, même sans être isolé ; le mellite l'est très-peu, à moins qu'on ne l'isole. La réfraction du succin est simple ; celle du mellite est double.

---

(1) La perpendiculaire menée du centre de la base sur un des côtés, ou, ce qui revient au même, la moitié de chaque côté est à la hauteur de la pyramide dans le rapport de $\sqrt{8}$ à $\sqrt{9}$.

(2) Karsten, miner. tabellen, p. 29.

VARIÉTES.

FORMES.

Déterminables.

1. Mellite *primitif.* P (*fig.* 12). Incidence de P sur P', 93^d 22'; de P sur P, 118^d 4'.

2. Mellite *dodécaèdre.* $\frac{P}{P}\ \frac{{}^\prime E^\prime}{g}$ (*fig.* 14). L'octaèdre primitif épointé latéralement. Incidence de g sur g, 90^d; de g sur P, 120^d 58'. Ce dodécaèdre diffère du rhomboïdal, en ce que dans ce dernier toutes les incidences des faces voisines sont de 120^d, au lieu que dans celui du mellite les unes sont de 120^d 58', et les autres de 118^d 4'; de plus, dans le dodécaèdre rhomboïdal, les incidences de deux faces, prises de deux côtés opposés d'un même angle solide composé de quatre plans, sont toutes de 90^d; tandis que dans le dodécaèdre du mellite il n'y a que les faces g, g qui fassent entre elles un angle droit; l'incidence des autres est ou de 93^d 22', comme celle de P sur P', ou de 86^d 38', comme celle de P sur la face située de l'autre côté du sommet.

3. Mellite *épointé.* $\frac{P}{P}\ \frac{{}^\prime E^\prime}{g}\ \frac{A}{{}^\prime_{\ o}}$ (*fig.* 13). Incidence de o sur P, 133^d 19'. Les faces o sont ordinairement plus ou moins curvilignes.

Indéterminables.

4. Mellite *granuliforme.*

ACCIDENS DE LUMIÈRE.

Couleurs.

1. Mellite *jaune de miel.*
2. Mellite *orangé-brun.*

Transparence.

1. Mellite *transparent.*
2. Mellite *translucide.*

A N N O T A T I O N S.

1. Les cristaux de mellite ont été découverts à Artern, en Thuringe, dans des couches de bois bitumineux ; et l'on dit que depuis on en a trouvé aussi en Suisse, où ils accompagnent le bitume glutineux (asphalte). Ils sont le plus souvent isolés et quelquefois diversement groupés et engagés les uns dans les autres. Leur épaisseur moyenne m'a paru être d'environ un centimètre.

2. Avant que cette substance ait été soumise à l'analyse, il y a eu deux opinions, parmi les minéralogistes, sur sa nature ; la première étoit celle de Bruckman, qui regardoit le mellite comme un gypse imprégné de pétrole ; la seconde qui, à en juger par les apparences, étoit mieux fondée, en faisoit un succin cristallisé. Cependant plusieurs naturalistes opposoient à ce rapprochement diverses expériences comparatives, qui offroient des différences très - marquées entre les deux substances, et dont aucunes n'ont été faites avec plus de soin et d'une manière plus suivie que celles du Cit. Gillet (1).

Lampadius ayant entrepris depuis l'analyse du mellite, publia qu'il en avoit retiré 80 à 90 de carbone, 3 d'eau de cristallisation, 3,5 d'alumine, 2 de silice, et quelques atomes de fer. Ce résultat, joint aux expériences faites jusqu'alors sur le mellite, fit présumer au Cit. Coquebert que le principe constituant et caractéristique de ce minéral étoit le carbone, comme dans le diamant, mais modifié par quelque circonstance particulière (2).

---

(1) Journal de phys., nov., 1791, p. 370 et suiv.
(2) Bulletin des sciences de la société philom., frimaire, an 8, p. 66. Ce

Mais

Mais on voit, en comparant l'analyse de Lampadius avec celle de Klaproth, que le premier ayant décomposé l'acide du mellite, avoit pris le carbone pour un des produits immédiats de l'opération. On est même fort surpris de cette grande quantité de carbone annoncée par Lampadius, puisque suivant les expériences de Klaproth, dont on connoit l'exactitude, la proportion de l'acide, dont le carbone ne forme qu'une partie, ne va pas au-delà de 46 pour 100.

Une autre analyse antérieure à celle de Klaproth, est de M. Abich, qui avoit cru trouver dans le mellite 16 de carbonate d'alumine, 4 de carbone, 5 d'oxyde de fer, 40 d'acide carbonique, 28 d'eau de cristallisation, et 5,5 de naphte.

4. Quelques auteurs, et en particulier M. Kirwan, ont annoncé que le mellite n'étoit point électrique par le frottement. Cette opinion m'ayant paru suspecte, en ce qu'elle étoit contraire à l'analogie, j'entrepris de répéter l'expérience ; et après avoir frotté à plusieurs reprises un cristal de mellite, je le présentai, le plus promptement possible, à l'une des boules de la petite aiguille de cuivre. Il y eut aussitôt attraction. Mais cet effet étoit momentanée, et il n'avoit plus lieu, lorsque je mettois moins de célérité dans l'expérience. Ainsi, le mellite appartient réellement à la classe des corps idio-électriques ; mais la facilité avec laquelle son électricité se dissipe, le rapproche des corps conducteurs. J'ai trouvé de plus, en disposant l'appareil d'une manière convenable, que cette électricité étoit résineuse. Enfin, lorsque j'isolois le cristal, il acquéroit une forte élec-

---

qu'on lit au même endroit, que l'octaèdre du mellite est susceptible de dériver de l'octaèdre régulier, en supposant que l'incidence des faces d'une pyramide sur celles de l'autre soit de 90ᵈ, n'étoit qu'un résultat théorique, sur lequel le Cit. Coquebert avoit désiré une réponse, et qui ne pouvoit être admis qu'autant qu'il s'accorderoit avec l'observation de la structure, et avec des mesures plus précises que celles qui avoient été prises sur un très-petit fragment de cristal, qui appartenoit au Cit. Gillet.

tricité de la même nature, qui persistoit quelquefois jusqu'au point d'être encore sensible au bout de trois heures.

5. J'ai observé la double réfraction du mellite, en regardant les objets à travers une des faces latérales g (*fig.* 14), et l'une des faces primitives situées de l'autre côté du cristal, par exemple, celle qui est adjacente à P le long de l'arête *l*. L'angle réfringent étant alors d'environ 59^d, les images étoient sensiblement écartées l'une de l'autre, en même temps qu'elles étoient rejetées latéralement à une grande distance, par la quantité de la réfraction. Dans une substance terreuse, cette distance auroit dû se trouver diminuée de beaucoup, par une suite de ce que la densité est peu considérable. Mais d'après une estimation faite par aperçu, j'ai jugé que la quantité de la réfraction étoit ici, toutes choses égales d'ailleurs, beaucoup plus forte qu'elle n'auroit dû l'être, eu égard à la densité ; ce qui est d'accord avec la loi découverte par Newton, relativement aux substances combustibles, telle que je l'ai exposée à l'article du diamant.

QUATRIÈME CLASSE.

SUBSTANCES MÉTALLIQUES.

Les métaux, lorsqu'ils jouissent de toute leur pureté, se présentent avec des qualités et sous un aspect qui les font ressortir parmi toutes les autres substances minérales, soit que l'on considère leur grande pesanteur, ou leur opacité parfaite, joint à ce brillant qui leur est si particulier, qu'on ne l'a point désigné autrement que par le nom de *brillant métallique*.

Mais ces qualités, dont l'existence fait reconnoître si facilement les êtres qui les possèdent, sont souvent altérées ou même entièrement masquées par des principes hétérogènes, et l'on ne peut voir, sans surprise, les métaux devenus si différens d'eux-mêmes dans leurs combinaisons. La présence de l'acide carbonique jointe à celle de l'oxygène, change le plomb en un corps blanchâtre et transparent, que l'on seroit tenté de confondre avec la chaux

carbonatée ; celle du soufre communique au zinc l'apparence de
la plus belle topaze ; l'argent uni au soufre et à une autre substance
métallique, qui est l'antimoine, prend une transparence et une
couleur qui l'ont fait comparer au rubis. Il a fallu toutes les ressources de l'industrie humaine, pour retrouver les métaux sous
ces formes empruntées, rompre les affinités qui tenoient leurs
molécules comme enchaînées à des molécules étrangères, et les
faire reparoître avec ces qualités précieuses qui les rendent susceptibles d'être appropriés à nos usages. En général, il n'est aucune substance métallique qui n'ait besoin de subir quelque préparation, avant de passer dans nos ateliers, et de là tant de
procédés ingénieux employés par cet art important, qui dérobe
à la terre les richesses enfouies dans son sein, et auquel l'art
de rendre cette même terre féconde à la surface est redevable
de ses plus puissans moyens.

Parcourons les diverses qualités physiques, ou qui sont propres
aux métaux, ou qui sont plus remarquables en eux que dans
d'autres minéraux qui les partagent, et donnons une notion de
chacune.

1°. Brillant métallique. Quelques substances comprises dans
les autres classes, en offrent une fausse imitation, qui disparoit
lorsqu'on les raye avec une pointe d'acier, ainsi que nous l'avons
dit dans les généralités.

Les métaux les plus usuels, comparés relativement à leur
éclat, se rangent dans l'ordre suivant (1).

Platine.

Fer, ou plutôt acier.

Argent.

Or.

______

(1) Ce tableau et ceux qui suivent, ont été tirés du dictionnaire de chimie
de Macquer, à l'exception de ce qui concerne la ductilité et la ténacité du
platine, que j'ai emprunté d'un mémoire lu à l'institut national par le Cit.
Guyton, le 1ᵉʳ. messidor, an 5, et que ce savant a bien voulu me communiquer.

Cuivre.

Etain.

Plomb.

2°. Couleur. Nous avons déjà remarqué ailleurs que les couleurs, qui, dans la plupart des autres substances, dépendent d'un principe étranger, sont, au contraire, dans les métaux, l'effet de la réflection immédiate de la lumière sur les molécules propres, d'où il suit qu'un métal pur a constamment la même couleur.

Dans les métaux dégagés de tout mélange, la variation des couleurs est resserrée entre des limites étroites. Ces couleurs se réduisent, en général, à deux, savoir : le blanc tantôt pur, comme dans l'argent ; tantôt tirant sur le gris, comme dans l'étain ; tantôt livide, comme dans le plomb, etc. ; et le jaune tantôt pur, comme dans l'or ; tantôt rougeâtre, comme dans le cuivre. Tous les hommes distinguent aisément ces nuances, au moins par rapport aux métaux qu'ils ont l'habitude de voir.

Les mêmes teintes se retrouvent à peu près dans les substances métalliques composées, qui conservent encore le brillant métallique. Mais souvent elles diffèrent totalement des couleurs qu'avoient les métaux purs. Le fer combiné avec le soufre passe au jaune de bronze ; l'argent uni au même principe prend le gris livide du plomb, etc.

Lorsqu'on triture ou qu'on lime une des mêmes substances, soit simple, soit composée, de manière à la réduire en poussière très-fine, le brillant métallique fait place à la couleur noire, ou d'un gris-noirâtre. Newton avoit déjà remarqué ce phénomène par rapport aux métaux blancs (1) ; mais il s'étend aussi à ceux qui offrent d'autres teintes, en supposant toujours que ces teintes soient relevées par l'éclat métallique ; et si en triturant le fer de l'île d'Elbe, on obtient une poussière dont la couleur

---

(1) Optice lucis. lib. II, pars 3, prop. 7.

noire est nuancée de rougeâtre, cette nuance provient des particules oxydées qui étoient mêlées au fer métallique.

A l'égard des substances de cette classe, qui ne sont point à l'état de métal, telles que le cuivre carbonaté bleu ou vert, le mercure sulfuré, le fer sulfaté, etc., elles offrent des couleurs analogues à celles des substances terreuses, avec la différence que ces couleurs sont communément inhérentes à la surface; et il arrive souvent encore qu'elles persistent dans la poussière obtenue par la trituration, ou qu'elles font place à une couleur voisine également décidée, comme lorsque l'orangé succède au rouge du plomb chromaté, au lieu que les substances terreuses les plus colorées ne produisent, pour l'ordinaire, qu'une poussière grise ou blanchâtre.

Dans les oxydes métalliques, une proportion plus ou moins considérable d'oxygène apporte un changement à la couleur. Ce sont ces mêmes oxydes qui, en général, font l'office de principes colorans, par rapport aux substances terreuses et autres, auxquelles ils s'associent accidentellement.

Il résulte de ce qui précède, qu'à l'égard des substances métalliques, la couleur doit être citée parmi les qualités qui fournissent le caractère spécifique.

3°. Densité. Dans les métaux purs, elle l'emporte de beaucoup sur celle des substances non métalliques les plus pesantes. L'étain, qui est le plus léger des métaux, a une pesanteur spécifique d'environ 7,3. Parmi les substances qui composent les autres classes, celle qui approche le plus de cette limite est la baryte sulfatée, dont la pesanteur spécifique est d'environ 4,5 (1).

C'est la grande densité des métaux qui les rend propres à réfléchir cette lumière vive et abondante, dont l'effet, joint à celui de l'opacité, produit le brillant métallique.

______

(1) Plusieurs chimistes ont soupçonné que la baryte pourroit bien être une substance métallique, qui se présenteroit sous la forme d'oxyde, parce qu'elle auroit plus d'affinité avec l'oxygène qu'avec le carbone. Lavoisier, élém. de chimie, t. I, p. 174.

Ordre des densités des mêmes métaux que ci-dessus, en ajoutant le mercure.

Platine.
Or.
Mercure.
Plomb.
Argent.
Cuivre.
Fer.
Etain.

4°. Dureté. Elle le cède à celle d'un grand nombre de substances pierreuses, dont quelques-unes, réduites en poussière, sont employées avantageusement pour polir les métaux : mais on sait à quel point la dureté de l'acier ou du fer cémenté s'accroit par l'opération de la trempe ; et c'est en s'unissant dans l'émeri avec le quartz, que le fer offre encore un moyen si puissant pour travailler différens corps et le fer lui-même.

Ordre des duretés.

Fer ou acier.
Platine.
Cuivre.
Argent.
Or.
Etain.
Plomb.

5°. Elasticité. Elle suit le même ordre que la dureté. On a l'avantage de pouvoir augmenter à la fois ces deux qualités dans une substance métallique, en l'alliant avec une autre dont les molécules, entrelacées en quelque sorte dans celles de la première, en diminuent le jeu, et rendent leurs points de contact moins susceptibles de varier ou de se quitter.

C'est à la réunion de ces mêmes qualités que les métaux doivent leur résonnance, lorsqu'on leur a donné une forme convenable. On ne connoît aucuns corps qui soient aussi sonores, et dans lesquels les vibrations une fois excitées, s'entretiennent plus long-temps avant de s'éteindre.

6°. *Ductilité.* Elle paroît provenir de ce que les molécules ont la faculté de céder à la pression, en glissant les unes sur les autres, de manière que les points par lesquels elles s'attiroient, quoique réellement déplacés, se trouvent toujours à des distances assez petites, pour que l'adhérence continue d'avoir lieu. Cette qualité est particulière aux substances métalliques. Le verre peut, à la vérité, devenir ductile, mais seulement lorsqu'il est exposé à l'action du feu. L'argile acquiert aussi une certaine ductilité par l'imbibition ; mais les métaux n'ont besoin que d'être battus à froid pour manifester leur ductilité. Pendant cette opération, qu'on nomme écrouissage, le métal devient plus dur et capable d'une plus grande réaction, par le rapprochement de ses parties.

Mais il y a des substances métalliques qui paroissent n'avoir aucune ductilité, et qui se cassent sous le marteau, plutôt que de fléchir ou de s'étendre. Tels sont l'antimoine, le bismuth, le cobalt, etc.; on avoit fait de ces métaux une classe à part, sous le nom de *demi-métaux.* Plusieurs naturalistes ont senti le vice de cette dénomination fractionnaire, et, à leur exemple, nous adopterons celle de *métal* pour toutes les substances de notre quatrième classe.

Ordre des ductilités.

Or.

Platine.

Argent.

Cuivre.

Fer.

Etain.

Plomb.

Le nickel et le zinc sont parmi les autres substances métal-liques, celles qui approchent le plus des précédentes, par leur ductilité.

7°. Ténacité. Elle s'estime d'après la faculté qu'a un fil de métal, d'un diamètre donné, de résister, sans se rompre, à l'action d'une force connue qui le tire par une extrémité, tandis qu'il est fixé par l'extrémité opposée.

Ordre des ténacités.

Or.

Fer.

Cuivre.

Platine.

Argent.

Etain.

Plomb.

8 . Dilatabilité par le calorique. Elle est sensiblement proportionnelle, dans chaque métal, à l'augmentation de chaleur, et ce rapport a même lieu pour le mercure, du moins entre les limites de la graduation du thermomètre ; mais aux approches de l'ébullition, la dilatation suit une loi beaucoup plus rapide que l'élévation de température, parce que la force expansive du calorique n'étant plus balancée que très-foiblement par l'affinité, est employée presque toute entière à écarter les molécules les unes des autres.

Il est quelquefois nécessaire, dans les arts ou dans la physique, d'avoir égard aux dilatations des métaux. Dans ce cas, le rapport de dilatation, suivant une seule dimension, pour un degré du thermomètre, étant donné, on multiplie la fraction qui représente ce rapport, par le nombre de degrés dont la température a été élevée, puis on double le produit, s'il s'agit d'estimer la dilatation de la surface, et on le triple, si l'on se propose d'estimer celle du volume (1) ; après quoi il ne reste plus

----

(1) Les géomètres concevront aisément que cette méthode se réduit à considérer la surface proposée, comme celle d'un rectangle qui lui seroit égal, ou la solidité, comme celle d'un parallélipipède ; à chercher ensuite

qu'à

qu'à multiplier l'un ou l'autre de ces produits par la surface
ou par la solidité du corps, pour avoir la quantité absolue de
la dilatation. Ainsi, l'on sait, par l'expérience, qu'une verge de
fer se dilate de $\frac{1}{93750}$ de sa longueur, pour un degré du thermomètre centigrade (1) ; d'où il suit que si la température d'une
masse de fer égale à deux décimètres cubes, a été élevée de
cinq degrés du thermomètre centigrade, et qu'on veuille déterminer, par exemple, sa dilatation en volume, il faudra d'abord
multiplier par 5 et par 3 la fraction $\frac{1}{93750}$, ce qui donne $\frac{1}{6250}$.
Multipliant ensuite par la solidité, on aura $\frac{2 \text{ décim. cube}}{6250}$ ou $\frac{1 \text{ décim. cube}}{3125}$
pour l'accroissement en volume.

La fusibilité n'est que la faculté de subir une dilatation portée
jusqu'au degré où la force expansive du calorique l'emporte tellement sur l'affinité réciproque des molécules, que celles-ci puissent se mouvoir librement en tout sens, et céder à la plus légère
pression. Les substances métalliques diffèrent sensiblement de
celles surtout des deux premières classes, relativement aux effets
de la propriété dont il s'agit. La fusion ne change point leurs
qualités ; elle occasionne seulement un nouvel arrangement de
leurs molécules, au lieu qu'elle semble dénaturer les substances
terreuses et acidifères, en leur faisant subir une vitrification,
ou en les scorifiant (2).

Le mercure encore à l'état de fusion par un froid de 37^d,5

---

l'accroissement de cette surface ou de cette solidité, en faisant varier chaque
dimension d'après la loi donnée de la dilatation , et en rejetant du résultat
les fractions dont le dénominateur est affecté d'une puissance qui passe le
premier degré. Cette marche est analogue à celle que l'on suit dans la diffé-
renciation des surfaces et des solidités.

(1) Lorsqu'on emploie le thermomètre de Réaumur, la dilatation est
de $\frac{1}{75000}$ pour chaque degré.

(2) Ceci est vrai, en général, des substances métalliques pures ou combinées , pourvu qu'elles soient pourvues de leur brillant , et qu'elles n'éprouvent qu'une simple fusion. Mais on sait qu'en poussant le feu , on parvient à
vitrifier plusieurs de ces substances, et en particulier l'antimoine.

du thermomètre centigrade, ou de 30ᵈ du thermomètre, dit de Réaumur, et le platine résistant, sans se fondre, au feu le plus violent de nos fourneaux, présentent une des plus grandes distances qui séparent les limites entre lesquelles varient les propriétés des corps naturels (1).

Quant à la dissolution par l'action de l'eau, il n'y a que trois substances métalliques connues qui en soient susceptibles, savoir : le cuivre, le fer et le zinc sulfatés.

Ordre des fusibilités.

Mercure.

Etain.

Plomb.

Argent.

Or.

Cuivre.

Fer.

Platine.

9°. Electricité. Les substances métalliques, à l'état de **métal**, possèdent éminemment la faculté conductrice de l'électricité. On la retrouve encore dans quelques-unes qui sont dépourvues du brillant métallique, comme certains morceaux d'argent antimonié sulfuré (argent rouge), les cristaux d'étain oxydé brun, etc. Mais il paroît que, dans ce cas, elle est occasionnée par la présence d'un certain nombre de molécules qui ont perdu leur oxygène. A l'égard des corps métalliques qui ont l'apparence vitreuse, comme le zinc sulfuré, le plomb carbonaté, ils se rapprochent ordinairement des substances terreuses, en ce qu'ils sont idio-électriques, et acquièrent l'électricité vitrée ou positive, par le frottement.

---

(1) Il scroit à souhaiter que l'on fît une suite d'expériences plus exactes que celles qui ont été tentées jusqu'ici, relativement à une autre propriété qui dépend aussi du calorique, savoir, la faculté conductrice de ce fluide.

Parmi ces mêmes corps, il en est un, savoir, le zinc oxydé, qui devient électrique, à l'aide de la simple chaleur.

10°. Odeur par l'action du feu. Plusieurs substances métalliques exhalent, lorsqu'on les chauffe, une odeur qui provient du dégagement d'un des principes qui les minéralisoit, tels surtout que le soufre, dont l'odeur est connue de tout le monde, et l'arsenic, dont l'impression sur l'odorat est semblable à celle que produit l'ail.

11°. Les formes primitives des substances métalliques sont celles à l'égard desquelles nos connoissances se trouvent le plus en retard. Les métaux ductiles, comme l'or, l'argent, le cuivre, etc., ne laissent apercevoir aucun joint naturel. Plusieurs de ceux qui sont combinés avec l'oxygène ou avec d'autres principes, n'ont encore été rencontrés qu'en masses irrégulières, sans indice de structure, ou à l'état pulvérulent. Enfin, la petitesse des cristaux, dans le mercure muriaté, le cobalt arseniaté, etc., ne permet pas de les soumettre à la division mécanique.

Parmi les formes primitives des métaux divisibles qui sont purs, comme le bismuth et l'antimoine, qu'on appelle *natifs*, ou qui n'ont point perdu leur brillant, par leur union avec d'autres principes, comme le fer sulfuré, le cobalt gris, c'est le cube et l'octaèdre régulier qui dominent; et il est probable que les métaux ductiles ont aussi pour noyau l'un ou l'autre de ces deux solides. Dans le cuivre gris, la forme primitive est le tétraèdre régulier; et parmi les substances dépourvues du brillant métallique, le mercure sulfuré se divise en prisme hexaèdre régulier, le zinc sulfuré en dodécaèdre rhomboïdal, et le plomb phosphaté en dodécaèdre bi-pyramidal; en sorte que la classe dont il s'agit a cela de particulier, qu'elle offre la réunion des six formes primitives connues.

Trois substances donnent le rhomboïde, savoir: l'argent antimonié sulfuré, le fer sulfaté et le fer oligiste. Dans les autres espèces, on a tantôt l'octaèdre rectangulaire, comme dans le zinc oxydé, et tantôt le prisme droit, qui est rhomboïdal dans le fer arsenical ou mispickel , et rectangulaire dans le titane oxydé , et dans le tungstène ferruginé ou wolfram. Enfin, le cuivre sulfaté présente le moins régulier de tous les noyaux connus , savoir , un parallélipipède obliquangle , dont les angles solides sont formés par la réunion de trois plans diversement inclinés, sans qu'aucune de ces inclinaisons soit de 90^d ou de 60^d, comme dans le feld-spath. Ainsi, on peut dire que la classe des substances métalliques est celle où les formes primitives varient à tous égards , entre les limites les plus étendues.

Il seroit très-difficile , pour ne pas dire impossible , d'établir une distinction nette entre les substances métalliques et celles des autres classes, d'après un petit nombre de caractères faciles à vérifier, comme nous l'avons fait pour ces dernières comparées entre elles. La propriété qui particularise les substances métalliques , est d'avoir le brillant métallique, ou d'être susceptibles de l'acquérir. On peut cependant , pour reconnoitre celles qui en sont dépourvues, s'aider des caractères suivans, qui, sans s'étendre à leur ensemble, conviennent exclusivement à quelques-unes d'entre elles.

1°. Pesanteur spécifique au-dessus de 4,5.

2°. Permanence d'une couleur vive , après la trituration , ou passage à une couleur voisine, qui est elle-même plus ou moins vive.

3°. Combustion avec dégagement de vapeurs, dont l'odeur est ou sulfureuse ou semblable à celle de l'ail.

On a donné le nom de *mines* , tantôt aux endroits de la terre d'où l'on tiroit les substances métalliques, tantôt à ces substances elles-mêmes : et ce nom , employé dans la seconde acception , est devenu le mot initial des phrases par lesquelles les minéralogistes désignoient la plupart des corps dont il s'agit. Ainsi on disoit, *mine d'argent vitreuse , mine de fer arsenicale , mine de plomb spathique.* Ce mot se trouve exclus de notre nomenclature, qui n'admet que des dénominations méthodiques et précises, composées du nom générique et du nom spécifique de la substance

La nature peut nous présenter un même métal dans cinq états différens.

1°. Pur, ou à peu près. Cet état a été désigné par le mot de *vierge* ou de *natif*, ajouté au nom du métal. On n'a encore trouvé qu'une partie des substances métalliques à cet état; tels sont le platine, l'or, l'argent, le cuivre, etc.

2°. Uni à un autre métal, sans qu'aucun des deux cesse d'être à l'état métallique. Tel est l'argent uni à l'antimoine dans la substance nommée, par Romé de Lisle, *mine d'argent antimoniale*.

3°. Combiné avec l'oxygène. Les métaux, dans cet état, étoient désignés par le nom impropre de *chaux métallique*, et l'on disoit *fer en chaux*, *bismuth en chaux*, etc.

Il peut arriver aussi qu'un métal oxydé soit uni à l'oxyde d'un autre métal.

4°. Combiné avec un combustible, tel que le carbone, le soufre. On appeloit *minérais* les produits de ces combinaisons, *minéralisateurs* les principes combinés avec le métal, et *minéralisation* l'acte même de la combinaison. On disoit *fer minéralisé par le soufre*, *fer minéralisé par le carbone*, etc.

5°. Combiné avec un acide, tel que l'acide carbonique, l'acide muriatique, etc. C'étoit un autre genre de minérai, que l'on indiquoit de la même manière, en disant par exemple, *plomb minéralisé par l'acide aérien*.

Nous avons profité du langage de la nouvelle chimie, pour exprimer ces différens états. Mais comme il n'offroit point d'expressions assez variées, pour remplir complétement l'objet que nous nous proposions, nous avons tâché d'y suppléer, en donnant, dans certains cas, des inflexions particulières aux noms des substances. Voici l'ordre de notre nomenclature.

1°. Le métal pur sera indiqué par le mot de *natif*, exemple: *or natif*, *argent natif*, etc.

2°. Lorsqu'un métal à l'état métallique sera uni à celui qui détermine le genre, nous en modifierons le nom, par la terminaison en *al*. Ainsi, nous appelerons *fer arsenical* la combinaison

du fer avec l'arsenic, dans la substance qu'on nomme communément *mispickel*.

3°. L'union d'un métal avec l'oxygène sera désignée par le
mot *oxydé*, ajouté à celui du métal, exemple : *fer oxydé*, *bismuth oxydé*, etc.

Mais si un autre métal pareillement oxydé minéralise celui
qui détermine le genre, son nom se terminera en *é*, exemple :
plomb oxydé arsenié, au lieu de plomb oxydé combiné avec
l'arsenic oxydé.

4°. Si le minéralisateur est un combustible, nous nous servi-
rons du langage de la nouvelle chimie, en disant, par exemple,
fer sulfuré, *fer carburé*, etc., pour exprimer la combinaison du
fer avec le soufre ou avec le carbone.

5°. Si un métal, ou plutôt son oxyde, est combiné avec un
acide, le même langage nous fournira les dénominations de *fer
oxydé sulfaté*, de *cobalt oxydé arseniaté*, etc. (1), pour désigner
l'union du fer avec l'acide sulfurique, celle du cobalt avec l'acide
arsenique, etc.

Mais il arrive souvent qu'un métal s'unit accidentellement à
une espèce proprement dite. Dans ce cas, nous emploîrons la
terminaison *fère*, en disant, par exemple, *fer sulfuré aurifère*,
bismuth natif arsenifère, pour faire connoître que l'or ou l'arsenic n'est ici qu'un principe additionnel (2).

---

(1) On peut sous-entendre le mot *oxydé*, parce que le titre de la soudivision à laquelle appartient l'une ou l'autre espèce, indique que le métal
principal est à l'état d'oxyde ; et c'est ainsi que nous *en* userons, pour
abréger.

(2) On pourra nous reprocher un défaut d'uniformité dans notre nomenclature, qui désigne ailleurs par le nom d'*acidifères* de véritables
combinaisons d'un minéral avec un acide. Nous aurions pu parer à cet inconvénient, en disant *substances acidées* au lieu de *substances acidifères*. Mais cette dernière dénomination a paru devoir être préférée. Après
tout, il suffira de se rappeler que le mot d'*acide* emporte avec lui l'idée
d'une combinaison intime.

Au reste, quelqu'effort que l'on fasse pour ramener la nomenclature à la simplicité et à la précision, il y aura des substances
métalliques si composées, que leurs dénominations s'en ressen-
tiront nécessairement. Ainsi, pour désigner la mine connue sous
le nom d'*argent rouge*, qui, suivant les analyses de Klaproth
et de Vauquelin, est une combinaison d'oxyde d'argent avec
l'oxyde d'antimoine et le soufre, il faudra dire argent antimonié
sulfuré (1); dénomination qui se trouvera encore alongée par les
épithètes relatives aux formes cristallines. Rien n'empêchera,
dans ces sortes de cas, de se servir d'un nom vulgaire plus
concis, tel que celui d'*argent rouge*, comme d'une indication plus
commode, lorsqu'on fera l'histoire de la substance, et par tout
où l'on voudra éviter une prolixité qui ne serviroit qu'à ralentir
la marche du discours. Mais il faut que la méthode conserve son
uniformité, et que sa partie descriptive emploie des dénominations assorties à l'ensemble des principes que présente chaque
substance, et dictées par la science elle-même. On ne pourroit
les abréger, qu'en exprimant la même chose en moins de mots.

Nous avons dit que les métaux n'existoient pas toujours à l'état
de natif dans le sein de la terre. Mais l'art, en faisant subir l'action
du feu à ceux qui sont combinés avec d'autres substances, parvient, par divers procédés, à les débarrasser, et à les obtenir
dans l'état de pureté. On désignoit les métaux ainsi épurés, à
l'aide de la fusion, par le mot de *régule*, puisé dans la langue
des alchimistes, et l'on a même étendu ce mot aux métaux qui
étant d'abord à l'état de natif, avoient ensuite été fondus, auquel
cas ils avoient aussi éprouvé une dépuration, parce qu'il n'existe
peut-être pas une seule substance métallique qui, dans son gisement, soit exempte de tout mélange. Nous remplacerons, dans
l'un et l'autre cas, le mot de *régule* par celui de *fonte*, et nous
dirons la fonte de l'or, de l'argent, du plomb, etc., ou l'or fondu,

____

(1) On sous-entend ici le mot *oxydé* à la suite d'*argent*, pour la raison
que nous avons dite plus haut.

l'argent fondu, etc., pour indiquer chacun de ces métaux amené.
par la fusion, à un grand degré de pureté.

Les fontes des métaux sont susceptibles de cristallisation, à
l'aide d'un procédé semblable à celui que Rouelle a employé le
premier par rapport au soufre, et qui consiste à laisser figer la
surface du métal, puis à percer la croûte qui s'y est formée, et
à survider le creuset. Après le refroidissement, on brise ce creuset, et on le trouve tapissé à l'intérieur, de cristaux ordinairement groupés, qui sont cubiques ou octaèdres. On a cru que
le vide laissé par le métal qui étoit sorti du creuset, favorisoit la
production des cristaux. La vérité est qu'ils se forment au milieu
même du métal encore en fusion, par le rapprochement des
parties qui se refroidissent les premières. Il en est de ce métal
à peu près comme de l'eau, qui se congèle, c'est-à-dire, cristallise, au milieu de l'eau même encore liquide. On ne fait autre
chose, en survidant le creuset, que mettre à nu les cristaux
déjà formés, et empêcher qu'ils ne soient saisis par le métal en-
vironnant et ne se perdent dans la masse refroidie. C'est ce que
prouve une observation du citoyen Dupouget, qui, au lieu de
survider le creuset qui renfermoit du bismuth en fusion, se con-
tenta de cerner, avec la pointe d'un canif, la croûte extérieure.
Ayant ensuite enlevé cette croûte, il en trouva la surface inférieure chargée de belles cristallisations de bismuth.

Les valeurs relatives des métaux, considérés sous le point de
vue du commerce, et le rang que chacun occupe dans l'estime
des hommes, ont influé sur l'arrangement qu'on leur a donné
dans les méthodes elles-mêmes. Ainsi, toutes les mines qui renfermoient de l'or, ne fût-ce qu'accidentellement et en petite
quantité, ont été regardées comme autant d'espèces distinctes
et placées dans le genre de l'or.

La même chose a eu lieu par rapport à l'argent et au cuivre
associés à d'autres métaux d'une moindre valeur commerciale;
et par une suite de ce principe, on s'est permis plusieurs doubles
emplois, en plaçant telle mine alliée avec un métal plus noble,

genre,

dans le genre de ce métal, et en remettant dans son propre genre, la même mine réduite, du moins à peu près, à ses principes essentiels. Bergmann avoue que ce mode de classification n'a aucun fondement physique; mais il pense qu'on doit le préférer en faveur des mineurs, qui, sans cela, seroient obligés de chercher, sous des noms étrangers, la plupart des substances qui sont à leur égard des mines d'or, d'argent ou de cuivre (1).

Il nous a paru, au contraire, qu'une méthode devoit offrir aux mineurs, comme à tous les minéralogistes, un moyen d'étudier la nature en elle-même, indépendamment de toute considération étrangère, et que l'avantage de réunir sous un même titre tout ce qui concerne un même objet d'exploitation, devoit le céder à celui de mettre chaque être à sa place, et de le présenter sous ses véritables rapports avec tous les autres. Et peut-être est-il intéressant, même pour ceux qui se livrent à la pratique, que la méthode, par la manière seule dont elle est combinée, leur offre comme la balance des richesses de chaque mine, qu'elle les avertisse de ce que celle-ci peut renfermer d'essentiel ou de purement accessoire, de ce qui y domine ou n'en forme que la moindre partie, et qu'elle soit tout à la fois un tableau plus fidelle de la nature, et mieux assorti au but des recherches et du travail de l'art.

Au reste, nous sommes encore loin d'avoir toutes les connoissances nécessaires pour bien ordonner toutes les parties de ce tableau. D'une part, il existe des substances métalliques qui laissent des doutes à lever, pour savoir si elles forment des espèces proprement dites; et d'une autre part, il en est plusieurs, parmi celles qui paroissent marquées d'un caractère spécifique non-équivoque, dont la véritable place est encore incertaine. Le moyen de dissiper cette double obscurité, seroit de faire un grand nombre d'analyses comparatives des différens morceaux qui paroissent appartenir à une même substance, de dé-

____

(1) Sciagraphia regni miner., p. 16.

mêler parmi les principes composans , ceux qui varient d'une manière sensible , d'avec ceux dont les rapports se soutiennent constamment , et de remarquer surtout ceux qui deviennent nuls dans certains morceaux. Il faudroit faire attention aux circonstances qui peuvent altérer , par des mélanges , le vrai type de la composition , telles que la proximité ou la juxta-position de plusieurs substances de différente nature. On gagne-roit beaucoup à choisir chaque mine dans son état de plus grande perfection , qui est celui où elle présente des groupes de cristaux dégagés de toute association avec d'autres cristaux étran-gers. En rapprochant la composition de ces cristaux de celle des masses informes, qui auroient donné des résultats différens , on pourroit , par la méthode d'élimination , saisir des points fixes au milieu de cette diversité , et l'on finiroit par retrouver, dans les produits de l'analyse , les matériaux de la synthèse, si celle-ci pouvoit toujours avoir lieu.

Lorsqu'il restera de l'incertitude sur les véritables principes composans d'une substance métallique , qui nous paroîtra d'ail-leurs former une espèce à part, nous préférerons une dénomi-nation un peu vague à celle qui , en précisant davantage son objet , pourroit énoncer une erreur ; et de plus , nous aurons soin d'exposer , à mesure que l'occasion s'en présentera , les doutes qui naissent de la différence entre les analyses publiées jusqu'ici relativement à plusieurs des mêmes substances.

Nous soudiviserons la classe des substances métalliques en trois ordres, d'après des considérations relatives à leur oxydation ou combinaison avec l'oxygène , et à leur réduction ou retour à l'état métallique.

En général , lorsqu'on fait chauffer un métal , le calorique qui s'introduit entre les molécules métalliques, et les écarte les unes des autres , diminue leur affinité mutuelle , et les dispose à s'oxyder , en s'unissant avec l'oxygène de l'atmosphère. Mais il y a des métaux qui refusent de s'oxyder par ce moyen , à moins que la chaleur ne soit d'une activité extrême , comme

celle qui se produit au foyer d'une très-forte lentille , en sorte
que l'on peut les regarder comme non oxydables par la chaleur ,
ou *immédiatement*, en limitant la température aux degrés qui
ont lieu dans les opérations ordinaires de la chimie. Les métaux
que l'on a nommés *parfaits,* sont dans ce cas ; mais on parvient
à les oxyder par la voie humide, comme lorsqu'on les présente
à l'action d'un acide qui leur cède son oxygène. Les mêmes
métaux une fois oxydés, peuvent être réduits par l'action de la
chaleur, ou immédiatement. Ils composeront le premier ordre
de cette classe.

D'autres sont oxydables et réductibles par la chaleur , ou
immédiatement. Seulement , il faut, pour les réduire , les exposer
à une température plus élevée que celle qui a été nécessaire
pour les oxyder. Dans cette circonstance, le calorique qui, par
son abondance , tend à les volatiliser, rend nulle leur affinité
pour l'oxigène. On ne connoit, juqu'ici, que le mercure qui ait
cette double propriété , et en conséquence il formera seul le
second ordre.

D'autres métaux , enfin , sont oxydables , mais non réductibles, immédiatement, c'est-à-dire, que pour opérer leur réduction, il faut employer des matières grasses et autres qui brûlent
aux dépens de l'oxygène uni au métal. Ces métaux, qui doivent
composer le troisième ordre, étant beaucoup plus nombreux que
ceux des deux premiers ordres , nous les partageons en deux
sections, dont la première comprendra les métaux sensiblement
ductiles , et la seconde ceux qui sont cassans. Dans chaque ordre ,
ou dans chaque section d'un même ordre, les métaux se trou-
veront rangés suivant les degrés de leur densité ou de leur pesanteur spécifique, en les considérant dans leur état de pureté.
Il convenoit de prendre ici pour guide une propriété qui fait
ressortir les substances métalliques entre tous les minéraux ; et
dans la comparaison même des différens métaux entre eux , il
semble qu'il y ait une prééminence attachée à celui qui renferme
le plus de matière propre sous un volume donné.

P R E M I E R   O R D R E.

*Non oxydables immédiatement, si ce n'est à un feu très-violent,
et réductibles immédiatement.*

P R E M I E R   G E N R E.

P L A T I N E.

(Tiré d'un mot espagnol , qui signifie argent , platin des
Allemands).

E S P É C E   U N I Q U E.

P L A T I N E   N A T I F   F E R R I F É R E.

Platina ; aurum album, *Waller.*, *t. II*, *p.* 365. Platine ou or
blanc , *de Lisle, t. III, p.* 487. Platine martial ; platine allié
au fer, *de Born, t. II, p.* 479. Platina nativa, *Bergm., opusc.,
t. II, p.* 413 *et* 491. Platine , Sciagr., *t II, p.* 53. Gediegen
platin, *Emmerling, t. II, p.* 106. Platine natif, *Daubenton,
tabl., p.* 56. Platina, *Kirwan, t. II, p.* 103.

Caractère essentiel. Blanc argentin. Infusible.

Caract. phys. Pesanteur spécif. du platine non purifié, 15,6017 ;
du platine purifié et écroui, 20,980 (1). Elle l'emporte sur celle
de toutes les autres substances métalliques.

Dureté ; inférieure seulement à celle du fer.

Ductilité ; inférieure seulement à celle de l'or.

Ténacité ; inférieure à celle de l'or, du fer et du cuivre.

Rapport de dilatabilité pour chaque degré du thermomètre centigrade $\frac{1}{115000}$, et pour chaque degré de Réaumur $\frac{1}{92000}$ (2).

---

(1) Cette dernière pesanteur a été déterminée par le Cit. Borda.
(2) Cette détermination est due au même savant.

Couleur. Le blanc livide, avant d'être épuré; le blanc d'argent, après la dépuration.

Caract. chim. Soluble par l'acide nitro-muriatique. Infusible sans addition, si ce n'est au foyer d'un miroir ardent, ou par le feu d'air vital. C'est le moins fusible des métaux.

Caractères distinctifs. Entre le platine et l'argent natif. Le platine est beaucoup plus dur; il est infusible par les moyens ordinaires, qui opèrent facilement la fusion de l'argent. Il est insoluble dans l'acide nitrique, qui dissout l'argent.

Platine natif *granuliforme.* En grains les uns anguleux, les autres arrondis comme s'ils avoient été roulés.

A N N O T A T I O N S.

1. Le platine étoit resté inconnu ou négligé en Europe, jusqu'au voyage entrepris en 1735, pour déterminer la figure de la terre. Un géomètre espagnol, nommé don Ulloa, qui accompagnoit les Académiciens envoyés au Pérou, y ayant trouvé du platine, annonça cette découverte dans la relation qu'il publia de son voyage. Charles Wood, métallurgiste anglais, qui avoit rapporté le même métal de la Jamaïque, en 1741, le soumit à diverses expériences qu'il publia dans les Transactions Philosophiques de 1749 et de 1750. Depuis cette époque, les physiciens et les chimistes ont fait sur les propriétés du platine de nombreuses recherches, qui ne sont pas encore épuisées.

2. Ce métal n'a été trouvé jusqu'ici que dans les mines d'or d'Amérique, particulièrement dans celles de Santa-Fé, près de Carthagène, et du Choco, au Pérou. On nous l'apporte communément en petits grains, ou en paillettes, les unes anguleuses, les autres arrondies. Le Cit. Leblond m'en a donné des grains, qu'il avoit trouvés au Choco, et qui surpassent de beaucoup les grains ordinaires. Le Cit. Gillet en a un d'une forme ovoïde, qui a environ un centimètre, ou 4 lignes $\frac{1}{2}$ de longueur, sur 7 millimètres, ou trois lignes $\frac{1}{6}$ dans sa plus grande largeur, et

qui pèse à peu près 21 décigrammes, ou 40 grains du poids de marc. On a cité des morceaux beaucoup plus considérables ; mais nous n'avons aucune preuve bien certaine de leur existence.

3. Le platine, tel qu'il nous vient d'Amérique, est accompagné de plusieurs substances étrangères, telles que des paillettes d'or, du sable ferrugineux et quelques molécules de mercure. Cette dernière substance provient du travail même à l'aide duquel on extrait l'or associé au platine, en l'amalgamant avec elle, pour achever de le séparer de sa gangue. On parvient assez aisément à trier le platine, à l'aide de la chaleur, qui vaporise le mercure, du lavage, qui enlève le sable, et du barreau aimanté, qui s'empare du fer.

4. Diverses expériences chimiques ont démontré la présence de ce dernier métal dans l'intérieur même du platine. On la reconnoît encore à l'attraction que le platine exerce sur un corps aimanté librement suspendu ; mais je n'ai réussi qu'en employant des grains d'un certain volume, et en substituant au barreau ordinaire une aiguille très-sensible et très-mobile.

5. Parmi les divers savans qui ont travaillé sur le platine, Buffon a prétendu que cette substance n'étoit autre chose qu'un mélange d'or et de fer, dans lequel le fer étoit presque dépouillé de ses propriétés métalliques (1). L'opinion générale est aujourd'hui que le platine constitue une espèce particulière de métal, distinguée de toutes les autres.

6. Les grains de platine exposés pendant plusieurs jours au feu de verrerie, ne s'y fondent pas; seulement ils se ramollissent un peu, et contractent une foible adhérence. Ces mêmes grains, exposés à la chaleur d'un miroir ardent, ou à celle de la flamme animée par l'air vital, se fondent très-bien, et paroissent, après leur fusion, aussi ductiles que l'or et l'argent (2). Mais à l'aide

----

(1) Hist. nat. des minér., édit. in-12, t. V, p. 424 et suiv.
(2) Fourc., élém. de minér. et de chimie, t. III, p. 412.

de ces procédés, on ne pouvoit obtenir qu'un petit bouton de platine, et il étoit important de se procurer cette substance en masses assez considérables, pour être employée à différens usages, comme les autres substances métalliques. C'est vers ce but que les chimistes ont dirigé leurs efforts. Ne pouvant fondre immédiatement une assez grande quantité de platine pour former un lingot, ils ont essayé de l'allier avec quelqu'autre substance, qui en favorisât la fusion, et dont on pût ensuite le débarrasser. Une des substances additionnelles qui ait le mieux réussi, est l'arsenic. Il rend le platine très-fusible, et on l'enlève ensuite par le grillage. Mais ce procédé, qui a été le plus généralement suivi, expose l'artiste à des vapeurs dont les dangers ne sont malheureusement que trop connus.

Pelletier a fondu le platine, en y ajoutant du verre phosphorique et du charbon (1), puis en exposant le phosphure de platine à une chaleur capable de volatiliser le phosphore. Mais la difficulté étoit d'arracher au platine un reste de ce combustible, qui y tenoit fortement, et le rendoit aigre. Pelletier a annoncé qu'il y étoit parvenu, en plongeant le platine rouge dans du soufre fondu, et il ne doutoit pas que l'on réussît de même, par d'autres moyens.

7. On a fabriqué avec le platine traité par l'arsenic, des tabatières et autres vases, qui ont un poli parfait et un éclat très-vif. On s'en est servi avantageusement pour faire de petits creusets et des cuillers destinés à des opérations chimiques. C'est avec ce même métal, si peu susceptible de se dilater ou de se contracter par les variations de la température, qu'ont été fabriquées les règles employées pour mesurer la base de la chaîne de triangles d'où l'on a déduit la valeur de l'arc du méridien qui traverse la France, et par suite, la distance de l'équateur au pôle boréal, ou l'unité naturelle des mesures linéaires.

____

(1) Mém. et observ. de chimie, t. I, p. 267.

Enfin, le platine a très-bien réussi entre les mains de plusieurs artistes, et en particulier du Cit. Carrochès, pour la construction des miroirs de télescope à réflection. On avoit rejeté ceux de glace, qui d'ailleurs conservent si bien leur éclat et leur poli, parce qu'ils ont l'inconvénient de produire deux images. Les miroirs faits d'alliages métalliques qu'on leur a substitués n'ont qu'une réflection, mais sont sujets à se ternir. Les miroirs de platine ont comme ceux-ci l'avantage de donner des images simples, sont inaltérables comme ceux de glace, et l'emportent sur les uns et les autres par une grande densité qui augmente leur pouvoir réfléchissant.

I Iᵉ. G E N R E.

O R.

Aurum, sol, *Waller.*, *t. II, p.* 352. Or, *de Lisle*, *t. III*, *p.* 474. *Id.*, *de Born*, *t. II, p.* 445. Or, Sciagr., *t. II, p.* 44. Gold des Allemands. Or, *Daubenton*, *tabl.*, *p.* 55. Gold, *Kirwan*, *t. II, p.* 92.

E S P È C E U N I Q U E.

O R N A T I F.

Aurum nativum, *Waller.*, *t. II, p.* 355. Or natif, *de Lisle*, *t. III, p.* 474. *Id.*, *de Born*, *t. II, p.* 449. Gediegen gold, *Emmerling*, *t. II, p.* 111. Or natif, *Daubenton*, *tabl.*, *p.* 54. Native gold, *Kirwan*, *t. II, p.* 93.

Caractère essentiel. Jaune. Pesant. spécifique d'environ 19.

Caract. phys. Couleur. Le jaune pur.

Eclat ; inférieur à celui du platine, du fer, ou plutôt de l'acier, et de l'argent ; supérieur à celui du cuivre, de l'étain et du plomb.

Densité,

Densité ; moindre que celle du platine, plus grande que celle des autres métaux. Pesant. spécifique dans l'état de pureté, 19,2572.

Dureté ; moindre que celle du fer, du platine, du cuivre et de l'argent ; plus grande que celle de l'étain et du plomb.

Ductilité ; plus grande que celle des autres métaux.

Ténacité ; *id.*

Fusibilité ; moindre que celle du mercure, de l'étain, du plomb et de l'argent ; plus grande que celle du cuivre, du fer et du platine.

Caract. chim. Soluble par l'acide nitro-muriatique.

Caract. distinctifs. 1°. Entre l'or et le cuivre pyriteux. Celui-ci est cassant, et l'or est très-ductile. Le cuivre pyriteux est soluble dans les acides sulfurique et nitrique, dont le premier n'attaque pas l'or, et l'autre ne le dissout qu'en proportion presqu'insensible. 2°. Entre le même et le fer sulfuré. *Id.*

VARIÉTÉS.

FORMES.

Déterminables.

1. Or natif *octaèdre* (*fig.* 1) *pl. LXIII.* En octaèdre régulier. *De Lisle,* t. *III*, *p.* 474. Incidence de *n* sur *n*, 109^d 28′ 16″.

a. Cunéiforme. *De Lisle,* t. *III*, *p.* 416 ; var. 1.

b. Segminiforme. *Ibid.* ; var. 2.

2. Or natif *trapézoïdal* (*fig.* 2). *De Lisle,* t. *III*, *p.* 477 ; var. 3. La petitesse du cristal n'a point permis de s'assurer si le polyèdre a les mêmes angles que le grenat trapézoïdal. Dans ce cas, l'incidence de *o* sur *o* seroit de 146^d 26′ 33″, et celle de *o* sur *o'* seroit de 131^d 48′ 36″.

Cette variété, qui est très-rare, se voit dans la collection du Cit. Gillet.

Quelques auteurs ont cité de l'or natif cubique. De Born parle d'une variété en prismes tétraèdres terminés par des pyramides tétraèdres, et d'un autre en dodécaèdres (1).

Indéterminables.

3. Or natif *ramuleux*. En ramifications ou dendrites, dont les mieux prononcées paroissent composées de petits octaèdres implantés les uns dans les autres.

4. Or natif *capillaire*. En filamens très-déliés.

5. Or natif *lamelliforme*. En lames tantôt planes et tantôt contournées, dont la surface est assez souvent comme réticulée.

6. Or natif *granuliforme*. En grains ou en paillettes.

7. Or natif *amorphe*. Les masses d'or informes et un peu considérables se nomment ordinairement *pepites d'or*, surtout lorsqu'on les trouve sans gangue.

A N N O T A T I O N S.

1. Les mines d'or les plus abondantes que l'on connoisse, sont celles du Mexique et du Pérou, dans l'Amérique méridionale. Différentes parties de l'Europe en possèdent aussi qui sont d'un produit considérable, et spécialement la Hongrie et la Transilvanie. L'Espagne est citée, par d'anciens auteurs, comme un des pays les plus riches en mines d'or; mais ces mines ont été négligées depuis la conquête du Pérou. On en a découvert une en France, près de la Gardette, à quelques lieues d'Allemont; mais elle est peu abondante.

La gangue la plus ordinaire de l'or est un quartz blanc ou jaunâtre. Mais indépendamment des lieux où ce métal se trouve en place, il est disséminé en paillettes dans les sables de plusieurs rivières, telles que le Rhône, l'Arriège, le Cèze, etc. Il y a des hommes dont l'unique occupation est de chercher cet or,

____

(1) Catal., t. II, p. 456.

et que l'on nomme, pour cette raison, *arpailleurs*, *orpailleurs* ou *paillotteurs*.

L'or, tel qu'on le retire du sein de la terre, est toujours mêlé accidentellement d'une petite portion d'argent, de cuivre ou de fer, dont la méthode fait abstraction, en considérant le métal comme s'il étoit pur.

Les cristaux d'or natif sont ordinairement peu prononcés et très-petits. Mais on a trouvé des pepites de ce métal qui avoient un volume considérable: le Cit. Daubenton en cite une du poids d'environ 16 kilogrammes, ou 66 marcs (1).

2. Le Cit. Tillet, de l'Académie des Sciences, ayant fait fondre de l'or pur, a obtenu, à l'aide d'un refroidissement lent et gradué, de belles ramifications de ce métal, composées de très-petits octaèdres engagés les uns dans les autres, et analogues à celles que présente l'or natif.

3. Becher avoit annoncé que quelquefois le raisin contenoit des pepins d'or (2). Peut-être l'idée de ce prétendu or végétal doit-elle son origine à de petits œufs d'insectes, dont parle de Born, qui se trouvoient sur des grappes de raisin, et dont la pellicule ressembloit parfaitement à l'or par sa couleur (3). Mais à côté de cette erreur, se trouvoit un fait qui a été constaté de nos jours par les expériences de Sage, de Bertholet, de Rouelle, de Darcet et de Deyeux (4). C'est qu'il existe des parcelles d'or dans les végétaux. Bertholet a retiré environ 2 grammes $\frac{14}{100}$, ou 40 grains $\frac{8}{25}$ d'or, de 489 hectogrammes ou un quintal de cendre.

4. Les différentes qualités de l'or concourent, avec sa rareté, à relever le prix que les hommes ont attaché à ce métal. Sa surface, que colore un jaune pur animé par le brillant métallique, réfléchit la lumière telle que nous l'offre immédiatement

---

(1) Tableau minéral., édit. de l'an 4, p. 47.
(2) Métallurgie, p. 2.
(3) Catal., t. II, p. 456.
(4) Chaptal, élém. de chimie, t. III, p. 401.

l'aspect du soleil et des autres astres, ressemblance que les poëtes n'ont pas manqué de saisir, en attribuant à ces corps une *lumière dorée*. Docile entre les mains de l'art, par sa grande ductilité, il prend aisément toutes les formes qu'on veut lui donner. Sa densité, suppléant en quelque sorte à sa rareté, permet de l'étendre et de l'appliquer en feuilles sur des surfaces dont la grandeur, comparée au peu de matière employée, étonne l'imagination. Inaltérable et toujours le même, il est à l'abri des impressions de l'air, de l'humidité et des vapeurs. Il sert à en garantir les autres substances sur lesquelles on l'applique, et semble partager ses perfections avec les objets qu'il embellit.

5. Une petite quantité d'or du poids de 53 milligrammes, ou d'un grain, comprimée par le batteur d'or, se réduit en une feuille dont la surface renferme 3 décimètres carrés $\frac{65}{100}$, ou environ 50 pouces carrés. L'extension dont l'or est susceptible, est environ 16 fois plus grande dans le travail des fils d'argent doré (1).

6. La ténacité de l'or est telle, qu'un fil de ce métal de 2 millimètres $\frac{7}{10}$, ou $\frac{1}{10}$ de pouce de diamètre, peut soutenir un poids de 244 kilogrammes $\frac{6}{10}$, ou 500 livres, sans se rompre.

7. Le Cit. Brisson a trouvé que dans un alliage factice d'or et de cuivre, ces deux métaux paroissoient se pénétrer réciproquement, en sorte que la pesanteur spécifique du mélange étoit plus grande que la somme des pesanteurs spécifiques des deux métaux séparés. Ainsi, dans l'or au titre de l'orfévrerie de Paris, où la proportion de ce métal est celle de 11 à 1, la pesanteur spécifique du mélange s'est trouvée de 17,4863 : mais en supposant qu'il n'y eut aucune pénétration, elle n'auroit dû être que de 17,1329 à peu près, ce qui fait une augmentation de densité d'environ $\frac{1}{51}$ (2).

---

(1) Mém. de l'Acad. des Sc., 1713, p. 105 et suiv.

(2) Désignons en général les deux métaux alliés par A et B. Soit $\frac{d}{f}$ le rapport entre les poids absolus des quantités de A et de B qui composent

8. Newton a observé qu'une feuille d'or très-mince, placée entre l'œil et la lumière, paroissoit d'un bleu - verdâtre ; d'où il a conclu que ce métal, en même temps qu'il réfléchissoit des rayons jaunes, admettoit, par réfraction, dans son intérieur, une certaine quantité de lumière bleue, qui après s'être réfléchie çà et là, à la rencontre des molécules métalliques, étoit entièrement éteinte (1).

9. Le feu ne produit sur l'or aucune altération, à moins qu'il ne soit très-violent. Macquer ayant exposé de l'or au foyer d'une forte lentille, est parvenu à le volatiliser, en sorte qu'un morceau d'argent présenté au-dessus du foyer, s'est trouvé doré. Lavoisier a obtenu un résultat semblable à l'aide du feu animé par un courant d'air vital (2).

10. L'or est le plus ductile des métaux, et sans le plomb il seroit le plus tendre. On est dans l'usage de l'allier avec une petite quantité de cuivre, dont les molécules interposées entre les siennes, diminuent le jeu de ces dernières, donnent de la consistance à la masse, et rendent les ouvrages d'or moins susceptibles de s'user ou de perdre leur fini. Mais ce même alliage change un peu la couleur de l'or, qui devient plus exaltée, et prend une nuance de rougeâtre.

---

le mélange, o la pesanteur spécifique de A, et c celle de B. La pesanteur spécifique du mélange, en supposant la pénétration nulle, sera $\dfrac{co(d+f)}{cd+of}$. Dans le cas dont il s'agit ici, on a, en désignant l'or par A, et le cuivre par B, $\dfrac{d}{f} = \dfrac{11}{1}$; $o = 19{,}2581$; $c = 7{,}7880$, ce qui donne le résultat énoncé ci-dessus. Le Cit. Brisson a trouvé $17{,}1183\,\frac{3}{27}$, d'où il a conclu que la densité du mélange étoit augmentée de $\frac{1}{48}$. La différence provient des quantités que ce célèbre physicien a négligées, pour la facilité du calcul, dans la solution purement arithmétique qu'il a donnée du problème.

(1) Optice lucis, l. I, pars 2, propos. 10, exper. 17.

(2) Mém. de l'Ac. des Sc., 1785, p. 605.

11. Le travail de l'or exerce les talens de plusieurs genres d'artistes. L'orfévre en fabrique des vases et divers ouvrages d'utilité ou d'agrément. Le joaillier le fait servir à rehausser l'éclat des pierres fines. Le brodeur l'emploie en fils très-déliés pour orner les étoffes. Le doreur l'applique sur la surface des autres métaux et sur celle du bois.

La dorure s'exécute tantôt avec l'or en feuilles, que l'on attache sur un corps, à l'aide d'une espèce de colle ; tantôt avec l'or réduit en poudre très-fine, qui résulte de la combustion du linge imbibé d'une dissolution de ce métal par l'acide nitro-muriatique. On trempe un bouchon mouillé dans la cendre, qui porte le nom *d'or en drapeaux*, et on applique cet or à l'aide du simple frottement.

Un autre procédé consiste à étendre sur la pièce que l'on veut dorer un amalgame d'or et de mercure. On expose ensuite la pièce au feu, qui vaporise le mercure. C'est ce qui fait l'*or moulu*. On y ajoute une couleur rougeâtre, qui donne à l'or un aspect que l'on a désigné sous le nom de *vermeil*.

12. Nous avons dit que l'alliage du cuivre exaltoit la couleur de l'or. Celui de l'argent lui communique une teinte de verdâtre ; celui du fer le rend bleuâtre. Les artistes profitent de ces différentes nuances pour donner plus de vérité à l'imitation des sujets qu'ils exécutent en relief sur certains ouvrages d'orfévrerie ou de bijouterie.

13. L'or précipité de sa dissolution par l'étain, forme ce qu'on appelle le *pourpre de Cassius*. Ce précipité est employé pour colorer la porcelaine en pourpre et en violet.

IIIᵉ. GENRE.

ARGENT.

Argentum, luna, *Waller.*, *t. II*, *p.* 326. Argent, *de Lisle*, *t. III*, *p.* 432. *Id.*, *de Born*, *t. II*, *p.* 403. Argent, Sciagr., *t. II*, *p.* 58. Silber des Allemands. Argent, *Daubenton*, *tabl.*, *p.* 53. Silver, *Kirwan*, *t. II*, *p.* 107.

A L'ÉTAT MÉTALLIQUE.

PREMIÈRE ESPÈCE.

ARGENT NATIF.

Argentum nativum, *Waller.*, *t. II*, *p.* 328. Argent vierge ou natif, *de Lisle*, *t. III*, *p.* 432. Argent natif, *de Born*, *t. II*, *p.* 408. Argent natif, Sciagr., *t. II*, *p.* 60. Gediegen silber, *Emmerling*, *t. II*, *p.* 153. Argent natif, *Daubenton*, *tabl.*, *p.* 52. Native silver, *Kirwan*, *t. II*, *p.* 108.

Caractère essentiel. Blanc. Malléable.

Caract. phys. Densité; inférieure à celle du platine, de l'or, du mercure et du plomb; supérieure à celle du cuivre, du fer et de l'étain. Pesant. spécif. dans l'état de pureté, 10,4743.

Dureté; inférieure à celle du fer, du platine et du cuivre; supérieure à celle de l'or, de l'étain et du plomb.

Elasticité, *id.*

Ductilité; inférieure à celle de l'or et du platine; supérieure à celle du cuivre, du fer, de l'étain et du plomb.

Ténacité; inférieure à celle de l'or, du fer, du cuivre et du platine; supérieure à celle de l'étain et du plomb.

Éclat; inférieur à celui du platine et de l'acier; supérieur à celui de l'or, du cuivre, de l'étain et du plomb.

Couleur, le blanc éclatant.

Caract. chim. L'acide nitrique le dissout à froid; l'acide sulfurique a besoin d'être échauffé.

Caract. distinctifs. 1°. Entre l'argent natif et l'argent antimonial. Celui-ci est cassant et a un tissu lamelleux. L'argent natif est ductile et n'offre aucun indice de lames. 2°. Entre le même et l'antimoine natif, *id.* 3°. Entre le même et le cobalt arsenical. Celui-ci est cassant et l'argent ductile ; sa pesanteur spécifique est moindre, dans le rapport d'environ 5 à 4. Exposé à la flamme d'une bougie, il donne une odeur d'ail très-marquée, ce que ne fait point l'argent.

V A R I É T É S.

F O R M E S.

Déterminables.

1. Argent natif *octaèdre* (*fig.* 1) *pl. LXIII.* Octaèdre régulier. *De Lisle, t. III, p.* 452 *et* 454.

   a. Cunéiforme. *Ibid.*

   b. Segminiforme. *Ibid.*

2. Argent natif *cubique* (*fig.* 3). *De Lisle, t. III, p* 432.

3. Argent natif *cubo-octaèdre* (*fig.* 4). *De Lisle, ibid.*

4. Argent natif *ramuleux.* En dendrites, dont les mieux prononcées sont composées de petits octaèdres ou de cubes implantés les uns dans les autres.

   a. Divergent. Les rameaux s'étendent de différens côtés.

   b. Filiciforme. Les rameaux sont sur un même plan, ce qui a lieu lorsque la dendrite s'est formée entre deux feuillets de la pierre qui sert de gangue. Leur disposition imite souvent celle des rameaux de la fougère, d'où est venue à cette variété le nom d'*argent en feuilles de fougère.*

   c. Réticulé. Les rameaux se croisent sur un même plan, de manière à former une espèce de réseau.

La substance qu'on appelle communément *mine de cobalt tricotée,* n'est autre chose, suivant l'opinion de Romé de Lisle, que de l'argent réticulé altéré par l'action du cobalt arsenical qui l'accompagne ; elle forme des réseaux semblables à ceux de l'argent natif, excepté que leur surface est terne et d'une couleur cendrée. *De Lisle, t. III, p.* 126. *De Born, catal., t. II, p.* 179.

5.

5. Argent natif *filiforme*. En filets d'un diamètre plus ou moins sensible, souvent contournés, et quelquefois courbés en anneaux.

6. Argent natif *capillaire*. En filets très-déliés, qui imitent de petites touffes de cheveux.

7. Argent natif *lamelliforme*. En lames qui s'insèrent dans les fissures des pierres, ou qui sont appliquées sur la surface.

8. Argent natif *granuliforme*. L'argent se rencontre beaucoup plus rarement en grains que l'or.

9. Argent natif *amorphe*. En masses informes plus ou moins considérables.

L'argent natif se trouve rarement pur dans le sein de la terre. Il est mêlé tantôt d'or, tantôt de cuivre, tantôt de tous les deux, tantôt de fer, et tantôt d'arsenic (1). Mais ordinairement ces mélanges n'altèrent pas sensiblement les caractères de l'argent. On peut les désigner par les noms d'argent natif aurifère, cuprifère, ferrifère, arsenifère, etc.

A N N O T A T I O N S.

1. Les mêmes parties de l'Amérique méridionale qui fournissent les mines d'or les plus riches, savoir, le Pérou et le Mexique, sont encore celles où la nature a répandu l'argent natif avec le plus d'abondance. Il existe aussi en Europe plusieurs mines du même métal, parmi lesquelles on distingue celle de Konsbckg, en Norwège, et celles de Freyberg, de Furstemberg et de Johann-Georgenstadt, en Allemagne. On a trouvé, en France, de l'argent natif à Allemont, dans le ci-devant Dauphiné, et à Sainte-Marie-aux-Mines, dans la ci-devant Alsace. Le Citoyen Monnet dit qu'on a retiré de ce dernier endroit des masses de 50 à 60 livres (24 à 29 kilogrammes), qui ne tenoient

---

(1) Bergmann, Sciagr., édit. de Lametherie, t. II, p. 62 et 63.

à rien et étoient seulement enveloppées d'une terre grasse (1). Mais de toutes les masses considérables d'argent qui ont été citées, aucune n'approche de celle dont parle Albinus dans la Chronique des mines de Misnie. C'étoit un bloc du poids de 400 quintaux (environ 196 kilogrammes), qui fut trouvé à Schnéeberg, en 1478 (2).

2. L'argent fondu, en se refroidissant lentement, produit des dendrites semblables à celles de l'or, composées de petits octaèdres implantés les uns dans les autres, et dont l'assemblage imite à peu près une pyramide. C'est sous cette forme que Tillet et Mongès ont fait cristalliser l'argent. Mais Pelletier, en opérant sur une masse qui ne pesoit guère que 6 décagrammes, a obtenu des octaèdres complets, dont les faces avoient à peu près 8 millimètres de côté (3).

3. L'argent est, après l'or et le platine, le plus inaltérable des métaux. Le contact de l'air n'agit sur lui qu'au bout d'un temps considérable, et ne le ternit que légérement. Mais sa surface se noircit dans les endroits d'où s'élèvent des vapeurs sulfureuses et inflammables.

4. Ce métal, exposé à un feu actif, se calcine à la longue, et se couvre d'une croûte vitreuse olivâtre, qui paroît être un véritable oxyde d'argent. Macquer n'étoit parvenu à oxyder ainsi l'argent, qu'en le faisant fondre à vingt reprises, au feu de porcelaine. Mais Lavoisier y a réussi dans l'espace de quelques secondes, à l'aide du feu animé par l'air vital (4).

---

(1) Nouveau syst. de minér., p. 278.

(2) Albert de Saxe étant descendu dans la mine, fit apporter son dîner sur ce bloc, et dit aux convives : l'empereur Fréderic est un puissant seigneur; mais vous conviendrez que ma table vaut mieux que la sienne.

Différens auteurs rapportent que le bloc dont il s'agit pesoit 400 quintaux. Mais Agricola, qui écrivoit sur les lieux, peu de temps après la mort d'Albert, dit qu'il n'a trouvé personne qui se rappelât le poids de cette masse.

(3) De Lisle, t. II, p. 459, note 17.

(4) Mém. de l'Acad. des Sciences, 1783, p. 606.

5. On a observé que l'argent rendoit un son plus clair et, pour ainsi dire, plus ouvert que les autres métaux. Ce timbre particulier a été désigné sous le nom de *son argentin*.

6. Il est remarquable que l'argent, allié avec une proportion considérable d'or ou de cuivre, conserve sa couleur blanche. La même chose a lieu par rapport à l'antimoine et aux autres métaux blancs, tandis qu'une petite quantité de cuivre mêlée avec l'or, change sensiblement le ton de couleur de ce métal, et le fait passer à un jaune en quelque sorte exalté. Cette observation a fait conjecturer à Newton, que les particules des métaux blancs avoient beaucoup plus de surface que celles des métaux jaunes, et qu'en même temps elles étoient très-opaques, en sorte qu'elles recouvroient l'or et le cuivre, sans permettre à la couleur de ces métaux de percer à travers la leur. Elles devoient, d'une autre part, être plus minces, parce que la lumière blanche qu'elles réfléchissoient, répondoit à un plus grand degré de ténuité que le jaune de l'or ou celui du cuivre (1).

7. Il en est tout autrement de l'alliage d'argent et de cuivre, que de celui d'or et de cuivre. La densité du premier se trouve diminuée, au lieu d'être augmentée ; en sorte que la somme des intervalles entre les molécules du mélange est plus grande que quand les deux métaux étoient séparés (2). Dans l'alliage au titre du commerce, où le rapport de la quantité d'argent à celle de cuivre est de 137 à 7, la pesanteur spécifique est de 10,1752. S'il n'y avoit aucune dilatation, elle seroit de 10,3016 (3), ce qui donne environ $\frac{1}{81}$ pour la quantité de cette dilatation.

8. La résistance que l'argent oppose à l'action de l'air et de l'humidité, l'éclat de sa blancheur, sa souplesse entre les mains de l'art, l'ont fait adopter pour la fabrication des pièces d'orfé-

---

(1) Optice lucis, lib. II, pars 3, propos. 7.

(2) Brisson, Pesant. spécif., p. 13.

(3) Ce résultat a été calculé d'après la formule ci-dessus, p. 268, dans laquelle on a, $o = 10,4743$, $c = 7,7880$, $d = 137$, $f = 7$.

vrerie destinées à l'usage de la table, et des autres ouvrages qui exigeroient une trop grande consommation d'or. On l'emploie d'ailleurs aux mêmes usages que ce dernier métal, et comme lui, il exerce différens genres d'artistes qui, par des procédés semblables, le façonnent en bijoux, le tirent en fils déliés pour la broderie, ou l'appliquent en feuilles sur la surface des ouvrages de cuivre, auxquels il sert à la fois d'abri et d'ornement.

9. La dissolution d'argent, par l'acide nitrique, donne, à l'aide de l'évaporation, des cristaux blanchâtres et demi-transparens d'argent nitraté, ayant la figure de lames tantôt triangulaires et tantôt hexagonales. Ces cristaux, fondus dans un creuset et refroidis, se convertissent en une masse grise, que l'on nomme *pierre infernale*, et dont on se sert pour détruire les chairs mortes.

IIe. E S P È C E.

A R G E N T   A N T I M O N I A L.

Mine d'argent blanche antimoniale, *Sage, élém. de minéral.*, t. II, p. 323. *Id., de Lisle*, t. III, p. 460. Spiesglas-silber, *Emmerling*, t. II, p. 162. Mine d'argent antimoniale, *Daubenton, tabl.*, p. 53. Antimoniated native silver, *Kirwan*, t. II, p. 110.

Caractère essentiel. Blanc argentin, cassant.

Caract. physiq. Pes. spécifique, 9,4406.

Consistance. Cassant, quoique légèrement malléable, lorsqu'on le frappe avec précaution.

Couleur, le blanc d'argent.

Tissu, lamelleux.

Caract. chim. Facile à réduire par le chalumeau. Mis dans l'acide nitrique, il s'y couvre, en peu de temps, d'un enduit blanchâtre, qui est de l'oxyde d'antimoine.

Analyse de l'argent antimonial de Wolfach, par Klaproth.

Argent. . . . . 84.
Antimoine. . . . . 16.
____
100.

Analyse d'une variété à gros grains, par le même.

Argent. . . . . 76.
Antimoine. . . . . 24.
____
100.

Analyse de l'argent antimonial d'Andreasberg, par Vauquelin.

Argent . . . . 78.
Antimoine. . . . . 22.
____
100.

Caractères distinct. 1°. Entre l'argent antimonial et l'argent natif. Celui-ci est ductile et l'autre cassant ; il n'a point le tissu lamelleux, et ne forme point de dépôt blanchâtre, dans l'acide nitrique, comme l'argent antimonial. 2°. Entre le même et le cobalt arsenical. La structure de celui-ci est granuleuse, à grain fin, et celle de l'argent antimonial lamelleuse. Le cobalt arsenical, exposé au chalumeau, devient attirable ; il colore en bleu le verre de borax, deux propriétés que n'a pas l'argent antimonial. 3°. Entre le même et le fer arsenical. Celui-ci est d'un tissu à grain serré et non lamelleux ; il étincelle sous le briquet, en donnant une odeur d'ail, ce que ne fait pas l'argent antimonial.

V A R I É T É S.

F O R M E S.

Déterminables.

Quoique l'argent antimonial ait une structure lamelleuse, je n'ai pas été à portée jusqu'ici de déterminer sa forme primitive.

1. Argent antimonial *prismatique*. En prisme hexaèdre régulier. C'est la forme qui paroît indiquée par des portions de faces planes qu'offrent quelques-uns des cristaux qui composent un groupe appartenant au Cit. Auguste, fermier de l'affinage, à Paris.

Indéterminables.

2. Argent antimonial *cylindroïde*. En prisme déformé par des arrondissemens et des stries longitudinales.

3. Argent antim. *granuleux*.

4. Argent antim. *amorphe*.

A N N O T A T I O N S.

1. On trouve l'argent antimonial à Casalla, près de Guadalcanal, en Espagne ; à Vittichen et à Wolfach, dans la principauté de Furstemberg ; à Andreasberg, au Hartz, etc. Ses gangues sont la baryte sulfatée et la chaux carbonatée.

2. La couleur de cette mine est assez souvent altérée par une teinte de jaunâtre, ou de jaune-rougeâtre, et souvent aussi la surface est couverte d'un enduit noirâtre ; mais une légère fracture fait reparoître le brillant argentin, qui est la couleur naturelle.

3. Cette mine, dont le Cit. Sage paroît avoir parlé le premier, contient, suivant ce chimiste, 51 parties d'argent sur 100, 25 d'antimoine et 24 de soufre. C'est la seule analyse qui, jusqu'à présent, ait offert ce dernier principe. Avant que nous connussions ici les résultats obtenus par Klaproth, en traitant la mine de Wolfach, Vauquelin avoit essayé, par le chalumeau, un fragment de celle de Casalla, qui lui avoit donné des indices d'antimoine, avec un culot d'argent ductile, qu'il avoit jugé, par aperçu, au moins égal aux $\frac{3}{4}$ de la totalité. J'avois eu en même temps la curiosité de rechercher, à l'aide du calcul, d'après la pesanteur spécifique de la mine, telle que je l'ai indiquée plus haut, et d'après celles de l'argent et de l'antimoine

purs, qui sont d'ailleurs connues (1), quel devoit être le rapport de l'argent et de l'antimoine dans cette mine, et j'avois trouvé celui de 4,1 à l'unité; d'où il suit que sur 100 parties, il y en auroit 80,2 d'argent et 19,8 d'antimoine. Ce rapport, qui est susceptible d'être un peu modifié, à cause de la faculté qu'ont les métaux unis ensemble, de se pénétrer ou de subir une dilatation, suivant les circonstances, donne à peu près la moyenne entre les résultats de Klaproth, et s'éloigne peu de celui de Vauquelin.

La forme cristalline de cette mine, si elle est bien décidément celle du prisme hexaèdre régulier, comme cela paroit être, offre une preuve de plus que l'antimoine y est intimement combiné avec l'argent; car la forme primitive de l'argent, qui est très-probablement le cube ou l'octaèdre, ne pourroit produire le prisme hexaèdre régulier, que par des décroissemens qui n'agiroient pas de la même manière sur des parties semblablement situées ; et la même difficulté revient, dans l'hypothèse d'ailleurs peu probable où le métal principal seroit l'antimoine, soit que l'on adopte le cube ou le dodécaèdre rhomboïdal, qui résultent simultanément de la division mécanique de ce dernier métal.

3. On a donné aussi le nom d'*argent antimonial* à une mine d'antimoine sulfuré argentifère, dont nous parlerons à l'article de l'antimoine.

A P P E N D I C E.

Argent antimonial arsenifère et ferrifère. Argent arsenical, *de Born*, t. II, p. 416. Arsenic silber, *Emmerling*, t. II, p. 165. Argent minéralisé par l'arsenic ; argent arsenical, Sciagr., t. II, p. 79. Arsenico-martial silver ore, *Kirwan*, t. II, p. 3.

---

(1) La pesanteur spécifique de l'argent pur est 10,4743, et celle de l'antimoine 6,7021.

Cette mine a, comme la précédente, la couleur de l'argent natif, et est de même cassante sous le marteau ; mais elle est distinguée par l'odeur d'ail très-énergique qu'elle exhale, lorsqu'on l'expose au chalumeau. J'en ai reçu de M. Esmark un bel échantillon, qui vient d'Andreasberg ; l'argent y repose sur l'arsenic, avec lequel il est comme incorporé. Il s'y trouve aussi du plomb sulfuré, et la gangue est une chaux carbonatée lamellaire blanchâtre.

De Born pense que l'argent n'est combiné dans cette mine qu'avec l'arsenic seul et un peu de fer, probablement parce que l'antimoine, dont l'odeur a quelque analogie avec celle de l'arsenic, lui a échappé. Vauquelin ayant essayé un fragment pris sur le morceau envoyé par M. Esmark, y a reconnu, indépendamment de l'argent, la présence de l'arsenic, et en même temps celle de l'antimoine. Le fragment a donné aussi des indices de fer ; mais il me paroît que les véritables principes de cette mine sont les mêmes que ceux de l'argent antimonial, et cette opinion s'accorde assez avec le résultat de l'analyse que Klaproth a faite d'une mine d'argent arsenical du même endroit, dont il a retiré 35 d'arsenic, 44 de fer, 12,75 d'argent et 4 d'antimoine. Le rapport entre l'argent et l'antimoine qui, dans le cas présent, est à peu près celui de 13 à 4, se rapproche beaucoup de celui de 76 à 24, ou de 19 à 6, qu'avoit donné au même chimiste la mine d'argent simplement antimoniale. Si les quantités d'arsenic et de fer sont prédominantes dans le résultat dont il s'agit, il se pourroit que ce ne fut que par accident. Quoi qu'il en soit, c'est ici une des substances dont il seroit à désirer que nous eussions plusieurs analyses exactes faites comparativement,

IIIe. ESPÈCE.

ARGENT SULFURÉ.

Sulfure d'argent des chimistes.

Argentum sulfure mineralisatum, etc.; minera argenti vitrea, *Waller.*, *t. II*, *p.* 329. Mine d'argent vitreuse, *de Lisle*, *t. III*, *p.* 440. Argent sulfuré, sulfure d'argent; argent vitreux, *de Born*, *t. II*, *p.* 424. Argent minéralisé par le soufre; mine d'argent vitreuse, *Sciagr.*, *t. II*, *pag.* 71. Glas erz, *Emmerling*, *t. II*, *p.* 165. Argent en minérai par le soufre, *Daubenton*, *tabl.*, *p.* 53. Sulphurated silver ore, *Kirwan*, *t. II*, *p.* 115.

Caractère essentiel. Gris de plomb, donnant; par le chalumeau, un bouton d'un blanc métallique

Caract. phys. Pesant. spécif., 6,9099.

Consistance. Malléable, cédant aisément au couteau, qui en détache de petits coupeaux flexibles.

Couleur, le gris de plomb.

Eclat. La surface extérieure est ordinairement presque terne; les endroits récemment coupés ont un éclat assez vif.

Caract. chim. Facile à reduire au chalumeau.

Analyse par Sage.

Argent. . . . . 84.

Soufre. . . . . 16.

100.

Analyse par Klaproth.

Argent . . . . 85.

Soufre. . . . . 15.

100.

Caractères distinctifs, entre l'argent sulfuré et le plomb natif. Celui-ci a une pesanteur spécifique plus considérable, au moins dans le rapport de 10 à 7. Il se fond au chalumeau en conservant sa couleur: l'autre y donne un bouton blanc.

V A R I É T É S.

F O R M E S.

Déterminables.

1. Argent sulfuré *cubique* (*fig.* 3) *pl. LXIII. De Lisle*, *t. III, p.* 441; var. 1.

2. Argent sulfuré *cubo - octaèdre* (*fig.* 4). *De Lisle, t. III, p.* 442, var. 2; et 444, var. 4. Incidence de *t* sur *r*, 125^d 15′ 52″.

3. Argent sulfuré *octaèdre* (*fig.* 1). *De Lisle, t. III, p.* 443; var. 3. Incidence de *n* sur *n*, 109^d 28′ 16″.

4. Argent sulfuré *dodécaèdre* (*fig.* 5). En dodécaèdre rhomboïdal. Incidence de *s* sur *s*, 120^d.

Indéterminables.

5. Argent sulfuré *lamelliforme.*

6. Argent sulfuré *ramuleux.*

7. Argent sulfuré *filiforme.*

8. Argent sulfuré *amorphe.*

A N N O T A T I O N S.

1. On trouve de l'argent sulfuré à Freyberg en Saxe, à Joachimsthal en Bohême, à Schemnitz en Hongrie, à Konsbekg en Norwège, à la Valenciana, au Mexique, etc. On a rapporté de ce dernier pays, de superbes groupes de cristaux d'argent sulfuré, d'où sortoient des filamens contournés de la même substance, de plusieurs centimètres de longueur. Dans certaines parties, ces filamens étoient recouverts d'un enduit jaunâtre de fer sulfuré. Les gangues les plus ordinaires de cette mine sont

le quartz, la chaux carbonatée et la baryte sulfatée. Elle est quelquefois associée à d'autres mines, telles que le plomb sulfuré, l'argent natif et l'argent antimonié sulfuré. J'en ai un cristal de figure dodécaèdre, dont la gangue présente la réunion de ces deux dernières espèces avec l'argent sulfuré.

Les cristaux de cette mine ont assez souvent 12 millimètres, ou 5 lignes ⅓ d'épaisseur et au-delà. Henckel dit que la mine d'argent vitreuse paroît ordinairement comme fondue (1), ce qui est vrai d'une partie des morceaux informes.

2. Plusieurs minéralogistes ont été embarrassés pour interpréter le nom de *mine vitreuse*, donné à une substance qui a si peu de rapports avec le verre. Henckel pensoit que des mineurs ayant trouvé de cet argent dans quelque lieu où ils s'attendoient à rencontrer une autre mine d'une apparence réellement vitreuse, avoient attribué le surnom de cette dernière à l'argent, qui sembloit la remplacer. Mais le Cit. Monnet nous apprend qu'on a nommé l'argent sulfuré *argent vitreux*, parce qu'aux endroits où le couteau a passé, il offre une surface qui approche de l'uni du verre (2).

3. La mine d'argent sulfuré exposée à une chaleur modérée, produit des filamens d'argent natif, qui se développent à sa surface « comme les végétaux, dit le Cit. Schreiber, s'élèvent au-dessus du sol qui les renferme ». Ce savant qui a fait, avec beaucoup de succès, l'expérience que nous rapportons, a remarqué que l'argent sulfuré y conservoit l'éclat de sa cassure et même de sa surface, et il présume que la nature dégage l'argent natif capillaire de la mine vitreuse, par un procédé semblable, à l'aide de la chaleur qui résulte, soit de l'inflammation spontanée des pyrites, soit de quelqu'autre phénomène analogue (3).

____

(1) Pyritol., traduct. française, p. 63.
(2) Nouveau syst. de minéral., p. 301.
(3) Journ. de phys., mai, 1784, p. 385 et 386.

4. Klaproth rapporte que l'on avoit profité de la mollesse et de la malléabilité de l'argent sulfuré, pour en frapper des médailles, sur lesquelles étoit empreinte l'image du roi Auguste Ier. (1); exemple singulier d'une substance métallique, employée par les arts, sans avoir été soumise préalablement à des opérations métallurgiques.

A L'ÉTAT D'OXYDE.

IVe. ESPÈCE.

ARGENT ANTIMONIÉ SULFURÉ, vulgairement *argent rouge*.

Argentum arsenico et sulfure mineralisatum, minerâ rubrâ, ante ignitionem fusibili; minera argenti rubra, *Waller.*, *t. II*, *p.* 333. Mine d'argent rouge, *de Lisle*, *t. III*, *p.* 447. Argent rouge; argent combiné avec l'arsenic et le soufre, *de Born*, *t. II*, *p.* 432. Argent et arsenic minéralisés par le soufre; mine d'argent rouge, Sciagr., *t. II*, *p.* 75. Roth gultigerz, *Emmerling*, *t. II*, *p.* 183. Argent mêlé avec du soufre et de l'arsenic; mine d'argent rouge, *Daubenton*, *tabl.*, *p.* 54. Vitriolico-antimoniated silver ore, *Kirwan*, *t. II*, *p.* 122.

Caractère essentiel. Poussière rouge-cramoisi. Pesant. spécif., au-dessous de 6.

Caract. phys. Pesanteur spécifique, 5,5637........5,5886.

Consistance. Cassant, facile à racler avec le couteau.

Couleur dans l'état de pureté. Le rouge vif; mais assez souvent la perte que les molécules situées à la surface ont faite de leur oxygène, donne à cette surface un brillant métallique, tirant sur le gris de fer.

---

(1) Connoissance des minér., t. Ier., art 9, sect. 3.

Transparence. Translucide lorsqu'il est rouge. Opaque lorsqu'il a l'aspect métallique.

Électricité, sensible par communication.

Cassure, conchoïde.

Poussière, rouge-cramoisi.

Caract. géom. Forme primitive. Rhomboïde obtus (*fig.* 8) *pl. LXIV*, dont les angles plans sont de 104^d 28′ et 75^d 32′, et les incidences des faces, de 109^d 28′ et 70^d 32′, c'est-à-dire, sensiblement égales aux angles plans du dodécaèdre rhomboïdal (1). Les joints naturels se voient assez sensiblement dans les fragmens que l'on fait mouvoir à une vive lumière.

Molécule intégr. *Id.* (2).

Caract. chim. Au chalumeau, il décrépite en répandant une odeur assez semblable à l'odeur d'ail de l'arsenic, mais sensiblement plus foible. Si l'on continue le feu, on obtient un bouton blanc métallique, qui est de l'argent pur.

Analyse par Klaproth.

Argent. . . . . 62,0.
Antimoine. . . . . 18,5.
Soufre. . . . . 11,0.
Acide sulfurique libre d'eau. . . . . 8,5.

100,0.

---

(1) De nouvelles mesures, beaucoup plus précises que celles que j'avois prises autrefois, prouvent évidemment que la forme primitive de cette espèce n'est point le dodécaèdre rhomboïdal, ainsi que je l'avois cru d'abord, mais un rhomboïde qui a seulement avec ce dodécaèdre l'analogie indiquée ci-dessus. Il en résulte que l'application de la théorie aux variétés décrites dans le jour. d'hist. naturelle, N°. 18, p. 216 et suiv., n'étoit qu'hypothétique, et si elle s'accorde, à quelques minutes près, avec les résultats que je vais donner ici, relativement à certains angles, elle n'y satisfait pas, à l'égard des autres que j'avois conclus des premiers.

(2) Le rapport entre les deux diagonales est celui de $\sqrt{5}$ à $\sqrt{3}$, d'où il suit que le cosinus de la plus petite inclinaison des faces est au rayon comme 1 à 3.

Analyse par Vauquelin (1).

Argent métallique. . . . . 56,67.
Antimoine. . . . . 16,13.
Soufre. . . . . 15,07.
Oxygène. . . . . 12,13.
                                                         100,00.

Caractères distinctifs. 1°. Entre l'argent antimonié sulfuré de couleur rouge, et l'arsenic sulfuré, dit *réalgar*. La pesanteur spécifique de celui-ci est plus foible, dans le rapport de 3 à 5 : sa poussière obtenue par la trituration, est jaune. Il acquiert par le frottement l'électricité résineuse, sans avoir besoin d'être isolé, au lieu que l'argent rouge est du nombre des corps conducteurs. 2°. Entre le même et le mercure sulfuré. La pesanteur spécifique de celui-ci, est plus grande au moins d'un sixième. Il se volatilise entièrement au chalumeau. L'argent rouge finit par y donner un bouton métallique. 3°. Entre l'argent antimonié sulfuré ayant l'aspect métallique, et l'argent sulfuré. Celui-ci est malléable et se coupe au couteau comme le plomb, au lieu d'être cassant, comme l'argent antimonié sulfuré. 4°. Entre le même et le fer oligiste. Celui-ci agit sur le barreau aimanté, et non l'autre. Il ne se laisse point racler facilement au couteau, comme l'argent antimonié sulfuré, et sa poussière n'est pas, à beaucoup près, d'un rouge aussi décidé. 5°. Entre le même et le cuivre gris. Celui-ci n'est point facile à racler comme l'autre. Sa poussière est noirâtre, au lieu d'être rouge. Ses formes sont des modifications du tétraèdre, et celles de l'argent antimonié sulfuré des modifications du rhomboïde.

---

(1) Journ. des mines, N°. XVII, p. 4.

VARIÉTÉS.

FORMES.

Déterminables.

1. Argent antimonié sulfuré *prismé.* $\overset{{}^{1}D}{\underset{n}{}}\overset{P}{P}$ (*fig.* 9). *De Lisle*, *t. III*, *p.* 448; var. 1. Incidence de *n* sur *n*, 120^{d}; de P sur P, 109^{d} 28′; de *n* sur P, 125^{d} 16′.

2. Argent antimonié sulfuré *prismatique.* $\overset{{}^{1}D}{\underset{n}{}}\overset{A}{\underset{o}{{}_1}}$ (*fig.* 10). *De Lisle, t. III, p.* 453; var. 8.

3. Argent antimonié sulfuré *triunitaire.* $\overset{{}^{1}D}{\underset{n}{}}\overset{B}{\underset{z}{{}_1}}\overset{A}{\underset{o}{{}_1}}$ (*fig.* 11). La variété prismatique épointée aux deux sommets (*fig.* 4). *De Lisle, t. III, p.* 453; var. 7. Incidence de *z* sur *z*, 138^{d} 35′; de *o* sur *n*, 90^{d}.

4. Argent antimonié sulfuré *sexduodécimal.* $\overset{\frac{4}{3}D}{\underset{f}{}}\overset{B}{\underset{z}{{}_1}}$ (*fig.* 12). En dodécaèdre du même genre que celui de la chaux carbonatée métastatique, dont chaque sommet est remplacé par trois trapézoïdes. Incidence de *f* sur *f*, 130^{d} 18′; de *f* sur *f*′, 111^{d} 52′.

5. Argent antimonié sulfuré *apophane.* $\overset{\frac{4}{3}D}{\underset{f}{}}\overset{B}{\underset{l}{{}_3}}$ (*fig.* 13). En dodécaèdre semblable à celui de la variété précédente, dont chaque sommet est remplacé par six triangles scalènes. Les arêtes *x*, *x* correspondent aux bords supérieurs, et les arêtes *o*, *o*, aux bords inférieurs du rhomboïde primitif, ce qui rend la structure sensible à l'œil. Les sommets de cette variété paroissent être les mêmes que ceux de la 9 . de *de Lisle*, *p.* 455. Mais dans celle-ci, ils sont séparés par un prisme hexaèdre régulier, ce que

je n'ai point encore observé. Incidence de l sur l, 160ᵈ 48′ ; de l sur l', 141ᵈ 2′.

6. Argent antimonié sulfuré *binoternaire.* $\dfrac{\overset{2}{\mathrm{D}}\ \overset{3}{e}}{h\ i}$ (*fig.* 14). En dodécaèdre du même genre, et ayant presque les mêmes angles que celui de la chaux carbonatée métastatique, émarginé aux endroits des arêtes obliques les plus saillantes. Incidence de h sur h, 144ᵈ 54′ ; de h sur h', 105ᵈ 48′ ; de i sur h ou sur h', 142ᵈ 59′. Le Cit. Besson, inspecteur des mines, a dans sa collection un bel échantillon de cette variété, trouvé à Sainte-Marie-aux-Mines.

7. Argent antimonié sulfuré *bis-unitaire.* $\dfrac{\overset{\text{'}}{\mathrm{D}}\ \mathrm{P}\ \mathrm{B}}{n\ \mathrm{P}\ \underset{1}{z}}$ (*fig.* 15). La variété prismée émarginée à ses sommets. *De Lisle, t. III, p.* 449, var. 2 ; et *p.* 452, var. 6. Incidence de z sur P, 141ᵈ 44′.

8. Argent antimonié sulfuré *didodécaèdre.* $\dfrac{\overset{1}{\mathrm{D}}\ \overset{2}{e}\ \mathrm{P}\ \mathrm{B}}{n\ k\ \overset{1}{\mathrm{P}}\ z}$ (*fig.* 16) pl. LXV. La variété précédente émarginée longitudinalement. *De Lisle, t. III, p.* 450 ; var. 4. Incidence de k sur n, 150ᵈ.

9. Argent antimonié sulfuré *distique.* $\underset{m}{\overset{3}{\mathrm{E}}{}^{3}}\left(\underset{r}{{}^{\frac{5}{3}}\overset{5}{\mathrm{E}}{}^{3}\mathrm{D}^{3}\mathrm{B}^{1}}\right)$ (*fig.* 17). Deux pyramides droites hexaèdres incomplètes entées l'une sur l'autre, vers chaque sommet. Incidence de m sur m, 137ᵈ 52′ ; de m sur m', 91ᵈ 50′ ; de r sur r, 126ᵈ 30′ ; de r sur r', 128ᵈ 20′ ; de r sur m, 161ᵈ 45′. Le Cit. Gillet a dans sa collection un échantillon de cette variété intéressante.

10. Argent antimonié sulfuré *pentahexaèdre.* $\dfrac{\overset{1}{\mathrm{D}}\ \overset{\frac{4}{3}}{\mathrm{D}}\ \mathrm{B}}{n\ f\ \overset{3}{l}}$ (*fig.* 18). La variété apophane prismée. *De Lisle, t. III, p.* 458 ; var. 10.

11. Argent antimonié sulfuré *tridodécaèdre.* $\dfrac{\overset{1}{\mathrm{D}}\ \overset{2}{e}\ \overset{2}{\mathrm{D}}\ \mathrm{P}\ \mathrm{B}}{n\ k\ h\ \overset{1}{\mathrm{P}}\ z}$ (*fig.* 19). La

La variété 1 émarginée. *De Lisle*, *p.* 451 ; var. 5. Incidence de h sur P , 150^d 30'.

12. Argent antimonié sulfuré *sex-octodécimal.* $\overset{1}{\underset{n}{\mathrm{D}}}\left(\underset{x}{\overset{'\mathrm{E}'\ \mathrm{B}^3\ \mathrm{D}^2}{}}\right)\overset{}{\underset{s}{\overset{2}{\mathrm{A}}}}$ (*fig.* 20). En prisme hexaèdre avec des sommets à 6 facettes obliques inférieures, et trois supérieures. Incidence de x sur x, 131^d 16' ; de x sur x', 151^d 20' ; de s sur s, 158^d 12' (1).

13. Argent antimonié sulfuré *soustractif.* $\overset{1\ \ 2}{\underset{n\,h\ g\mathrm{P}z}{\mathrm{D}\mathrm{D}'\mathrm{E}'\mathrm{P}\mathrm{B}}}$ (*fig.* 21). La variété prismée émarginée à **toutes les** arêtes obliques, et épointée aux angles solides composés de quatre plans. Incidence de g sur g, 81^d 48' ; de g sur P , 130^d 54'. Le Cit. Gillet a dans sa collection un cristal de cette variété.

14. Argent antimonié sulfuré *disjoint.* $\overset{1}{\underset{n\,\mathrm{P}\,z\,c}{\mathrm{D}\,\mathrm{P}\,\mathrm{B}\,\mathrm{B}}}\;{\scriptstyle 1\ \ 4}$ (*fig.* 22). La variété bis-unitaire émarginée de part et d'autre des facettes terminales. Incidence de c sur c', 165^d 2' ; de c sur c, 134^d ; de c sur z, 157^d. On voit dans la collection du Citoyen Lelièvre un beau groupe de cristaux de cette variété. Mais j'ai été obligé de faire abstraction de quelques facettes latérales qui s'y trouvent, et que leur figure curviligne rend indéterminables, quoique les faces du sommet soient d'une grande netteté.

Romé de Lisle cite des cristaux d'argent rouge trouvés à Guadalcanal en Espagne, eu pyramides hexaèdres alongées,

---

(1) Les faces s, s, dans plusieurs des cristaux que j'ai observés, éprouvoient de petites déviations dues à des stries qui étoient parallèles aux diagonales obliques, et par conséquent perpendiculaires aux bords des lames décroissantes. Mais il est à remarquer que si le rhomboïde indiqué par les faces s, s avoit pour noyau celui que désignent les faces z, z (*fig.* 12), auquel cas il résulteroit d'un décroissement par une rangée sur les bords supérieurs de celui-ci, ses stries seroient dans le sens de la structure relative à cette supposition, ce qui est un des cas d'exception exposés dans les généralités, t. I, p. 44.

semblables à celles du spath calcaire, dit en *dent de cochon*, (chaux carbonatée métastatique de notre méthode). Je présume qu'ils appartiennent à la variété binoternaire (*fig.* 14), abstraction faite des facettes *i*, *i*, laquelle variété résulte précisément de la même loi que celle qui donne la chaux carbonatée métastatique, et dont les angles sont aussi à peu près les mêmes, en conséquence de ce que la différence d'environ 3 degrés entre les angles primitifs de part et d'autre, en détermine une sensiblement plus petite entre ceux des deux formes secondaires.

Indéterminables.

15. Argent antimonié sulfuré *amorphe.*
a. Massif.
b. Granuliforme.
c. Superficiel.

A C C I D E N S   D E   L U M I È R E.

Couleurs.

1. Argent antimonié sulfuré *rouge-vif.*
2. Argent antimonié sulfuré *rouge-sombre.*
3. Argent antimonié sulfuré *metalloïde.*

Transparence.

1. Argent antimonié sulfuré *translucide.*
2. Argent antimonié sulfuré *opaque.*

Alliages.

1. Argent antimonié sulfuré *aurifère.* On a trouvé à Kremnitz en Hongrie, et à Joachimsthal en Bohême, de l'argent rouge, qui contenoit un peu d'or.

2. Argent antimonié sulfuré *ferrifère.* Cronstedt, et d'autres minéralogistes, ont cru que l'argent rouge renfermoit toujours

du fer. Mais suivant le Cit. Monnet, cela n'a lieu que quand
la mine est d'un rouge-sombre et opaque (1).

A N N O T A T I O N S.

1. Les mines les plus célèbres d'argent antimonié sulfuré,
sont celles de Freyberg en Saxe, d'Andreasberg au Hartz, de
Schemnitz en Hongrie, de Joachimsthal en Bohême, de Sainte-
Marie-aux-Mines en France, et de Guadalcanal en Espagne.
Les gangues de cette substance métallique sont le quartz, la
chaux carbonatée et les schistes argileux. Elle est quelquefois
entremêlée de fer sulfuré; et lorsque celui-ci est susceptible de
tomber en efflorescence, c'est une association dangereuse pour
les groupes d'argent sulfuré antimonié qui s'altèrent et dépéris-
sent dans les collections dont ils avoient fait l'ornement.

2. Les cristaux d'argent antimonié sulfuré n'ont souvent qu'un
ou deux millimètres d'épaisseur. Mais il y en a dont les dimensions sont beaucoup plus considérables. Le diamètre des plus
gros que j'aie vus, étoit d'environ 22 millimètres, ou 10 lignes.
Il est rare aussi de trouver ces cristaux sous une forme détermi-
nable, et dont toutes les faces soient exactement de niveau. Romé
de Lisle, qui ne manque guère de donner les angles des cristallisations dont il parle, s'étoit borné ici à de simples phrases
descriptives. Je n'ai rien vu de plus parfait en ce genre, qu'un
groupe de la mine d'Andreasberg, dont je suis redevable à
l'honnêteté de M. Hoffman Bang.

3. Il n'y a point de mine qui varie plus que celle-ci par
l'aspect que présente sa surface. Tantôt elle est d'un rouge-vif,
qui imite celui du rubis; tantôt elle a tout à fait l'éclat métallique, et l'on seroit alors tenté de prendre ses cristaux, au premier coup d'œil, pour des cristaux de fer oligiste. Mais il est
aussi facile de sortir d'erreur que d'y tomber; il suffit de gratter

---

(1) Nouveau système de minéral., p. 290.

légérement la surface avec une pointe de couteau , ou de broyer
un petit fragment de la mine , pour voir reparoître la couleur
rouge qui n'étoit que masquée ; et c'est ici l'une des observations
les plus remarquables , parmi celles où la simple trituration d'une
substance produit subitement une nouvelle couleur qui contraste
avec la première.

4. Cette mine étoit l'arseniate d'argent des chimistes, avant
que Klaproth eût fixé nos connoissances sur sa véritable nature.
Les résultats de ce célèbre chimiste se trouvent confirmés par
ceux qu'a obtenus depuis le Cit. Vauquelin , qui , suivant l'usage
des savans accoutumés à faire des découvertes qui leur sont
propres , ajoute presque toujours de nouveaux faits à celles mêmes
qu'il ne se proposoit que de vérifier. Il a prouvé que l'argent et
l'antimoine étoient , l'un et l'autre , à l'état d'oxyde dans l'argent
rouge , et que chacun y étoit combiné avec une certaine quantité de soufre (1).

Diverses causes paroissent avoir contribué à faire regarder
l'arsenic comme un des principes essentiels de cette mine. L'une
provient de ce qu'ils se trouvent quelquefois associés accidentellement. Henckel cite de l'argent rouge enveloppé d'arsenic ,
comme d'une coquille (2). J'ai un morceau qui présente cette
réunion , et dont un fragment, essayé par le Cit. Vauquelin, a
d'abord manifesté sensiblement la présence de l'arsenic, et a donné
ensuite un bouton blanc métallique ; et l'on étoit d'autant plus
porté à croire l'arsenic inséparable de l'argent rouge , que cette
opinion paroissoit offrir l'explication de la couleur que présente
cette mine , par une combinaison de soufre et d'arsenic semblable
à celle qui produit le réalgar ; enfin, ce qui avoit achevé de
tromper les chimistes, c'étoit la vapeur que répand l'antimoine,
en se volatilisant, lorsqu'on chauffe l'argent rouge, et l'odeur

____

(1) Journ. des mines, N°. 17 , p. 1 et suiv.
(2) Pyritol. , trad. franç. , p. 258.

analogue à celle de l'arsenic, qui se dégage en même temps, quoiqu'on ne puisse guère s'y méprendre, lorsque l'organe n'est pas séduit, pour ainsi dire, par le préjugé ; la vapeur de l'arsenic ayant une âcreté et une qualité suffocante qui la font aisément reconnoître.

5. Wallerius indique différens procédés à l'aide desquels on parvient à imiter l'argent rouge naturel, et il est remarquable que l'antimoine fut un des principes qui entroient dans cette composition artificielle.

6. L'argent antimonié sulfuré, soumis à l'action d'un feu bien ménagé, se réduit en filets métalliques. Henckel dit qu'il étoit parvenu, par ce moyen, et sans aucune addition, à faire végéter la mine d'argent rouge (1), de sorte qu'un demi gros (environ 19 décigrammes) de ce minéral, remplissoit un vaisseau de 2 pouces (54 millimètres) de diamètre, sous la forme d'un petit buisson métallique. Cette observation lui paroissoit propre à expliquer la formation des dendrites d'argent que l'on trouve dans certaines cavités, explication qui a été adoptée par différens naturalistes. Nous avons vu, en parlant de l'argent sulfuré ou argent vitreux, que cette substance étoit susceptible de produire un phénomène semblable.

7. La cristallisation de l'argent antimonié sulfuré a une analogie marquée avec celle de la chaux carbonatée, relativement à plusieurs des formes qu'elle fait naître, ainsi qu'on a pu le voir dans les détails qui concernent les variétés. Mais elle présente aussi des formes particulières, dont une des plus dignes d'attention, est celle de la variété distique, composée de deux pyramides droites hexaèdres, dont l'une intercepte l'autre ; sur quoi il est à remarquer que parmi tous les nombres de rangées soustraites, pour chaque loi de décroissement, soit simple, soit intermédiaire, sur l'angle E (*fig.* 8), il y en a toujours un qui est

____

(1) Traité de l'appropriation, traduc. franç., p. 343, N°. 304.

susceptible de produire un dodécaèdre formé de deux pyramides droites, c'est-à-dire, à triangles isocèles, tandis que tous les autres conduisent à des triangles scalènes. Si l'on suppose le décroissement simple, le nombre sera 3, et le cristal aura pour signe $^3E^3$, comme dans la pyramide supérieure : il ne reste donc plus qu'un décroissement intermédiaire pour la pyramide inférieure ; et si dans le signe du cristal on prend B' et D', l'exposant de E sera 2, ce qui est le cas du fer oligiste trapézien. Mais si l'on prend B' et D³, l'exposant de E devient $\frac{3}{5}$, et c'est le cas de l'argent rouge distique (1). Cette variété, qui emprunte de sa symétrie une forme très-prononcée, prouve donc à la fois, et l'existence des décroissemens intermédiaires, et celle de certaines lois mixtes qui, n'ayant pas la simplicité des lois ordinaires, avoient besoin, pour être admises, de se trouver placées dans des circonstances qui leur servissent, en quelque sorte, de garantie.

A P P E N D I C E.

A R G E N T   N O I R.

Argentum arsenico, sulfure et cupro mineralisatum, minerâ nigrâ fuliginosâ ; minera argenti nigra, *Waller.*, *t. II*, *p.* 335. Minera argenti nigra fragilis, quæ ab hungaricis monticolis *Roschgewachs* vocatur, *ih.* Mine d'argent noire, *de Lisle*, *t. III*, *p.* 467. Argent fragile, roschgewachs des Allemands ; mine d'argent noire, *de Born*, *t. II*, *p.* 429. Argent minéralisé par le soufre, l'arsenic et le fer ; mine d'argent noire, Sciagr., *t. II*, *p.* 74. Silber schwarze, *Emmerling*, *t. II*, *p.* 173. Mine d'argent noire, *Daubenton, tabl.*, *p.* 54. Sooty silver ore, *Kirwan*, *t. II*, *p.* 117.

---

(1) En général, si l'on désigne par x l'exposant de D, par y celui de B, et par n celui de E, on aura cette formule très-simple, $n = \dfrac{x+2y}{xy}$, qui a été démontrée dans la partie géométrique, t. I, p. 251.

La substance appelée aujourd'hui le plus communément *argent noir*, est d'un gris sombre à l'extérieur, et assez souvent brillante dans sa fracture. Elle est tendre, fragile, quelquefois cellulaire et comme cariée. Plusieurs minéralogistes disent qu'on la rencontre aussi cristallisée en prismes hexaèdres.

Lehmann, dont le sentiment a été adopté par divers naturalistes, considéroit l'argent noir comme une sorte d'état moyen entre la mine d'argent rouge et celle d'argent sulfuré (1). Pour parler plus clairement, il seroit possible qu'elle ne fût autre chose qu'une altération de la première, à côté de laquelle il n'est pas rare de la trouver, et dont elle est même quelquefois tellement mélangée que l'on suit, pour ainsi dire, de l'œil le passage de l'une à l'autre. La forme cristalline qu'on lui attribue sembleroit encore s'en rapprocher. Il ne paroît donc pas que l'on puisse regarder la mine d'argent noire comme une espèce particulière, et tout ce qui précède tend à indiquer sa place sur la limite de l'argent antimonié sulfuré.

———————

Vᵉ   E S P È C E.

A R G E N T   M U R I A T É.

Muriate d'argent des chimistes.

Argentum acido salis mineralisatum, minerâ semi-pellucidâ, lamellosâ, corneâ, igne candelæ liquabili ; minera argenti cornea, *Waller.*, *t. II*, *p.* 331. Mine d'argent cornée, *de Lisle*, *t. III*, *p.* 463. Argent corné, muriate d'argent natif, *de Born*, *t. II*, *p.* 420. Argent minéralisé par les acides marin et muriatique ; mine d'argent corné, Sciagr., *t. II*, *p.* 67. Hornerz, *Emmerling*, *t. II*, *p.* 168. Argent en minérai par l'acide muriatique ; mine d'argent cornée ; *Daubenton*, *tabl.*, *p.* 53. Silver vitriolico

———————————————————————————

(1) Art des mines, traduc. franç., p. 118.

muriated , or corneous silver ore, *Kirwan*, *t. II, p.* 117.

Caractère essentiel. Couleur de corne ; fusible comme la cire.

Caract. phys. Pesant. spécif. , 4,7488.

Consistance. La mollesse de la cire.

Couleur. Le gris jaunâtre, semblable à celui de la corne, et quelquefois le verdâtre. Lorsque le minéral reste exposé à la lumière, sa couleur grise prend une teinte de violet et finit par brunir. La surface des morceaux les plus purs a un certain brillant qui tire sur celui de la perle.

Transparence. Translucide dans l'état de pureté.

Caract. chim. Fusible à la flamme d'une bougie, en répandant des vapeurs d'acide muriatique. Le frottement du fer ou du zinc humecté par la vapeur de l'haleine, fait reparoître, à la surface, l'argent sous forme métallique.

Analyse par Klaproth.

Argent	67,75.
Acide muriatique	21,00.
Oxyde de fer	6,00.
Alumine	1,75.
Acide sulfurique	0,25.
Perte	3,25.
	100,00. (1).

Caractères distinct. Entre l'argent muriaté et le mercure muriaté. Celui-ci n'a point comme l'autre la mollesse de la cire. Au chalumeau, il se volatilise en entier, au lieu que l'argent muriaté y donne un globule métallique.

V A R I É T É S.

1. Argent muriaté *cubique. De Lisle, t. III, p.* 465. Le cube s'alonge assez souvent en parallélipipède,

____

(1) Klaproth regarde l'acide sulfurique comme n'étant ici qu'un principe accidentel.

2. Argent muriaté *amorphe*. En masses solides, ou sous la forme d'une croûte plus ou moins épaisse adhérente à une autre substance.

A N N O T A T I O N S.

1. On trouve de l'argent muriaté à Johann - Georgenstadt et à Freyberg en Saxe, à Guadalcanal en Espagne, au Pérou et au Mexique, en Amérique, à Sainte - Marie - aux - Mines en France, etc. Sa gangue est assez communément le quartz et quelquefois la chaux carbonatée. Celui de Georgenstadt est engagé dans une ocre ferrugineuse. On en a trouvé, en Sibérie, qui servoit de support à l'or natif. Celui du Pérou forme un enduit sur la surface de l'argent natif en masse.

2. Les cristaux d'argent muriaté sont ordinairement très-petits et groupés confusément. Les plus considérables ont environ 7 millimètres, ou 3 lignes d'épaisseur; mais on en a quelquefois rencontré des masses du poids de plusieurs kilomètres.

3. Il paroît, par des descriptions d'anciens auteurs (1), que la transparence de l'argent muriaté, lorsqu'il est réduit en lames minces, avoit fait donner d'abord à cette substance le nom de *mine d'argent vitreuse*, qui a été appliqué depuis à l'argent sulfuré.

4. L'argent muriaté est une des substances métalliques les plus recherchées, à cause de sa rareté. Son peu d'apparence est cause qu'il échappe à l'attention; en sorte que la difficulté de le reconnoître provient de ce que souvent il ressemble à ces matières sales et terreuses, sans caractère, que l'on néglige, ou, si l'on veut, de ce qu'il ne ressemble à rien. Les naturalistes qui en soupçonnent la présence sur un morceau, le reconnoissent quelquefois à l'aide d'une épingle, dont la pointe s'y enfonce, comme dans la cire. Celui du Pérou est décelé par l'argent natif, auquel il sert d'enveloppe.

---

(1) Matthesius in sarepta, 1685. Fabricius de rebus metallicis, 1566.

5. La mine d'argent alkaline de Justi (1), trouvée à Annaberg, dans la basse Autriche, n'étoit autre chose, d'après les expériences du célèbre Klaproth (2), que de l'argent muriaté disséminé en grains imperceptibles dans la chaux carbonatée.

6. L'acide muriatique versé dans une dissolution d'argent par l'acide nitrique, s'empare du métal et forme avec lui un nouveau sel, qui est du muriate d'argent. Ce sel, exposé à un feu doux, se fond en une masse semblable à de la corne, d'où elle a pris le nom de *lune cornée*, et qui cristallise aussi quelquefois en cubes. C'est une des imitations les plus fidelles du travail de la nature à laquelle l'art soit parvenu.

7. On savoit, depuis long-temps, que le fer décomposoit l'argent muriaté (3). Le Cit. Champeaux, ingénieur des mines, a observé les effets de cette propriété du fer, relativement à un très-beau morceau d'argent muriaté du Pérou, qui étoit resté, pendant huit ou dix ans, enfermé dans une boîte avec des flèches empoisonnées, prises dans le même pays. Le fer d'une de ces flèches avoit été oxydé et rompu, et l'argent muriaté se trouvoit en partie recouvert d'argent natif; ce qui prouvoit, ainsi que le reconnut à l'instant le Cit. Champeaux, que le fer avoit décomposé le muriate en désoxygénant l'argent, et en s'emparant de l'acide muriatique.

Cette observation a suggéré au Cit. Gillet l'idée de reproduire le même fait, par une expérience directe, et il a été conduit, comme par degrés, à décomposer instantanément l'argent muriaté. Il fait tomber, pendant quelques secondes, la vapeur de l'haleine sur un morceau de fer, ou mieux encore, sur un morceau de zinc, qu'il passe ensuite avec frottement sur la mine. On voit paroître aussitôt, à l'endroit frotté, une petite feuille d'argent métallique; résultat d'autant plus intéressant, qu'il fournit

(1) Mém. chim., p. 1.
(2) Connoissance des minér., art. 9, sect. 1.
(3) Sage, élémens de minér., t. II, p. 305.

un moyen simple et expéditif de reconnoître une substance dont
les caractères parlent si peu à l'œil (1).

SECOND ORDRE.

Oxydables et réductibles immédiatement.

GENRE UNIQUE.

MERCURE.

Mercurius; hydrargyrum, *Waller.*, *t. II*, *p.* 146. Mercure,
de Lisle, *t. III*, *p.* 152. *Id.*, *de Born*, *t. II*, *p.* 383. *Id.*, Sciagr.,
t. II, *p.* 87. Queck-Silber des Allemands. Mercure, *Daubenton*,
tabl., *p.* 42. Mercury, *Kirwan*, *t. II*, *p.* 223.

A L'ÉTAT MÉTALLIQUE.

PREMIÈRE ESPÈCE.

MERCURE NATIF.

Mercurius virgineus; hydrargyrum nativum, *Waller.*, *t. II*,
p. 148. Mercure vierge ou coulant, *de Lisle*, *t. III*, *p.* 152.
Mercure natif, mercure vierge, *de Born*, *t. II*, *p.* 387. Mercure
natif, Sciagr., *t. II*, *p.* 387. Gediegen queck-silber, *Emmerling*,
t. II, *p.* 129. Mercure natif, *Daubenton*, *tabl.*, *p.* 41. Native
mercury, *Kirwan*, *t. II*, *p.* 223. Vulgairement, vif-argent.

Caractère essentiel. Liquide à une température au-dessus du
32e. degré de froid sur le thermomètre dit de Réaumur, ou du
40e. sur le thermomètre centigrade.

----

(2) Le Cit. Gillet a consigné cette observation avec celle du Cit. Champeaux, dans un mémoire lu à l'Institut national, le 26 pluviôse, an 8.

Caract. phys. Pesant. spécif., 13,581, moindre que celle du platine et de l'or, supérieure à celle du plomb, de l'argent, du cuivre, du fer et de l'étain.

Couleur ; le blanc très-éclatant.

Fusibilité. Il ne cesse d'être fusible qu'à une température d'environ 40^d au-dessous de zéro du thermomètre centigrade, ou de 32^d au-dessous du zéro du thermomètre dit de Réaumur.

Caract. chim. Volatile par le chalumeau.

Le mercure natif est si facile à reconnoître, qu'il seroit inutile d'indiquer les caractères qui pourroient empêcher de le confondre avec d'autres substances.

VARIÉTÉS.

Mercure natif *liquide.*

ANNOTATIONS.

1. Le mercure natif se trouve ordinairement en globules brillans, disséminés dans l'intérieur de différentes substances, telles que les schistes argileux, la marne, le quartz, etc. Il accompagne souvent le mercure sulfuré ou cinabre, et quelquefois la pyrite, le plomb sulfuré, l'argent antimonié sulfuré, etc. (1). Il y a des endroits où il coule à travers les fentes des rochers, et s'arrête dans des cavités où l'on va le puiser (2). Les mines d'Europe les plus abondantes en mercure natif, sont celle d'Idria, en Carniole, du duché des Deux-Ponts, dans le cercle du Bas-Rhin, et d'Almaden, en Espagne. Il y en a une très-riche en Amérique, près de Guanca Velica, petite ville du Pérou (3).

En brisant la gangue du mercure natif, on est agréablement

---

(1) Waller., t. II, p. 149.

(2) De Born, catal., t. II, p. 587.

(3) Fresier, voyage à la mer du Sud, p. 164.

surpris de voir paroître les globules de ce métal. Quelquefois la chaleur seule de la main, ou une forte percussion suffit pour faire sortir ceux qui restent engagés à l'intérieur.

2. Le mercure qui paroît jouer un rôle si singulier dans la nature, par sa liquidité, n'est réellement qu'un métal capable d'entrer en fusion par une température incomparablement moins élevée que celle qu'exigent les métaux ordinaires pour se fondre; et parce que cet état de fusion habituelle rapproche le mercure de l'eau et des autres corps connus sous le nom de *liquides*, elle l'a fait placer dans la classe de ces corps. Par une suite de la même analogie, on a appelé *congélation* du mercure, son passage à l'état de solidité, quoiqu'au fond ce passage ne diffère de même de celui qui a lieu pour les autres métaux, qu'en ce qu'il répond à un degré beaucoup plus bas sur le thermomètre. On conçoit sans peine comment l'extrême opposé, c'est-à-dire, la vaporisation du mercure, commence à s'opérer par une chaleur modérée, qui, d'après une expérience d'Achard, est de 18ᵈ de Réaumur, et de 22ᵈ, 5 du thermomètre centigrade (1).

Ce fut le 25 décembre 1759, que les Académiciens de Pétersbourg, ayant profité d'un froid excessif qui régnoit alors dans ce pays, et qu'ils poussèrent, par des moyens artificiels, jusqu'à un terme qui, dans leur estimation, répondoit au 215ᵈ du thermomètre de de Lisle (le 46 au-dessous de zéro de Réaumur, et le 57,5 du thermomètre centigrade), s'aperçurent que le mercure contenu dans le tube ne descendoit plus. Ils brisèrent la boule, et trouvèrent que le mercure s'étoit figé. Ils réitérèrent l'expérience avec d'autres thermomètres, et parvinrent à obtenir le mercure entièrement solide. Ils reconnurent que dans cet état, il s'étendoit sous le marteau, comme les métaux ductiles.

Le mercure, au moment où il se congèle, se contracte subitement, en quoi il diffère spécialement de l'eau, dont la plus

____

(1) Journ. de phys., oct., 1782.

grande contraction a lieu par une température de plusieurs degrés au-dessus de zéro, en sorte qu'en continuant de se refroidir, elle augmente, au contraire, de volume, jusqu'à ce qu'elle soit congelée. Et comme les premiers qui observèrent la congélation du mercure, n'avoient entre les mains d'autre thermomètre que celui même qui servoit à l'expérience, ils jugèrent de la quantité du refroidissement par celle de la contraction, et fixèrent le degré de température requis pour la congélation, plus bas qu'il n'étoit en effet. Mais les observations faites depuis à la baie d'Hudson par Hutchins, et en Angleterre par Cavendisch, dans lesquelles on employa un thermomètre à alcohol, comme indice de la température, prouvèrent qu'il ne falloit au mercure, pour se congeler, qu'un froid d'environ 32^d de Réaumur (40^d du thermomètre centigrade) (1).

L'expérience de la congélation du mercure a été répétée à l'Ecole Centrale des travaux publics, aujourd'hui l'Ecole Polytechnique, par les Citoyens Hassenfratz, Welter, Bonjour et Hachette, le 18 nivôse, an 5, jour auquel la température de l'atmosphère étoit d'environ 9^d au-dessous de zéro de Réaumur, (11^d 25' du thermomètre centigrade). Ces physiciens, en employant un mélange de neige, de muriate de soude et d'acide nitrique, ont poussé le froid artificiel jusqu'à 31^d de Réaumur (38^d 75' du thermom. centigr.). Le mercure s'étant solidifié à ce terme, on est parvenu, en le battant avec le marteau, à lui faire subir un aplatissement considérable (2). La même expérience a été faite plusieurs fois avec succès, à l'Ecole des Mines, par le Cit. Vauquelin, et l'on y a vu le mercure se cristalliser sous la forme d'octaèdres que les circonstances n'ont pas permis de déterminer avec la précision convenable.

3. On a cru que le mercure faisoit exception à la loi des tubes

----

(1) De Luc, idées sur la météorologie, t. I, p. 194.

(2) Voyez les détails de cette expérience intéressante, dans le jour. de l'école polytech., Ier. cahier, p. 123 et suiv.

capillaires, parce qu'il s'abaisse ordinairement dans ces tubes au-dessous de son niveau. Mais il résulte des expériences faites à Metz, par le Cit. Casbois, que quand on chauffe fortement le mercure et le tube, l'élévation au-dessus du niveau a lieu comme pour les autres liquides (1). L'effet contraire, que l'on observe dans les cas ordinaires, provient de la petite couche d'humidité qui s'attache à la surface intérieure du tube, et dont l'interposition suffit pour affoiblir sensiblement la vertu attractive du verre à l'égard du mercure, et rendre prépondérante l'affinité mutuelle des molécules de ce métal. L'eau et les autres liquides offrent une exception semblable, lorsqu'on enduit l'intérieur du tube d'une légère couche de graisse.

4. L'idée ingénieuse conçue par Toricelli, de mettre le poids d'une colonne de mercure en équilibre avec la pression de l'atmosphère, a donné naissance au baromètre. L'expérience faite sur le Puy-de-Dôme, par Perier, à l'invitation de Paschal (2), en confirmant cette découverte, étoit comme l'ébauche de la méthode de mesurer les hauteurs à l'aide du baromètre, d'après la loi connue des rapports entre les élévations de l'observateur au-dessus du niveau de la mer et les densités correspondantes de l'air (3). Cette méthode, plus expéditive que les mesures trigonométriques, et suffisamment précise dans les cas ordinaires, sert bien l'activité et les projets du naturaliste, qui aime à mesurer les montagnes comme il les observe, c'est-à-dire, en voyageur (4).

---

(1) Encyclopédie de Diderot et Dalembert, supplémens, au mot *tubes capillaires*. Voyez aussi les leçons de l'école normale, t. III, p. 50.

(2) On vit, dans cette expérience, le mercure s'abaisser à mesure que l'on portoit le baromètre plus haut.

(3) Le célèbre Côtes a démontré cette loi d'une manière fort simple dans ses leçons de physique expérimentale, sur l'équilibre des liqueurs, etc. Voyez la traduct. franç. de cet ouvrage, p. 176 et suiv.

(4) Cette méthode a été exposée dans les leçons de l'école normale, t. IV, p. 271 et suiv.

5. Le mercure est employé aujourd'hui presque généralement pour la construction même du thermomètre. On le préfère, avec raison, à l'alcohol, soit à cause de son homogénéité, soit parce que ses dilatations depuis zéro jusqu'à l'eau bouillante, sont sensiblement égales aux accroissemens de chaleur, tandis que l'alcohol, toutes choses égales d'ailleurs, indique des degrés inégaux par des variations égales de température, et de là vient qu'il n'y a que les thermomètres à mercure qui soient vraiment comparables.

6. Le mercure s'amalgame avec presque tous les métaux, et cette propriété, jointe à sa volatilité, le fait employer dans la dorure et dans le traitement des mines d'or et d'argent. L'étamage des glaces se fait à l'aide du mercure amalgamé avec l'étain. Les physiciens se servent du même amalgame, ou de celui de mercure et de bismuth, pour enduire les frottoirs des machines électriques.

7. Le mercure en substance, et à l'état métallique, n'a, comme médicament, que des vertus très-bornées. Dans cet état, il est cependant nuisible aux insectes. On a mis en usage l'eau même dans laquelle il a bouilli ; de cette propriété on en a conclu une anti-vermineuse, et quoique la conclusion ne fut pas exacte, puisque les vers qui vivent dans le corps humain ne sont pas de la nature des insectes, il est au moins prouvé que les préparations du mercure contribuent à tuer ces animaux et à en débarrasser les voies intestinales.

C'est surtout aux différentes manières de préparer le mercure que sont dus les grands avantages que l'on retire de ce métal. Dans toutes, il est plus ou moins à l'état d'oxyde simple ou combiné, et plus ou moins oxygéné, depuis la pommade mercurielle jusqu'au muriate suroxygéné de mercure ou sublimé corrosif, et les médecins pensent assez généralement aujourd'hui, quoique cette opinion puisse souffrir quelque difficulté, que c'est à la facilité avec laquelle ces oxydes se réduisent et abandonnent leur oxygène, que l'on doit l'efficacité des remèdes dont il s'agit.

Leur

Leur effet est suivant la nature des préparations et la manière de les administrer.

1°. De purger assez facilement et à petite dose ; et dans cette indication, c'est du mercure doux ou muriate de mercure simple que l'on se sert de préférence ;

2°. De tuer les vers intestinaux, et c'est de la même préparation que l'on use pour cet effet ;

3°. De produire dans le système lymphatique des changemens, à l'aide desquels on a vu les engorgemens des glandes se résoudre, et des maladies cutanées opiniâtres se guérir ;

4°. A une certaine dose qui varie selon la susceptibilité des personnes, d'occasionner dans les glandes salivaires une grande secrétion de salive, qui, pour lors, sort infecte, désagréable, échauffant la bouche et ulcérant souvent les joues et les gencives ; mais cet effet se dissipe assez promptement ;

5°. De détruire les affections vénériennes, lorsqu'elles cessent d'être superficielles, et qu'elles attaquent le système lymphatique, et les différens organes ; et dans cette vue, on a mis en usage presque tous les genres de préparations mercurielles, soit introduites par la peau, soit données à l'intérieur ;

6°. Enfin, de détruire extérieurement les chairs baveuses des ulcères, les excroissances ulcéreuses, etc. ; et pour cela on emploie les différentes préparations mercurielles et les oxydes les plus actifs, soit en poudre, soit en dissolution, ou suspendues dans un véhicule qui les tient divisées (1).

IIe. ESPÈCE.

MERCURE ARGENTAL.

Amalgame natif d'argent, *de Lisle, t. III, p.* 162. Amalgame

---

(1) Article communiqué par le Cit. Hallé.

natif, mercure allié avec l'argent, *de Born, t. II, p.* 4oi. Mercure uni à l'argent, Sciagr., *t. II, p.* 95. Natürliches amalgam, *Emmerling, t. II, p.* 134. Argent mêlé avec du mercure, amalgame d'argent, *Daubenton, tabl., p.* 54. Natural amalgama, *Kirwan, t. II, p.* 223.

Caractère essentiel. Communiquant au cuivre une couleur argentée, à l'aide du frottement.

Caractère phys. Consistance, cassant.

Couleur; le blanc d'argent.

Tachure. Si l'on en passe une parcelle avec frottement sur le cuivre, elle y laisse un enduit d'un blanc métallique.

Caract. chim. Au chalumeau, le mercure se volatilise, et l'argent reste sous sa forme métallique.

Caractéres distinctifs, entre le mercure argental et l'argent natif. Celui-ci est ductile, et le mercure argental est cassant. L'argent natif ne blanchit point le cuivre par le frottement, comme le mercure argental.

V A R I É T É S.

F O R M E S.

Déterminables.

1. Mercure argental *émarginé* (*fig.* 24) *pl. LXV.* Octaèdre régulier émarginé. *De Lisle, t. I, pag.* 420, note 125. Si l'on supposoit que la forme primitive fut l'octaèdre régulier, le signe représentatif rapporté à la fig. 23, seroit $\frac{P\ B\ \overset{\text{\tiny{1}}}{B}}{P\ ^{1}\ r}$. Mais jusqu'ici je n'ai pu découvrir aucun indice de la structure. Incidence de *r* sur P, 125ᵈ 13' 52″.

2. Mercure argental *dodécaèdre* (*fig.* 25). Un minéralogiste très-instruit m'a assuré qu'il avoit vu le mercure amalgamé sous la forme du dodécaèdre à plans rhombes, sans aucunes facettes

additionnelles. Incidence de *r* sur *r* 120^d. Dans l'hypothèse du noyau octaèdre, le signe seroit $\overset{\scriptscriptstyle 1}{B}\,\underset{r}{\overset{\scriptscriptstyle 1}{B}}$.

3. Mercure argental *triforme* (*fig.* 26). Dérivé du dodécaèdre rhomboïdal, par les faces *r*, du solide à 2 ¼ faces trapézoïdales, par les faces *s*, et du cube par les faces *z*. Incidence de *z* sur *r*, 135^d. Il seroit difficile de voir un cristal plus parfait de cette variété, que celui qui m'a été donné par le citoyen Lefebvre, membre du conseil des mines. Ce cristal, dont l'épaisseur est d'environ quatre millimètres, a pour gangue une chaux carbonatée ferrifère amorphe, accompagnée d'antimoine sulfuré, sur lequel on voit de très-petits globules de mercure natif. Il a été trouvé près de Landsberg, dans le duché des Deux - Ponts. Si l'on suppose toujours un noyau octaèdre, le signe représentatif

sera $\overset{\scriptscriptstyle 1}{B}\ \underset{r}{\overset{\scriptscriptstyle 1}{B}}\ \underset{s}{\overset{\scriptscriptstyle 3}{A}}\ ^3A^3\ \underset{z}{\overset{\scriptscriptstyle 1}{A}}\ {}^1A^1$.

Indéterminables.

4. Mercure argental *lamelliforme*. En lames ou feuilles très-minces appliquées sur la surface de la gangue.

5. Mercure argental *amorphe*. En petites masses arrondies.

A N N O T A T I O N S.

1. L'amalgame natif de mercure et d'argent, suivant la remarque du baron de Born (1), se trouve communément dans les mines de mercure dont les filons sont croisés par des veines de mines argentifères ou mêlés avec elles. Telles sont la vieille mine de Morsfedt, dans le Palatinat, et celle de Rosenar en haute Hongrie. Le conseil des mines a reçu plusieurs échantillons de cet amalgame recueillis dans le duché des Deux-Ponts. Le cristal cité par Romé de Lisle provenoit du filon de la Caroline,

---

(1) Catal. , t. II, p. 401.

à Muschel-Landsberg, dans le même pays. Wallerius rapporte qu'on avoit trouvé autrefois de l'amalgame natif à Salberg, en Suède, dans la Westmanie (1). Quelquefois l'amalgame est accompagné de mercure coulant ou de mercure muriaté. Sa gangue est une argile ferrugineuse jaunâtre, ou une argile grise avec des taches ou des veines rougeâtres.

2. En faisant une espèce à part de l'amalgame naturel de mercure et d'argent, nous nous conformons à l'opinion de plusieurs habiles chimistes, qui regardent cet amalgame comme le résultat d'une véritable combinaison. C'est une conséquence de ce qu'il paroit y avoir ici un point d'équilibre ou de saturation, passé lequel le mercure refuse de s'unir à l'argent, en sorte que sa partie excédente reste à l'état de liquidité ; et de là vient que quelquefois les cristaux ou les grains d'amalgame semblent nager dans le mercure coulant qui les accompagne.

3. L'amalgame artificiel de mercure et d'argent cristallise, suivant Romé de Lisle, en dendrites composées de très-petits octaèdres implantés les uns dans les autres (2). C'est en précipitant, au moyen du mercure, l'argent dissous dans l'acide nitrique, que l'on obtient cette espèce de végétation métallique, connue sous le nom *d'arbre de Diane*, et dont les charlatans abusoient autrefois pour faire croire qu'ils avoient le secret de communiquer aux métaux la faculté de végéter à la manière des plantes.

4. Bergmann observe que le mercure natif n'est guère susceptible de s'allier avec d'autres métaux étrangers que l'or, l'argent et le bismuth, qui se rencontrent eux-mêmes assez communément à l'état natif, et sont de plus très-solubles dans ce métal liquide (3). Mais jusqu'ici, il n'y a que l'amalgame naturel de mercure et d'argent dont l'existence soit avérée.

---

(1) Systema miner., édit 1778, t. II, p. 149. Acta erudit. Upsal, 1700, trim. 3, p. 55.

(2) T. I, p. 420.

(3) Opusc., t. II, p. 421.

A L'ÉTAT D'OXYDE.

IIIe. ESPÈCE.

MERCURE SULFURÉ.

Sulfure de mercure des chimistes, vulgairement cinabre (1).

Mercurius sulfure mineralisatus, minerâ rubrâ, *Waller.*, *t. II*, *p.* 150. Cinabre natif; oxyde de mercure sulfuré rouge, *de Born*, *t. II*, *p.* 388. Mine de mercure sulfureuse, *de Lisle*, *t. III*, *p.* 154. Zinnober, *Emmerling*, *t. II*, *p.* 143. Mercure minéralisé par le soufre; cinabre, Sciagr., *t. II*, *p.* 97. *Id.*, *Daubenton*, *tabl.*, *p.* 42. Native cinnabar, *Kirwan*, *t. II*, *p.* 228.

Caract. essent. Rouge; divisible parallélement aux pans d'un prisme hexaèdre régulier.

Caract. phys. Pesant. spécif., 6,9022....10,2185.

Dureté. Facile à gratter avec le couteau, lorsqu'il est pur.

Electricité, résineuse par le frottement, et seulement lorsque le corps est isolé.

Couleur; rouge vif dans l'état de pureté. Les mélanges font passer cette couleur au brun. Dans tous les cas, la poussière, obtenue par la trituration, est plus ou moins rouge. Quelquefois la surface des lames est d'un gris-sombre métallique, ce qui provient des molécules qui ont perdu leur oxygène.

Cassure, transversale, raboteuse.

Caractère géométr. Forme primitive. Prisme hexaèdre régulier (*fig.* 27) *pl. LXV*. Les divisions parallèles aux pans sont très-nettes. La position des bases n'est que présumée.

____

(1) Tiré du mot grec κιννάβαρι, qui signifioit la même chose, et que certains auteurs font dériver de κινάβρα, *mauvaise odeur*, à cause de celle qui se dégageoit, disent-ils, quand on extrayoit ce minéral.

Molécule intégrante. Prisme triangulaire équilatéral (1).
Caractère chim. Volatile avec fumée, par le chalumeau.
Analyse selon de Born (2).

    Mercure.. 80.
    Soufre... 20.

                                                100.

Caractères distinctifs. 1°. Entre le mercure sulfuré et l'argent antimonié sulfuré, dit *argent rouge*. Le premier passé avec frottement sur un papier, y laisse des traces rouges, ce que ne fait pas l'autre. Il se volatilise entièrement au chalumeau, tandis que l'argent rouge y donne un bouton métallique. 2°. Entre le même et l'arsenic sulfuré, dit *réalgar*. La poussière de celui-ci, obtenue par la trituration, est jaune ; celle de l'autre est rouge. L'arsenic sulfuré tenu entre les doigts et frotté, s'électrise résineusement. Le mercure sulfuré a besoin d'être isolé pour devenir électrique. Traité au chalumeau, il ne donne point d'odeur d'ail comme l'arsenic sulfuré. 3°. Entre le même et le cobalt arséniaté, dit *fleurs de cobalt*. La couleur de celui-ci est le rouge de lilas, et celle de l'autre le rouge vif. Au chalumeau, il répand une odeur d'ail, ce que ne fait pas le mercure sulfuré. 4°. Entre le même et le plomb chromaté, dit *plomb rouge*. La poussière de celui-ci est d'une couleur aurore ; celle du mercure sulfuré est rouge. Le plomb chromaté se divise parallélement aux pans d'un prisme quadrangulaire, et le mercure sulfuré parallélement à ceux d'un prisme hexaèdre. Le premier se réduit au chalumeau ; l'autre s'y volatilise.

____

(1) La perpendiculaire menée d'un des angles du triangle de la base sur le côté opposé à cet angle, est à la hauteur du prisme comme 1 à $\sqrt{2}$.
(2) Catal., t. II, p. 388.

V A R I É T É S.

F O R M E S.

Déterminables.

1. Mercure sulfuré *primitif.* M P (*fig.* 27). En prisme hexaèdre régulier.

$$\begin{array}{c c c c c c c c c}
\text{M} & \text{B} & b & c & \text{C} & \text{B} & b & c & \text{C} \\
 & 1 & 1{,}0 & 1 & 1{,}0 & \frac{2}{3} & \frac{3{,}0}{3} & \frac{2}{3} & \frac{2{,}0}{3} \\
\text{M} & r & & r' & & z & & z' &
\end{array}$$

2. Mercure sulfuré *bibis - alterne.*

(*fig.* 28). Six facettes géminées marginales à chaque sommet, disposées alternativement par rapport aux pans et par rapport aux facettes de l'autre sommet. Incidence de *r* sur M', 144ᵈ 44' 8″; de *r* sur *r*, 90ᵈ; de *z* sur M', 133ᵈ 18' 50″; de *z* sur P, 136ᵈ 41' 10″. Les faces *r*, *r*, etc., si elles existoient seules, produiroient un cube.

Indéterminables.

3. Mercure sulfuré *curviligne.* La forme précédente, dont les faces latérales sont déformées par des arrondissemens. Lorsqu'en même temps les faces P sont peu sensibles ou cachées dans la gangue, le cristal approche de la forme cubique.

4. Mercure sulfuré *laminaire.*

5. Mercure sulfuré *fibreux.* Cette variété est rare, dans l'état de pureté. La plupart des morceaux striés paroissent devoir leur tissu à leur mélange avec le fer sulfuré rayonné (1).

6. Mercure sulfuré *compacte.*

7. Mercure sulfuré *pulvérulent*, vulgairement *fleurs de cinabre* ou *vermillon natif.*

____

(1) De Lisle, t. III , p. 159.

ACCIDENS DE LUMIÈRE.

Couleurs.

1. Mercure sulfuré *rouge-vif.*
2. Mercure sulfuré *rouge-brun.*
3. Mercure sulfuré *brun-noirâtre.*

Transparence.

1. Mercure sulfuré *translucide.*
2. Mercure sulfuré *opaque.*

ANNOTATIONS.

1. On trouve des mines abondantes de mercure sulfuré dans le bas Palatinat et le duché des Deux-Ponts ; à Schemnitz, en Hongrie ; à Idria, en Carinthie ; à Almaden, en Espagne, etc. Le cristal de forme primitive que j'ai cité plus haut, provenoit du Japon, d'où l'on a rapporté aussi du mercure sulfuré en petites masses, d'un tissu très-lamelleux. Les diverses gangues de cette substance métallique sont l'argile, le fer oxydé limoneux, le quartz ferruginé, le fer sulfuré, la chaux carbonatée, etc. A Almaden et dans le duché des Deux-Ponts, le mercure sulfuré est disséminé en cristaux granuliformes, sur la surface et dans l'intérieur des cristaux de baryte sulfatée, auxquels il communique sa belle couleur rouge.

2. Les minéralogistes ont cité des cristaux de mercure sulfuré en cubes (1), en octaèdres (2), en tétraèdres ou pyramides

____

(1) Waller., édit. 1778, t. II, p. 151. Linnæus, syst. nat., edit. 1770, p. 119. De Born, catal., t. II, p. 394.
(2) De Born, catal., t. II, p. 593 et 394.

triangulaires

triangulaires (1). Suivant Romé de Lisle, les formes cristallines de ce minéral paroissent dériver du tétraèdre, ou plutôt de deux tétraèdres réunis par leur base (2) ; et ce célèbre naturaliste dit avoir observé deux modifications de cette forme, l'une, où les pyramides étoient tronquées au sommet ; l'autre, où ces mêmes pyramides, toujours tronquées, étoient séparées par un prisme triangulaire. D'une autre part, le Cit. Pelletier avoit obtenu de petits cristaux très-distincts de cinabre artificiel, qu'il jugea être des tétraèdres réguliers (3), et que Romé de Lisle reconnut pour tels (4).

Quoique ces observations parussent annoncer le tétraèdre régulier, pour la forme primitive du mercure sulfuré, et qu'il ne fut pas difficile de déduire de cette forme, par des lois simples de décroissement, celles du cube et de l'octaèdre régulier ; j'avois suspendu mon jugement, en attendant une indication plus sûre, celle qui se tire de la division mécanique. Aussi ayant divisé depuis des fragmens lamelleux de mercure sulfuré, ai-je reconnu que la véritable forme primitive des cristaux de cette espèce, étoit le prisme hexaèdre régulier, ainsi que je l'ai annoncé dans le *Journal des mines* (5).

Ce résultat m'ayant engagé à faire des recherches, pour me procurer des cristaux qui se prêtassent, par leur régularité, à l'application de la théorie, je parvins à en acquérir un groupe, qui venoit de Hongrie, et sur lequel j'aperçus très-distinctement la forme de la 2e· variété. Les coupes que je fis dans quelques-uns, jointes à la mesure des angles, me conduisirent aux lois de structure indiquées par le signe représentatif que j'ai donné ci-dessus. J'ai déjà dit que ces cristaux avoient six faces

____

(1) De Born, lithophyl., t. I, p. 128.
(2) T. III, p. 154.
(3) Mém. et observ. de chimie, t. I, p. 32.
(4) Crystallogr., t. III, p. 155, note 6.
(5) N°. 31, p. 499.

situées comme celles d'un cube, et en examinant depuis d'autres
cristaux qui se trouvent dans diverses collections, j'ai jugé qu'ils
n'étoient qu'une altération de la variété que je viens de citer,
dans laquelle les faces P, M (*fig.* 28) étant peu sensibles, les
faces *r* et *z* se réunissoient en une seule légérement curviligne ;
en sorte que l'ensemble de la forme présentoit, au premier coup
d'œil, de l'analogie avec le cube. Nous en avons fait notre troisième variété. Ces mêmes cristaux étoient chargés de stries parallélement aux diagonales horizontales du cube, ce qui servoit
encore à déceler la marche de la cristallisation.

J'ai retrouvé plus récemment des indices de la même variété
sur des morceaux qui ne présentoient que des pointes de cristaux saillantes au-dessus de leur gangue. Ainsi, une vue nette
des objets bien prononcés, semble donner des yeux pour reconnoître ensuite la même forme, sous des traits qui ne sont
qu'ébauchés.

Lorsque les cristaux dont il s'agit sont engagés, en grande
partie, dans leur gangue, de manière qu'il n'y a que leur base
supérieure et les trois faces obliques adjacentes qui soient à
découvert, on seroit tenté de les prendre pour une pyramide
triangulaire tronquée au sommet. Ne seroit-ce pas une observation de ce genre qui auroit suggéré à Romé de Lisle l'idée de
rapporter à cette forme la cristallisation du mercure sulfuré,
en supposant dans la partie inférieure une seconde pyramide,
dont les plans répondissent à ceux de la première, au lieu que
sur les cristaux complets que j'ai observés, les plans des deux
pyramides alternoient entre eux ? Quelques morceaux, où les trois
faces verticales M les plus élevées se montroient sur la partie
saillante, auront pu donner lieu au même savant de concevoir
un prisme triangulaire compris entre les deux pyramides.

A l'égard de l'octaèdre régulier cité par de Born, cette forme est
possible dans le mercure sulfuré, en vertu des décroissemens

exprimés par $\overset{\frac{1}{2}}{B}\ \overset{\frac{1}{2.0}}{b}\ c\ \overset{\frac{1}{2}}{C}\ \overset{\frac{1}{2.0}}{P}$: et si l'on suppose une forme représentée par $\overset{\frac{1}{2}}{B}\overset{\frac{1}{2}.0}{b}\ p\ P^{2}$, on aura le tétraèdre régulier annoncé par Pelletier. Mais ici les décroissemens n'auroient pas lieu de la même manière sur des parties du noyau semblablement situées, ce qui est une exception très-rare aux résultats de la cristallisation. Au reste, je ne puis dire si ces formes ont une existence réelle, ou si l'on n'en a pas encore puisé l'idée dans certains aspects de notre seconde variété. Il me suffit d'en avoir démontré la possibilité.

Je terminerai ces réflexions, en remarquant que le cube et l'octaèdre régulier dérivent ici d'une forme de molécule, dont aucune autre espèce de minéral n'avoit jusqu'ici offert d'exemple, en pareil cas, je veux dire le prisme triangulaire équilatéral ; et c'est une nouvelle preuve de la fécondité des lois auxquelles est soumise la structure des cristaux.

3. Les anciens qui connoissoient le cinabre, s'en servoient dans la peinture ; et parce que sa couleur le rend propre à offrir l'emblème de la fureur martiale et du carnage, les triomphateurs, à Rome, s'en frottoient le corps , comme fit le dictateur Camille (1). On emploie aujourd'hui le cinabre naturel, pour en extraire le mercure qu'il contient ; et le cinabre que l'on fait artificiellement, et qui est communément en masses striées, fournit le vermillon dont les peintres font usage, et qui est la matière colorante de la cire ordinaire à cacheter (2).

A P P E N D I C E.

MERCURE SULFURÉ BITUMINIFÈRE.

Queck silber lebererz, *Emmerling, t. II, p.* 140. D'un brun

---

(1) Plin., hist. nat., l. XXXIII, cap. 7.

(2) Cette cire est composée de gomme lacque, de colophane ou autres matières résineuses, et de cinabre. Encycl. méthod. , arts et métiers, t. I, IIe. partie, p. 703.

rougeâtre, plus ou moins sombre; donnant une odeur bitumineuse, lorsqu'on l'expose à l'action du feu.

1. Mercure sulf., bituminifère feuilleté. Composé de feuillets légérement curvilignes, et quelquefois formant des espèces de mamelons, qui sont des assemblages d'écailles concentriques.

2. Mercure sulf., bituminifère compacte. On trouve l'un et l'autre à Ydria.

Suivant M. Kirwan, la mine désignée par Werner, sous le nom de *queck silber lebererz*, ou de mercure hépatique, contient ce métal, tantôt à l'état de cinabre mélangé d'argile ferrugineuse durcie, et tantôt à l'état de précipité *per se* natif, ou de mercure simplement oxydé (1). Dans ce second cas, ce seroit le mercure en chaux solide du Cit. Sage (2), dont la pesanteur spécifique, prise par le Cit. Brisson, est 9,2301, et qui renferme, d'après les expériences du même chimiste, 91 pour 100 de mercure. Jusqu'ici je n'ai point été à portée de déterminer les caractères qui pourroient servir à établir une distinction nette entre les deux substances dont il s'agit.

V I^e. E S P È C E.

M E R C U R E   M U R I A T É.

Muriate de mercure des chimistes.

Mine de mercure cornée volatile, ou mercure doux natif, *de Lisle, t. III, pag.* 161. Mercure corné; muriate mercuriel doux, *de Born, t. II, p.* 399. Mercure minéralisé par les acides muriatique et vitriolique, Sciagr., *t. II, p.* 95. Quecksilber hornerz, *Emmerling, t. II, p.* 136. Mercure minéralisé par l'acide

----

(1) Elements of mineralogy, t. II, p. 228.

(2) Mém. de l'Acad. des Sc., 1782, p. 316; et Journal de phys., 1784, janvier, p. 61.

muriatique; mine de mercure cornée, *Daubenton, tabl.*, *p.* 42.
Mercury mineralised by the vitriolic and marine acid, *Kirwan*,
t. II, p. 226.

Caractère essentiel. Gris de perle. Volatile par le chalumeau.

Caract. phys. Consistance. Fragile et facile à gratter avec le
couteau.

Transparence. Translucide.

Couleur; le gris-sombre, tirant sur celui de la perle.

Caract. chim. Volatile en entier par le chalumeau. Mêlé avec
l'eau de chaux, il donne un précipité d'une couleur orangée.

Caract. distinct., entre le mercure muriaté et l'argent muriaté.
Le premier n'a point, comme l'autre, la mollesse de la cire.
Il se volatilise en entier par le feu, au lieu que l'argent muriaté
s'y réduit.

VARIÉTÉS.

FORMES.

1. Mercure muriaté *dodécaèdre* (*fig.* 29) *pl.* **LXVI**. Prisme
à quatre pans hexagones, terminé par des sommets aigus à quatre
rhombes. *De Lisle, t. III, p.* 162 (1).

2. Mercure muriaté *concrétionné.* En forme de croûte ordinairement un peu mamelonée, qui tapisse les cavités de la
gangue.

ANNOTATIONS.

1. On trouve le mercure muriaté dans les mines de mercure
sulfuré du duché des Deux-Ponts, où il a été découvert par

---

(1) Il y a une omission dans le texte de ce savant naturaliste. Il faut lire :
*sa cristallisation offre de petites aiguilles prismatiques quadrangu-
laires, terminées par des pyramides quadrangulaires, dont les plans
sont des rhombes.* Voyez la fig. qu'il donne de ces cristaux, pl. VII,
fig. 57, et ce qu'il dit, t. I, p. 398, de la forme du mercure doux artificiel,
qui est semblable, selon lui, à celle des cristaux naturels.

Woulf (1). Il y occupe les cavités d'une argile ferrugineuse en-
durcie. Ses cristaux sont extrêmement petits. Je n'ai pas encore
été à portée d'en voir dont la forme fut distincte, et j'ai suivi
Romé de Lisle, relativement à celle que je leur ai attribuée.
Il y en a de verdâtres, qui paroissent devoir cette couleur à
un oxyde de cuivre.

2. Woulf, qui avoit découvert dans l'argent muriaté la présence de l'acide sulfurique, l'a également reconnue dans la
substance dont il s'agit ici. Plusieurs chimistes regardent cette
substance comme une combinaison double de mercure muriaté
et de mercure sulfaté; et le Cit. Fourcroy pense que le premier
s'y trouve, non pas à l'état de muriate mercuriel doux, qui résulte de l'union du mercure avec l'acide muriatique ordinaire,
mais à l'état de muriate mercuriel corrosif (vulgairement *sublimé
corrosif*), pour la formation duquel on emploie l'acide muriatique oxygéné (2).

T R O I S I È M E   O R D R E.

Oxydables, mais non réductibles, immédiatement.

SENSIBLEMENT DUCTILES.

P R E M I E R   G E N R E.

P L O M B.

Plumbum, saturnus, *Wallerius, t. II, p.* 299. Plomb, *de
Lisle, t. III, p.* 360. *Id., de Born, t. II, p.* 350. *Id.,* Sciagr.,
t. II, p. 101. Blei des Allemands. Plomb, *Daubenton, tabl.,
p.* 44. Lead, *Kirwan, t. II, p.* 202.

---

(1) Transact. philos., an 1776, p. 618 et suiv.
(2) Élém. d'hist. nat. et de chimie, t. III, p. 75.

A L'ÉTAT MÉTALLIQUE.

PREMIÈRE ESPÈCE.

PLOMB NATIF.

Caract. essent. Gris livide ; pesant. spécif., au moins de 10.

Caract. phys. Pesant. spécif. dans l'état de pureté, 11,3523 ; inférieure à celle du platine, de l'or et du mercure.

Ductilité ; inférieure à celle de tous les autres métaux de cette section, excepté le nickel et le zinc.

Dureté. *Id.*

Eclat. *Id.*

Ténacité. *Id.*

Couleur ; le blanc sombre et livide.

Odeur ; désagréable, surtout lorsqu'on l'a frotté.

Caract. chim. Fusible à un léger degré de chaleur.

Soluble par tous les acides.

Sa dissolution est précipitée en noir par le sulfure ammo-niacal.

VARIÉTÉS.

Plomb natif volcanique *amorphe*. En masses contournées.

ANNOTATIONS.

1. L'existence du plomb natif a été admise par différens minéralogistes, sans que les indices sur lesquels ils se fondoient parussent en offrir une preuve concluante. Il s'est établi un si grand nombre de fonderies de ce métal, dont les plus anciennes, après leur destruction, ont pu laisser dans la terre des restes cachés de la fonte du minérai, qu'il faut y regarder de près, pour éviter de confondre ici ce qui a été trouvé dans la nature avec ce qui est naturel.

Des deux morceaux de plomb natif cités par Wallerius (1),
qui ne semble en parler que sur le rapport d'autrui, l'un, faisant
partie de la collection de Richter, a été examiné par le Cit.
Monnet, qui l'a jugé beaucoup plus léger et beaucoup moins
malléable que le plomb pur.

Il y avoit, en apparence, plus de fond à faire sur le récit de
Gensanne, qui disoit avoir trouvé, à plusieurs endroits du ci-
devant Vivarais, des dépôts considérables de minérai de plomb
terreux, dans lequel étoit renfermé du plomb natif, en globules,
depuis la grosseur d'un pois jusqu'à celle d'une balle de fusil,
et au-delà (2). Mais le directeur des mines de Villefort, fils du
même minéralogiste, quoiqu'intéressé, par cette qualité, à voir
comme lui, a cédé à un intérêt plus puissant, celui de la vérité;
et après avoir visité les lieux avec une scrupuleuse attention,
il a avoué que les morceaux de plomb cités comme natifs,
n'étoient, à ses yeux, que des restes de minérais fondus par les
hommes, ainsi qu'il lui avoit été facile d'en juger par les scories,
la litharge et les autres indices du travail de l'art, qui les accom-
pagnoient (3).

Une observation récente, plus digne de confiance, est celle
de M. Rathké, savant Danois, qui a trouvé dans les laves de
l'île de Madère, une assez grande quantité de plomb natif, dont
il a bien voulu me remettre quelques échantillons, en passant
par Paris, à son retour. Ils sont en petites masses contournées,
engagées dans une lave tendre; ils ont la densité, la ductilité
et tous les autres caractères du plomb, et je ne crois pas qu'on
puisse nier maintenant l'existence de ce métal à l'état natif, au
moins parmi les produits volcaniques.

2. La fonte du plomb cristallise, comme celles de l'or et de
l'argent, en petits octaèdres implantés les uns dans les autres,

---

(1) Syst. miner., t. II, p. 301.
(2) Hist. nat. du Languedoc, t. III, p. 208.
(3) Journ. des mines, N° 52, p. 317 et suiv.

dont

dont l'assortiment représente à peu près une pyramide quadrangulaire.

3. Quoique ce métal le cède, en gravité spécifique, au platine,
à l'or et au mercure ; comme il est néanmoins très-pesant, et
qu'il n'est personne qui n'en ait eu entre les mains des masses
plus ou moins considérables, son poids a été pris pour une espèce
de terme commun auquel on a comparé celui des matières qu'on
appelle *lourdes ;* et beaucoup de gens n'entendroient pas dire,
sans surprise, que l'or, à volume égal, pèse environ deux cin-
quièmes de plus que le plomb.

4. Ce même métal est à la fois le moins ductile, le moins
dur, le moins élastique et le moins éclatant, parmi les métaux
le plus en usage. Aussi n'est-il employé à aucun ouvrage délicat ;
et sa nature, très-altérable, est une nouvelle raison pour lui faire
donner l'exclusion à cet égard. On en fabrique des tuyaux de
conduite pour les eaux, des chaudières, des boîtes et autres ouvrages qui exigent seulement que le métal soit fondu ou laminé.
On en fait aussi des balles à fusil, qui se coulent dans des moules,
et des globules, appelés communément *menu plomb,* ce qui se
pratique en versant le métal fondu dans une cuiller percée de
trous, sous laquelle est placé un vase plein d'eau. Le plomb
passe à travers la cuiller, sous la forme de gouttes, qui s'arrondissent en tombant dans l'eau.

5. Le plomb oxydé entre dans la composition des émaux,
et dans celle du verre, auquel il donne un onctueux et une
mollesse qui le rend susceptible d'être facilement taillé et poli (1).
C'est à l'oxyde rouge de plomb, appelé *minium,* que le flint-
glass doit les qualités qui le rendent si précieux pour la construction des objectifs de lunettes *achromatiques,* c'est-à-dire,
de celles qui dépouillent les images de ces fausses couleurs
dont elles paroissent bordées, lorsqu'on les regarde à travers

---

(1) Chaptal , élém. de chimie , t. II , p. 278.

une lunette ordinaire. Ces couleurs sont produites par la décomposition que subit la lumière en traversant les lentilles, qui peuvent être considérées comme des assemblages d'une infinité de prismes. L'objectif des lunettes achromatiques est un assortiment de deux matières, dont l'une est le flint-glass, et l'autre un verre commun, appelé *crown-glass*. La dispersion (1) du flint-glass l'emporte de beaucoup sur celle du crown-glass, tandis que sa force réfractive est seulement un peu plus grande; et il en résulte que l'on peut donner de telles courbures aux différentes pièces de l'objectif, que la dispersion, qui est la cause de l'inconvénient dont on a parlé, étant détruite, par la recomposition de la lumière, la réfraction dans laquelle consiste le pouvoir amplifiant soit encore considérable.

6. L'oxyde jaune de plomb, appelé *massicot*, est usité dans la peinture, ainsi que le minium. Le même art se sert de l'oxyde blanc, nommé *céruse*, pour faire une couleur d'un très-beau blanc, mais dont l'effet est redoutable pour ceux qui broient les couleurs, en les exposant à cette colique violente, connue sous le nom de *colique des peintres* ou *des plombiers*.

La céruse est aussi usitée en médecine, comme ayant une vertu dessiccative.

7. La litharge, qui est encore un oxyde de plomb sous la forme de petites écailles vitreuses, est employée à décomposer la soude muriatée. Le plomb muriaté qui en résulte donne, par la fusion, un très-beau jaune, qui est d'un grand usage dans la composition des vernis (2).

De tous les moyens connus pour masquer et absorber l'aigreur que contractent certains vins, dont la fermentation a été mal dirigée, le plus efficace et en même temps le plus perfide, est le mélange du plomb à l'état de litharge, parce qu'en for-

---

(1) Voyez l'explication de ce mot à l'article diamant.
(2) Chaptal, élém. de chimie, t. II, p. 278.

mant avec le vin acide une liqueur sucrée assez agréable, il le convertit en un poison dont ni l'œil, ni le goût ne se défient. Le Cit. Fourcroy, qui a fait un grand travail pour trouver un réactif capable de déceler le vice d'un vin lithargiré, a observé qu'en y versant une dissolution de gaz hydrogène sulfuré dans l'eau distillée, on obtenoit un précipité noir, dont l'abondance étoit proportionnée à la quantité d'oxyde de plomb contenu dans le vin (1).

———

IIe. E S P È C E.

P L O M B   S U L F U R É.

Sulfure de plomb des chimistes, vulgairement galène.

Plumbum sulfure mineralisatum et argento mixtum, etc., *Waller.*, *t. II, p.* 302. Galène ou mine de plomb sulfureuse, *de Lisle, t. III, p.* 364. Galène, sulfure de plomb, *de Born, t. II, p.* 354. Plomb minéralisé par le soufre, Sciagr., *t. II, p.* 114. Bleiglanz, *Emmerling, t. II, p.* 369. Plomb minéralisé par le soufre, galène, *Daubenton, tabl., p.* 44. Lead mineralized by sulphur, *Kirwan, t. II, p.* 216.

Caractère essentiel. Gris de plomb. Divisible en cubes.

Caract. phys. Pesant. spécif., 7,5873.

Consistance. Non-malléable; réductible en une multitude de parcelles, lorsqu'on le racle avec le couteau. Les morceaux plus brillans sont en même temps plus durs.

Couleur; le gris métallique du plomb pur, mais plus éclatant.

Caract. géom. Forme primitive. Le cube (*fig.* 30) *pl. LXVI.* Les cristaux se divisent aisément, par la percussion, en petits solides de cette forme.

Molécule intégrante. Id.

———

(1) Mém. de l'Acad. des Sc., 1787, p. 280 et suiv.

Caract. chim. Facile à fondre et à réduire sur un charbon, à l'aide du chalumeau.

Analyse suivant de Born (1).

Plomb, 60 à 85, pour 100. Soufre, 15 à 25, avec une quantité d'argent qui varie entre $\frac{1}{1000}$ et $\frac{1}{20}$, ou $\frac{3}{50}$ de la masse.

Caractères distinctifs. 1°. Entre le plomb sulfuré et le zinc sulfuré ayant le brillant métallique. La trace d'une pointe de couteau est terne sur celui-ci, et conserve son éclat métallique sur le premier. Le zinc sulfuré, humecté par la vapeur de l'haleine, perd son brillant, qui ne revient que peu à peu par le desséchement; le plomb sulfuré recouvre à l'instant le sien. 2°. Entre le plomb sulfuré et le fer carburé. La pesanteur spécifique du plomb sulfuré est au moins triple de celle du fer carburé. Il n'a point, comme ce dernier, une surface grasse et onctueuse au toucher. Passé avec frottement sur le papier, il n'y laisse aucune trace, on n'en laisse qu'une légère de couleur noirâtre, à raison de la décomposition qu'il a subie à la surface, tandis que le fer carburé y forme aisément des traits d'un gris métallique, qui tiennent à sa nature. 3°. Entre le même et le molybdène sulfuré. Le premier a une pesanteur spécifique, plus grande au moins d'un tiers. Il n'a point, comme le molybdène, un tissu feuilleté tirant sur celui du talc lamellaire. Même différence par rapport au tact et à la tachure que pour le fer carburé.

V A R I É T É s.

F O R M E S.

Déterminables.

1. Plomb sulfuré *primitif.* P M T (*fig.* 30). *De Lisle, t. III,* p. 567 *et suiv.;* var. 1, 2.

---

(1) Catal., t. II, p. 355.

2. Plomb sulfuré *cubo-octaèdre.* $\overset{\text{P M T \'A}}{\text{P M T } c}$ (*fig.* 31), *de Lisle, t. III, p.* 368 *et suiv.;* var. 3, 4, 5; *et p.* 374, var. 11. Incidence de *c* sur chacune des faces M, P, T, 125ᵈ 15' 52".

a. Les faces *c* étant écartées, comme sur la figure, sont des triangles, et les faces P, M, T, des octogones.

b. Les faces *c* étant contiguës sont encore des triangles, et les faces P, M, T, des carrés.

c. Les faces *c* s'entrecoupant sont des hexagones, et les faces P, M, T, des carrés.

d. (*fig.* 32). Le cristal s'alonge dans le sens vertical, de manière que les faces *c* sont des pentagones; les faces M, T, des hexagones, et les faces P, des carrés.

3. Plomb sulfuré *octaèdre.* $\overset{\text{\'A}}{c}$ (*fig.* 33). L'octaèdre régulier. *De Lisle, t. III, p.* 372; var. 7. Incidence de *c* sur *c*, 109ᵈ 28' 16".

a. Cunéiforme. *De Lisle, t. III, p* 373; var. 8.

b. Segminiforme. *Ibid.;* var. 9.

4. Plomb sulfuré *pantogène.* $\overset{\text{\'A B 'G'}}{c \; o \; o'}$ (*fig.* 34). L'octaèdre émarginé. Incidence de *o* sur *c*, 154ᵈ 44' 8".

5. Plomb sulfuré *triforme.* $\overset{\text{P M T \'A B 'G'}}{\text{P M T } c \; o \; o'}$ (*fig.* 35). Combinaison du cube, par les faces P, M, T; de l'octaèdre régulier, par les faces *c*, *c*; et du dodécaèdre rhomboïdal, par les faces *o*, *o*.

6. Plomb sulfuré *unibinaire.* $\overset{\text{\'A \`A P}}{c \; z \; \text{P}}$ (*fig.* 36). Incidence de *z* sur P, 154ᵈ 45' 38"; de *z* sur *c*, 130ᵈ 30' 14".

7. Plomb sulfuré *octotrigésimal.* $\overset{\text{\'A}}{c} \left(\overset{\text{\'A}}{} \text{B' B}^2\text{.B}^2 \text{ B'} \over l \right) \overset{\text{P M}}{\text{P M}}$ (*fig.* 37); en octaèdre épointé et bis-émarginé. J'ai cette variété

en cristaux, dont la surface approche du blanc-argentin. Incidence de l sur l, $141^{\mathrm{d}}\ 3'\ 28''$; de l sur c, $164^{\mathrm{d}}\ 12'\ 24''$.

8. Plomb sulfuré *pentacontaèdre*. $\overset{1}{\mathrm{A}}\ \overset{1}{\mathrm{B}}\ {}'\mathrm{G}'\left(\overset{1}{\mathrm{A}}\ \mathrm{B}^{1}\ \mathrm{B}^{2}.\ \mathrm{B}^{2}\ \mathrm{B}^{1}\right)\mathrm{P\ M}$
$\quad\quad\quad\quad\quad\quad\quad\quad\quad\ \ c\ \ \ o\ \ \ o'\quad\quad\quad\quad l\quad\quad\quad\ \ \mathrm{P\ M}$
(*fig*. 38). La variété précédente à facettes triples, à la place des arêtes de l'octaèdre. Incidence de l sur o, $160^{\mathrm{d}}\ 31'\ 44''$.

Indéterminables.

9. Plomb sulfuré *laminaire*.

10. Plomb sulfuré *lamellaire*. En petites lames ou écailles brillantes qui se croisent dans tous les sens.

11. Plomb sulfuré *granuleux*. On l'a nommé *galène à grain d'acier*.

12. Plomb sulfuré *compacte*. Le grain en est terne et si serré qu'on ne l'aperçoit qu'à la loupe. C'est probablement le bleischweif des Allemands. *Emmerling*, t. *II*, p. 377.

13. Plomb sulfuré *strié*. Lorsque les stries étoient larges et divergentes, on le nommoit *galène palmée*.

De Born a cité du plomb sulfuré en concrétions, les unes mamelonées, les autres cylindriques, et dont les cristaux groupés confusément affectent, dit-il, la forme de prismes terminés par des pyramides tétraèdres (1). Il y a apparence que ces prismes n'étoient autre chose que ce qu'on a appelé *mine de plomb*, ou *galène régénérée*, et qui provient d'une espèce de réduction naturelle du plomb phosphaté, dont nous parlerons à l'article de cette substance.

A C C I D E N S   D E   L U M I È R E.

Plomb sulfuré *irisé*. Il est ordinairement friable, ce qui annonce un commencement de décomposition.

---

(1) Catal., t. II, p. 358.

Alliages.

1. Plomb sulfuré *argentifère*. On pense assez communément que toutes les mines de plomb sulfuré contiennent plus ou moins d'argent. Cela n'est cependant pas sans exception, suivant Wallerius (1). Les plus riches sont exploitées comme mines de ce dernier métal. Leur brillant métallique est plus clair que celui des autres.

2. Plomb sulfuré *antimonifère*, vulgairement *galène antimoniale*. Plumbum antimoniali minerâ mineralisatum, argento mixtum. Galena plumbi antimonialis, *Waller.*, *t. II, p.* 305. Mine de plomb sulfureuse antimoniale, *de Lisle*, *t. III, p.* 379. Plomb antimonié, *de Born*, *t. II, p.* 364. Plomb avec argent et antimoine, minéralisé par le soufre, Sciagr., *t. II, p.* 118. *Cronst.*, *miner.* 190. La variété striée appartient ordinairement à cette mine, dans laquelle l'antimoine offre des indices de sa tendance à cristalliser en aiguilles.

3. Plomb sulfuré *ferrifère*, vulgairement *galène martiale*. Plomb avec argent et fer, minéralisé par le soufre, Sciagr., *t. II, p.* 117. Cette mine est plus dure que les autres, à raison du fer qu'elle contient.

ANNOTATIONS.

1. On trouve le plomb sulfuré en une multitude d'endroits, et c'est une des mines les plus communes qu'il y ait en Europe.

2. Les cristaux de cette espèce sont quelquefois d'un volume assez considérable; il y en a qui ont 27 millimètres, ou un pouce et au-delà d'épaisseur. On en trouve d'entièrement isolés, en particulier parmi ceux qui sont cubo-octaèdres. Dans certains pays, les chasseurs recueillent ces derniers, et comme leur forme

---

(1) Non omnis galena plumbi argentum continet, Waller., t. II, p. 305 observ. 2.

laisse peu de chose à faire pour devenir globuleuse, ils les arrondissent facilement, en les usant, et s'en servent comme de balles à fusil.

3. Les morceaux informes de plomb sulfuré, susceptibles d'une division mécanique, se brisent quelquefois de manière à présenter un groupe de cristaux cubiques disposés comme par étages. J'ai un de ces morceaux fracturés dont les cubes, qui ont deux ou trois millimètres d'épaisseur, s'élèvent en retraite, à peu près sous la forme d'une pyramide quadrangulaire, dont les faces sont composées d'angles saillans. On croiroit voir le passage du cube à l'octaèdre, rendu sensible par une suite de lames décroissantes, qui représentent en grand le mécanisme de la structure.

4. La plus grande partie du plomb que l'on débite dans le commerce, se retire du plomb sulfuré. On emploie aussi immédiatement cette dernière substance, sous le nom d'*alquifoux*, pour vernisser les poteries. On la pulvérise à cet effet, et on la délaye dans l'eau. On plonge ensuite dans cette espèce de bouillie le vase qui a subi une première cuisson. Il s'y revêt d'une couche de plomb qui, par l'action d'un feu plus violent, forme un enduit de verre adhérent à la surface du vase.

⁎ ⁎ ⁎

A L'ÉTAT D'OXYDE.

IIIe. ESPÈCE.

PLOMB ARSENIÉ.

Id., *Bulletin des sciences de la soc. philom.*, *ventôse*, an 8, *p.* 92.

Plomb vert arsenical? *Proust, journ. de phys., mai*, 1787, p. 394.

Caractère essentiel. Facile à réduire par le chalumeau, en répandant une odeur d'ail.

Caract. phys. Pesant. spécif., 5,0466.

Dureté.

Dureté. Facile à pulvériser.

Caract. chim. Réductible par le chalumeau, avec dégagement de vapeurs arsenicales et de quelques bulles.

Caract. distinct. 1°. Entre le plomb arsenié et le plomb carbonaté. Celui-ci fait effervescence avec l'acide nitrique, et non l'autre ; il se réduit sans odeur d'ail. 2°. Entre le même et le plomb molybdaté. La réduction de celui-ci n'est point accompagnée d'odeur d'ail, comme celle de l'autre. 3°. Entre le même et le plomb phosphaté. Celui-ci donne, par le chalumeau, un bouton polyèdrique irréductible ; l'autre s'y fond en se réduisant.

VARIÉTÉS.

FORMES.

1. Plomb arsenié *aciculaire*.

2. Plomb arsenié *filamenteux*. En filamens soyeux, ordinairement contournés, un peu flexibles, et si tendres qu'une simple pression les réduit en une masse pulvérulente et terreuse.

3. Plomb arsenié *compacte*. En masses qui ont un aspect vitreux et gras.

Couleurs.

1. Plomb arsenié *jaune*.
2. Plomb arsenié *verdâtre*.

ANNOTATIONS.

1. On connoissoit une mine de plomb verte, que Proust a nommée *plomb vert arsenical*, et qu'il a découverte, avec M. Angulo, en visitant les mines d'Andalousie. Suivant la description qu'il en donne, elle est sous la forme de grains réunis comme par grappes, ayant pour gangue le feld-spath ou le quartz, et renfermant un noyau de galène corrodée, en sorte qu'il est visible que c'est cette galène qui a fourni la base du

plomb arsenical. M. Proust ajoute que cette mine est d'un vert-pré, qui passe au jaune de cire, accompagné d'une demi-transparence et d'un aspect gras. Il la regarde comme une combinaison de plomb et d'acide arsenical, et indique les épreuves qui lui ont servi à la distinguer du plomb phosphaté vert.

2. D'une autre part, le Cit. Champeaux, ingénieur des mines, a trouvé récemment, en France, une mine de plomb, dans laquelle il a reconnu que ce métal étoit aussi combiné avec l'arsenic. Elle est située au pied d'une montagne, à environ 4 kilomètres nord-ouest de la commune de Saint-Prix, département de Saône et Loire. Elle s'y présente sous l'aspect des deux premières variétés, et accompagne un filon de plomb sulfuré, qui a pour gangue la chaux fluatée et le quartz. Les Citoyens Lelièvre et Vauquelin ayant éprouvé cette mine à l'aide du chalumeau, ont jugé que l'arsenic ne pouvoit y exister qu'à l'état d'oxyde ; de plus, le Cit. Vauquelin a soumis à l'analyse un autre échantillon, que lui avoit remis le Cit. Millière, sans indication de localité, et qui, par sa couleur jaune, et par son aspect vitreux et gras, sembloit avoir de l'analogie avec la variété de plomb arsenical de même couleur, citée par Proust. Malgré cette conformité de caractères extérieurs, l'échantillon a été reconnu pour être encore un véritable plomb arsenié, c'est-à-dire, une combinaison de plomb oxydé et d'arsenic oxydé ; il en résulteroit que cette mine et celle qu'a trouvée le Cit. Champeaux, diffèrent sensiblement du plomb arsenical de Proust, dans lequel l'arsenic étoit, suivant ce célèbre chimiste, à l'état d'acide. Ce dernier formeroit alors une espèce particulière, qu'il faudroit nommer *plomb arseniaté*. Mais nous ignorons si cette différence se soutiendroit dans des expériences comparatives, toujours plus concluantes que celles qui se font isolément.

IVe. ESPÈCE.

PLOMB CHROMATÉ.

Chromate de plomb des chimistes.

Minérai de plomb rouge, *Pallas, voyages, an* 1770, *t. II, pag.* 235. Plumbum sulfure et arsenico mineralisatum, minerâ spathiformi rubrâ, *Waller., t. II, p.* 309. Plomb rouge, oxyde ou chaux de plomb rouge, *Macquart, essais de minéral., p.* 170. Oxyde de plomb spathique rouge, *de Born, t. II, pag.* 375. Plomb minéralisé par l'arsenic; mine de plomb rouge, Sciagr., *p.* 109. Plomb minéralisé par l'air pur; plomb rouge, *ibid., t. II, p.* 110. Roth bleierz, *Emmerling, t. II, p.* 399. Plomb minéralisé par le chrome, *Daubenton, tabl., p.* 44. Red lead spar, *Kirwan, t. II, p.* 214.

Caract. essent. Divisible en prisme rectangulaire, lequel se sou-divise sur les diagonales des bases. Poussière d'un rouge aurore.

Caract. phys. Pesant. spécif., 6,0269.

Dureté. Facile à gratter avec le couteau.

Couleur; le rouge mêlé d'une teinte d'orangé.

Cassure, transversale, raboteuse.

Poussière. Celle qu'on obtient par la trituration est d'une belle couleur orangée.

Transparence. Translucide.

Electricité. Corps conducteur.

Caract. géom. Forme primitive. Prisme droit à bases carrées (*fig.* 39) *pl. LXVII.* Divisible parallélement à des plans qui passeroient par les diagonales des bases.

Molécule intégrante. Prisme triangulaire rectangle isocèle (*fig.* 44) (1).

---

(1) Il m'a paru que le rapport entre le côté B de la base et la hauteur G ne différoit pas beaucoup de celui de $\sqrt{5}$ à 3.

Caractères chim. Réductible au chalumeau. Colorant en vert l'acide muriatique, au bout de quelques heures.

Résultat de l'analyse par Vauquelin (1).

Oxyde de plomb...................... 63,96.
Acide chromique...................... 36,40.
____
100,36.

Résultat de la synthèse par le même.

Oxyde de plomb...................... 65,12.
Acide chromique...................... 34,88.
____
100,00.

Caractères distinctifs. 1°. Entre le plomb chromaté et l'arsenic sulfuré, dit *réalgar.* Celui-ci, traité au chalumeau, se volatilise en répandant une odeur d'ail ; l'autre s'y réduit sans odeur semblable. Le plomb chromaté tenu entre les doigts, ne s'électrise point par le frottement ; l'arsenic sulfuré, dans le même cas, acquiert l'électricité résineuse. 2°. Entre le même et l'argent antimonié sulfuré (argent rouge). La couleur de celui-ci est le rouge vif ou le gris métallique ; celle du plomb chromaté est le rouge nuancé d'orangé. La poussière de l'argent rouge est d'une couleur rouge tirant un peu sur l'aurore : celle du plomb chromaté est d'un beau jaune orangé. Chacune des deux substances donne au chalumeau un bouton de son propre métal. 3°. Entre le même et le mercure sulfuré ou cinabre. La poussière de celui-ci est rouge ; celle du plomb chromaté est orangée. Le cinabre se volatilise en entier par le chalumeau ; le plomb chromaté s'y réduit.

____

(1) Voyez le journal des mines, N°. 34, p. 737 et suiv.

VARIÉTÉS.

FORMES.

1. Plomb chromaté *pyramidé.* $\overset{\text{\tiny 1}}{\underset{\text{M}}{\text{M}}} \overset{\text{B}}{\underset{r}{}}$ (*fig.* 40). Incidence de M sur M, 90^d; de r sur M, 143^d 18′.

2. Plomb chromaté *dioctaèdre.* $\underset{\text{M}}{\text{M}} \underset{s}{\text{G}^2} \overset{\text{\tiny 1}}{\underset{r}{\text{B}}}$ (*fig.* 41). Incidence de s' sur M, ou de s sur M′, 165^d 57′; de s sur M, 104^d 3′.

3. Plomb chromaté *lamelliforme.* En lames minces appliquées sur la surface de la gangue.

Les cristaux de plomb chromaté que j'ai été à pórtée d'observer, quoiqu'en très-grand nombre, étoient, en général; si peu prononcés, que les résultats auxquels je suis parvenu, relativement aux lois de la structure, ne doivent être regardés que comme approximatifs. Les formes de ces cristaux sont d'ailleurs presque toujours incomplètes, et manquent de quelques-unes des faces nécessaires à la symétrie de l'ensemble. Ainsi, la variété que j'ai nommée pyramidée, n'a souvent que trois faces à son sommet, et c'est sous cette forme qu'elle a été décrite par Macquart, *Essais de min.*, *p.* 145, 2°. et représentée *pl. IV, fig.* 2. Le même naturaliste paroît avoir voulu indiquer la variété dioctaèdre, *ibid.*, 3°. *pl. IV, fig.* 3.

Dans quelques cristaux dont les sommets sont pareillement incomplets ou même indéterminables, les arêtes x, x (*fig.* 40), se trouvent remplacées par des facettes beaucoup moins inclinées que s, s' (*fig.* 41), et dont l'incidence sur un des pans adjacens paroît se rapprocher de 120^d. Si le décroissement qui les produit suivoit la loi indiquée par G^2, cette incidence seroit de 116^d 34′.

J'ai un cristal représenté fig. 42, qui n'a que trois faces à son sommet, dont deux, savoir, r, r, ont la même inclinaison que dans la première variété (*fig.* 40). La troisième t est beaucoup

moins relevée, et son incidence sur le pan correspondant (*fig.* 41),
paroît être d'environ 115ᵈ. Si cette face résultoit du décroissement $\overset{3}{B}$, l'incidence dont il s'agit seroit de 114ᵈ 6'. On voit par
là que pour compléter le cristal par la pensée, il faudroit lui
supposer à chaque sommet huit facettes situées sur deux rangs,
en sorte que son signe représentatif seroit $\overset{1\ 3}{MBB}$.

Enfin, plusieurs cristaux ont à la place d'une de leurs arêtes
longitudinales *x* (*fig.* 40), une facette *z*, en trapézoïde très-
alongé (*fig.* 43), mais dont il m'a été impossible de mesurer
l'incidence. J'ai cru devoir présenter ici ces résultats ébauchés,
qui pourront être de quelque utilité à ceux qui entreprendroient
d'appliquer la théorie à des formes plus nettes et plus symé-
triques.

A N N O T A T I O N S.

1. Lehmann est le premier qui ait parlé du plomb rouge,
dans une dissertation chimique imprimée à Pétersbourg en 1766,
sur l'analyse de cette substance, dont on lui avoit envoyé de
Sibérie une petite quantité. Pallas l'observa depuis sur les lieux
mêmes, et en publia une description à laquelle il joignit celle
de ses gisemens (1). Le voyage du Cit. Patrin, en Sibérie, nous
a procuré plus récemment des connoissances plus développées
sur la même substance, et l'on peut lire dans les Essais de minéralogie du Cit. Macquart, les détails qu'il avoit recueillis relativement à cet objet, pendant son séjour en Russie (2).

La mine de Bérézof, qui fournit le plomb rouge (3), est à trois
lieues au nord d'Ekatherinbourg, sur la lisière orientale de la
longue chaîne des Monts Oural, qui forme la limite naturelle

---

(1) Hist. des découvert. faites par divers savans voyageurs.

(2) P. 137 et suiv.

(3) Cet article, sur les localités du plomb rouge, m'a été communiqué
par le Cit. Patrin.

entre l'Europe et l'Asie. Le filon est encaissé dans des couches de gneiss et de schiste quartzeux micacé ; il court du sud au nord, parallélement à ces couches et à la direction de la chaîne principale. Son étendue est assez considérable ; mais sa profondeur n'excède pas 19,^{mètres}5, environ 10 toises.

Cette mine est exploitée pour l'or que contient le filon principal, et que l'on retire d'un minérai de fer hépatique en cubes striés. C'est parallélement à ce filon aurifère, qu'on en a trouvé un de plomb sulfuré, accompagné de plomb rouge, et de deux autres substances, dont l'une a été prise pour du plomb vert, et l'autre pour du plomb jaune.

Le plomb rouge cristallisé a disparu vers l'an 1760 ; celui qu'on a trouvé depuis est en petites couches minces et irrégulières sur un schiste ferrugineux, quartzeux et micacé. Ce schiste est coupé à certains endroits, par des veines de quartz gras, où l'on trouvoit autrefois les plus belles cristallisations de plomb rouge. On a rencontré aussi quelquefois ce minéral en rognons isolés, dans des nids d'argile. En 1786, le Cit. Patrin vit, à Ekatherinbourg, un de ces rognons appartenant à un ancien officier des mines, qui l'échangea, poids pour poids, contre des impériales, monnoie d'or qui vaut 10 roubles (40 francs). L'échantillon de plomb se trouva peser 17 impériales. C'étoit un amas de cristaux groupés confusément, dont les plus considérables avoient environ 16 millimètres, ou 7 lignes de longueur.

Au reste, il paroît que la mine de Bérézof n'est pas le seul endroit qui fournisse du plomb rouge. Pallas dit en avoir trouvé à quinze lieues au nord de cette mine, dans un gîte où l'on ne l'auroit pas soupçonné (1). C'étoient des collines de grès en couches horizontales, qui alternoient avec des couches d'argile. Pallas dit avoir reconnu que la formation des cristaux de plomb rouge étoit postérieure à celle des couches. Il ajoute qu'ils sont logés dans les interstices du grès, et implantés sur des druses de

____

(1) Voyages de Pallas, t. II, p. 390 et suiv.

cristaux quartzeux. On en trouve aussi qui sont épars dans l'argile intermédiaire ; et ce qui est assez remarquable, c'est qu'ils sont accompagnés des mêmes cubes ferrugineux striés qui forment le minérai de Bérézof.

2. Lehmann pensoit que dans le plomb rouge, ce métal étoit minéralisé par l'arsenic et le soufre. L'analyse de la même substance, entreprise par Macquart, et à laquelle Vauquelin concourut (1), parut indiquer une combinaison d'oxyde de plomb suroxygéné, de fer et d'alumine (2). Bindheim prétendit depuis y avoir trouvé de l'acide molybdique, du fer, du nickel, du cobalt et du cuivre. Il n'y avoit dans tout cela d'exact que le mot *acide ;* mais c'étoit l'acide d'un métal jusqu'alors inconnu, que Vauquelin y a découvert dans une analyse plus récente, et auquel on a donné le nom de *chrome* (3).

3. Le plomb rouge amorphe que l'on rencontre encore à Bérézof (4), est payé fort cher par les peintres Russes, qui en préparent une couleur d'un ton particulier que ne donne point le mélange des couleurs ordinaires, et qui, dans le pays, ajoute une grande valeur aux tableaux de dévotion dont tous les appartemens sont décorés.

———

V^e. ESPÈCE.

PLOMB CARBONATÉ.

Carbonate de plomb des chimistes.

Plumbum terrestre vel lapideum, minerâ spathiformi, albâ vel griseâ ; minera plumbi alba spathosa, *Waller.*, *t. II*, *p.* 307.

---

(1) Essais de minér., introd., p. xxiv.

(2) *Ib.*, p. 170 et suiv.

(3) Journ. des mines, N°. 34, p. 1 et suiv. Nous donnerons de plus amples détails sur ce nouveau métal, dans un article particulier.

(4) Article communiqué par le Cit. Patrin.

Mine de plomb blanche, *de Lisle*, *t. III*, *p.* 380. Oxyde de plomb combiné avec l'acide carbonique ; plomb spathique blanc, *de Born*, *t. II*, *p.* 368. Plomb minéralisé par l'acide aérien, Sciagr., *t. II*, *p.* 110. Plomb minéralisé par l'air fixe ; plomb blanc, *ibid.*, *p.* 113. Weisses bleierz, *Emmerling*, *t. II*, *p.* 388. Plomb en oxyde minéralisé par l'acide carbonique ; mine de plomb blanche spathique ou cornée, *Daubenton*, *tabl.*, *p.* 43. With lead ore, *Kirwan*, *t. II*, *p.* 203.

Caractère essentiel. Soluble avec effervescence dans l'acide nitrique. Noircissant par la vapeur du sulfure ammoniacal.

Caractères phys. Pesant. spécif., 6,0717.....6,5585 (1).

Dureté. Tendre et fragile.

Réfraction. Double à un haut degré.

Caract. géométr. Forme primitive. Octaèdre rectangulaire (*fig.* 45) *pl. LXVII*, qui se soudivise parallélement à la base commune des deux pyramides, dont l'une a son sommet en I, et l'autre dans le point opposé. L'incidence de M sur M est de 62^d $56'$, et celle de P sur la face de retour est de 109^d $30'$ (2). Les coupes deviennent surtout sensibles par le chatoyement à une vive lumière.

Molécule intégrante. Tétraèdre irrégulier.

Cassure, ondulée, éclatante, ayant assez souvent un aspect gras.

Caract. chim. Soluble avec effervescence dans l'acide nitrique.

---

(1) Le Cit. Brisson, qui a déterminé ces pesanteurs spécifiques, cite, sous le nom de mine de *plomb blanche*, un autre morceau, provenant du cabinet du muséum d'histoire naturelle, qui ne lui a donné que 4,0586. Il auroit fallu bien s'assurer auparavant que ce morceau appartenoit à l'espèce dont il s'agit.

(2) Soit *ad* (*fig.* 57) le même octaèdre. Si du point *n* on abaisse la perpendiculaire *no* sur le plan *abde*, et que l'on mène *ng*, *nr* perpendiculaires l'une sur *ac*, l'autre sur *ab*, puis *go* et *or*, on pourra faire $on = \sqrt{8}$. $go = \sqrt{3}$. $or = 2$.

Quelques morceaux exigent, pour se dissoudre, un acide étendu d'eau.

Facile à réduire par le chalumeau. Noircissant par la vapeur du sulfure ammoniacal (1).

Analyse par Westrumb.

Oxyde de plomb........................... 81,2.
Acide carbonique.......................... 16,0.
Chaux.................................... 0,9.
Oxyde de fer............................. 0,3.
Perte.................................... 1,6.
                                          ______
                                          100,0.

Caractères distinctifs. 1°. Entre le plomb carbonaté et le schéelin calcaire. Celui-ci ne se dissout pas comme l'autre dans l'acide nitrique, mais sa poussière y jaunit, lorsqu'on fait chauffer cet acide. Il ne noircit pas non plus comme le plomb carbonaté, par la vapeur du sulfure ammoniacal. 2°. Entre le même, surtout en cristaux transparens, et la chaux carbonatée. Celle-ci a une pesanteur spécifique moindre, de plus de moitié, que celle du plomb carbonaté; elle se divise en rhomboïde et non pas en octaèdre; même caractère par le sulfure ammoniacal. 3°. Entre le même et la baryte sulfatée, qui a des rapports avec lui, par ses cristaux en octaèdres cunéiformes, par ceux qu'on appelle *trapéziens*, et par ceux en aiguilles fasciculées. La baryte sulfatée a une pesanteur moindre, dans le rapport de 7 à 10. Elle se divise en prismes droits et non pas en octaèdres rectangulaires. Elle n'est point attaquée par l'acide nitrique; même caractère par le sulfure ammoniacal. 4°. Entre le plomb carbonaté soyeux et la grammatite. La pesanteur de celle-ci n'est pas, à beaucoup près, la moitié de celle du plomb carbonaté; même caractère par l'acide nitrique, et par le sulfure ammoniacal.

____

(2) Ce caractère, qui est excellent, est dû au Cit. Pelletier. Annales de chimie, 1791, avril, p. 56.

V A R I É T É S.

F O R M E S.

Déterminables.

1. Plomb carbonaté *octaèdre.* $\begin{smallmatrix} & \frac{5}{2} \\ \text{M} & \text{I} \\ \text{M} & x \end{smallmatrix}$ (*fig.* 46). En octaèdre rectangulaire ordinairement cunéiforme. Incidence de x sur x, 127$^{\rm d}$ 20′ ; de M sur la face de retour, 117$^{\rm d}$ 4′. J'ai un cristal de cette forme, qui vient des mines de la ci-devant Bretagne, et m'a été donné par le citoyen Pelletier. Il est un peu arrondi à l'endroit des trapèzes x, x. J'ai présumé, d'après une mesure qui n'a pu être qu'approximative, qu'elle étoit égale à celle des faces marquées des mêmes lettres, sur quelques - unes des variétés suivantes.

2. Plomb carbonaté *annulaire.* $\begin{smallmatrix} & & & \text{I} & \\ \text{M} & \text{'I'} & & & \text{A} \\ \text{M} & l & u & & {}_{\text{\tiny 1}}t \end{smallmatrix}$ (*fig.* 47). Incidence de l sur M , 121$^{\rm d}$ 28′ ; de l ou de M sur k, 90$^{\rm d}$; de u sur l, 144$^{\rm d}$ 44′ ; de u sur k, 125$^{\rm d}$ 16′ ; de t sur M , 143$^{\rm d}$ 33′ ; de t sur k , 126$^{\rm d}$ 27′. Le citoyen Patrin a bien voulu me communiquer un beau cristal de cette variété, qu'il avoit rapporté des mines de Gazimour, en Daourie.

3. Plomb carbonaté *bi-pyramidal.* $\begin{smallmatrix} \overset{3}{\text{I}} & \text{A} \\ u & {}_{\text{\tiny 1}}t \end{smallmatrix}$ (*fig.* 48). *De Lisle*, *t. III, p.* 381 ; variété 1. Incidence de u sur u', 109$^{\rm d}$ 28′ ; de t sur t', 107$^{\rm d}$ 6′. Les cristaux de cette variété que j'ai observés jusqu'ici, étoient d'une petitesse qui ne permettoit pas de saisir , au moyen du gonyomètre, la petite différence d'environ 2$^{\rm d}$ $\frac{1}{2}$, que donne la théorie , entre les incidences mutuelles de u sur u' d'une part, et de t sur t' de l'autre.

Il y a des cristaux bi-pyramidaux, dans lesquels les faces de chaque pyramide paroissent avoir , sur celles de la pyramide adjacente, des inclinaisons beaucoup plus fortes que les précédentes, et qui doivent déterminer une variété à part. Mais il m'a été impossible d'estimer ces inclinaisons.

4. Plomb carbonaté *trihexaèdre.* $\begin{matrix} M & {}'I{}' & \overset{3}{I} & A \\ M & l & u & \underset{1}{t} \end{matrix}$ (*fig.* 49). *De Lisle, t. III, p.* 383 ; variété 4.

Cette forme se rapproche beaucoup de celle du quartz, par l'inclinaison des faces de ses pyramides sur les pans adjacens, laquelle est seulement de deux degrés environ plus forte. Mais les différences entre les cristaux de ces deux espèces sont d'ailleurs si tranchées, qu'il est impossible de prendre le change.

5. Plomb carbonaté *sexoctonal.* $\begin{matrix} M & {}'I{}' & B \\ M & l & \overset{3}{s} \end{matrix} \left(\begin{matrix} A^{\frac{2}{3}} C^2 B^3 \\ y \end{matrix} \right)$

(*fig.* 50). Prisme hexaèdre terminé par des sommets tétraèdres. Incidence de s sur la face de retour, $141^{\mathrm{d}} 2'$; de s sur l, $109^{\mathrm{d}} 29'$; de y sur l'arête z, 120^{d}. Cette forme et la suivante sont les seules déterminables que m'ayent offertes le plomb carbonaté des mines de la Croix dans la ci-devant Lorraine. Les cristaux ont ordinairement une couleur grise, ou légérement jaunâtre, avec un brillant qui tire un peu sur celui de la perle.

6. Plomb carbonaté *sex-duodécimal.* $\begin{matrix} M & {}'I{}' & \overset{3}{I} & \overset{3}{B} \\ M & l & u & s \end{matrix} \left(\begin{matrix} A^{\frac{2}{3}} C^2 B^3 \\ y \end{matrix} \right)$

(*fig.* 51). La variété précédente augmentée vers chaque sommet de deux facettes obliques.

7. Plomb carbonaté *octovigésimal.* $\begin{matrix} M & {}'I{}' & \overset{\frac{5}{3}}{I} & \overset{\frac{5}{2}}{I} & \overset{3}{I} & A & B \\ M & l & z & x & u & \underset{1}{t} & \underset{1}{k} \end{matrix}$ (*fig.* 52),

pl. LXVIII. Huit faces pour le prisme en comptant les bases, et dix faces à chaque sommet, dont six ternées et quatre solitaires. Incidence de x sur l, $153^{\mathrm{d}} 40'$; de x sur k, $116^{\mathrm{d}} 20'$; de z sur l, $160^{\mathrm{d}} 31'$; de z sur k, $109^{\mathrm{d}} 29'$. Le Cit. Gillet a dans sa collection un cristal isolé de cette variété, qui vient des mines de Gazimour, en Daourie.

8. Plomb carbonaté *sex - vigésimal.* $\quad {}^1F^1 \; M \; {}^2I^2 \; {}^1I^1 \; P \; B \; B$
$\qquad\qquad\qquad\qquad\qquad\qquad\quad g \; M \; e \; l \; P \; \overset{3}{s} \; \overset{1}{k}$

$\left(A^{\frac{2}{3}} \underset{y}{C^2 B^3} \right)$ (*fig.* 53). Six faces situées comme celles d'un
parallélipipède rectangle, et vingt facettes additionnelles. Inci-
dence de *e* sur *l*, 151ᵈ 26′; de *l* sur *g*, 90ᵈ; de *e* sur *g*, 118ᵈ
34′; de *l* sur P, 125ᵈ 15′; de *y* sur *g*, 120ᵈ, et sur *k*, 150ᵈ.
J'ai observé cette forme parmi les cristaux des mines du Hartz.
Quelques-uns avoient à la place des arêtes *h*, *h*, des facettes
indéterminables par leur petitesse.

9. Plomb carbonaté *hémitrope*. Cette variété singulière, qui
se trouve dans les mines de la ci-devant Bretagne, présente à
peu près l'aspect d'une pyramide quadrangulaire surbaissée,
qui auroit été évidée en forme de sillon à l'endroit de sa base.
Voici comment il me paroît que l'on peut la concevoir. Supposons que l'octaèdre de la fig. 46 ait été coupé vers le milieu *x*
de ses larges faces par un plan parallèle au triangle M, et que
l'une des moitiés restant fixe, l'autre se retourne en restant
appliquée à la première par la face contiguë au plan coupant.
Dans ce cas, les deux moitiés formeront d'une part un angle
saillant, et de l'autre un angle rentrant, composé chacun de
quatre faces qui seront des portions des faces *x*, *x*, et de leurs
opposées. Cet assemblage est modifié par des facettes qui rem-
placent les arêtes *o*, *o*, en s'inclinant vers M. De plus, les faces
qui concourroient à former l'angle rentrant sont oblitérées dans
les cristaux que j'ai vus, de manière que cet angle se réduit à
une espèce d'enfoncement semblable à un sillon. L'inclinaison
mutuelle des deux portions de l'arête *e*, à l'endroit de l'angle
saillant, est d'environ 117, comme cela doit être dans l'hypothèse que nous faisons ici.

10. Plomb carbonaté *triple*. Cette variété, qui se trouve aussi
dans les mines de la ci-devant Bretagne, paroit résulter d'un
assortiment de trois prismes hexaèdres comprimés, semblables
à ceux des variétés 2 et 5. On voit (*fig.* 54) la coupe trans-

versale de cet assemblage. Les prismes ont à chaque sommet
une facette oblique, en sorte qu'ils présentent l'aspect de trois
lames en trapèzes réunis par leurs grandes bases. Pour que ces
prismes s'arrangent autour du point c, sans laisser de vide, il
faut supposer que l'aplatissement de l'un ait lieu dans un sens
différent de celui des deux autres; en sorte que parmi les trois
angles qui concourent en ce même point c, l'un soit de $117^d\,4'$,
et les deux autres de $121^d\,28'$, auquel cas la même différence
existera entre les angles a, b, n. Mais c'est ce que je n'ai pu
vérifier.

Les cristaux de plomb carbonaté sont sujets à se grouper de
beaucoup d'autres manières, et ceux même qui paroissent les
plus réguliers, au premier coup d'œil, ont ordinairement certaines faces comme formées de deux plans, qui font entre eux
un angle rentrant ou un angle saillant à peine sensible. Quelques
cristaux prismatiques, dont la fig. 55 représente la coupe faite par
un plan perpendiculaire à l'axe, renferment un segment $m\,n\,k\,l\,t$,
qu'on diroit avoir été détaché d'un autre cristal, et dans lequel
l'angle $m\,t\,l$ est un peu moins ouvert que celui qui résulteroit du
prolongement des lignes $h\,m$, $u l$, comme si c'étoit un angle
de 117^d qui se fut mis à la place d'un angle de $121^d\,\frac{1}{2}$. Ces espèces
d'emboîtemens ont quelquefois lieu de plusieurs côtés à la fois,
et leur effet se manifeste aussi sur les sommets, par des interruptions de niveau, et par des angles saillans ou rentrans.

Indéterminables.

11. Plomb carbonaté *aciculaire*. En aiguilles blanchâtres, tantôt libres, tantôt réunies par faisceaux. Celles des mines du Hartz
ont leur surface d'un beau blanc soyeux.

12. Plomb carbonaté *concrétionné*. En dépôts mamelonés.

ACCIDENS DE LUMIÈRE.

Couleurs.

1. Plomb carbonaté *limpide.*
2. Plomb carbonaté *blanchâtre.*
3. Plomb carbonaté *jaunâtre.*
4. Plomb carbonaté *nacré.*

Les cristaux de Bretagne sont quelquefois d'un gris sombre métallique à leur surface, ce qui provient de la réduction spontanée d'une partie des molécules.

Transparence.

1. Plomb carbonaté *demi-transparent.*
2. Plomb carbonaté *translucide.*

ANNOTATIONS.

1. Les plus beaux cristaux de plomb carbonaté que j'aie observés avoient été recueillis dans les mines de Gazimour en Daourie. Ils présentoient les formes des variétés annulaire et octo-vigésimale. Quelques-uns avoient 13 à 14 millimètres de hauteur, sur une épaisseur proportionnée. La mine de Zellerfeld, au Hartz, fournit des cristaux limpides, qui sont beaucoup plus petits, et dont la forme a quelque rapport avec celle de certains cristaux de baryte sulfatée. La variété sex-vigésimale est une de celles qui se trouvent dans cette mine. On en retire aussi de ces beaux groupes de plomb carbonaté en aiguilles soyeuses, qui tiennent un des premiers rangs parmi les minéraux que l'on recherche comme ornemens des collections. On trouve les variétés sex-octonale et sexduodécimale à la Croix, dans la ci-devant Lorraine. Romé de Lisle cite la variété bi-pyramidale comme provenant des mines de Przibram en Bohême, et de celles de Saint-Sauveur, dans le ci-devant Languedoc. La trihexaèdre, qui est

la même avec l'addition d'un prisme, se rencontre quelquefois
parmi les cristaux d'Huelgoët, dans la ci-devant Bretagne. Mais
la plupart de ces cristaux paroissent avoir, vers l'octaèdre cunéiforme, une tendance très-difficile à démêler à travers les
groupemens auxquels ils sont sujets, et les déviations qu'ont
subies les faces par l'effet d'une cristallisation confuse. Le Cit.
Monnet cite une masse de cristaux en longs prismes divergens,
qui avoit été retirée du même endroit, et qui pesoit à peu près
10 kilogrammes (1).

Le plomb carbonaté accompagne assez souvent le plomb sulfuré, comme à Huelgoët, et quelquefois le cuivre carbonaté
vert ou bleu. On en voit de coloré par cette dernière substance,
et il est probable que telle est l'origine du plomb bleu ou couleur
de saphir, cité par quelques auteurs.

2. J'ai éprouvé de grandes difficultés dans la recherche de la
forme primitive du plomb carbonaté, soit pour en déterminer
l'espèce, soit pour en mesurer les angles. La division mécanique
de certains cristaux de Sibérie, ou plutôt de leurs fragmens,
et celle des cristaux de la Croix, me paroissoit conduire à un
dodécaèdre bi-pyramidal, lequel se soudivisoit, comme celui
du quartz, parallélement aux pans d'un prisme hexaèdre, compris entre les deux pyramides. L'inclinaison de chacune des
faces de l'une ou l'autre pyramide sur le pan adjacent, étoit
de 120 et quelques degrés. Je n'avois pu l'estimer qu'à peu près,
parce que les coupes, quoique très-sensibles par le chatoyement
à la lumière d'une bougie, étoient comme interrompues par des
portions vitreuses, qui altéroient leur niveau.

D'une autre part, les cristaux de la mine d'Huelgoët donnoient
pour forme primitive, l'octaèdre rectangulaire, que l'on voit
fig. 45, et ce résultat ne paroissoit différer du premier que par
la suppression de quatre coupes vers chaque sommet. C'est ce
que l'on concevra, si l'on suppose que la fig. 56 représente les

---

(1) Nouveau système de minéralogie, p. 379, note 1.

deux

deux pyramides obtenues par la division du plomb de Sibérie,
avec le prisme intermédiaire, et que l'on fasse abstraction des
faces i, i; alors il restera dix faces, parmi lesquelles P, M, etc.,
seront celles de l'octaèdre, et l sera la coupe faite parallèlement
au rectangle F A A F (*fig.* 45).

D'après ces observations, falloit-il admettre ici deux espèces
distinctes, ou devoit-on plutôt présumer que toute la différence
venoit de ce que dans le plomb d'Huelgoët, les joints parallèles
aux faces i, i, se refusoient à la division mécanique, par une
suite de quelque circonstance particulière? Tandis que je balan-
çois entre ces deux opinions, il me vint dans l'idée que les
joints dont je viens de parler, pourroient bien n'être, au contraire, que l'effet de ces espèces d'emboîtemens de plusieurs
cristaux l'un dans l'autre, que j'ai déjà cités. A la vérité, il
faudroit supposer que dans les morceaux qui m'avoient donné
la double pyramide hexaèdre, telle étoit originairement la disposition respective des cristaux groupés, que les six pans du
prisme se trouvoient dans le cas de celui qui est marqué l sur
les fig. 47, 49 et 50. Mais on conçoit que cela n'est pas impossible, lorsque l'on fait attention à l'extrême propension que
montre la cristallisation, dans le cas présent, pour produire
des groupes qui offrent l'aspect d'un cristal unique. Au reste,
il seroit à désirer que l'on pût multiplier les recherches, pour
s'assurer s'il n'y a pas des morceaux qui, au lieu de six coupes
obliques vers chaque sommet, n'en offrent que quatre ou cinq,
ainsi que je crois l'avoir remarqué; car ce défaut de constance
dans le nombre des coupes trancheroit la difficulté. Il seroit bon
d'employer à ces recherches des groupes qui eussent une certaine
régularité; mais on n'a pas ici l'avantage de pouvoir parer, par
l'abondance de la matière, à la délicatesse des observations.

Quoi qu'il en soit, j'ai cru devoir m'arrêter, en attendant,
au dernier parti, comme étant le plus simple, et admettre
pour forme primitive unique l'octaèdre rectangulaire, en faisant abstraction des groupemens, lorsqu'ils n'altéroient l'unité

du cristal que d'une manière imperceptible ; sur quoi je dois remarquer que j'ai rencontré, quoique rarement, des cristaux qui, examinés avec la plus scrupuleuse attention, m'ont paru absolument simples. Tels étoient l'octaèdre, qui m'a été donné par Pelletier, et un cristal des mines de la Croix, ayant la forme de la variété sex-octonale.

Il résulte aussi des observations que j'ai faites récemment, que les prismes des cristaux représentés fig. 47, 49 et 50, ne sont pas réguliers, mais ont quatre angles d'environ $121^{\mathrm{d}}\frac{1}{2}$, et deux de 117 ; et par une suite nécessaire, les facettes t n'ont pas tout à fait la même inclinaison que les facettes u. Mais je n'ai pu vérifier immédiatement cette dernière induction, n'ayant point encore rencontré de cristal où les facettes t fussent assez étendues pour permettre d'en comparer exactement les incidences avec celles des autres.

3. Les cristaux de plomb carbonaté présentent des différences d'un autre genre, relativement à l'action que l'acide nitrique exerce sur eux, et qui seroient capables de faire illusion à un observateur peu attentif. Les uns, comme ceux de Gazimour, de la Croix et d'Huelgoët, se dissolvent très-facilement dans cet acide à l'état de concentration. D'autres, tels que ceux du Hartz, en aiguilles soyeuses, et certains cristaux jaunâtres, exigent que l'acide soit étendu d'eau ; ce qui suppose dans ces cristaux une plus forte affinité de composition. Les molécules de l'eau, dans ce cas, interposées entre celles de l'acide, en diminuent l'attraction réciproque, et les disposent davantage à s'unir avec les molécules du métal. Mais ce n'est encore ici qu'une diversité accidentelle, qui d'ailleurs n'est point en rapport avec celle que présente la structure, puisque parmi les cristaux solubles dans l'acide concentré, les uns donnent par la division mécanique l'octaèdre rectangulaire, et les autres paroissent donner le do-décaèdre bi-pyramidal.

4. Le plomb carbonaté est l'une des substances minérales dont la double réfraction soit la plus forte. Un prisme dont l'angle

réfringent est d'environ 50ᵈ, fait voir les deux images d'une bougie écartées de plusieurs centimètres, même lorsque le prisme n'est placé qu'à une petite distance de la bougie. La dilatation très-sensible que subissent ces images, en développant leurs belles couleurs d'iris, prouve que le plomb carbonaté a une force dispersive considérable, ce qui peut aider à concevoir comment le flintglass possède cette même force à un si haut degré, en vertu de son union avec l'oxyde de plomb, appelé *minium* (1).

A P P E N D I C E.

PLOMB CARBONATÉ TERREUX.

Céruse native, massicot natif et minium natif de plusieurs minéralogistes.

Le plomb carbonaté est quelquefois disséminé dans l'intérieur de diverses matières terreuses, auxquelles on a donné improprement les noms de *minium natif,* de *massicot natif,* et de *céruse native,* suivant que le métal étoit associé à des terres ocreuses rougeâtres ou jaunâtres, ou à des terres calcaires et autres d'une couleur blanchâtre. On trouve aussi du plomb carbonaté engagé accidentellement dans des terres d'un gris cendré. Ces mélanges ont ordinairement une pesanteur plus ou moins considérable, qui peut aider à y reconnoître la présence du plomb.

Il paroît qu'on a appelé aussi *minium natif,* un véritable minium, qui se trouve quelquefois dans le voisinage des anciennes fonderies de plomb, et que l'on a pris pour un produit de la nature.

---

(1) Voyez ci-dessus, p. 216 et 321.

VIe. ESPÈCE.

PLOMB PHOSPHATÉ.

Phosphate de plomb des chimistes.

Plumbum terrestre vel lapideum, minerâ spathiformi, viridi, *Waller.*, *t. II, p.* 308. Minera plumbi spathosa, cristallisata.... colore griseo, albo-flavescente, aut parum rubente, *ibid.*, *c.* Mine de plomb verte, *de Lisle, t. III, p.* 390. Mine de plomb blanche opaque, quelquefois grise ou rougeâtre, *ibid., p.* 385. Oxyde de plomb spathique, blanc, opaque, cristallisé, etc., *de Born, t. II, p.* 370, XIII, D. *b. a.* 5. Oxyde de plomb spathique gris, tirant sur le rouge, etc., *ibid., p.* 374, XIII, D. b. *b.* 4. Oxyde de plomb spathique vert, phosphate de plomb, *ibid., p.* 377. Plomb minéralisé par l'acide phosphorique, Sciagr., *t. II, p.* 107 *et* 108. Grün bleyerz, *Emmerling, t. II, p.* 394. Braun bleierz, *ibid., p.* 383. Plomb en oxyde, minéralisé par l'acide phosphorique, *Daubenton, tabl., p.* 44. Phosphorated lead ore, *Kirwan, t. II, p.* 207.

Caractère essentiel. Donnant par le chalumeau un bouton polyédrique irréductible.

Caractère phys. Pesant. spécif., 6,909......6,9411 (1).
Dureté. Rayant le plomb carbonaté.

Poussière; grise, quelle que soit la couleur de la masse.

Caractères géom. Forme primitive. Dodécaèdre bi-pyramidal (*fig.* 59) *pl. LXVIII*, lequel se soudivise sur ses arêtes obliques, parallélement aux pans d'un prisme hexaèdre régulier. L'incidence de P sur P', ou de *s* sur *s'*, est de 81^d 46'. Les coupes ne sont guère sensibles que par le chatoyement à une vive lumière. Nous substituerons au dodécaèdre, pour forme primitive, le

____

(1) Chacun de ces deux résultats a été déterminé au moyen de plusieurs cristaux isolés et d'un volume très-sensible.

rhomboïde obtus (*fig.* 58) (1), dans lequel l'angle plan du sommet est de 105^d 14′, et l'angle latéral de 74^d 46′.

Molécule intégr., tétraèdre irrégulier.

Cassure, légérement ondulée et peu éclatante.

Caractères chim. Non effervescent dans l'acide nitrique, soit concentré, soit affoibli par l'eau.

Donnant par le chalumeau un bouton polyédrique irréductible, dont les facettes, vues à la loupe, paroissent sillonnées par des stries polygones et concentriques, disposées avec beaucoup de régularité.

Analyse par Klaproth.

Plomb, 73. Acide phosphorique 18,75, sur 100 parties.

Caractères distinct. 1°. Entre le plomb phosphaté et le plomb carbonaté. Celui-ci fait effervescence avec l'acide nitrique, soit concentré, soit étendu d'eau, ce qui n'a pas lieu pour l'autre. Le plomb carbonaté se réduit au chalumeau sans addition; le plomb phosphaté y donne un bouton polyédrique irréductible. 2°. Entre le même en forme de mamelons verts et le cuivre carbonaté vert. Celui-ci fait effervescence avec l'acide nitrique et non l'autre. Sa poussière conserve une teinte de vert plus ou moins décidée. Celle du plomb phosphaté est grise.

VARIÉTÉS.

FORMES.

Déterminables.

1. Plomb phosphaté *prismatique.* $\overset{2}{e}\,A \atop n\,o$ (*fig.* 60). En prisme hexaèdre régulier, *de Lisle*, t. *III*, p. 393; var. 3.

2. Plomb phosphaté *péridodécaèdre.* $\overset{2}{e}\,\overset{1}{D}\,A \atop n\,t\,\overset{1}{o}$ (*fig.* 61). Incidence de n sur t, 150^d.

---

(1)·La diagonale horizontale est à l'oblique comme $\sqrt{12} : \sqrt{7}$.

3. Plomb phosphaté *trihexaèdre.* $\dfrac{\overset{2}{e}\ \mathrm{P}\ \overset{\frac{1}{2}}{e}}{n\ \mathrm{P}\ s}$ (*fig.* 62). En prisme hexaèdre régulier terminé par deux pyramides hexaèdres, *de Lisle, t. III, p.* 391 ; var. 1. Incidence de P sur *n* ou de *s* sur *n'*, 130^d 53'.

4. Plomb phosphaté *annulaire.* $\dfrac{\overset{2}{e}\ \mathrm{P}\ \overset{\frac{1}{2}}{e}\ \mathrm{A}}{n\ \mathrm{P}\ s\ \overset{1}{o}}$ (*fig.* 63). *De Lisle, t. III, p.* 392 ; var. 2. Incidence de P ou de *s* sur *o*, 139^d 7'.

Indéterminables.

5. Plomb phosphaté *aciculaire.* En aiguilles ordinairement courtes et divergentes.

6. Plomb phosphaté *mameloné.*

A C C I D E N S   D E   L U M I È R E.

Couleurs.

1. Plomb phosphaté *jaunâtre.*
2. Plomb phosphaté *rougeâtre.*
3. Plomb phosphaté *gris-brun.*
4. Plomb phosphaté *gris-cendré.*
5. Plomb phosphaté *vert.*

Transparence.

1. Plomb phosphaté *translucide.* Les cristaux verts.
2. Plomb phosphaté *opaque.*

A N N O T A T I O N S.

1. On trouve du plomb phosphaté en cristaux jaunâtres, rougeâtres ou d'un gris-cendré, et en aiguilles d'un gris-brun, à Huelgoët, dans la ci-devant Bretagne ; en cristaux ou en aiguilles d'une couleur verte, à la Croix, dans la ci-devant Lorraine ;

près de Fribourg, en Brisgaw ; dans les mines du Hartz, etc.
Les cristaux d'Huelgoët ont assez communément huit centimètres
environ d'épaisseur. Les verts sont en général plus petits.

Quelle que soit la cause de cette couleur verte, que plusieurs
chimistes attribuent au fer, et d'autres au cuivre ; elle établit
entre les cristaux qui la présentent et ceux d'Huelgoët, une de
ces différences extérieures qu'il est assez rare de rencontrer parmi
les corps originaires d'une même espèce de substance métallique,
tandis qu'elles sont très-communes dans la classe des substances
terreuses.

2. C'est en observant les vifs reflets des lames situées parallélement aux facettes des sommets sur des cristaux des mines de
la Croix, qui appartiennent au Cit. Gillet, que je suis parvenu
à déterminer, avec une certaine précision, la forme primitive
du plomb phosphaté. Les cristaux d'Huelgoët n'ayant jamais de
semblables facettes, et leurs fractures à demi-vitreuses ne per-
mettant d'estimer qu'à quelques degrés près les incidences de
leurs joints naturels, j'ai employé le moyen suivant pour comparer leur structure à celle des cristaux annulaires. J'appliquois
un prisme fracturé de la mine d'Huelgoët contre un prisme à
facettes de la mine de la Croix, de manière que les pans de
l'un et l'autre fussent respectivement parallèles. Alors je faisois
mouvoir l'assemblage des deux prismes à la lumière d'une bougie, et au moment où l'une des facettes du second donnoit un
vif reflet, j'en apercevois un semblable dans la fracture de
l'autre prisme, d'où je concluois que les joints naturels avoient
dans les deux prismes la même inclinaison.

3. L'existence du phosphore dans le règne minéral a été reconnue, pour la première fois, par Gahn, qui a retiré de la
mine de plomb verte du Brisgaw, l'acide formé par l'union de
ce combustible avec l'oxygène. Mais nous étions réduits à tirer
d'un sol étranger les productions qui avoient donné lieu à cette
intéressante découverte, lorsque le Cit. Gillet-Laumont soup-
çonna, d'après le bouton irréductible qu'il avoit obtenu plusieurs

fois, en essayant par le chalumeau le plomb d'Huelgoët, et d'après la flamme qui voltige autour des fourneaux où l'on traite cette mine, qu'elle devoit aussi donner du phosphore. L'expérience vérifia sa conjecture, et il en publia les résultats dans un mémoire lu à l'Académie des Sciences, le 17 mai 1786. Mais il nous manque encore une analyse exacte de cette même mine, dont on puisse comparer le résultat à celui auquel Klaproth est parvenu, en opérant sur le plomb du Brisgaw.

A P P E N D I C E.

1. Plomb phosphaté arsenié.

Cette substance forme des mamelons d'un vert jaunâtre, parsemés de points brillans. La présence de l'arsenic y devient sensible par l'odeur d'ail qui s'en dégage, lorsqu'on la traite au chalumeau. Le Cit. Fourcroy en a retiré, par l'analyse, les principes suivans (1).

Oxyde de plomb	50.
Oxyde de fer	4.
Acide phosphorique	14.
Acide arsenique	29.
Eau	3.
	100.

On trouve cette mine à Roziers, près Pontgibaud, dans la ci-devant Auvergne.

2. Plomb noir.

On a appelé *mine de plomb noire*, des cristaux de plomb phosphaté qui ont passé en tout ou en partie à l'état de plomb sulfuré, dont ils ont, à l'intérieur, le brillant métallique, tandis que leur surface est obscurcie par une couleur noirâtre. Le plomb sulfuré y est à l'état granuleux, ou en petites lames disposées

______

(1) Mém. de l'Ac. des Sc., 1789.

confusément,

confusément, et l'on n'aperçoit dans les fractures aucuns indices
de joints naturels continus.

VIIe. ESPÈCE.

PLOMB MOLYBDATÉ.

Molybdate de plomb des chimistes.

Mine de plomb jaune, *de Lisle, t. III, p.* 387, note 72. Oxyde
de plomb spathique jaune, *de Born, t. II, p.* 379. Molybdate
de plomb, *Annales de chimie*, 1791, *janv., p.* 103. Plomb minéralisé par l'acide tungstique ou molybdique ; plomb jaune,
Sciagr., *t. II, p.* 119. Gelbes bleierz, *Emmerling, t. II, p.* 403.
Plomb en oxyde minéralisé par l'acide molybdique, *Daubenton*,
tabl., p. 44. Yellow molybdenated lead ore, *Kirwan, t. II,*
p. 213.

Caractère essentiel. Divisible en octaèdre, dont les pyramides
ont leurs bases carrées ; non effervescent et insoluble à froid
dans l'acide nitrique étendu d'eau.

Caract. phys. Pesant. spécif., 5,486.

Dureté. Tendre et cassant.

Caractères géom. Forme primitive. Octaèdre rectangulaire à
triangles isocèles (*fig.* 64) *pl. LXIX*, dans lequel l'incidence
des faces d'une pyramide sur celles de l'autre est de 76^d 40' (1).
Les joints naturels sont un peu difficiles à saisir, quoique très-
sensibles par le chatoyement à une vive lumière.

Moléc. intégr. Tétraèdre irrégulier.

Cassure, transversale, légérement ondulée et un peu éclatante.

Caractères chim. Décrépitant, lorsqu'on l'expose à la chaleur ;

----

(1) L'arête D est à la hauteur de la pyramide qui a son sommet en A,
comme $2\sqrt{8} : \sqrt{5}$. Mais ce résultat ne peut être qu'approximatif, à cause
de la petitesse des cristaux.

réductible par le chalumeau ; noircissant par la vapeur du sulfure ammoniacal. Non effervescent et insoluble à froid dans
l'acide nitrique étendu d'eau. En faisant cette épreuve, il faut
avoir soin de prendre un fragment bien dégagé de la gangue,
qui est calcaire.

Analyse faite à l'École des mines, par le Cit. Macquart (1).

Plomb. . . . . 58,74.
Acide molybdique. . . . . 28,00.
Oxygène . . . . 4,76.
Carbonate de chaux. . . . . 4,50.
Silice . . . . 4,00.
                                               ———
                                              100,00.

Caractères distinctifs. Entre le plomb molybdaté et le plomb
carbonaté. Celui-ci se dissout avec effervescence dans l'acide
nitrique étendu d'eau, ce qui n'a point lieu pour l'autre.

V A R I É T É S.

F O R M E S.

Déterminables.

1. Plomb molybdaté *bis-unitaire.* $\dfrac{\overset{\scriptscriptstyle 1}{D}\ A}{h\ \ g}$ (*fig.* 65). Les cristaux
de cette variété sont ordinairement des parallélipipèdes rectangles
très-courts ou lamelliformes. Quelquefois cependant leur hauteur
approche d'être égale à leur épaisseur.

2. Plomb molybdaté *sexoctonal.* $\dfrac{P\ \overset{\scriptscriptstyle 1}{D}\ A}{P\ h\ g}$ (*fig.* 66). La variété
précédente émarginée supérieurement. Incidence de P sur g,
141^{d} 40′ ; de P sur h, 128^{d} 20′.

____

(1) Journ. des mines, N°. 17, p. 25 et suiv.

3. Plomb molybdaté *triunitaire.* $\overset{1}{D}\,'E'\,A$ $\overset{}{\underset{h}{|}}\;\underset{l}{}\;\overset{}{\underset{g}{|}}$ (*fig.* 67). Incidence de h sur l, 135^d.

4. Plomb molybdaté *épointé.* $P\,'E'\,A$ $\underset{P}{}\;\underset{l}{}\;\overset{}{\underset{g}{|}}$ (*fig.* 68). Incidence de P sur P', 76^d 40'; de P sur la face située de l'autre côté de g, 103^d 20'; de l sur g, 90^d. Il y a apparence que la variété en lames octogones biselées, citée par divers auteurs, n'étoit autre chose que celle-ci comprimée entre la face g et son opposée.

5. Plomb molybdaté *périoctogone* (*fig.* 69). La var. 1, dans laquelle deux arêtes longitudinales opposées sont remplacées chacune par deux facettes r, r, très-inclinées sur h, h. Je n'ai pu mesurer exactement cette inclinaison. Si elle étoit de 168^d 41', auquel cas celle de r sur r seroit de 112^d 38', le cristal auroit pour signe représentatif $\overset{1}{\underset{h}{\overset{}{\underset{1}{D}}}}\left(\overset{\frac{3}{5}}{}E\overset{\frac{3}{5}}{}\,D^3\,B'\right)\underset{r}{}\overset{}{\underset{g}{\overset{}{\underset{1}{A}}}}$. L'angle E, dans ce cas, est celui qui se présente à droite (*fig.* 64).

6. Plomb molybdaté *triforme* (*fig.* 70). Dérivé de l'octaèdre primitif par les faces P, P; d'un second octaèdre beaucoup plus aigu par les faces o, o, et d'un parallélipipède rectangle, par les faces l, l, g. Les triangles o étoient si petits sur le cristal que j'ai observé, qu'il m'a été impossible d'en déterminer, même par aperçu, les inclinaisons.

Indéterminables.

7. Plomb molybdaté *lamelliforme.*

ACCIDENS DE LUMIÈRE.

Couleur.

Plomb molybdaté *jaunâtre.*

Transparence.

Plomb molybdaté *translucide.*

ANNOTATIONS.

1. Le plomb molybdaté se trouve à Bleyberg, en Carinthie, où il a pour gangue une chaux carbonatée compacte. Ses cristaux n'ont ordinairement que deux ou trois millimètres de largeur, et la plupart sont peu prononcés.

2. Jacquin paroît être le premier qui ait parlé de cette substance (1). Romé de Lisle, qui en eut bientôt connoissance, la regarda comme une simple variété de la mine de plomb blanche, qui est notre plomb carbonaté. L'abbé Wulfen en donna, en 1785, une description détaillée, et Heyer ayant essayé de l'analyser, crut que le plomb y avoit pour minéralisateur l'acide tunstique, trompé probablement par la couleur jaune de l'oxyde de molybdène qui s'étoit formé dans l'opération. Mais Klaproth reconnut depuis que l'acide qui entroit dans la composition de cette mine, étoit le molybdique, et l'analyse qu'en a faite plus récemment le Cit. Macquart, sous les yeux de Vauquelin, nous a fait connoître le rapport des deux principes dont elle est formée.

VIIIe. ESPÈCE.

PLOMB SULFATÉ.

Sulfate de plomb des chimistes.

Vitriol de plomb. *Proust, journal de physique, mai,* 1787, *p.* 394. Plumbum vitriolatum, *Lin., syst. nat., ed.* 1793, curâ Jo. Frid. Gmelin, *t. III, p.* 370. Plomb minéralisé par l'acide

---

(1) Miscellanea Austriaca, t. II, Vienne, 1781.

vitrolique ; vitriol de plomb ; Sciagr., *t. II, p.* 107. Natur-
licher blei vitriol, *Emmerling, t. III, p.* 413. Native vitriol
of lead, *Kirwan, t. II, p.* 211.

Caractère essentiel. Non soluble dans l'acide nitrique ; réductible à la simple flamme d'une bougie.

Caract. phys. Consistance ; tendre et facile à écraser par la
pression de l'ongle.

Caract. géom. Forme primitive. Octaèdre (*fig.* 71) *pl. LXIX,*
dans lequel la base commune des deux pyramides qui ont leurs
sommets en A et au point opposé, est un rectangle (1). Cet
octaèdre se soudivise sur les arêtes contiguës aux sommets.

Molécule intégrante. Tétraèdre irrégulier.

Caract. chim. Insoluble dans l'acide nitrique ; un fragment
exposé à la flamme d'une bougie, y devient rouge en un instant,
et le plomb métallique paroît à la surface.

Caractères distinctifs. 1°. Entre le plomb sulfaté et le plomb
carbonaté. Celui-ci est soluble dans l'acide nitrique et non l'autre.
2°. Entre le même d'une couleur jaunâtre et le plomb molybdaté.
Le premier ne décrépite pas au feu comme l'autre ; il se réduit
à la simple flamme d'une bougie ; il faut l'action du chalumeau,
pour réduire le plomb molybdaté.

V A R I É T É S.

F O R M E S.

Déterminables.

1. Plomb sulfaté *primitif.* P (*fig.* 71). *Lametherie, Théor.*

---

(1) La perpendiculaire menée du centre de cette base sur le côté D , est
à la hauteur de la pyramide comme 1 : $\sqrt{2}$; et la perpendiculaire menée du
même point sur le côté F , est à la hauteur comme $\sqrt{3}$: $\sqrt{2}$. La petitesse des
cristaux ne permet de donner ces rapports que comme approximatifs.

de la terre, *t. I*, *pag.* 294; variété 1. Incidence de P sur P, 109$^\mathrm{d}$ 18'; de P' sur P', 78$^\mathrm{d}$ 28'.

a. Cunéïforme (*fig.* 72). Les cristaux présentent souvent cette modification.

2. Plomb sulfaté *semi-prismé*. $\begin{smallmatrix} \mathrm{P} & \overset{\scriptscriptstyle 1}{\mathrm{D}} \\ \mathrm{P} & \underset{n}{\scriptscriptstyle 1} \end{smallmatrix}$ (*fig.* 73). L'octaèdre primitif, ordinairement cunéïforme, émarginé en *h* (*fig.* 2). *Lametherie*, *ibid.*; variété 2. Incidence de *n* sur P, 144$^\mathrm{d}$ 44'.

3. Plomb sulfaté *trihexaèdre* (*fig.* 74). La variété précédente augmentée des faces *s*, *s*, qui proviennent d'un décroissement dont la ligne de départ est parallèle à l'apothème du triangle P' (*fig.* 71) *Lametherie*, *ibid.*; variété 3. Si la loi qui produit les faces *s*, *s*, étoit $\left(\tfrac{1}{2}\mathrm{E}\,\mathrm{E}^{\frac{1}{2}}\,\mathrm{F}^{1}\,\mathrm{B}^{2}\right)$, l'incidence de *s* sur P' seroit de 151$^\mathrm{d}$ 18'.

4. Plomb sulfaté *bis - ondécimal* (*fig.* 75). La variété précédente émarginée à la rencontre des facettes *s*, *s*. *Lametherie*, *ibid.*, *p.* 293; variété 4. Dans l'hypothèse de la même loi pour les facettes *s*, *s*, on auroit, pour les facettes *t*, $\left(\tfrac{3}{2}\mathrm{E}\,\mathrm{E}^{\frac{3}{2}}\,\mathrm{F}^{3}\,\mathrm{B}^{2}\right)$, et l'incidence de *t* sur *n* seroit de 130$^\mathrm{d}$ 54'.

5. Plomb sulfaté *trioctaèdre* (*fig.* 76) *pl. LXX*. Vingt-quatre facettes disposées sur trois rangées de huit chacune, en suivant, d'une part, l'ordre des lettres *n*, *t*, *x*, etc.; de l'autre, celui des lettres P, *s*, P', etc. *Lametherie*, *ibid.*; variété 5. Incidence de *x* sur P', 129$^\mathrm{d}$ 14'.

6. Plomb sulfaté *dissimilaire* (*fig.* 77). Les facettes *z*, *z*, ajoutées à la rangée du milieu, en altèrent l'analogie avec les rangées adjacentes. *Lametherie*, *ibid.*; variété 6.

Indéterminables.

7. Plomb sulfaté *granuliforme.*

ACCIDENS DE LUMIÈRE.

Couleurs.

1. Plomb sulfaté *limpide.*
2. Plomb sulfaté *jaunâtre.*

Transparence.

Plomb sulfaté *translucide.*

ANNOTATIONS.

1. Le plomb sulfaté dont nous devons la connoissance à Withering, se trouve dans l'île d'Anglesey, où il occupe les cavités d'une ocre ferrugineuse d'un brun-noirâtre, située au-dessus d'une mine de cuivre pyriteux. Il y en a aussi, selon M. Schmeisser (1), près de Strontian, en Ecosse. Proust dit que M. Angulo et lui en ont trouvé dans les mines d'Andalousie, tantôt en cristaux implantés dans des galènes qui étoient comme corrodées, et tantôt formant une espèce de croûte à leur surface.

2. Les cristaux de plomb sulfaté sont, en général, très-prononcés. Ceux que j'ai observés n'avoient guère que deux ou trois millimètres de longueur. Ils m'ont été donnés par les Cit. Lametherie et Alexandre Brongniart, dont le premier a publié une description détaillée des formes cristallines de cette espèce. Mais il suppose que l'octaèdre de la variété 1 est régulier, ce qui n'est pas d'accord avec l'observation. Je remarquerai, à ce sujet, que les solides réguliers, tels que le cube et l'octaèdre à triangles équilatéraux, si communs dans les métaux qui offrent le brillant métallique, se rencontrent, au contraire, rarement

---

(1) A system of mineral.. t. II, p. 182.

dans ceux qui sont oxydés et unis à des minéralisateurs particuliers, circonstance d'autant plus avantageuse, que les métaux,
dans cet état, pouvant être aisément confondus avec des substances terreuses, empruntent des formes qui leur sont propres
un caractère qui aide à les distinguer. Ainsi, sans sortir du genre
qui nous occupe, l'espèce qu'on appelle *galène*, et qui présente
tantôt le cube et tantôt l'octaèdre régulier, sous un aspect métallique, peut facilement être reconnue par un œil exercé ; mais
cinq autres espèces, où le métal est oxydé, et a un acide pour
minéralisateur, le plomb chromaté, le phosphaté, le carbonaté,
le molybdaté et le sulfaté, contrastent soit entre elles, soit avec
les autres minéraux, par la diversité de leurs formes primitives.

On a pu remarquer que parmi ces formes, celles des trois dernières substances étoient des octaèdres, mais dont chacun avoit un
caractère propre. Celui du plomb carbonaté est formé|de deux
pyramides aiguës ; ceux des deux autres substances ont leurs
pyramides obtuses, avec cette différence que, dans le plomb
molybdaté, leur base commune est un carré, au lieu que dans
le plomb sulfaté elle est un rectangle. Ainsi, l'étude de la structure auroit suffi seule pour faire regarder les trois substances
comme formant trois espèces distinctes.

IIe. G E N R E.

N I C K E L.

Niccolum. *Waller.*, *t. II*, *p.* 188. Nickel, *de Born*, *t. II*,
p. 206. Nickel, Sciagr., *t. II*, *p.* 200. Nickel des Allemands,
Nickel, *Daubenton*, *tabl.*, *p.* 35. Nickel, *Kirwan*, *t. II*,
p. 281.

Caractères du nickel, aussi pur qu'il ait été permis de
l'obtenir jusqu'ici.

Caract. phys. Pesant. spécif., 9.

Couleur ;

Couleur; le blanc avec une nuance de gris.

Magnétisme. Agissant par attraction sur l'aiguille aimantée, et susceptible d'acquérir des pôles.

Caract. chim. Réductible en oxyde vert, par la chaleur, avec le contact de l'air (1).

ANNOTATIONS.

1. Bergmann, qui a fait de nombreuses expériences sur le Nickel, en a d'abord conclu qu'il y avoit d'assez fortes raisons de présumer que ce minéral, ainsi que le cobalt et le manganèse, pourroient bien n'être autre chose que du fer diversement modifié (2). Cependant il paroît ensuite pencher plutôt à croire, tout bien considéré, que ces substances, qui manifestent des propriétés différentes, et conservent chacune un caractère toujours semblable à lui-même, ont aussi chacune une existence particulière (3), et cette opinion est aujourd'hui la plus généralement reçue.

Les résultats de la cristallographie s'accordent avec ceux de la chimie, pour prouver que le nickel est un métal distingué du fer, et qu'il n'est pas non plus une modification du cuivre, ainsi qu'on l'avoit annoncé plus récemment. J'ai comparé des cristaux de nickel sulfaté avec des cristaux de fer sulfaté et d'autres qui appartenoient au cuivre sulfaté, et j'ai reconnu que les formes primitives et les formes secondaires de ces trois substances différoient très-sensiblement entre elles (4), d'où il

---

(1) Fourcroy, élém. d'hist. nat. et de minér., édit 1789, t. II, p. 479.

(2) Opusc. physica et chimica, t. II, p. 260.

(3) *Ib.*, p. 262 et 263.

(4) Les formes relatives au fer sulfaté et au cuivre sulfaté sont décrites dans les articles de ces deux minéraux. Quant au nickel sulfaté, sa forme primitive est un prisme oblique à bases rhombes (*fig.* 115) *pl. LXXIII*, qui a cela de commun avec les autres formes primitives du même genre, comme celles de l'amphibole, du pyroxène et de la grammatite, que la

suit que les trois bases métalliques qui sont ici combinées avec un acide commun, doivent aussi différer par leur nature.

Bergmann ajoute, comme un fait digne d'attention, que le fer, qui, après sa fusion, est presque toujours fragile, prend une ductilité très-sensible, par son union avec le nickel ; en sorte qu'on pourroit douter, selon lui, à laquelle des deux sou-divisions des substances métalliques en ductiles et en fragiles, le nickel doit être rapporté.

Ce doute de Bergmann se trouve éclairci par les expériences du Cit. Vauquelin, qui, après avoir dégagé le nickel de toute substance hétérogène, lui a reconnu une ductilité sensible. Mais il a remarqué qu'il y avoit de l'inconvénient à le recuire, comme cela se pratique par rapport à d'autres métaux, dont on facilite ainsi le laminage, parce que le nickel se brûle, lorsqu'on l'expose à une forte chaleur. Il faut se borner à le laminer doucement et à petits coups.

La substance dont on retire communément le nickel, est celle qui est connue sous le nom de *kupfernickel* Elle contient, outre le nickel, de l'arsenic et du fer. Lorsqu'on avoit, pour ainsi dire, tourmenté le nickel de toutes les manières, on le

---

ligne menée de l'angle O sur l'extrémité inférieure de l'arête opposée à H, est perpendiculaire sur l'une et l'autre de ces arêtes. Le rapport entre cette perpendiculaire et chacune des mêmes arêtes, est celui de 3 à 1 ; et le sinus de la moitié de l'incidence de M sur M, est au cosinus comme $\sqrt{2} : 1$.

Parmi les diverses formes secondaires que présentent de très-beaux cristaux de cette substance, obtenus par le Cit. Leblanc, la plus composée est celle que l'on voit fig. 116. Je la nomme *nickel sulfaté surcomposé*. Son signe représentatif est $\frac{{}^{1}G^{1}\,{}^{3}G^{3}\,M\,E^{3}\,{}^{3}E\,D\,\overset{\frac{3}{2}}{D}\,\overset{1}{E}\,\overset{2}{B}\,\overset{3}{A}\,P}{u\,.\,s\,M\,t\,\overset{2}{u}\,x\,z\,k\,g\,P}$. Voici les mesures de ses angles. Incidence de P sur l'arête y, $108^d\ 27'$; de M sur M, $109^d\ 28'$; de P sur M, $104^d\ 58'$; de u sur M, $125^d\ 16'$; de s sur M, $160^d\ 32'$; de t sur M, $143^d\ 12'$; de n sur P, $148^d\ 3'$; de x sur P, $145^d\ 19'$; de z sur P, $155^d\ 54'$; de h sur P, $136^d\ 54'$; de g sur P, $105^d\ 13'$.

trouvoit attirable à l'aimant, et on en avoit conclu qu'il restoit quelques molécules de fer unies au nickel, et qu'il étoit impossible d'en séparer.

Cependant le célèbre Klaproth, après avoir découvert que le quartz-agathe, nommé *chrysoprase*, devoit sa couleur verte au nickel, crut devoir regarder comme très-pure la portion de ce métal qu'il avoit obtenue par l'analyse de la pierre dont il s'agit (1); et voyant que le nickel, dans cet état, continuoit d'agir sur le barreau aimanté, il pencha fortement à croire que ce même métal partageoit avec le fer les propriétés magnétiques.

Au fond, rien ne répugne à ce que d'autres métaux ayent, ainsi que le fer, la faculté de retenir le fluide magnétique engagé dans leurs pores, et cette espèce de prérogative que l'on croyoit accordée au fer seul, devoit même paroître d'autant plus extraordinaire, qu'en général la nature n'est pas ainsi exclusive dans sa manière d'agir. On pourroit citer en preuve la double réfraction et l'électricité par la chaleur qui, découvertes d'abord dans des substances que l'on croyoit uniques, sous ce point de vue, étoient cependant bien éloignées d'être concentrées l'une dans la chaux carbonatée, et l'autre dans la tourmaline. Une seule chose pourroit jeter quelque nuage sur le résultat relatif au magnétisme du nickel; c'est que ce métal, tel que la nature l'a offert jusqu'ici, contient toujours plus ou moins de fer; en sorte que l'on pourroit être tenté de soupçonner que dans l'état où on le croit pur, il retient encore quelques molécules ferrugineuses que la puissance des agens chimiques n'a pu lui arracher.

Je me suis proposé d'écarter, s'il étoit possible, ce soupçon, en soumettant à l'expérience une lame de nickel obtenue par le Cit. Vauquelin, dont le poids étoit de 45 centigrammes, ou

____

(1) Annales de chimie par Morveau, Lavoisier, Monge, etc. 1789, t. I, p. 169.

environ 8 grains $\frac{1}{4}$, et la longueur de 16 millimètres, à peu près 7 lignes. Cette lame agissoit d'abord seulement par attraction sur l'un et l'autre pôle d'une aiguille aimantée. Mais je parvins facilement à lui communiquer le magnétisme polaire, en employant la méthode de Coulomb, en sorte qu'elle exerçoit des attractions et des répulsions très-marquées sur l'aiguille aimantée, et qu'ay'ant été suspendue à un fil de soie très délié, elle se dirigea aussitôt dans le plan du méridien magnétique. J'observai de plus, que cette lame portoit un fil de fer qui avoit au moins le tiers de son poids. Or, si l'on considère que le fer ne seroit point ici à l'état d'acier, et que les deux centres d'action doivent s'entre-nuire sensiblement, à cause du peu de longueur de la lame, on concevra que la quantité de fer magnétique que l'on supposeroit disséminée dans l'intérieur de cette lame, ne devroit pas être très-inférieure à ce le du fer qu'elle est capable de porter, et qui forme, comme on l'a dit, un tiers de son poids; d'où il suit que cette quantité n'auroit pas échappé aux moyens très-précis que le Cit. Vauquelin a employés pour épurer la lame dont il s'agit. Ainsi, tout concourt, sinon à démontrer, du moins à rendre extrêmement probable l'opinion que le nickel jouit par lui-même des propriétés magnétiques.

———————

PREMIÈRE ESPÈCE.

NICKEL ARSENICAL.

Niccolum ferro et cobalto arsenicatis et sulfuratis mineralisatum, minerá difformi, flavo rubente. Cuprum niccoli, *Waller.*, *t. II*, *p.* 189. Mine de cobalt tenant cuivre, etc., ou kupfernickel, *de Lisle, t. III, p.* 135. Nickel combiné avec le fer, l'arsenic et le soufre, *de Born, t. II, p.* 208. Nickel avec fer, cobalt et arsenic, minéralisé par le soufre, Sciagr., *t. II, p.* 204. Kupfer-nikkel, *Emmerling*, t. II, p. 513. Nickel mêlé

avec le soufre, l'arsenic, le cobalt et le fer; kupfernickel,
Daubenton, tabl., p. 35. Sulphurated nickel, *Kirwan, t. II,
p. 286.*

Caractère essentiel. Jaune-rougeâtre; formant, en très-peu
de temps, un dépôt verdâtre dans l'acide nitrique.

Caract. phys. Pesant. spécif., 6,6086........6,6481.

Consistance. Très-cassant.

Couleur; jaune-rougeâtre, tirant sur celui du cuivre pur.

Cassure, raboteuse et peu brillante.

Caract. chim. Mis dans l'acide nitrique, il y forme presque
aussitôt un dépôt verdâtre. Au chalumeau, il répand une
odeur d'ail.

Caract. dist. 1°. Entre le nickel arsenical et le cuivre natif.
Celui-ci est ductile et l'autre cassant; il se dissout dans l'acide
nitrique; le nickel y forme un précipité verdâtre. 2°. Entre le
même et le cuivre pyriteux hépatique. Celui-ci ne donne point
de dépôt verdâtre dans l'acide nitrique, et ne répand point
d'odeur d'ail par l'action du feu.

VARIÉTÉS.

Nickel arsenical *amorphe.*

ANNOTATIONS.

1. On trouve le nickel arsenical en divers endroits de l'Allemagne, et en particulier à Schnéeberg, à Saalfeld et à Andreasberg; en France, à Sainte-Marie-aux-Mines et à Allemont; en
Angleterre, au comté de Cornouaille. Il accompagne assez
souvent le cobalt arsenical.

2. Plusieurs chimistes, dont j'avois d'abord suivi l'opinion,
ont considéré cette substance comme du nickel sulfuré. Mais le
Cit. Vauquelin, qui l'a soumise à l'analyse pour en extraire le
nickel pur, pense que c'est l'arsenic qui y fait la fonction de
minéralisateur.

3. La couleur du nickel arsenical, qui est le jaune exalté par un mélange de rouge, jointe à sa cassure presque terne et chargée de petites aspérités, présente un aspect qui jusqu'ici semble être particulier à cette substance; et c'est une de celles qui, vues une fois, se reconnoissent ensuite le plus facilement, lorsqu'on les rencontre de nouveau.

4. La substance citée par M. Kirwan (1) sous le nom d'*arsenicated nickel*, comme ayant été découverte par Gmelin, à Regensdorf, est, d'après la description qu'en donne ce dernier naturaliste, un oxyde de nickel combiné avec l'acide arsenique, d'un gris-pâle, mêlé çà et là de vert-pâle, à cassure compacte, en partie terreuse, difficile à briser, ayant une pesanteur spécifique considérable. Nous ne connoissons point cette substance, qui seroit, d'après notre nomenclature, un nickel oxydé arseniaté.

IIᵉ. E S P È C E.

N I C K E L   O X Y D É.

Niccolum colore viridi efflorescens. Flos niccoli, *Waller.*, *t. II, p.* 191. Nickel terreux; ocre de nickel; oxyde de nickel, *de Born*, *t. II, p.* 210. Nickel minéralisé par l'acide aérien; Cronstedt, N°. 255. *Id.*, Sciagr., *t. II, p.* 203. Nikkel-okker, *Emmerling*, *t. II, p.* 516. Nickel minéralisé par l'acide carbonique; carbonate de nickel, *Daubenton*, *tabl.*, *p.* 35. Nickel ocre, and vitriol of nickel, *Kirwan*, *t. II, p.* 283.

Caractère essentiel. Verdâtre, non soluble dans l'acide nitrique.

Caract. phys. Couleur, verdâtre.

Caract. chim. Réductible, par le chalumeau, en nickel métallique, à l'aide du borax. Non soluble dans l'acide nitrique.

---

(1) Elements of mineralogy, t. II, p. 283.

Caract. distinct. 1°. Entre le nickel oxydé et le bismuth
oxydé. Celui-ci se dissout avec une vive effervescence dans l'acide
nitrique, en y répandant un nuage verdâtre, qui disparoît
après la dissolution. Le nickel oxydé s'y précipite sous la
forme d'un dépôt verdâtre, qui est permanent. 2°. Entre le même
et le cuivre carbonaté vert. Celui-ci se dissout plus ou moins
lentement dans l'acide nitrique ; l'autre y reste sous la forme
d'un précipité verdâtre.

VARIÉTÉS.

1. Nickel oxydé *amorphe.*
2. Nickel oxydé *pulvérulent.*

ANNOTATIONS.

1. Le nickel oxydé recouvre souvent les mines de nickel arsenical, sous la forme d'une espèce de croûte, ou d'une efflorescence plus ou moins verte, et la présence du minéral dont la
décomposition lui a donné naissance, et qui est si facile à reconnoître, est un indice heureux, relativement à cet oxyde, dont
les caractères extérieurs sont, au contraire, si peu parlans.

2. Le nickel oxydé est quelquefois blanchâtre. Mais il suffit
alors d'en jeter dans l'acide nitrique, pour voir la couleur naturelle se développer.

3. On avoit regardé tantôt le cobalt, tantôt le cuivre et
tantôt le fer comme le principe colorant du quartz-agathe prase,
avant que le célèbre Klaproth eût démontré que le vert tendre
qui embellit cette pierre, étoit dû à l'oxyde de nickel.

4. D'après la définition de Cronstedt, le minéral dont il
s'agit ici seroit du nickel carbonaté, et cette opinion a été suivie
par quelques minéralogistes. Mais nous ne connoissons aucune
analyse moderne qui la confirme. M. Kirwan regarde le même
minéral comme étant un mélange d'oxyde de nickel uni à l'acide
arsenique et de sulfate de nickel, ce qu'il seroit intéressant de
vérifier.

IIIe. G E N R E.

C U I V R E.

Cuprum; Venus, *Waller.*, *t. II*, *p.* 271. Cuivre, *de Lisle*, *t. III*, *p.* 305. *Id.*, *de Born*, *t. II*, *p.* 300. *Id.*, Sciagr., *t. II*, *p.* 121. Kupfer des Allemands. Cuivre, *Daubenton*, *tabl.*, *p.* 51. Copper, *Kirwan*, *t. II*, *p.* 127.

A L' É T A T M É T A L L I Q U E.

P R E M I È R E E S P È C E.

C U I V R E N A T I F.

Cuprum nativum, *Waller.*, *t. II*, *p.* 274. Cuprum purum ex solutione vitriolicâ præcipitatum, *ibid.*, *p.* 275. Cuivre natif et des fourneaux, *de Lisle*, *t. III*, *p.* 305. Cuivre natif, *de Born*, *t. II*, *p.* 303. *Id.*, Sciagr., *t. II*, *p.* 125. Gediegen kupfer, *Emmerling*, *t. II*, *p.* 206. Cuivre natif, *Daubenton*, *tabl.*, *p.* 50. Native copper, *Kirwan*, *t. II*, *p.* 128.

Caractère essentiel. Jaune-rougeâtre. Malléable.

Caract. phys. Densité ; moindre que celle du platine, de l'or, du mercure, du plomb et de l'argent ; plus grande que celle du fer et de l'étain. Pesant. spécif. du cuivre natif de Sibérie, 8,5844.

Dureté ; moindre que celle de l'acier et du platine ; plus grande que celle de l'argent, de l'or, de l'étain et du plomb.

Elasticité. *Id.*

Ductilité ; moindre que celle de l'or, du platine et de l'argent ; plus grande que celle du fer, de l'étain et du plomb.

Ténacité ; moindre que celle de l'or et du fer ; plus grande que celle du platine, de l'argent, de l'étain et du plomb.

Éclat ;

Eclat; moindre que celui du platine, de l'acier, de l'argent et de l'or; supérieur à celui de l'étain et du plomb.

Couleur, le rouge-jaunâtre.

Résonnance. Le plus sonore des métaux.

Odeur par le frottement; stiptique et nauséabonde.

Caract. chim. Dissolution bleue par l'ammoniaque.

Caractères distinctifs. 1°. Entre le cuivre natif et l'or natif. La pesanteur spécifique de l'or est presque double de celle du cuivre; il n'est point soluble comme celui-ci, du moins d'une manière sensible, par l'acide nitrique. Sa couleur est le jaune pur, et celle du cuivre le rouge-jaunâtre. 2°. Entre le même et le cuivre pyriteux. Celui-ci est cassant, et le cuivre natif ductile. La couleur du cuivre pyriteux est d'un jaune légérement verdâtre, et celle du cuivre natif d'un rouge mêlé de jaunâtre. 3°. Entre le même et le nickel sulfuré, dit *kupfernickel*, qui a du rapport avec lui par sa couleur. Celui-ci n'est pas ductile comme le cuivre. Il étincelle sous le briquet en donnant une odeur d'ail, ce que ne fait pas le cuivre.

VARIÉTÉS.

FORMES.

Déterminables.

1. Cuivre natif *cubique* (*fig.* 3) *pl. LXIII.*

2. Cuivre natif *octaèdre* (*fig.* 1). Octaèdre régulier. *De Born, catal., t. II, p.* 308.

3. Cuivre natif *cubo - octaèdre* (*fig.* 4). *De Lisle, t. III, p.* 305.

4. Cuivre natif *cubo-dodécaèdre* (*fig.* 6). Le cube émarginé.

5. Cuivre natif *triforme* (*fig.* 7). Dérivé du cube par les faces *f*, du dodécaèdre rhomboïdal par les facettes *u*, et de l'octaèdre régulier par les facettes *t*.

6. Cuivre natif *trihexaèdre.* Composé d'un dodécaèdre bi-

pyramidal très-surbaissé, et d'un prisme hexaèdre très-court, interposé entre les deux pyramides. Cette forme est du même genre que celle qu'on voit (*fig.* 217) *pl. LXXXIII.* Les cristaux que j'ai dans ma collection sont trop petits pour que j'aie pu en déterminer les angles avec précision. L'incidence des faces de chaque pyramide sur les pans correspondans, m'a paru s'éloigner peu de 125^d, ce qui donneroit à peu près 146^d pour celle de deux faces adjacentes, telles que *s* et *t*.

Indéterminables.

7. Cuivre natif *ramuleux.*

a. Divergent. En rameaux qui s'étendent dans différens sens.

b. Réticulaire. Formant des espèces de réseaux engagés entre les feuillets des pierres.

8. Cuivre natif *filamenteux.* Cette variété, qui est très-rare, a été trouvée près de Temeswar.

9. Cuivre natif *lamelliforme.*

10. Cuivre natif *granuliforme.*

11. Cuivre natif *concrétionné.*

a. Mameloné.

b. Botryoïde. En grains dont l'assemblage imite une grappe de raisin.

12. Cuivre natif *amorphe.*

A N N O T A T I O N S.

1. Le cuivre natif abonde surtout en Sibérie, du côté d'Ekaterinbourg. Le Cit. Patrin, qui a voyagé dans cette partie, en a rapporté, avec de très-beaux échantillons des mines qui s'y trouvent, des connoissances précieuses sur le gisement du métal, et j'ai cru qu'on me sauroit gré d'insérer ici les détails que ce savant a bien voulu me communiquer relativement à cet objet.

« Le beau cuivre natif cristallisé vient des mines appelées

Tourinski, sur les bords de la *Touria*, à environ 120 lieues au nord d'Ekaterinbourg, dans la partie orientale des Monts *Oural*, à 60ᵈ de latitude. Cette chaîne fait ici un coude en s'avançant vers l'est, et les trois mines sont parallèles à ce coude. Elles sont à une demi-lieue l'une de l'autre, et ne paroissent pas avoir de communication. Les montagnes environnantes sont composées de cornéenne olivâtre plus ou moins dure, compacte, en grandes masses, sans divisions régulières. Cette roche contient quelques cristaux rhomboïdaux de feld-spath, et quelques points quartzeux. Elle est recouverte d'un schiste à peu près de même nature, mais plus argileux, dont les couches plus ou moins inclinées ont leurs plans parallèles à la direction de la chaîne centrale. Entre ces deux roches est une puissante couche de calcaire primitif blanc et grenu, dont l'épaisseur varie, et dont la situation est presque verticale, et la direction parallèle aux couches schisteuses. C'est dans cette roche calcaire que se trouve encaissé le filon de cuivre qui lui est parallèle en tout sens, et qui est lui-même divisé, selon sa longueur, par un *crin* de même nature que la roche générale des montagnes voisines. Ce filon offre diverses belles espèces de mine de cuivre, mais particulièrement le cuivre natif en dendrites composées de cubes et d'octaèdres implantés les uns sur les autres. Ces dendrites pénètrent dans l'intérieur même de la roche calcaire, d'où il est assez difficile de les dégager. La roche olivâtre qui forme le *crin*, est aussi par fois pénétrée de cuivre natif; mais celui-ci est toujours en feuilles qui tapissent les fissures, et jamais en dendrites » (1).

Il existe encore du cuivre natif dans plusieurs endroits de la Hongrie; à Deva, en Transilvanie; à Falhun, en Suède, etc. Cette substance n'a guère été trouvée en France, jusqu'ici, qu'à Saint-Bel et à Chessy, près de Lyon.

---

(1) Voyez aussi les détails publiés sur ce même sujet, par le Cit. Patrin, journ. de phys., août, 1788, p. 82 et suiv.; et les Essais de minéralogie du Cit. Macquart, p. 259 et suiv.

2. Les naturalistes attribuent une double origine au cuivre natif. L'un, qu'ils regardent comme de première formation, est en cristaux réguliers, en lames, en filamens, etc. , qui ont pour gangue un marbre primitif, comme en Sibérie, ou des pierres quartzeuses, comme dans la plupart des autres pays ; on en trouve dans le Marcgraviat de Baaden, en Allemagne, qui est enveloppé d'une substance fibreuse blanche ou jaune-verdâtre, que l'on croit être une zéolithe. L'autre, qu'on appelle *cuivre de cémentation*, forme des concrétions sur différentes gangues pierreuses, ou même sur des corps organiques, et provient du cuivre sulfaté tenu en dissolution dans les eaux, où il s'est décomposé par l'intermède du fer.

Il y a même des endroits, comme à Saint-Bel, où l'on détermine, par des moyens artificiels, cette décomposition du cuivre. On jette de vieilles ferrailles dans des bassins où l'on reçoit l'eau chargée de cuivre sulfaté en dissolution. Peu de jours après, on trouve dans cette eau du cuivre rouge, dont la précipitation a été déterminée par la présence du fer, qui s'est emparé de l'acide sulfurique uni à l'autre métal.

3. Le cuivre natif forme quelquefois des masses assez considérables. Le Cit. Monnet en cite une du poids de 10 livres, environ 4 kilogrammes $\frac{8}{10}$, qui est dans le cabinet du collége des mines, à Freyberg (1).

4. La ténacité du cuivre est telle, qu'un fil de ce métal, de 2,7 millimètres, ou $\frac{1}{10}$ de pouce de diamètre, peut soutenir, sans se rompre, un poids de 146 kil. 38, ou d'environ 299 livres 4 onces.

5. Le cuivre, beaucoup plus commun que l'or et l'argent, et beaucoup plus traitable que le fer, est une espèce de métal intermédiaire, dont la privation laisseroit un grand vide parmi les productions des arts les plus intéressantes. Mais les avan-

----

(1) Nouveau syst. de minér. . p. 314

tages qu'il recèle sont balancés en partie par sa nature très-altérable. Exposé à l'air et surtout à l'humidité, il se couvre bientôt de cette rouille, connue sous le nom de *vert de gris*, qui, plus d'une fois, en se mêlant aux alimens préparés dans des vases de cuivre, a converti en poisons mortels les soutiens de la vie.

6. Le cuivre fondu et épuré, se nomme *cuivre rouge* ou *cuivre de rosette*. Sa pesanteur spécifique, qui, suivant les expériences de Brisson, est de 7,788, le cède de beaucoup à celle du cuivre natif, que j'ai trouvée de 8,5844, à l'aide d'un groupe de cristaux de Sibérie, dégagé de toute gangue, dont le poids dans l'air étoit de 877 centigrammes, ou 165 grains $\frac{1}{4}$. Cette différence indique, dans le cuivre fondu, une grande porosité, qui se trouve encore prouvée par le rapprochement dont les molécules de ce métal sont susceptibles au moyen de l'écrouissage ; en sorte que le cuivre, passé à la filière, a pour pesanteur spécifique 8,8785, ce qui fait une augmentation de densité d'environ $\frac{1}{7}$.

7. Ce que l'on appelle *cuivre jaune* ou *laiton*, est un alliage de cuivre et de zinc, que l'on obtient en cémentant le cuivre avec la pierre calaminaire. Mais si l'on réunit directement les deux métaux par la fusion, l'alliage prend les noms de *similor*, de *tombac*, d'*or de Manheim*, etc.

Le rapport de dilatation du laiton, déterminé par le Cit. Borda, est de $\frac{1}{43000}$ pour chaque degré de Réaumur, et d'environ $\frac{1}{54000}$ pour chaque degré du thermomètre centigrade. Il suit de là qu'un mètre de laiton est plus long de $\frac{25}{45}$ de millimètre, ou d'une quantité plus forte qu'un demi-millimètre, à 25^d de Réaumur, qu'à la température de la glace fondante, indiquée par le zéro.

Le Cit. Brisson a trouvé que dans l'alliage du cuivre avec le zinc, qui donne le laiton, il se faisoit une sorte de pénétration, d'où il résulte que la densité de cet alliage est plus grande d'environ $\frac{1}{15}$ que la somme des densités des deux métaux pris

séparément (1). Dans ce cas, les molécules du zinc s'introdui-
sant dans les nombreux interstices que laisseroient entre elles
les molécules cuivreuses, font croître la densité beaucoup plus
à proportion que le volume.

8. Le bronze ou l'airain des modernes, se fait en alliant avec
le cuivre une certaine quantité d'étain. Le mot *æs*, que nous
traduisons par ces mêmes noms de *bronze* et *d'airain*, avoit,
chez les anciens, une signification plus étendue ; il désignoit
également le cuivre pur et le cuivre allié avec d'autres substances métalliques de différentes espèces.

9. Le cuivre de rosette est la matière ordinaire des fontaines,
des chaudières et de divers ustensiles de cuisine. L'étamage
dont on enduit l'intérieur de la plupart des vaisseaux de cuivre,
pour les préserver de la rouille, ne remédie pas entièrement
au danger. Le Cit. Chaptal, dont l'autorité doit être ici d'un
grand poids, témoigne le désir que l'on proscrive parmi nous
l'usage du cuivre, dans les cuisines, comme on l'a fait, dit-il,
en Suède, à la sollicitation de Schoëffer, auquel la reconnois-
sance publique a élevé une statue de ce même métal (2).

On emploie aussi le cuivre rouge pour le doublage des vaisseaux. On en fait des plaques pour la gravure au burin ou à
l'eau-forte.

10. Les alliages de cuivre et de zinc se rouillent moins facilement que le cuivre pur. Parmi ces alliages, le laiton est le
plus généralement employé. On le tire en fils plus ou moins
déliés, pour en faire des cordes d'instrumens de musique. Il
fournit à l'horlogerie et à différens arts la matière d'une infinité
de pièces également susceptibles d'un travail délicat et d'une

---

(1) Si l'on désigne le cuivre par A et le zinc par B, on aura, en repre-
nant la formule ci-dessus, p. 268, $o = 7,7880$, $c = 7,1908$, $d = 3$, $f = 1$,
d'où l'on tire pour la pesanteur spécifique de l'alliage, en supposant qu'il
n'y eut aucune pénétration, 7,6296 : la pesanteur observée est 8,3938.

(2) Élém. de chimie, t. II, p. 365.

longue durée. Il ne faut que jeter un coup d'œil sur un cabinet de physique, pour juger des services multipliés que le cuivre jaune rend à cette sience. Il n'est pas moins précieux pour la construction des instrumens de géométrie et de ceux qui sont destinés aux observations astronomiques et géodésiques.

11. Le bronze est employé pour couler des statues. L'artillerie lui doit ses armes les plus redoutables. On a remarqué que la rouille qui se formoit, à la longue, sur la surface des ouvrages de bronze, acquéroit une grande consistance, et servoit ensuite à garantir de toute altération l'intérieur de la masse. On sait que les statues anciennes se conservent très-bien sous l'enduit de cuivre oxydé qui les recouvre, et que les antiquaires nomment *patine*.

12. Le vert de gris artificiel ou verdet du commerce se fait en exposant des lames de cuivre rouge à l'action de l'acide acéteux. Cette substance est d'un grand usage dans la peinture à l'huile, où elle donne les plus belles couleurs vertes.

IIᵉ. ESPÈCE.

CUIVRE PYRITEUX.

Cuprum sulfure et ferro mineralisatum, minerâ colore aureo vel variegato nitente. Minera cupri flava, *Waller.*, t. *II*, p. 282. Cuprum sulfure et ferro mineralisatum, minerâ ex flavo viridescente, minera cupri viridescens, *ibid.*, p. 283. Mine de cuivre jaune, *de Lisle*, t. *III*, p. 309. Cuivre pyriteux; pyrite de cuivre; mine de cuivre jaune, *de Born*, t. *II*, p. 313. Cuivre avec beaucoup de fer, minéralisé par le soufre; pyrite cuivreuse, Sciagr., t. *II*, p. 140. Kupfer kies, *Emmerling*, t. *II*, p. 232. Mines de cuivre pyriteuses ou pyrites cuivreuses, *Daubenton*, tabl., p. 52. Yellow copper ore, *Kirwan*, t. *II*, p. 140.

Caractère essentiel. Jaune, en cristaux originaires du tétraè-dre régulier.

Caract. phys. Pesant. spécif , 4,3154.

Consistance, non malléable, cédant aisément à la lime; donnant rarement des étincelles par le choc du briquet.

Couleur, le jaune de laiton, tirant quelquefois sur la couleur de l'or allié au cuivre.

Caract. géom. Forme primitive. Le tétraèdre régulier (*fig.* 78) *pl. LXX.* Quelques cristaux offrent des indices de lames parallèles aux faces de ce solide.

Molécule intégrante. *Id.*

Cassure, raboteuse.

Caract. chim. Au chalumeau, il se fond d'abord en un globule noir, qui, à l'aide d'un feu prolongé, finit par offrir le brillant métallique du cuivre.

Caract. distinct. 1°. Entre le cuivre pyriteux et l'or natif. Celui-ci est malléable et l'autre cassant; il se fond au chalumeau, en conservant sa couleur, tandis que le cuivre pyriteux y donne d'abord un globule noir. 2°. Entre le même et le fer sulfuré. Celui-ci résiste beaucoup plus à la lime; il donne communément des étincelles par le choc du briquet, et le cuivre pyriteux rarement. Ses formes cristallines ne sont jamais le tétraèdre, soit complet, soit épointé ou émarginé. 3°. Entre le même et le bismuth natif. Celui-ci a le tissu beaucoup plus sensiblement lamelleux; il coule facilement au chalumeau, sans perdre son éclat, au lieu que le cuivre pyriteux commence par s'y convertir en un globule noir.

V A R I É T É S.

VARIÉTÉS.

FORMES.

Déterminables.

1. Cuivre pyriteux *primitif.* P (*fig.* 78). *De Lisle* , *t. III* , *p.* 310. Incidence de P sur P , 70^d $31'$ $44''$.

2. Cuivre pyriteux *épointé.* $\overset{\text{P A }^{\text{I}}\text{A}^{\text{I}}}{\underset{\text{P }^{\text{I}}\ e}{}}$ (*fig.* 79). *De Lisle* , *t. III* , *p.* 311 ; var. 1. Incidence de *e* sur P , 109^d $28'$ $16''$.

a. Régulier ; toutes les faces triangulaires équilatérales.

3. Cuivre pyrit. *cubo-tétraèdre.* $\overset{\text{P B B}^{\text{I}}}{\underset{\text{P }f^{\text{I}}}{}}$ (*fig.* 80). *De Lisle* , *t. III* , *p.* 312 ; var. 2. Incidence de *f* sur P , 125^d $15'$ $44''$. Je ne donne, ainsi que Romé de Lisle, cette variété que d'après Linnæus , *syst. nat.* , *t. III* , *édit.* 1768 , *p.* 114 ; var. *a.*

4. Cuivre pyriteux *dodécaedre.* $\overset{\text{B }\overset{3}{\text{B}}}{\underset{3\ \ l}{}}$ (*fig.* 84). *De Lisle* , *t. III* , *p.* 313 ; var. 4. Chaque face du tétraèdre primitif devient la base d'une pyramide triangulaire surbaissée. Incidence de *l* sur *l'* , 146^d $26'$ $33''$; de *l* sur *l* , 109^d $28'$ $16''$.

5. Cuivre pyriteux *transposé.* En octaèdre dont une moitié est censée avoir tourné sur l'autre, d'une quantité égale à un sixième de circonférence. *Voyez* la variété de spinelle, qui porte le même nom, *t. II* , *p.* 358.

Henckel cite des pyrites cuivreuses qui, d'après la description qu'il en donne (1), seroient des pyramides droites ayant

---

(1) *Pyritologie* , traduct. franç. , *p.* 58.

pour faces des triangles isocèles. Romé de Lisle, qui en parle d'après lui, en fait sa 3e. variété, *p.* 312. Je n'ai point observé cette forme, qui dérogeroit à la symétrie ordinaire des cristaux, en ce que les décroissemens n'agiroient pas de la même manière, relativement à des parties opposées entre elles sur la forme primitive.

Indéterminables.

6. Cuivre pyriteux *concrétionné.* En masses mamelonées ou tuberculeuses, dont la surface est souvent d'un gris-bronzé, plus ou moins sombre, et dont la cassure est plus terne que celle des autres variétés.

7. Cuivre pyriteux *amorphe.* En masses quelquefois très-considérables.

A C C I D E N S   D E   L U M I È R E.

Cuivre pyriteux *irisé.* Vulgairement *pyrite à gorge de pigeon* ou *à queue de paon.*

A N N O T A T I O N S.

1. Le cuivre pyriteux est la plus commune des mines de ce genre. On le trouve en filons plus ou moins étendus, ou en masses adhérentes, soit à d'autres espèces de cuivre, soit à des pierres de diverses natures. Il est assez rare de le rencontrer sous des formes régulières, et dans ce cas ses cristaux sont ordinairement peu prononcés, et leur épaisseur n'excède guère deux ou trois millimètres. Le Derbishire en fournit des groupes irisés qui recouvrent la surface de la chaux carbonatée cristallisée.

2. Parmi les substances que l'on a appelées *pyrites martiales,* plusieurs contiennent du cuivre que l'on a regardé comme n'y étant qu'accidentellement, et l'on assure que toutes celles qui

ont été mises au rang des pyrites cuivreuses, renferment du fer.
Dans celles-ci, suivant Cronstedt, Bergmann et de Born, le
cuivre est même uni à une très-grande portion de fer. Or, s'il
n'est pas douteux qu'il n'y ait du fer sulfuré, proprement dit,
peut-on de même établir comme certaine l'existence d'une
véritable mine de cuivre sulfuré, distinguée du sulfure de fer
mélangé de cuivre? Ce que nous savons, jusqu'à présent, c'est
que l'on observe, dans les différens morceaux du cuivre pyriteux, une gradation de nuances depuis le jaune-clair jusqu'au
jaune-foncé, et approchant de celui de l'or allié au cuivre,
ce qui semble indiquer des variations considérables dans la proportion de cuivre unie au fer et au soufre. Il resteroit à examiner s'il existe quelque point fixe, au milieu de ces variations, et surtout à comparer la composition du fer sulfuré avec
celle du cuivre pyriteux. L'incertitude où nous sommes encore
sur la vraie nature de cette dernière mine, m'a engagé à lui
donner un nom qui ne doit être regardé que comme un moyen
de s'entendre, jusqu'à ce que l'analyse en ait décidé.

3. Romé de Lisle indique un caractère distinctif de la pyrite
cuivreuse, qu'il emprunte de la cristallisation. Il consiste en
ce que la forme de cette substance est toujours le tétraèdre
complet ou tronqué (1); et dans les variétés qu'il cite, la modification est assez légère pour laisser encore dominer la forme
du tétraèdre. Mais on observe quelquefois la même pyrite sous
celle de l'octaèdre parfaitement régulier, et comme cette forme
se retrouve dans l'espèce de la pyrite ferrugineuse, la ligne de
démarcation disparoît (2). Cependant on peut dire que, dans
l'état actuel de nos connoissances, tout cristal d'un jaune de
laiton, en tétraèdre complet, ou qui n'est que légérement

----

(1) Cristal., t. III, p. 310.

(2) Nous verrons, à l'article du fer sulfuré, qu'il ne seroit pas impossible
que tous les cristaux de cette dernière substance eussent également le tétraèdre pour molécule intégrante.

modifié, appartient au cuivre pyriteux : mais on ne dira pas que cette espèce soit limitée aux cristaux dont il s'agit.

4. Le cuivre pyriteux est susceptible de s'altérer assez facilement à sa surface. Le commencement de décomposition qui en résulte fait naître un tissu propre à réfléchir des rayons diversement colorés, et il est peu de substances naturelles où ces couleurs superficielles soient plus riches et plus variées. Le Cit. Monnet est parvenu à produire le même effet par une expérience directe. Ce savant rapporte qu'en 1768, étant à Sainte-Marie-aux-Mines, il exposa dans du sable plusieurs morceaux de mine de cuivre pyriteux, très-jaunes et nouvellement sortis du filon, qui se trouvèrent, vers la fin de 1771, ornés des plus belles couleurs de l'iris (1).

5. La même mine, en se décomposant, produit quelquefois du cuivre sulfaté. Dans plusieurs endroits, les eaux qui ont dissous ce sel laissent ensuite précipiter le cuivre à l'état métallique, par l'intermède du fer, comme nous l'avons dit à l'article du cuivre natif.

A P P E N D I C E.

CUIVRE PYRITEUX HÉPATIQUE.

Minera cupri hepatica fusca, *Waller.*, *t. II, p.* 277, *b.* Cuprum sulfure et ferro parcè admixtis mineralisatum, minerâ solidâ nitente, violaceâ vel cærulescente, fragili; cuprum lazureum, *ibid.*, *p.* 278. Mine de cuivre hépatique ou violette azurée, *de Lisle, t. III, p.* 339. Cuivre hépathique, *de Born, t. II, p.* 345. Cuivre avec un peu de fer minéralisé par le soufre; mine de cuivre violette azurée, Sciagr., *t. II, p.* 139. Bunt kupfererz, *Emmerling, t. II, p.* 228. Purple copper ore, *Kirwan, t. II, p.* 142.

---

(1) Nouveau système de minéral., p. 318, note 1.

Analyse par Klaproth.

Cuivre.................................. 63,7.
Fer .... 12,7.
Soufre................................. 19,0.
Oxygène................................ 4,5.
Perte.................................. 0,1.

$$\overline{100,0 \; (1).}$$

Cette mine présente à sa surface et dans sa cassure différentes teintes de jaune-rougeâtre, de violet, de bleu et de verdâtre. Elle est souvent fragile, au point de céder à la pression de l'ongle. Souvent aussi elle se délite par feuillets. L'endroit où on l'a grattée est ordinairement rougeâtre, quelle que fût la couleur primitive. Quelques morceaux, dont la décomposition est plus avancée, sont tout à fait bruns. En plaçant ici cette substance, j'ai suivi l'opinion de plusieurs minéralogistes d'un mérite distingué, qui la regardent comme devant son origine au cuivre pyriteux. Il semble que les couleurs vives et variées qui ornent certaines masses de cette dernière mine, soient le premier degré de l'altération qui produit le cuivre hépathique, en pénétrant à l'intérieur. Le résultat de l'analyse citée plus haut est d'accord avec cette opinion, en ce qu'on y retrouve, comme dans le cuivre pyriteux, les principes du fer sulfuré unis au cuivre.

⁂

IIIe. ESPÈCE.

CUIVRE GRIS.

Cuprum arsenico, sulfure et ferro, plerumque unà cum argento, mineralisatum, minerâ cinereâ vel griseâ; minera cupri grisea, *Waller.*, *t. II, p.* 281. Argentum arsenico, sulfure cu-

---

(1) Karsten, mineral. t.b., p. 47.

pro et ferro mineralisatum , minerâ solidâ, griseâ ; minera argenti grisea, *ibid., p.* 337. Mine de cuivre grise tenant argent, fahlerz ; mine d'argent grise, *de Lisle, t. III, p.* 315. Cuivre gris : mine de cuivre grise ; mine de cuivre antimoniale, *de Born, t. II, p.* 317. Mine d'argent grise, fahlerz, Sciagr., *t. II, p.* 82. Mine de cuivre grise, *ibid., p.* 142. Fahlerz, *Emmerling, t. II, p.* 238. Mine d'argent grise, *Daubenton, tabl., p.* 52. Grey copper ore, *Kirwan, t. II, p.* 146.

Caractère essentiel. Gris d'acier ; cristaux originaires du tétraèdre régulier.

Caract. phys. Pesant. spécif., 4,8648.
Consistance. Non malléable ; facile à briser.

Couleur de la surface ; semblable à celle de l'acier poli. Mais les cristaux sont susceptibles de se ternir à l'air, et de se couvrir d'une espèce de rouille.

Couleur de la poussière. Noirâtre, quelquefois avec une légère teinte de rouge.

Caract. géom. Forme primitive. Le tétraèdre régulier (*fig.* 78) *pl. LXX.*

Molécule intégrante. *Id.*

Cassure, raboteuse et peu éclatante.

Caract. chim. Réductible au chalumeau, en un bouton métallique, qui contient du cuivre.

Caract. distinctifs. 1°. Entre le cuivre gris et le fer oligiste. Celui-ci agit sur le barreau aimanté ; ses formes cristallines ne sont jamais ni le tétraèdre, ni ses modifications, comme dans l'espèce du cuivre gris. 2°. Entre le même et le fer arsenical. Celui-ci donne une odeur d'ail sensible par le choc du briquet, ou par l'action du feu, ce qui n'a point lieu pour le cuivre gris. Sa couleur tire sur le blanc d'argent, et celle du cuivre gris, sur le gris d'acier. Ses formes cristallines n'ont aucun rapport avec le tétraèdre régulier.

VARIÉTÉS.

FORMES.

Déterminables.

1. Cuivre gris *primitif.* P (*fig.* 78). *De Lisle, t. III, p.* 317. Incidence de P sur P, 70^d 31' 44".

2. Cuivre gris *épointé.* $\overset{\text{P A }^{\text{1}}\text{A}^{\text{1}}}{\underset{e}{\text{P}}^{\text{1}}}$ (*fig.* 79). *De Lisle, t. III, p.* 317; var. 1. Incidence de *e* sur P, 109^d 28' 16".

3. Cuivre gris *cubo-tétraèdre.* $\overset{\text{P }\overset{1}{\text{B}}\text{ B}}{\underset{f}{\text{P}}^{1}}$ (*fig.* 80). *De Lisle, t. III, p.* 318; var. 2. Incidence de *f* sur P, 125^d 15' 54".

4. Cuivre gris *triépointé.* $\overset{\text{P A }^{\text{2}}\text{A}^{\text{2}}}{\underset{o}{\text{P}}^{\text{2}}}$ (*fig.* 81). *De Lisle, t. III, p.* 318; var. 3. Incidence de *o* sur P, 144^d 44' 10". De *o* sur *o*, 120^d.

5. Cuivre gris *mixte.* $\overset{\text{P A}^{\frac{2}{3}}\text{A}^{\frac{2}{3}}}{\underset{r}{\text{P}}^{\frac{2}{3}}}$ (*fig.* 82). *De Lisle, t. III, p.* 319; var. 4. La forme primitive dont chaque angle solide est remplacé par trois facettes disposées sur les arêtes (1). Incidence de *r* sur *r*, 146^d 26' 33" ; de *r* sur l'arête *n*, 144^d 44' 14".

6. Cuivre gris *encadré.* $\overset{\text{P B }\overset{3}{\text{B}}}{\underset{l}{\text{P}}^{3}}$ (*fig.* 83.) *De Lisle, t. III, p.* 320, var. 5 ; et *p.* 321, var. 6. Incidence de *l* sur P, 160^d 31' 44" ; de *l* sur *l*, 109^d 28' 16".

7. Cuivre gris *dodécaèdre.* $\overset{\text{B }\overset{3}{\text{B}}}{\underset{l}{}^{3}}$ (*fig.* 84). *De Lisle, t. III,*

---

(1) Chacune de ces facettes se rejette vers l'arête située derrière l'angle plan, sur lequel le décroissement prend naissance.

p. 323 ; var. 7. La forme primitive dont chaque face porte une pyramide triangulaire très-obtuse. Incidence de *l* sur *l'*, 146^d 26' 33".

8. Cuivre gris *apophane.* $\dfrac{P\ A^2A^2BB^3}{P\ {}^2 o\ {}^3 l}$ (*fig.* 85). La variété encadrée, augmentée à chaque sommet de trois facettes *o* qui répondent aux faces primitives. Les décroissemens sont déterminés d'après la seule condition que ces facettes soient de véritables rhombes, et les facettes *l* des rectangles, ce qui est sensible à la seule inspection des cristaux. *De Lisle, t. III, p.* 323, var. 8; et 324, var. 9. Incidence de *o* sur *l*, 150^d.

9. Cuivre gris *progressif.* $\dfrac{P\ A^1A^1\ A^2A^2\ BB^3}{P\ {}^1 e\ {}^2 o\ {}^3 l}$ (*fig.* 86). La variété précédente épointée à chaque angle solide terminal. *De Lisle, t. III, p.* 323 ; var. 10 et 11. Incidence de *o* sur *e*, 144^d 44' 8".

10. Cuivre gris *équivalent.* $\dfrac{P\ B^1B\ A^2A^2\ A^1A^1}{P\ f^1\ {}^2 o\ {}^1 e}$ (*fig.* 87), *pl. LXXI.* La variété cubo-tétraèdre (*fig.* 3), avec les sommets de la progressive (*fig.* 86). *De Lisle, t. III, p.* 326 ; var. 12.

11. Cuivre gris *bifère.* $\dfrac{P\ B^1B^3BB\ A^2A^2\ A^1A^1}{P\ {}^1 f\ {}^2 l\ {}^2 o\ {}^1 e}$ (*fig.* 88). La variété précédente émarginée entre *f* et P. *De Lisle, t. III, p.* 327 ; var. 13 et 14. Incidence de *f* sur *l*, 144^d 44' 8".

12. Cuivre gris *identique.* $\dfrac{P\ B\ B^3\ A^2A^2\ A^{\frac{2}{3}}A^{\frac{2}{3}}}{P\ {}^3 l\ {}^2 o\ {}^{\frac{2}{3}} r}$ (*fig.* 89). La variété apophane émarginée aux sommets. Les facettes *r, r,* et *l, l,* ont les mêmes positions relativement aux rhombes *o, o* qui les interceptent, malgré la différence des lois de décroissement. *De Lisle, t. III, p.* 327 ; var. 15. Incidence de *r* sur *o*, ou de *l* sur *o*, 150^d.

Indéterminables.

Indéterminables.

13. Cuivre gris *amorphe.*

Pseudomorphoses.

14. Cuivre gris *spiciforme.* Argent en épis, *de Lisle*, t. *III*, p. 330.

En petites masses ovales - aplaties, relevées par des saillies noirâtres en forme d'écailles.

La plupart des auteurs attribuent l'origine de cette variété à des cônes de pin, ou à des portions de ces cônes que la matière du cuivre gris a pénétrées ou même remplacées, en sorte que la surface présente des espèces d'écailles imbriquées, comme celles du cône dont elles proviennent.

ANNOTATIONS.

1. On trouve du cuivre gris à Baygorry, dans la basse-Navarre ; à Sainte Marie-aux-Mines, dans la ci-devant Alsace ; à Schemnitz, en Hongrie ; à Kapnick, en Transylvanie ; à Freyberg, en Saxe ; dans différentes mines du Hartz ; à Stalhberg, dans le Palatinat, etc. La variété spiciforme vient de Franckenberg. Celui de Baygorry et de quelques autres endroits a pour gangue la chaux carbonatée ferrifère, dont les cristaux sont entremêlés avec les siens. Le cuivre pyriteux accompagne très-souvent le cuivre gris, avec lequel il est quelquefois comme incorporé. On voit même des cristaux de cuivre gris entièrement recouverts de cuivre pyriteux, qui s'est moulé sur leur surface.

Le cuivre gris subit, dans certains cas, une altération qui lui donne une couleur noirâtre, et c'est alors, suivant Wallerius, le nigrillo des Espagnols, et le schawrserz des Allemands (1).

____

(1) Systema miner. , t. II, p. 358.

TOME III.   C c c

2. Les anciens minéralogistes, dans l'application qu'ils faisoient des noms *d'argent gris* et de *cuivre gris* à des substances analogues à celle qui nous occupe ici, avoient surtout égard à la quantité d'argent, qui étoit beaucoup plus sensible dans ce qu'ils appeloient *argent gris*. Mais dans les méthodes des naturalistes modernes, la distinction dont il s'agit a encore un autre fondement qui tient à la présence d'un principe particulier. C'est sur quoi il est nécessaire d'entrer dans un certain détail.

Le célèbre Klaproth a analysé une mine d'Andreasberg au Hartz, qui appartient à l'espèce que l'on a désignée le plus communément sous le nom de *fahlerz* (mine grise); et c'est à cette même espèce que se rapportent les différentes variétés de formes cristallines que nous avons décrites ci‑dessus. L'analyse, dont il s'agit lui a donné le résultat suivant.

Plomb	34,00.
Cuivre	16,00.
Antimoine	16,00.
Argent	2,25.
Fer	13,00.
Soufre	10,00.
Silice	2,50.
Perte	6,25.
	100,00 (1).

A juger de cette mine par le résultat que nous citons ici, il faudroit plutôt la ranger parmi les mines de plomb, ainsi que l'a fait M. Karsten (2).

---

(1) Connoissance chimique des minér., Ire. part., sect. 6.
(2) Mineral. tabell., p. 5c.

Le même chimiste a publié l'analyse d'une mine de Kremnitz ,
qui lui a donné :

Cuivre... 31,36.
Antimoine....................................... 34,09.
Argent .... 14,77.
Fer .... 3,30.
Soufre.. 11,50.
Perte... 4,98.
                                               ____
                                               100,00 (1).

M. Karsten place cette mine dans le genre du cuivre , sous
le nom de *graugültigerz* (mine d'argent grise) (2).

Le chevalier Napione a retiré d'une mine de la vallée de
Loanzo , en Piémont , qu'il regarde comme étant de la même
nature que la précédente :

Cuivre... 29,3.
Antimoine .... 36,9.
Argent .... 0,7.
Fer .... 12,1.
Soufre... 12,7.
Arsenic.. 4,0.
Alumine .... 1,1.
Perte.. 3,2.
                                               ____
                                               100,0 (3).

Les deux résultats s'accordent assez bien entre eux quant aux
proportions de cuivre, d'antimoine et de soufre ; mais la diversité très-sensible qui existe dans les rapports des autres principes, sembleroit indiquer que ceux-ci ne sont qu'accidentels.
La quantité d'argent surtout y est très-différente. D'un autre

____

(1) Connoissance chimique , etc. , *ibid.*
(2) Mineral. tabell. , p. 46.
(3) Mém.de l'Acad. de Turin , an 1791 , p. 73 et suiv.

côté, la quantité de plomb, qui est si considérable dans le premier résultat, est nulle dans ceux dont il s'agit ici.

Voici enfin les produits de deux autres analyses faites par le chimiste de Berlin, qui renferment une plus grande quantité de plomb que le résultat de la première analyse, mais qui diffèrent de celui-ci par l'absence du cuivre.

Plomb	48,00.
Antimoine	7,88.
Argent	20,40.
Fer	2,25.
Soufre	12,25.
Alumine	7,00.
Silice	0,25.
Perte	1,97.
	100,00.

Plomb	41,00.
Antimoine	21,50.
Argent	9,25.
Fer	1,75.
Soufre	22,00.
Alumine	1,00.
Silice	0,75.
Perte	2,75.
	100,00.

On a donné aux substances qui ont été l'objet de ces deux analyses, le nom de *weissgültigerz* (argent blanc) ; M. Karsten les place, comme la première, dans le genre du plomb, et en distingue deux variétés, dont l'une est caractérisée par une teinte plus claire, et l'autre par une teinte plus sombre. On voit, en comparant les deux résultats, que ce sont bien de part et d'autre les mêmes principes, mais dans des proportions toutes différentes.

On auroit donc ici trois espèces, dont la distinction dépendroit de deux principes, le plomb et le cuivre. Dans le cuivre gris, ces deux métaux existeroient à la fois ; dans l'argent gris, il y auroit du cuivre et point de plomb, et dans l'argent blanc, il y auroit du plomb et point de cuivre.

Je n'ai point été à portée de comparer l'argent gris avec le fahlerz ou cuivre gris ; et quant à la mine d'argent blanche, j'ai observé des morceaux qui avoient été apportés d'Allemagne sous ce nom, mais dont on ne désignoit pas précisément la localité. Leur fracture offroit à peu près la même couleur que celle du fahlerz ; elle étoit inégale, et l'on y voyoit, à certains endroits, des indices de lames. Ils étoient tendres et faciles à pulvériser. Leurs fragmens, exposés à la flamme d'une bougie, décrépitoient vivement, à l'exception de quelques-uns, qui y entroient en fusion, en répandant une fumée qui coloroit en blanc l'extrémité de la pince. Le Cit. Lelièvre, qui a fait l'essai de cette mine, y a reconnu la présence de l'antimoine, du plomb, de l'argent et du fer. Quelques morceaux adhéroient à du plomb sulfuré, qui sembloit s'incorporer avec eux, ce qui, joint aux autres indices, pourroit faire présumer que cette mine n'est qu'un mélange de différentes substances métalliques.

Au reste, pour ne rien hasarder ici, il faudroit avoir examiné des morceaux dont l'authenticité fut solidement garantie. Car on voit, par plusieurs passages des auteurs qui ont parlé des mines dont nous avons cité les analyses, que leurs rapports extérieurs les ont fait souvent prendre l'une pour l'autre, ce qui a occasionné une grande confusion dans la nomenclature (1).

Trop peu éclairé encore sur l'objet de la discussion présente, et persuadé que de simples résultats d'analyses, quoique très-exacts en eux-mêmes, ne sont pas des données suffisantes

---

(1) Mém. de l'Acad. de Turin, 1791, p. 174. Kirwan, t. II, p. 119.

pour établir la classification des minéraux auxquels ils se rapportent, j'ai résolu de m'en tenir, pour le moment, à l'espèce
que j'ai tâché de circonscrire nettement, à l'aide des caractères
cités plus haut, et surtout de celui qui se tire de la cristallisation.
En plaçant cette espèce dans le genre du cuivre, j'ai suivi l'usage
le plus communément reçu, et je lui ai conservé le nom de
cuivre gris, qui ne doit être regardé que comme un signe de
convention.

De nouvelles analyses décideront si les six ou sept substances
que le résultat énoncé ci-dessus a offertes, sont toutes essen-
tielles au cuivre gris, et si le plomb y fait réellement la fonction
de principe dominant. Mais j'observe que comme la substance
qui, à mon jugement, offre, pour ainsi dire, le cuivre gris
par excellence, est celle que l'on trouve en cristaux remarquables par la netteté de leurs formes et par le vif éclat de
leur surface, tels que ceux de la mine de Baigorry, ainsi,
l'analyse qui me paroîtra mériter le plus de confiance, relativement à mon but, sera celle d'un groupe de ces cristaux ou
de quelqu'autre qui ne lui cédera point en perfection.

J'ajouterai, comme un fait digne d'attention, que le tétraèdre régulier ne s'est encore rencontré jusqu'ici, comme
forme primitive, que dans l'espèce dont il s'agit et dans celle
du cuivre pyriteux, qui très-souvent l'accompagne. Il suit de
là, qu'abstraction faite de l'analyse, et en se bornant aux caractères géométriques et aux circonstances locales, on pourroit
présumer que les deux substances ont quelque chose d'identique
dans leur composition, et d'où dépend l'analogie de leurs formes.
Si cette présomption étoit fausse, comme cela pourroit bien
être, puisque le tétraèdre régulier est une des formes susceptibles d'appartenir à des minéraux différens, elle mériteroit
au moins d'être détruite par des analyses comparatives; et je
ne puis me défendre de répéter ici le vœu que j'ai déjà manifesté tant de fois, de voir les chimistes faire entrer la minéralogie pour quelque chose dans le plan de leurs opérations.

3. La cristallisation du cuivre gris, considérée en elle-même, présente une réunion de formes régulières, qui mérite d'intéresser sous le point de vue de la géométrie. Ainsi, l'on y trouve d'abord le tétraèdre régulier, qui est la forme primitive, ensuite l'octaèdre régulier; et si, dans la figure 80, on suppose que les faces *f, f* se prolongent jusqu'à s'entrecouper, on aura le cube représenté fig. 90. La variété triépointée (*fig.* 81), en faisant de même abstraction des faces qui appartiennent au tétraèdre, donnera le dodécaèdre à plans rhombes; et la variété identique (*fig.* 89), considérée indépendamment des faces P et *o*, donnera un solide semblable au grenat trapézoïdal. Je ferai remarquer de nouveau que, dans le cas présent, les faces *r, r*, d'une part, et *l, l*, de l'autre, qui sont comprises entre les rhombes, quoiqu'également inclinées sur eux, résultent de deux lois différentes de décroissement, l'une simple et l'autre mixte; en sorte qu'ici comme dans plusieurs autres cristallisations, la nature parvient à la symétrie, par les moyens mêmes qui sembleroient devoir l'en écarter.

IVe. ESPÈCE.

CUIVRE SULFURÉ.

Cuprum sulfure mineralisatum, minerâ obscurè nitente, griseâ, molli ; cuprum vitreum, *Waller.*, *t. II, p.* 277. Cuivre sulfuré; sulfure de cuivre; mine de cuivre vitreuse, *de Born*, *t. II, p.* 309. Cuivre minéralisé par le soufre; mine de cuivre vitreuse ordinaire, mais mal nommée, Sciagr., *t. II, p.* 137. Kupferglanz, *Emmerling*, *t. II, p.* 222. Mine de cuivre vitreuse grise? *Daubenton, tabl.*, *p.* 51. Vitreous copper ore, *Kirwan*, *t. II, p.* 144.

Caractère essentiel. Couleur gris de fer, ou dans l'état naturel, ou après le frottement d'un corps dur. Dissolution bleue par l'ammoniaque. Formes étrangères au tétraèdre régulier.

Caract. phys. Pesant. spécif., suivant de Born, 4,81 ....5,338.

Consistance. Tendre et cassant. Les morceaux, soit cristallisés, soit amorphes, que j'ai essayés, s'égrenoient sous le couteau, sans qu'il fut possible d'en détacher des lames.

Couleur de la masse. Le gris plus ou moins sombre, tirant sur l'éclat métallique du fer, quelquefois nuancé de bleuâtre. Les morceaux noirs acquièrent le même éclat, lorsqu'on les coupe, ou qu'on les frotte avec un corps dur.

Couleur de la poussière, noirâtre.

Caract. chim. Au chalumeau, il répand d'abord une légère odeur d'acide sulfurique, puis se fond en bouillonnant, et finit par donner un bouton qui, à raison du fer dont il est mélangé, présente le gris métallique, et agit sur le barreau aimanté. Fondu avec le borax, il le colore en vert-bleuâtre, donne des indices de cuivre sous la forme de lames très-minces, à l'endroit du contact avec le charbon ; le reste du bouton est d'un gris d'acier et attirable à l'aimant, comme dans le premier cas.

Dissolution bleue par l'ammoniaque.

Caractères distinctifs. 1°. Entre le cuivre sulfuré et le cuivre gris. Les fragmens de celui-ci, exposés à la flamme d'une bougie, décrépitent, ou si on les en approche avec assez de précaution pour qu'ils demeurent entiers, ils répandent une vapeur qui colore en blanc l'extrémité de la pince. Ces effets n'ont pas lieu avec le cuivre sulfuré. La poussière du cuivre gris, mise dans l'acide nitrique, y devient grise au bout de quelque temps ; celle du cuivre sulfuré y reste noire. 2°. Entre le même et le cuivre oxydé rouge. Les morceaux de celui-ci présentent la couleur rouge, tantôt sous tous les aspects, tantôt au moins sous certains aspects, ce qui n'a pas lieu pour le cuivre sulfuré. Ils produisent dans l'acide nitrique une effervescence soutenue ; ceux de cuivre sulfuré n'en excitent aucune, si ce n'est par accident et dans le premier moment. Le cuivre oxydé rouge, exposé au chalumeau, ne donne point d'odeur d'acide sulfurique, comme le cuivre sulfuré. 3°. Entre le même et l'argent
sulfuré.

sulfuré. Celui-ci se coupe comme le plomb, en lames flexibles.
Le cuivre sulfuré s'égrène lorsqu'on essaye de le couper.
L'argent sulfuré, exposé au chalumeau, donne un bouton
métallique blanc, et le cuivre sulfuré un bouton d'un gris
d'acier.

VARIÉTÉS.

1. Cuivre sulfuré prismatique. En prisme hexaèdre régulier.

Ce prisme devient quelquefois annulaire, par une addition
de facettes à la place des arêtes situées autour des bases. Mais
je n'ai point été à portée de mesurer les inclinaisons de ces
facettes.

2. Cuivre sulfuré amorphe. Il est quelquefois imparfaitement
feuilleté.

ANNOTATIONS.

1. On trouve du cuivre sulfuré à Saska, et dans d'autres
endroits du Bannat de Hongrie ; à Freyberg et à Marienberg,
en Saxe ; à Saalfed, en Thuringe ; dans les Monts Altaï, en
Sibérie, etc. Il est communément associé à d'autres mines du
même métal, et en particulier au cuivre pyriteux. Celui de
Sibérie en masses informes, est souvent recouvert de cuivre
carbonaté vert soyeux ou pulvérulent, et c'est probablement
·à un mélange de cette dernière substance qu'est due l'effervescence instantanée que la poussière de la mine dont il s'agit produit dans l'acide nitrique.

2. Plusieurs minéralogistes, et entre autres Romé de Lisle (1),
ont donné le nom de *cuivre vitreux* au cuivre oxydé rouge,
tirant sur l'éclat métallique, et nommément à celui qui est sous
la forme d'octaèdres réguliers recouverts de malachite, et dont
la cassure, sous certains aspects, est d'un gris d'acier. Je ferai
connoître plus particulièrement ces cristaux, en décrivant

----

(1) Cristal., t. III, p. 338 et 339.

l'espèce suivante, dont celle-ci paroît être très-distinguée, tant par sa cristallisation que par ses caractères physiques et chimiques.

5. On a cité du cuivre sulfuré doué d'une sorte de ductilité (1). Le célèbre Karsten parle d'une mine de kupferglanz, qui participe de cette propriété, et qu'il nomme, par cette raison, *geschmeidiger kupferglanz* (2). Mais il observe que ses caractères paroissent établir entre elle et le kupferglanz ordinaire une différence plus marquée que celle qui existe entre les variétés d'une même espèce. C'est à cette mine que se rapporte l'analyse suivante, qui est de Klaproth.

Cuivre...	78,50.
Soufre...	18,50.
Fer..	2,25.
Silice...	0,75.
	100,00.

A L'ÉTAT D'OXYDE.

Vᵉ. ESPÉCE.

CUIVRE OXYDÉ ROUGE.

Cuprum, minerâ solidâ, colore rubro vel hepatico, mineralisatum. Minera cupri hepatica? *Waller.*, t. II, p. 276. Mine de cuivre vitreuse rouge, *de Lisle*, t. III, p. 331. Cuivre oxydé rouge; ocre de cuivre rouge; carbonate de cuivre rouge, *de Born*, t. II, p. 323. Roth-kupfererz, *Emmerling*, t. II, p. 213. Chaux de cuivre terreuse rouge, Sciagr., t. II, p. 127. Calciform copper ore red, *Kirwan*, t. II, p. 133.

____

(1) Kirwan, t. II, p. 145.

(2) Mineral. tabellen, p. 46 et 76, note 78.

Caractère essentiel. Poussière rouge. Soluble avec effervescence dans l'acide nitrique, en y répandant un nuage verdâtre.

Caract. phys. Dureté. Facile à racler avec le couteau, et à pulvériser.

Couleur. Le rouge plus ou moins vif. Il y a des morceaux qui ont, à certains endroits, ou sous certains aspects, une teinte de gris métallique.

Poussière, rouge.

Caract. géom. Forme primitive. L'octaèdre régulier (*fig.* 91) *pl. LXXI.* Les joints naturels sont assez sensibles.

Molécule intégrante. Le tétraèdre régulier.

Caract. chim. Soluble avec effervescence dans l'acide nitrique, en répandant un nuage verdâtre qui colore la liqueur.

Caractères distinctifs. 1°. Entre le cuivre oxydé rouge et le cuivre sulfuré. Celui-ci n'offre point, comme l'autre, la couleur rouge, au moins sous certains aspects, ou lorsqu'on regarde ses fragmens minces par réfraction. Il ne produit pas non plus, comme lui, une effervescence soutenue dans l'acide nitrique. 2°. Entre le même et l'argent antimonié sulfuré, dit *argent rouge.* Celui-ci ne fait pas effervescence dans l'acide nitrique, comme le cuivre oxydé. Ses formes ne tendent jamais vers l'octaèdre ou le cube, comme celles du cuivre oxydé. 3°. Entre le même et le mercure sulfuré ou cinabre. Celui-ci est volatile au chalumeau; l'autre s'y réduit. Le mercure sulfuré n'est pas soluble comme le cuivre oxydé, dans l'acide nitrique. 4°. Entre le même en filamens capillaires et l'antimoine hydrosulfuré, dit *antimoine en plumes rouges.* La couleur de celui-ci est d'un rouge sombre, et celle de l'autre d'un rouge vif. L'antimoine hydrosulfuré se volatilise au chalumeau; le cuivre oxydé rouge s'y réduit.

V A R I É T É S

F O R M E S.

Déterminables.

1. Cuivre oxydé rouge *primitif.* P (*fig.* 91). Mine de cuivre
vitreuse rouge en octaèdres aluminiformes. *De Lisle, t. III,
p.* 333. Incidence de P sur P, 109^d 28′ 16″.

  a. Cunéiforme. *De Lisle, t. III, p.* 334.

  On trouve des octaèdres de cette variété, qui sont recouverts
d'un enduit de cuivre carbonaté vert. Leur fracture est ordinairement ondulée, lisse, et d'un gris d'acier éclatant. Leurs
fragmens minces, vus par réfraction, ont de la transparence,
jointe à une couleur d'un rouge vif. Ils se dissolvent aussi dans
l'acide nitrique, mais seulement en partie, à cause des molécules
à l'état métallique dont ils sont mélangés.

2. Cuivre oxydé rouge *cubique.* $\frac{A\,^{\scriptscriptstyle 1}A\,^{\scriptscriptstyle 1}}{^1\ \ i}$ (*fig.* 92).

3. Cuivre oxydé rouge *cubo-octaèdre.* $\frac{P\,A\,^{\scriptscriptstyle 1}A\,^{\scriptscriptstyle 1}}{P\ \ ^1\ i}$ (*fig.* 93). *De
Lisle, t. III, p.* 335, *pl. III, fig.* 4, 5 *et* 6. Incidence de *i* sur P,
125^d 15′ 52″.

4. Cuivre oxydé rouge *triforme.* $\frac{P\,B\,\overset{\scriptscriptstyle 1}{B}\,A\,^{\scriptscriptstyle 1}A\,^{\scriptscriptstyle 1}}{P\ \ ^1\ r\ \ ^1\ i}$ (*fig.* 94).

Dérivé de l'octaèdre, du cube et du dodécaèdre rhomboïdal.
De Lisle, t. III, p. 335, *pl. III, fig.* 8. Incidence de *r* sur P,
144^d 44′ 8″.

Indéterminables.

5. Cuivre oxydé rouge *capillaire.* Haarformiges roth-kupfererz, *Emmerling, t. II, p.* 216. En filamens soyeux d'un rouge
très-vif.

6. Cuivre oxydé rouge *lamellaire.*

7. Cuivre oxydé rouge *compacte.*

1. Le cuivre oxydé rouge se rencontre assez communément dans les mines de ce métal à l'état de natif, situées en Sibérie, dans la partie orientale des Monts Oural. Il y est en petits cristaux octaèdres souvent entassés les uns sur les autres. Les mêmes mines renferment aussi du cuivre oxydé rouge capillaire. La variété cubique, qui est très-rare, se trouve à Moldava, dans le Bannat de Hongrie. Les cristaux octaèdres recouverts de cuivre carbonaté vert, proviennent de la mine de Nicolewski, en Sibérie. Ils se sont dégagés spontanément de l'intérieur d'un jaspe rouge, dans lequel ils étoient enchatonés, et qui s'est décomposé par succession de temps (1).

2. Quelques chimistes ont regardé cette espèce comme un cuivre carbonaté, parce qu'elle se dissout avec effervescence dans l'acide nitrique. Mais le Cit. Vauquelin, à qui j'avois porté un petit groupe de cristaux très-purs de Sibérie, après les avoir réduits, par la trituration, en une poudre d'un beau rouge, a versé de l'acide muriatique sur cette poudre. Elle s'y est dissoute en entier sans effervescence ; d'où il suit que la mine dont il s'agit ici, ne contient point d'acide carbonique, et n'est autre chose que du cuivre peu chargé d'oxygène. Lorsqu'on emploie l'acide nitrique, il se fait une décomposition de cet acide ; le cuivre s'oxyde davantage, et l'effervescence est due à un dégagement de gaz nitreux.

APPENDICE.

CUIVRE OXYDÉ ROUGE ARSENIFÈRE.

Le Cit. Lelièvre a reconnu que le cuivre oxydé rouge qui accompagnoit des cristaux de cuivre arseniaté, dont nous

---

(1) De Born, t. II, p. 526.

parlerons à l'article de cette dernière substance, contenoit de l'arsenic. Suivant ses observations, le cuivre oxydé dont il s'agit, traité par le chalumeau, à la flamme d'une bougie, se fond en bouillonnant, devient d'un brun-rougeâtre, et ne donne ni vapeurs ni odeur, tandis que si on l'expose sur le charbon, il répand des vapeurs très-sensibles, qui exhalent l'odeur arsenicale. Ces différences annonçoient que l'arsenic étoit ici à l'état d'acide. Une observation ultérieure vint à l'appui de cette conséquence. Le cuivre oxydé ayant été mis en dissolution dans l'acide nitrique, y laissa, au bout de quelques heures, un dépôt jaunâtre qui présentoit tous les caractères de l'acide arsenique.

VIe. ESPÈCE.

CUIVRE MURIATÉ.

Sable vert du Pérou, *mém. de l'Acad. des Scienc.*, an 1786, *p.* 465. Cuivre minéralisé par l'acide marin, sous forme de sable vert, Sciagr., *t. II, pag.* 135. Kupfer sand, *Karsten, miner. tabel., p.* 46. Copper mineralized by the muriatic acid, green sand of Peru, *Kirwan, t. II, p.* 149.

Caractère essentiel. Colorant en vert et en bleu la flamme où l'on le jette. Point d'odeur arsenicale par l'action du feu.

Caract. phys. Couleur. Le vert d'émeraude.

Action sur la flamme. Projeté sur la flamme d'une bougie allumée ou sur celle du bois, il en augmente le volume, et lui communique une couleur en partie verte et en partie bleue.

Caract. chim. Soluble sans effervescence dans l'acide nitrique. L'ammoniaque dans lequel on en a mis une pincée, prend à l'instant une belle couleur bleue.

Caractères distinctifs. 1°. Entre le cuivre muriaté et le cuivre carbonaté vert. Celui-ci est soluble avec effervescence dans l'acide nitrique; l'autre s'y dissout sans effervescence. La flamme sur laquelle on projette le cuivre carbonaté vert , prend seulement une couleur verte sans mélange de bleu , et plus fugitive que celle qui est produite par le cuivre muriaté. Il faut un certain temps au cuivre carbonaté pour communiquer à l'ammoniaque la couleur bleue , tandis que le cuivre muriaté la lui communique à l'instant. 2°. Entre le cuivre muriaté et le cuivre arseniaté d'un beau vert. Celui-ci diffère du premier par l'odeur arsenicale que l'action du feu en dégage.

V A R I É T É S.

Cuivre muriaté *pulvérulent.*

A N N O T A T I O N S.

1. Le cuivre muriaté a été rapporté du Pérou par Dombey, sous la forme d'une poudre verte mélangée de particules quartzeuses et autres. Il ne l'avoit pas ramassé lui même , mais acheté d'un Indien aux mines de Copiapu ; et suivant le rapport de cet Indien, on trouvoit ce sable vert dans une petite rivière de la province de Lipès, à deux cents lieues au-delà de Copiapu. L'Indien ajoutoit que cette rivière se perdoit dans les sables du désert d'Atacama , qui sépare le Pérou du Chili , et que le sable vert y étoit peu abondant.

2. Cette substance , regardée d'abord comme du cuivre muriaté , avoit passé depuis pour n'être que du cuivre suroxygéné, d'après l'opinion qu'elle étoit mélangée accidentellement de soude muriatée , qui avoit fourni l'acide muriatique. Mais l'examen que le Cit. Vauquelin en a fait récemment, avec la précaution de bien laver le sable vert, ne permet pas de douter que l'acide muriatique ne soit un de ses principes composans.

3. Ce sable, mis en contact avec un charbon simplement ardent , ne produit aucun effet particulier. Il faut le projeter sur la flamme même , qui , à l'instant, se développe en bruissant , avec un spectacle qui flatte l'œil par le double effet du

bleu d'azur et du vert d'émeraude unis entre eux sans se confondre. On recommence d'autres expériences pour mieux s'assurer du résultat ; c'est le succès de celle-ci qui invite à la répéter.

————————

VIIe. ESPÈCE.

CUIVRE CARBONATÉ BLEU.

Cuprum corrosum et solutum, à mineris destructis præcipitatum, cæruleum. Cæruleum montanum, *Waller.*, *t. II*, *p.* 289. Azur de cuivre, ou fleurs de cuivre bleues, *de Lisle*, *t. III*, *p.* 341. Cuivre oxydé bleu, *de Born*, *t. II*, *p.* 329. Chaux de cuivre bleue, Sciagr., *t. II*, *p.* 129. Kupfer-lazur, *Emmerling*, *t. II*, *p.* 246. Carbonate de cuivre bleu, *Daubenton*, *tabl.*, *p.* 50. Calciforme copper ore blue, *Kirwan*, *t. II*, *p.* 129.

Caractère essentiel. D'un bleu d'azur. Soluble avec effervescence dans l'acide nitrique.

Caract. phys. Pesant. spécif., 3,6082.

Dureté. Facile à gratter avec un couteau.

Couleur ; le bleu d'azur.

Poussière. Elle conserve sa couleur dans l'huile. Passée avec frottement sur le papier, elle le tache en bleu.

Caract. géom. Forme primitive. Octaèdre à triangles scalènes (*fig.* 95) *pl. LXXI*, dans lequel l'angle formé par les arêtes D, F est de 97^d 8′. L'incidence de P sur P′, est de 123^d 44′ ; celle de M sur M′, de 109^d 28′ ; et celle de P sur M, de 111^d 12′ (1). Les joints naturels sont nets et assez faciles à saisir.

————————

(1) Soit *srgn* (*fig.* 102) *pl. LXXII*, la moitié supérieure de l'octaèdre fig. 1, en sorte que l'arête *rg* réponde à D, et l'arête *gn* à F. Ayant mené la hauteur *sc* de la pyramide, *cb* perpendiculaire sur *gn*, et *gn* perpendiculaire sur *mn*, on pourra faire $sc = \sqrt{14}$, $cb = \sqrt{7}$, $gr = 4$ et $nx = \frac{1}{7}$.

Molécule

Molécule intégr. Tétraèdre irrégulier.

Caract. chim. Facile à réduire par le chalumeau. Soluble avec effervescence dans l'acide nitrique. Il communique au verre de borax une belle couleur verte, et dans le même instant le brillant métallique du cuivre.

Caractères distinctifs. 1°. Entre le cuivre carbonaté bleu et le cuivre sulfaté. Celui-ci est soluble dans l'eau et a une forte saveur, deux propriétés qui manquent à l'autre. 2°. Entre le même à l'état pulvérulent et le fer azuré. Celui-ci noircit dans l'huile ; l'autre y conserve sa couleur. Le fer azuré donne, par le chalumeau, une scorie noirâtre attirable ; le cuivre carbonaté s'y convertit en bouton métallique. Il fait prendre au borax une belle couleur verte, et le fer azuré une couleur d'un brun foncé, qui passe au vert sombre.

VARIÉTÉS.

FORMES.

Déterminables.

J'ai suivi Romé de Lisle, qui regarde les cristaux de cuivre carbonaté bleu comme semblables à ceux qu'il dit avoir été obtenus par la dissolution du cuivre dans l'ammoniaque. Ce rapprochement sera discuté dans les annotations.

1. Cuivre carbonaté bleu *unitaire.* $\overset{\text{M}}{\underset{\text{M}}{}}\overset{\overset{1}{\text{D}}}{\underset{r}{}}$ (*fig.* 96). En prisme oblique rhomboïdal. *De Lisle, t. III, p.* 345 ; var. 1. Incidence de M sur M', 109^{d} 28' ; de r sur l'arête z, 97^{d} 8'.

2. Cuivre carbonaté bleu *ternaire.* $\overset{\text{P M A}_3}{\text{P M }s}$ (*fig.* 97). *De Lisle, t. III, p.* 346, var. 2 ; et 347, var. 3. Incidence de s sur M, 160^{d} 32'. Les faces M, M' sont ordinairement alongées de manière que le cristal représente un prisme octaèdre à sommets dièdres, comme l'indique la figure 97.

Dans les cristaux artificiels, c'est l'inverse qui a lieu, en sorte que ce sont les faces P , P' (*fig.* 98) *pl. LXXII* , qui s'alongent, et que le solide offre l'aspect d'un prisme quadrangulaire à sommets tétraèdres.

3. Cuivre carbonaté bleu *uniternaire.* $\overset{1}{\underset{1}{P\ D}}M\ A_3$ / $P\ r\ M\ s$ (*fig.* 99). *De Lisle* , *t. III* , *p.* 347 ; var. 4. Incidence de *r* sur P ou sur P' , 151^d 52'. Cette variété, ainsi que le remarque de Lisle, est une de celles qu'on rencontre le plus communément dans l'azur de cuivre artificiel. On la voit ici alongée dans le même sens que le cristal de la fig. 98. Si l'alongement se faisoit conformément à l'analogie des cristaux naturels, l'aspect du solide seroit celui que représente la figure 100.

4. Cuivre carbonaté bleu *additif.* $\overset{1}{\underset{1}{P\ F}}A_3A_1$ / $P\ u\ s\ x$ (*fig.* 101). *De Lisle* , *p.* 348 ; var. 5. Incidence de *x* sur *s* , 144^d 44' ; de *u* sur *s* , 125^d 16'.

Romé de Lisle indique une autre variété en prisme octaèdre comme la précédente, avec des sommets hexaèdres ou même octaèdres. Mais cette variété, que je n'ai point vue, ne peut être déterminée d'après le peu qu'en dit ce savant.

Indéterminables.

5. Cuivre carbonaté *bleu lamelliforme.* En petites lames diversement inclinées, striées, souvent amincies par les bords ou biselées.

6. Cuivre carbonaté bleu *granuliforme.*

7. Cuivre carbonaté bleu *concrétionné.* En mamelons striés du centre à la circonférence, tantôt solitaires et tantôt groupés.

8. Cuivre carbonaté bleu *amorphe.* En petites masses informes engagées dans des pierres, ou recouvrant leur surface d'une couche légère.

9. Cuivre carbonaté bleu *terreux* , vulgairement *bleu de*

montagne. Mélangé de matières hétérogènes qui rendent sa couleur plus pâle. On a aussi appelé *bleu de montagne* le cuivre carbonaté bleu le plus pur, en masses informes.

A N N O T A T I O N S.

1. Le Cuivre carbonaté bleu se trouve dans les mines de cuivre de Sibérie, dans celles de Zellerfeld au Hartz, de Temeswar et de Moldava en Hongrie, de Saalfeld en Thuringe, etc. Il recouvre assez communément la surface du cuivre gris. Ailleurs il accompagne le cuivre carbonaté vert, qui sera l'objet de l'article suivant.

2. Wallerius avoit annoncé que les cristaux d'azur de cuivre naturel étoient semblables à ceux qui naissoient de la dissolution de ce métal dans l'alkali volatil (1). Mais ce ne pouvoit être de sa part qu'une conjecture, puisque les cristaux naturels qu'il cite étoient, de son aveu, en petites lames minces, ou sous des formes striées. Romé de Lisle, en comparant depuis des cristaux réguliers d'azur naturel avec des cristaux artificiels qu'il rapporte à la même origine que Wallerius, reconnut entre les formes des uns et des autres une analogie très-marquée. Il est probable qu'il avoit entre les mains des cristaux naturels plus susceptibles de se prêter à une détermination exacte que ceux qui se trouvent dans sa collection acquise par le Cit. Gillet. Je suis parvenu cependant à mesurer plusieurs angles sur ces derniers, au moins d'une manière approchée, et ils m'ont paru les mêmes que ceux qu'indique de Lisle. J'ai estimé aussi à peu près la direction des joints naturels dans les mêmes cristaux. D'une autre part, le Cit. Sage ayant bien voulu me donner quelques cristaux d'azur artificiel, détachés d'un très-beau groupe obtenu par ce savant chimiste, je m'en suis servi pour déterminer leur forme primitive, ainsi que leurs lois de

---

(1) Systema mineral., édit. 1778, p. 290. 9.

structure, et j'ai trouvé entre ces derniers résultats et les précédens, une conformité qui donne une grande vraisemblance au
rapprochement fait par Romé de Lisle (1). Si cette conformité
se soutenoit dans des observations plus rigoureuses, jamais,
il faut l'avouer, la cristallographie n'auroit offert de plus fortes
raisons pour présumer l'identité de deux substances. Car l'octaèdre à triangles scalènes est une des formes primitives qui
se rencontrent le plus rarement, et en même temps une de celles
qui s'écartent le plus des formes régulières communes à plusieurs
espèces. La diversité qui naît de l'alongement en sens contraire des cristaux, n'est qu'une nuance à laquelle il semble
même que l'on doive s'attendre, lorsque c'est d'un côté la nature,
et de l'autre l'art qui opère. Cependant un de nos plus habiles
chimistes, le Cit. Fourcroy, allègue contre le rapprochement
dont il s'agit, que l'azur naturel de cuivre ne donne pas d'ammoniaque lorsqu'on le chauffe, qu'il n'est pas dissoluble dans
l'eau, et ne s'effleurit point à l'air comme celui qui est préparé
par l'art (2).

Il seroit intéressant de pouvoir trouver des cristaux naturels
d'un volume et d'une perfection de forme qui se prêtassent à
une comparaison rigoureuse entre leur structure et celle des
cristaux artificiels. Il ne le seroit pas moins d'examiner chi-

-----

(1) Nous différons néanmoins, 1°. en ce que ce célèbre naturaliste donne
pour forme primitive l'octaèdre qui résulteroit de la réunion des faces P, P
(*fig*. 99), avec les faces *s*, *s*, et non pas avec les faces M, M, ce qui provient de ce qu'il ne considéroit que la forme extérieure, sans avoir égard à
la structure ; 2°. en ce qu'il suppose que l'octaèdre primitif est rectangulaire,
ou, ce qui revient au même, que les arêtes qui répondent à D, F (*fig*. 95),
font un angle droit, tandis que cet angle m'a paru constamment de 97^d, du
moins sur les cristaux du Cit. Sage ; car je n'ai pu l'observer sur les cristaux
naturels. Mais il est probable que Romé de Lisle n'a point mesuré immédiatement cet angle, et que la quantité de 7^d, qui fait la différence, aura
échappé à ses yeux sur d'aussi petits objets.

(2) Élém. d'hist. nat. et de chim., édit. 1789, t. III, p. 524.

miquement , avec un nouveau soin, la nature et la composition des deux substances qui font l'objet de cette discussion (1). C'est un problème dont la solution intéresse également la chimie et la minéralogie, et doit leur offrir une nouvelle occasion de s'éclairer mutuellement.

3. On trouve des dents molaires ou autres parties osseuses d'animaux, pénétrées de molécules cuivreuses qui leur donnent une couleur bleue, et quelquefois d'un bleu-verdâtre. Les premières ont été apportées de Turquie, ce qui a fait donner à cette substance le nom de *turquoise*. On l'a mise d'abord au premier rang parmi les corps que l'on appeloit *gemmes opaques* (2), et l'on y attachoit un prix qui a bien baissé dans la suite. On la tailloit le plus souvent en cabochon pour en faire des chatons de bague, et c'est sous cette forme qu'on la rencontre encore dans le commerce.

4. On a appellé *pierre d'Arménie*, tantôt un quartz teint en bleu par l'azur de cuivre , avec un mélange de couleur verte (3); tantôt une pierre calcaire colorée par la même substance (4). Wallerius dit qu'on prépare avec celle-ci le bleu de montagne artificiel en usage dans la peinture.

---

(1) J'ai observé que les cristaux du Cit. Sage se dissolvoient avec effervescence dans l'acide nitrique , comme ceux de la nature.

Le Cit. Chaptal dit dans ses Élémens de chimie, t. II, p. 352, que le Cit. Sage a imité l'azur du cuivre , dans la forme et la couleur, en dissolvant à froid du cuivre dans de l'eau saturée de *carbonate d'ammoniaque*.

(2) Boëce de Boot, de lapidib. et gemmis, lib. II , cap. 114.

(3) Sage, Élém. de chimie, t. I, p. 274; Demeste, lettres, t. I, p. 461 ; de Lisle , t. III , p. 167.

(4) Waller., Systema miner. , édit. 1778 , t. II , p. 289 , *f.*

VIIIe. ESPÈCE.

CUIVRE CARBONATÉ VERT.

Cuprum corrosum et solutum, à mineris destructis præcipitatum, viride. Ærugo nativa, *Waller.*, *t. II, p.* 286. Fleurs de cuivre vertes, malachite, *de Lisle, t. III, p.* 351. Cuivre oxydé vert, *de Born, t. II, p.* 334. Chaux de cuivre verte, Sciagr., *t. II, p.* 130. Malachit, *Emmerling, t. II, p.* 253. Kupfer grun, *ibid., p.* 260. Cuivre en oxyde vert (minéralisé) par l'acide carbonique, *Daubenton, tabl., p.* 51. Calciform copper ore green, *Kirwan, t. II, p.* 131.

Caractère essentiel. D'un beau vert. Soluble avec une effervescence plus ou moins prompte, dans l'acide nitrique.

Caract. phys. Pesant. spécif., 3,5718.......3,6412.

Couleur; le beau vert.

Dureté. Facile à racler avec le couteau.

Poussière. Celle qu'on obtient par la trituration des morceaux purs reste verte, et devient seulement un peu plus pâle.

Caract. chim. Soluble dans l'acide nitrique, avec une effervescence plus ou moins prompte.

Sa dissolution par l'ammoniaque lui communique une couleur bleue.

Sa poussière projetée sur la flamme, la colore en vert.

Caractères distinctifs. 1°. Entre le cuivre carbonaté vert et l'urane oxydé vert. Le premier se dissout avec effervescence dans l'acide nitrique, et le second sans effervescence. La rapure du cuivre carbonaté reste verte, et celle de l'urane oxydé blanchit. Le premier ne se trouve jamais, comme l'autre, en petites lames carrées, mais plutôt sous une forme aiguillée ou fibreuse. 2°. Entre le même en aiguilles ou en mamelons et le plomb phosphaté vert de la même forme. Celui-ci n'a point le luisant ni l'aspect soyeux ou velouté du premier. Sa rapure

est d'un blanc un peu jaunâtre, et celle du cuivre carbonaté
reste verte. Le plomb phosphaté ne se dissout pas comme
le cuivre carbonaté avec effervescence, dans l'acide nitrique ;
il y perd seulement sa couleur et y devient pâteux. 3°. Entre
le cuivre carbonaté vert pulvérulent et le cuivre muriaté. Le
premier se dissout avec effervescence dans l'acide nitrique, et
l'autre sans effervescence. Il faut au cuivre carbonaté un certain temps pour communiquer à l'ammoniaque une couleur
bleue, tandis que le cuivre muriaté produit sur le champ cet
effet. 4°. Entre le cuivre carbonaté vert et le cuivre arseniaté.
Id., pour la dissolution dans l'acide nitrique. De plus, l'action
du feu dégage du cuivre arseniaté une odeur d'ail, qui n'a pas
lieu pour le cuivre carbonaté.

VARIÉTÉS.

1. Cuivre carbonaté vert *soyeux*. Mine de cuivre verte soyeuse
et satinée, *de Lisle, t. III, p.* 354. En aiguilles ou fibres translucides, disposées ordinairement par faisceaux à rayons divergens, ou sous la forme d'étoiles. Quelquefois les fibres sont
très-courtes et forment des espèces de petites houppes très-dé-
licates.

2. Cuivre carbonaté vert *concrétionné*. Malachîte, *de Lisle,
t. III, p.* 354. En masses mamelonées, souvent striées à l'intérieur et composées de couches concentriques de différentes
nuances de vert.

Il y a des morceaux dont la surface est ornée de dendrites
d'un vert-noirâtre.

3. Cuivre carbonaté vert *pulvérulent*. On a nommé *vert de
montagne* celui qui est mélangé de matières terreuses qui lui
donnent une couleur pâle.

ANNOTATIONS.

1. On trouve du cuivre carbonaté vert près de Temeswar

et de Moldava en Hongrie, au Hartz, dans le Tyrol, en Sibérie, etc. Celui qui est soyeux recouvre tantôt la surface du cuivre oxydé, nommé *hépatique*, tantôt celle du cuivre oxydé rouge, comme en Sibérie; quelquefois il a pour gangue une ocre ferrugineuse. La Sibérie fournit aussi de très-beaux morceaux de malachite. Le Cit. Macquart y a trouvé une masse de cette substance, qui étoit du plus beau vert, et pesoit environ douze kilogrammes, ou vingt-cinq livres (1). Suivant de Born, il y a dans le même pays du grès qui renferme des grains de cuivre carbonaté vert, dont l'intérieur est d'un bleu plus ou moins vif. C'est le kupfer-sanderzt des Allemands (2). Cette réunion des deux oxydes de cuivre se rencontre dans quelques malachites, où le vert est mélangé de bleu distribué par taches ou par veines.

2. Le Cit. Pelletier a fait des expériences d'où il a conclu que la différence entre le cuivre carbonaté vert et le bleu, étoit dûe à une plus grande quantité d'oxygène que contenoit le premier. Il nomme, en conséquence, le bleu, *carbonate de cuivre pur;* et le vert, *carbonate oxygéné de cuivre* (3). Cette opinion s'accorde avec celle que le Cit. Guyton avoit publiée en 1782, dans un mémoire inséré parmi ceux de l'Académie de Dijon. Il y regardoit le bleu d'azur comme plus abondant en phlogistique que le vert de cuivre, expressions qui n'ont plus besoin que d'être traduites dans la langue des chimistes modernes, à la formation de laquelle ce savant célèbre a eu lui-même tant de part.

3. Rien n'est plus agréable à la vue que les morceaux choisis de cuivre carbonaté soyeux, où la belle couleur de l'émeraude est relevée par un tissu satiné qui semble lui donner une nouvelle grâce. Aussi ces morceaux tiennent-ils un rang parmi les

---

(1) Essais de minér., p. 292.
(2) Catal., t. II, p. 356.
(3) Mémoires et observ. de chimie, t. II, p. 20 et 21.

minéraux

minéraux que recherchent et apprécient le plus ceux aux yeux de qui l'élégance de l'aspect est le principal mérite d'une production naturelle.

4. Le cuivre carbonaté vert concrétionné , connu sous le nom de *malachite*, est susceptible d'un beau poli. On le taille pour en faire des plaques, des tabatières et autres ouvrages dont la surface est ornée de zones de différentes nuances de vert, dues à la succession des couches qui composent la malachite ; c'est, pour ainsi dire, *l'albâtre* des substances métalliques.

IXe. ESPÈCE.

CUIVRE ARSENIATÉ.

Cuivre oxydé vert arsenical, *de Born, t. II, p.* 341. Olivenerz, *Emmerling, t. II, p.* 264. Olive copper ore, *Kirwan, t. II, p.* 151. Arseniate of copper, *Schmeisser, a system of mineralogy, t. II, p.* 152.

Caract. essent. Dissolution bleue par l'ammoniaque ; odeur d'arsenic par l'action du feu.

Caract. phys. Dureté. Très-tendre et facile à broyer.

Couleur ; tantôt le vert pré, et tantôt le vert d'olive plus ou moins foncé.

Caract. chim. La variété lamelliforme, d'une belle couleur verte, exposée à la simple flamme d'une bougie, décrépite et se divise en une multitude de parcelles qui colorent cette flamme en vert. Si l'on emploie le chalumeau, quelques parcelles se réduisent, mais difficilement, en donnant l'odeur d'arsenic. Si, après avoir broyé les lames avec le verre de borax, on expose la poussière au chalumeau, une partie seulement est rejetée ; le reste communique au borax une couleur verte plus ou moins foncée, avec des zones rougeâtres, et l'on aperçoit à la partie en contact avec le charbon, des indices de cuivre,

Tome III.   F f f sous la forme de lames ou de filamens. Observations tirées d'un mémoire du Cit. Lelièvre (1), dans lequel j'ai puisé de même une partie des détails qui suivront.

Suivant Emmerling, la variété capillaire, exposée au chalumeau, y décrépite, en donnant une fumée blanche d'une odeur d'arsenic. Elle finit par se fondre en un globule, qui, traité avec le borax, donne un petit bouton de cuivre pur et malléable (2).

Dans l'acide nitrique, le cuivre arseniaté se dissout tout entier, sans effervescence, et colore légérement la liqueur en vert. Il communique à l'ammoniaque une belle couleur bleue. Lorsqu'on emploie la poussière des cristaux verts lamelliformes, cette couleur se développe dès le premier instant.

Analyse de la variété lamelliforme, par Vauquelin.

Oxyde de cuivre........................... 39.
Acide arsenique........................... 43.
Eau .... 17.
Perte .... 1.

100.

Caract. distinct. 1°. Entre le cuivre arseniaté et le cuivre carbonaté vert. Celui-ci se dissout avec effervescence dans l'acide nitrique, et l'autre sans effervescence. 2°. Entre le même et l'urane oxydé. Celui-ci colore en jaune-citrin l'acide nitrique ; l'autre le colore en vert.

L'odeur arsenicale que l'action du feu dégage du cuivre arseniaté, peut servir encore à le distinguer des mêmes mines, aussi-bien que du cuivre muriaté, avec lequel sa variété lamelliforme surtout a du rapport, par la promptitude avec laquelle elle colore en bleu l'ammoniaque, et par la belle couleur verte

(1) Ce mémoire a été lu à la classe des sciences mathém. et phys. de l'Institut National, le 11 floréal, an 9.

(2) Emmerl., t. II, p. 267.

qu'elle communique à la flamme; elle s'en rapproche encore, comme les autres variétés, par sa dissolution sans effervescence dans l'acide nitrique.

VARIÉTÉS.

1. Cuivre arseniaté *lamelliforme*. En lames d'un beau vert, dont les facettes latérales sont inclinées alternativement en sens contraire.

2. Cuivre arseniaté *capillaire*. D'un vert d'olive.

Les minéralogistes étrangers ont cité différentes formes régulières de cuivre arseniaté, que les circonstances ne m'ont pas encore mis à portée de déterminer, ni de ramener à une même forme primitive.

ANNOTATIONS.

1. On trouve le cuivre arseniaté sur le Mont Karrarach, dans le comté de Cornouaille, en Angleterre, près d'une mine de fer brune. Il y est accompagné de cuivre carbonaté vert ou bleu, de cuivre gris, et plus communément de lithomarge jaune et de quartz. On a cité aussi du cuivre arseniaté, en Silésie, près de Jonsbach.

2. Les premières observations qui ayent fait connoître parmi nous le cuivre arseniaté, sont dues au Cit. Lelièvre, qui, à l'inspection d'un groupe de cristaux lamelliformes à biseaux alternes, qu'on lui présentoit, ayant présumé que ce pouvoit être une substance particulière, en fit l'essai, et y reconnut la présence de l'oxyde de cuivre et de l'acide arsenique. Le Cit. Vauquelin, qu'il engagea bientôt après à en faire une analyse exacte, n'y a point trouvé de fer. Mais, d'après les expériences de Klaproth, ce métal entre quelquefois, en petite quantité, dans la composition du cuivre arseniaté.

Les cristaux observés par le Cit. Lelièvre, et dont nous ignorons la localité, reposoient sur du cuivre oxydé rouge,

entremêlé de cuivre carbonaté vert et bleu, et d'un peu de
quartz. Ils étoient d'un vert semblable à celui que l'émeraude
du Pérou emprunte de son union avec l'oxyde du chrome. Ce
dernier métal et le cuivre semblent se disputer la propriété de
communiquer aux substances avec lesquelles ils s'unissent, la
couleur verte dans toute sa pureté ; et l'on peut observer que
cette belle couleur conserve le même ton dans trois espèces de
mines où le cuivre est combiné avec trois acides différens,
savoir : l'acide carbonique, l'acide muriatique et l'acide arsenique.

———————

Xᵉ. E S P È C E.

C U I V R E   S U L F A T É.

Sulfate de cuivre des chimistes.

Vitriolum cupri cæruleum , nativum ; vitriolum cupri,
Waller., *t. II, p.* 20. Vitriol de cuivre ; vitriol bleu ; vitriol
de Chypre ou couperose bleue, *de Lisle, t. I, p.* 326. Vitriol
de cuivre ; cuivre vitriolé ; sulfate de cuivre, *de Born, t. II,*
p. 38. Cuivre vitriolé, Sciagr., *t. II, p.* 128. Vitriol bleu,
Daubenton, tabl., p. 28. Vitriol of copper, *Kirwan, t. II,*
p. 22.

Caract. essentiel. Bleu. Soluble dans l'eau.

Caract. phys. Saveur. Fortement stiptique.

Couleur ; le bleu céleste.

Transparence. Translucide, lorsqu'il est pur.

Cassure ; conchoïde et brillante.

Caractères géom. Forme primitive (*fig.* 103) *pl. LXXII.*
Parallélipipède obliquangle irrégulier. On aperçoit quelquefois
des indices de joints naturels, parallélement aux faces.

Molécule intégr. *Id.* (1).

———————

(1) Soit *id* (*fig.* 14) le solide qui représente cette molécule, et qui es-

Caract. chim. Exposé au feu, il se fond très-vîte, et devient d'un blanc-bleuâtre.

Si on le passe avec frottement sur un morceau de fer poli et humecté d'eau ou de salive, on voit au bout d'un instant, à mesure que le desséchement s'opère, la surface du fer se couvrir d'un enduit cuivreux.

Analyse.

Cuivre . . . . 27.
Acide sulfurique . . . . 3o.
Eau . . . . 43.
____
100.

Caractère distinctif, entre le cuivre sulfaté et le cuivre carbonaté bleu. Celui-ci n'est ni soluble dans l'eau, ni sapide comme l'autre.

---

le même que fig. 1o3. Par le point *e* faisons passer un plan *egko* perpendiculaire sur les faces latérales, et menons la diagonale *og*, puis *oz* perpendiculaire sur *gk*. Par le point *b* faisons passer un autre plan *bsnu* perpendiculaire sur les faces *brcd*, *brie*, puis menons la diagonale *bn*. On fera $kz = 12$; $gz = 13$; $bg = V\frac{1}{10}$; $oz = V3_16$. De plus, l'angle plan *rbd* est sensiblement égal à l'angle *egk*, qui mesure l'incidence de *ebdf* sur *rbdc*. Enfin, il résulte des observations qui seront indiquées à l'article de la variété monadique, qu'une facette dont le signe est $\overset{1}{C}$ (*fig.* 1o3), fait avec le pan opposé à M, un angle égal à l'incidence d'une face dont le signe est 'G¹ sur le pan M, d'où il suit que l'angle *nbu* (*fig.* 114) est égal à l'angle *ogk*, ces angles étant les supplémens des premiers. D'après ces différentes données, on pourra déterminer les angles et les dimensions respectives de la molécule.

V A R I É T É S.

F O R M E S.

Déterminables.

Obtenues avec le secours de l'art.

1. Cuivre sulfaté *primitif.* M T P (*fig.* 103). *De Lisle, t. I,
p.* 327 (1). Incidence de M sur T, 124^d 2′; de P sur T, 128^d
37′; de M sur P, 109^d 32′. Valeur de l'angle EOH, 124^d 2′; la
même que l'incidence de M sur T; de l'angle IOH, 88^d 32′;
de l'angle EOI, 118^d 28′.

2. Cuivre sulfaté *périhexaèdre.* $\begin{smallmatrix}M \,'H' \,T \,P\\ M \,\,n\,\, T \,P\end{smallmatrix}$ (*fig.* 104). La forme
primitive émarginée aux arêtes longitudinales les moins sail-
lantes. *De Lisle, t. I, p.* 327, var. 1 ; et *p.* 328, var. 2 (2).
Incidence de *n* sur M, 154^d 20′; de *n* sur T, 149^d 42′.

3. Cuivre sulfaté *périoctaèdre.* $\begin{smallmatrix}'G' \,M \,'H' \,T \,P\\ r \,\,M\,\, n\,\, T\,P\end{smallmatrix}$ (*fig.* 105).
La forme primitive émarginée à toutes ses arêtes longitudinales.
De Lisle, t. I, p. 328; var. 3. Incidence de *r* sur M, 126^d 11′;
de *r* sur le pan opposé à T, 109^d 47′.

---

(1) Romé de Lisle croyoit avoir observé que le prisme rhomboïdal de
cette variété étoit terminé à chaque extrémité par une face rhombéale qui
avoit ceci de particulier, que deux de ses angles étoient de 64^d et 116^d,
tandis que les deux autres étoient de 60^d et 120^d; et néanmoins ce savant
dit que les quatre faces latérales sont parallèles deux à deux (t. I, p. 326
et 327), ce qui est contradictoire avec la première observation, puisque,
dans tel sens que l'on coupe un prisme quadrangulaire par un plan, la
section sera nécessairement un parallélogramme, et non un trapézoïde.

(2) La var. 1 de Romé de Lisle est le parallélipipède rhomboïdal tronqué
dans un de ses bords obtus; et sa var. 2 est le même, tronqué dans ses deux
bords obtus, ce qui est le vrai type de la forme cristalline, auquel on doit
ramener la première variété, en rétablissant la symétrie dont la nature ne
s'est écartée que par accident.

4. Cuivre sulfaté *péridécaèdre.* $\frac{^{3}\mathrm{G}\ '\mathrm{G}'\ \mathrm{M}\ '\mathrm{H}'\ \mathrm{T}\ \mathrm{P}}{l\ \ r\ \ \mathrm{M}\ \ n\ \ \mathrm{T}\ \mathrm{P}}$ (*fig.* 106). La variété précédente augmentée de deux facettes longitudinales. *De Lisle, t. I, p.* 328, *note* 206. Incidence du pan opposé à *l* sur *r,* 132^{d} 9$'$; de *l* sur T, 157^{d} 38$'$.

5. Cuivre sulfaté *triunitaire.* $\frac{'\mathrm{G}'\ \mathrm{M}\ '\mathrm{H}'\ \mathrm{T}\ \mathrm{P}\ \overset{1}{\mathrm{C}}}{r\ \ \mathrm{M}\ \ n\ \ \mathrm{T}\ \mathrm{P}\ u}$ (*fig.* 107). La variété perioctaèdre émarginée de part et d'autre à l'endroit d'une des arêtes extrêmes. *De Lisle, t. I, pag.* 329; var. 4. Incidence de la face opposée à *u* sur P, 126^{d} 11$'$; la même que celle de *r* sur M.

6. Cuivre sulfaté *isonome.* $\frac{'\mathrm{G}'\ \mathrm{M}\ '\mathrm{H}'\ \mathrm{T}\ \mathrm{P}\ '\mathrm{E}\ \overset{a}{\mathrm{I}}\ \overset{1}{\mathrm{C}}}{r\ \ \mathrm{M}\ \ n\ \ \mathrm{T}\ \mathrm{P}\ \ s\ y\ u}$ (*fig.* 108) *pl. LXXIII.* La variété précédente, épointée de part et d'autre de la facette *u. De Lisle, t. I p.* 329; var. 5 (1). Incidence de *s* sur le pan adjacent à *r,* 116^{d} 2$'$; de *y* sur P, 158^{d} 16$'$. Valeur de l'angle *a,* 104^{d} 27$'$; valeur de l'angle *c,* 136^{d} 40$'$.

7. Cuivre sulfaté *octodécimal.* $\frac{'\mathrm{G}\ \mathrm{M}\ '\mathrm{H}'\ \mathrm{T}\ \mathrm{P}\ '\mathrm{E}}{r\ \mathrm{M}\ \ n\ \ \mathrm{T}\ \mathrm{P}\ \ s}\left(\frac{^{\frac{3}{2}}\mathrm{E}\ \mathrm{G}'\ \mathrm{B}^{2}}{z}\right)\frac{\overset{a}{\mathrm{I}}\ \overset{1}{\mathrm{C}}}{y\ u}$ (*fig.* 109). La variété précédente augmentée vers chaque sommet d'une facette *z. De Lisle, t. I, p.* 330, *note* 209. Incidence de *z* sur *r,* 122^{d} 22$'$.

8. Cuivre sulfaté *soutriple.* $\frac{^{3}\mathrm{G}\ '\mathrm{G}'\ \mathrm{M}\ '\mathrm{H}'\ \mathrm{T}\ \mathrm{P}\ '\mathrm{E}\ \overset{a}{\mathrm{I}}\ \overset{a}{\mathrm{A}}\ \overset{1}{\mathrm{C}}}{l\ \ r\ \ \mathrm{M}\ \ n\ \mathrm{T}\ \mathrm{P}\ s\ y\ k\ u}$ (*fig.* 110). La variété isonome, devenue péridécaèdre, et augmentée vers chaque sommet d'une facette *k.* Incidence de *k* sur P, 127^{d} 55$'$.

9. Cuivre sulfaté *dioctaèdre.* $\frac{'\mathrm{G}\ \mathrm{M}\ '\mathrm{H}'\ \mathrm{P}\ '\mathrm{E}}{r\ \mathrm{M}\ \ n\ \mathrm{P}\ \ s}\left(\frac{^{\frac{3}{2}}\mathrm{E}\ \mathrm{G}'\ \mathrm{B}^{2}}{z}\right)\frac{\overset{1}{\mathrm{B}}}{x}$

---

(1) La description de ce savant indique que cette variété est la troisième, augmentée seulement des facettes *y* et *s.* Mais sa figure 76, à laquelle il renvoie, et le modèle en terre cuite qu'il a fait exécuter, prouvent qu'il avait en vue une autre forme plus composée, sur laquelle se trouve aussi la facette *u* (*fig.* 108).

(*fig.* 111). La variété périoctaèdre augmentée vers chaque sommet de trois facettes étagées. Valeur de l'angle o, 118^d $28'$.
Incidence de x sur P , 123^d $20'$.

10. Cuivre sulfaté *complexe.* $\begin{smallmatrix}'G\ M\ 'H'\ T\,P^2E\ \overset{\frac{2}{3}}{E}\\ r\ M\ n\ T\,P\ s\ i\end{smallmatrix}\left(\begin{smallmatrix}\overset{\frac{3}{2}}{}E\,G'\,B^3\\ z\end{smallmatrix}\right)\overset{\scriptscriptstyle1}{\underset{x}{B}}$

(*fig.* 112). La variété précédente augmentée vers chaque sommet d'une facette i à côté de la facette s. Incidence de i sur P,
117^d $40'$; et sur r, 139^d $6'$. Valeur de l'angle k, 136^d $35'$.

11. Cuivre sulfaté *octoduodécimal.* $\begin{smallmatrix}'G'M'H'T\,P^2E\\ r\ M\ n\ T\,P\ s\end{smallmatrix}\left(\begin{smallmatrix}\overset{\frac{3}{2}}{}E\ G'\ B^3\\ z\end{smallmatrix}\right)$

$\overset{\scriptscriptstyle1}{\underset{x}{B}}\,\overset{\scriptscriptstyle2}{\underset{k}{A}}\,\overset{\scriptscriptstyle2}{\underset{y}{I}}$ (*fig.* 113). La variété dioctaèdre augmentée vers chaque sommet d'une nouvelle facette k à la suite de x, et
d'une seconde y dans la partie opposée. Il est remarquable que
les arêtes comprises entre les facettes r, s, z, x, k, soient
toutes parallèles, quoique les lois de décroissement, d'où résultent ces facettes, agissent dans des sens très-différens. Il sera
facile aux géomètres qui possèdent la théorie, de trouver la
démonstration de ce parallélisme.

Indéterminables.

12. Cuivre sulfaté *concrétionné.* Se trouve à Rammelsberg.
13. Cuivre sulfaté *amorphe.*
14. Cuivre sulfaté *pulvérulent.* En grains adhérens à la surface des pierres.

A N N O T A T I O N S.

1. Le cuivre sulfaté est presque toujours à l'état de dissolution dans les eaux voisines des mines de cuivre. Celui qui se
trouve naturellement cristallisé, et qui est très-rare, ou en con-
crétion, ou en forme de poussière disséminée sur la surface des
pierres, a été déposé par les eaux qui en étoient chargées (1).

---

(1) Waller., syst. miner., t. II, p. 20 et 21.

Cc

Ce sont ces eaux que l'on a nommées *cémentatoires*, parce qu'on
a pensé que, dans certaines circontances, le cuivre en étoit
précipité par l'intermède du fer, comme nous l'avons expliqué
à l'article du cuivre natif. A l'égard des variétés de forme que
nous avons décrites, elles provenoient de cristallisations obtenues artificiellement par différens chimistes.

2. L'origine du cuivre sulfaté a été bien connue des anciens.
Ils donnoient à ce sel le nom de *calcanthe*, qui signifie fleur
de cuivre. Pline dit qu'on le retiroit des eaux de certains puits
ou étangs qui se trouvoient en Espagne. Il ajoute qu'on mêloit
une certaine quantité de cette eau avec une mesure égale d'eau
douce, et qu'après avoir fait bouillir le mélange, on le versoit
dans des cuves de bois. Au-dessus de ces cuves étoient fixées des
solives transversales, d'où pendoient des cordes auxquelles on
avoit attaché des pierres, pour les tenir tendues. La matière
du calcanthe s'attachoit à ces cordes, sous la forme de grains
vitreux, dont Pline compare l'assemblage à une grappe de
raisin. On retiroit ces grains et on les faisoit sécher pendant
trente jours. Leur couleur étoit d'un très-beau bleu, et on les
regardoit comme une espèce de verre : *vitrum esse creditur* (1).
Peut-être est-ce cette opinion qui a donné naissance au mot
vitriol. Quoi qu'il en soit, on voit par le passage que nous venons de citer, que les anciens connoissoient certaines circonstances remarquables de la cristallisation, telle que la réunion
plus prompte et plus abondante des molécules cristallines autour des corps que l'on plonge dans le liquide où elles sont
tenues en dissolution.

3. Parmi toutes les formes primitives des minéraux, celle
du feld-spath et celle du cuivre sulfaté sont jusqu'ici les seules
qui présentent le parallélipipède obliquangle, avec trois mesures
d'angles différentes ; en sorte qu'il n'y a de similitude qu'entre
les faces opposées deux à deux. Mais cette forme, dans le feld-

______

(1) Pline, hist. nat., l. XXXIV, c. 12.

spath, porte certains caractères de symétrie, tels que des incidences de 90^d et de 120^d pour les faces adjacentes, au lieu que dans le cuivre sulfaté, la forme primitive est irrégulière sous tous les aspects, ce qui ne fait, au reste, que compliquer et rendre plus pénible le calcul des lois de décroissement, et n'empêche pas que ces lois n'ayent, pour la plupart, la simplicité des lois ordinaires.

4. Le cuivre sulfaté est principalement employé dans la teinture. Il fournit la matière colorante des plumes bleues dont on fait des panaches. On colore ces plumes, en les tenant plongées dans une dissolution de cuivre sulfaté en ébullition. Le même sel entre dans la composition du noir, auquel il donne de la solidité. On l'emploie à une dose moindre que le fer sulfaté, qui fait d'ordinaire la base de cette composition. Il est un des principaux mordans du principe colorant jaune; on l'emploie ou seul ou décomposé par l'acétite de plomb, ce qui produit un acétite de cuivre moins corrosif que le sulfate. On le fait encore entrer dans la composition qui donne le violet; et dans ce cas, on l'allie avec le salpêtre, le sel marin, le sel ammoniac, l'acétite de fer, etc.

Fin du Tome III.